Knaur

Hundekrankheiten von A–Z

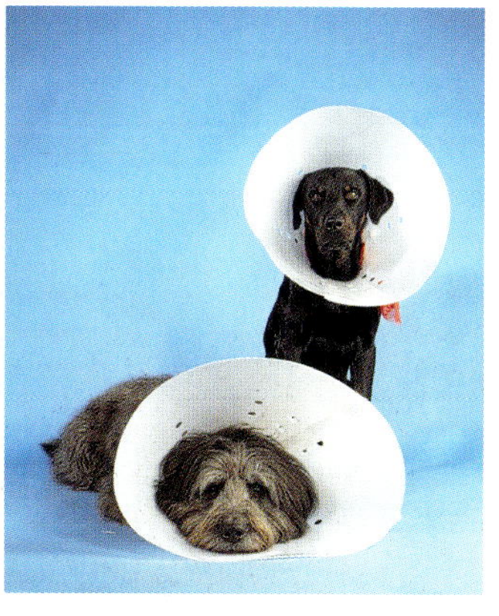

Knaur

Dr. med. vet. Hildegard Jung
Dr. med. vet. Andrea Obermüller

Hunde-krankheiten von A-Z

Mit Extrateil: Erste Hilfe

www.knaur.de

Bibliografische Information Der Deutschen Bibliothek
Die Deutsche Bibliothek verzeichnet diese Publikation in der Deutschen Nationalbibliografie; detaillierte bibliografische Daten sind im Internet über http://dnb.ddb.de abrufbar.

Alle Angaben in diesem Buch sind auf dem aktuellen wissenschaftlichen Stand und wurden sorgfältig überprüft. Ständig neue Erkenntnisse sowie neue Gesetzesregelungen fordern den Leser auf, die Aktualität gegebenenfalls zu überprüfen, bei Behandlungsvorschlägen den Tierarzt zu konsultieren, Beipackzettel zu Medikamenten zu lesen sowie Gebrauchsanweisungen und Gesetze zu befolgen. Autor und Verlag können weder eine Garantie übernehmen noch für Personen-, Sach- und Vermögensschäden haften.

Umschlaggestaltung: Zero Werbeagentur, München
Umschlagfoto: FinePic
Illustrationen: Lena Quail, Ingolstadt
Reproduktion: Uhl & Massopust, Aalen
Druck und Bindung: Stürtz AG, Würzburg
Gedruckt auf chlorfrei gebleichtem Papier
Printed in Germany

ISBN 3-426-66891-2

Bitte besuchen Sie uns im Internet:
www.droemer-knaur.de

Einleitung

Noch ein Hundebuch für Hundebesitzer und Hundefreunde? Aus einem ganz einfachen Grund: In meiner zehnjährigen Tätigkeit als Tierärztin in der Redaktion »Partner Hund«, in der ich telefonisch Anfragen von besorgten Hundebesitzern beantwortet habe, hat sich herausgestellt, dass Hundebesitzer manche Dinge ganz genau wissen wollen.

Andere Themen sind für sie jedoch – für einen Tierarzt ganz erstaunlich – ohne Belang. Dabei macht es natürlich einen großen Unterschied, ob der eigene Hund gerade gesund oder krank, ob er ein Welpe oder ein Senior ist.

Dieses Nachschlagewerk gibt Antwort auf (fast) alle Fragen, die man dem Tierarzt gerne stellen möchte. Die Lexikonform soll es dem Leser erleichtern, einer bestimmten Fragestellung gezielt nachzugehen, ohne immer gleich ein mehrseitiges Kapitel durchlesen zu müssen.

Dabei erhebt das Buch natürlich keinen Anspruch auf Vollständigkeit. Die Auswahl der Stichworte repräsentiert vielmehr diejenigen Fragen, die am häufigsten gestellt wurden.

So wird man vergeblich nach chirugischen Spezialitäten wie dem Kreuzbandriss suchen. Auch hat es sich hoffentlich herumgesprochen, dass das Kupieren der Ohren endgültig passé ist und keiner gesonderten Erläuterung bedarf …

Der Hundhalter hat aber auch viele Fragen zum gesunden Tier. So ob es Schokolade fressen darf oder wie gut sein Hund eigentlich hört. Deshalb finden Sie auch die wichtigsten Stichworte zur Biologie des gesunden Hundes. Wie Sie dieses Buch am sinnvollsten anwenden und benutzen können, finden Sie in den folgenden Stichpunkten erläutert:

Zur Information

Wer einen Neufundländer mit Hüftproblemen hat, möchte natürlich am liebsten alles über Therapiemöglichkeiten wissen. Für einen Dackelfreund genügt es oft, den Begriff zu kennen, damit er gegebenenfalls mitreden kann. Daher folgt einer kurzen Definition des jeweiligen Stichworts ein ausführlicher Teil für die Betroffenen.

Die Entwicklungsstadien der einzelnen Hundewürmer, fester Bestandteil eines jeden Hundebuchs, hat in den 10 Jahren Telefonsprechstunde jedoch niemand erfragt.

Daher weicht dieses Buch von dem klassischen Schema, alle wichtigen Krankheiten oder Probleme gleichwertig darzustellen ab. Manche Stichworte sind nur knapp behandelt, andere dagegen sehr viel ausführlicher.

Zum Nachlesen

In der Tierarztpraxis ist man manchmal etwas nervös, so dass man zuhause ganz gern noch einmal nachlesen möchte, was der Tierarzt zu den aktuellen Problemen erzählt hat. Nach der Lektüre kann man ihn dann noch einmal anrufen und gezielt nachfragen, wenn einige Punkte unklar geblieben sind.

Als medizinisches Lexikon

Ihr Tierarzt wird sich immer bemühen, den Sachverhalt verständlich zu erklären. Dennoch gibt es nicht für alles einfache, deutsche Bezeichnungen. Und wenn es um den eigenen Hund geht, wird man aus der Betroffenheit schnell unsicher: Ist ein Tumor das Gleiche wie Krebs? Oder: Was bedeutet Anämie eigentlich ganz genau?

Daher enthält dieses Buch im Anhang eine Vielzahl von Begriffserklärungen sowie ausführliche Definitionen im Text. Das alphabetische Register verrät, wonach Sie mit Erfolg suchen werden.

Als Entscheidungshilfe

Vor Operationen oder beispielsweise einer Chemotherapie plagen den Besitzer des kranken Tieres Zweifel, auch wenn er ein sehr gutes Verältnis zu seinem Tierarzt hat. Aber auch für gesunde Hunde muss man bisweilen Entscheidungen treffen. Eine häufige Frage ist beispielsweise, ob der Hund kastriert werden soll oder nicht. Daher ist solchen Fragen mehr Platz gewidmet. Wenn Sie mit Ihrem Tierarzt sprechen, nehmen Sie das Buch am besten gleich mit. Bei speziellen Tipps ist für den Tierarzt in Klammern die Quelle genannt. So lassen sich Missverständnisse bereits im Vorfeld vermeiden.

Keine Anleitung zum Selberheilen

Dieses Buch kann nur eine Hilfe sein, es soll auf keinen Fall den Besuch beim Tierarzt ersetzen. Daher wurde bewusst keine Anleitung zum Selberbehandeln aufgenommen. Lediglich ausführliche Tipps für den Notfall sollen helfen, den Hund fachgerecht erstzuversorgen.

Erste Hilfe

Viele Hundefreunde haben die Sorge, ihr Liebling könnte ausgerechnet auf einer einsamen Berghütte oder einer tierarztlosen Hallig in eine Glasscherbe treten oder von einer Biene gestochen werden. Daher wurde der Ersten Hilfe ein eigenes Kapitel gewidmet, das Sie im Anhang auf Seite 289 finden.

Ansonsten wünsche ich Ihnen, dass Sie dieses Buch möglichst wenig aus aktuellem Anlass in die Hand nehmen müssen.

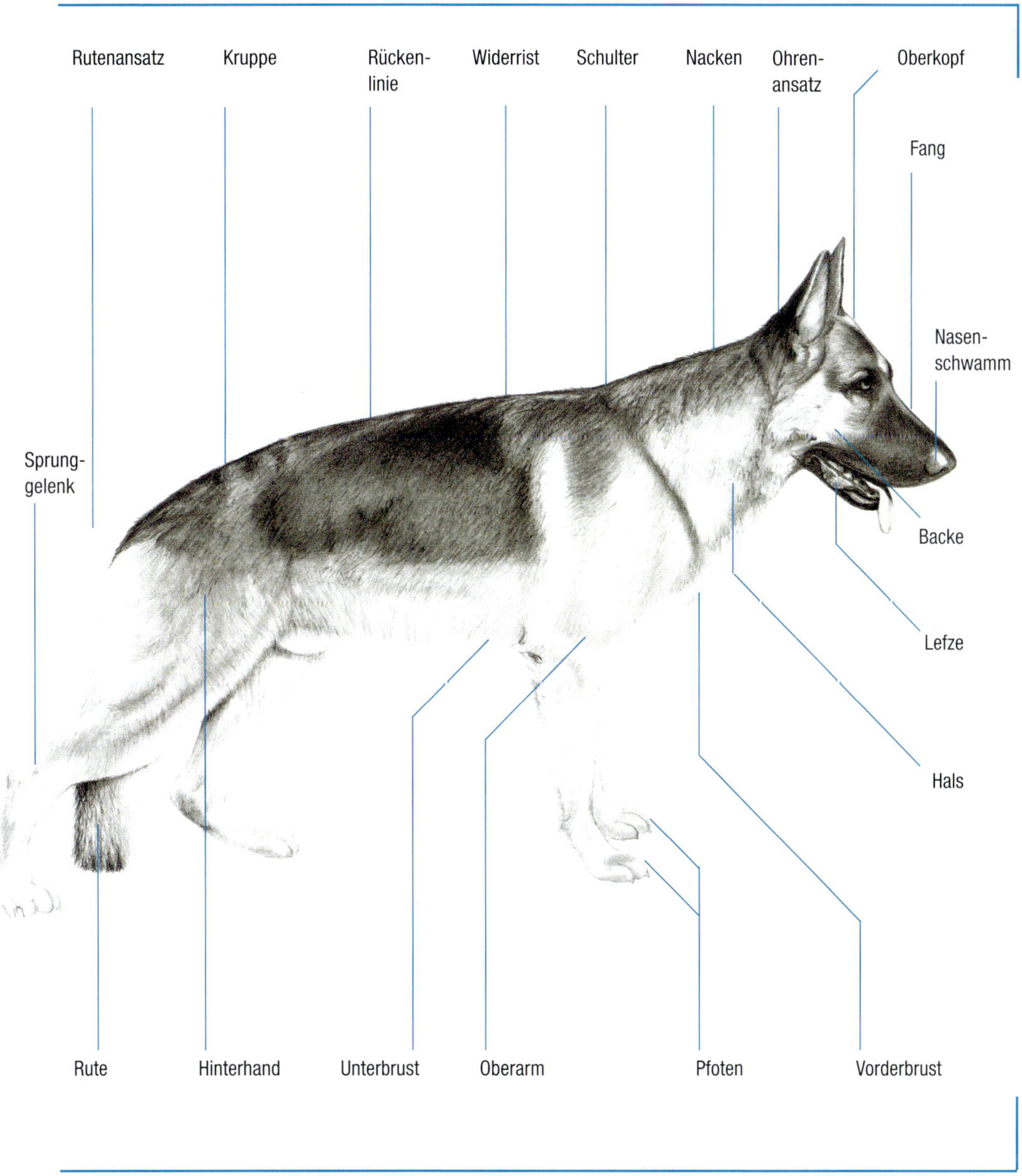
Rutenansatz
Kruppe
Rücken-
linie
Widerrist
Schulter
Nacken
Ohren-
ansatz
Oberkopf
Fang
Nasen-
schwamm
Sprung-
gelenk
Backe
Lefze
Hals
Rute
Hinterhand
Unterbrust
Oberarm
Pfoten
Vorderbrust

A

Acanthosis nigricans

Diese gutartige Hauterkrankung kommt vor allem bei Dackeln vor. Man vermutet daher, dass die Erkrankung erblich bedingt ist. Außerdem fördert Übergewicht die Krankheit. Betroffene Hunde sollte man also vorsichtig füttern, sie sollten ihr Normalgewicht unbedingt halten. Neben der ererbten Form kennt man beim Menschen diese Hauterkrankung auch als Begleiterscheinung eines Diabetes mellitus sowie als Nebenwirkung von Medikamenten (Nikotinsäureester).

Krankheitsbild: Die Hautveränderungen beginnen in der Achselgegend: Die Haare gehen aus und die Haut verfärbt sich dunkel. Diese Veränderungen breiten sich über Bauch und Leistengegend auf die Seiten und die Innenflächen der Beine aus. Die Haut wird mit der Zeit immer dicker, faltig und teilweise schuppig.

Behandlung: Leider ist die Acanthosis nigricans nicht heilbar. Man kann lediglich versuchen, die Hautveränderungen im Rahmen zu halten. In erster Linie verwendet man für die Behandlung Kortikosteroide wie z. B. Prednisolon. Mit entsprechenden Präparaten werden Seborrhoe (Shampoo) und Entzündungen der Haut (Salben) behandelt.

Afterkrallen

Die so genannten Wolfskrallen sitzen in Daumenstellung an den beiden Vorderpfoten. Sie haben im Laufe der Evolution ihre Funktion verloren. Lediglich beim Lundehund besitzt die Wolfskralle noch ein richtiges Gelenk und kann beim Klettern im Felsen auch belastet werden.

Manche Züchter lassen die Wolfskrallen schon bei den Welpen amputieren, damit die Hunde später mit den leicht wegstehenden Krallen nicht hängenbleiben und sich verletzen. Soweit die Amputation durch den Tierarzt unter angemesener Schmerzausschaltung erfolgt, ist dies zu vertreten. Andernfalls stellt eine Amputation einen deutlichen Verstoß gegen das Tierschutzgesetz dar.

Afterkrallen haben meist nur die Vorderpfoten.

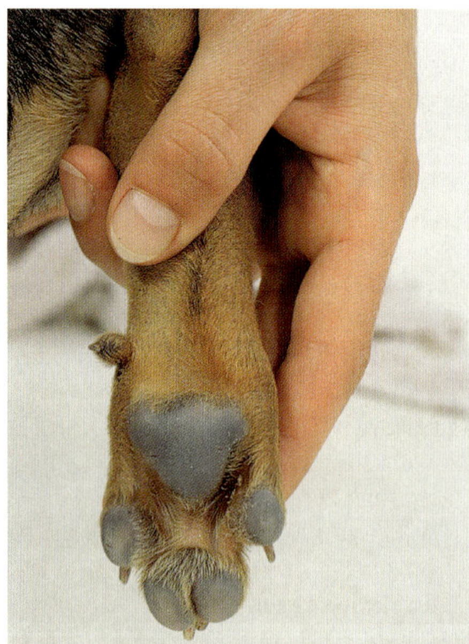

Normalerweise sollte man die Wolfskrallen regelmäßig kontrollieren (sie nützen sich beim Laufen kaum ab) und bei Bedarf kürzen. So vermeidet man, dass die Kralle in das Bein wächst oder hängenbleibt und verletzt wird.

Akupressur

Die Haut reagiert an den Akupunkturpunkten nicht nur auf Nadeln, sondern auch auf Massage.

Akupunktur

Mit Metallnadeln wird an bestimmten Punkten in die Haut gestochen. Übt man dann noch Druck auf die Nadeln aus, reagiert die Haut sensibel darauf. Diese Methode wird sowohl zur Diagnostik, als auch zur Therapie eingesetzt. Die Akupunktur zählt zu den so genannten Reiztherapien.

Injiziert man an diesen Punkten Medikamente, wie beispielsweise Vitamin B oder lokal wirkende Betäubungsmittel, nennt man das Pharmaka-Akupunktur

Albinismus

Wegen eines angeborenen Enzymmangels können die betroffenen Tiere keinen Farbstoff bilden. Bei diesen Albinos sind Haut und Haare weiß, die Augen wirken durch das durchschimmernde Blut rot. Allerdings sind bei Hunden keine Tiere bekannt, die zu 100 Prozent albinotisch sind. Es gibt reinweiße Tiere mit Glasaugen (→ **Erbkrankheiten**), die jedoch alle Pigmentreste an Augen, Nase oder anderen Körperteilen haben, z. B. Pekinese, Cocker Spaniel oder Schäferhund. Diese Hunde sind extrem lichtempfindlich.

Allergien

Allergien werden immer häufiger diagnostiziert, was nicht zwingend heißen muss, dass Allergien heute tatsächlich häufiger vorkommen als vor 10 oder 20 Jahren.

Die Diagnose einer Allergie lässt sich oft nicht auf den ersten, auch nicht auf den zweiten Blick stellen, denn die Haut reagiert, wenn etwas nicht stimmt, immer gleich: Sie fängt an zu jucken, sich zu entzünden oder zu schuppen. Erst wenn der Tierarzt vergeblich nach Parasiten, nach Bakterien, nach inneren Erkrankungen als Ursache gesucht hat, taucht der Allergie-Verdacht auf.

Hunde leiden am häufigsten an einer Flohbissallergie, gefolgt von der → **Atopie** (erblich bedingte Überempfindlichkeit) und der Kontakt- und Futterallergie. Atopie und Futterallergie können auch gemeinsam auftreten.

Anders als der Mensch, bei dem oft auch die Atemwege in Mitleidenschaft gezogen werden, leiden Hunde so gut wie nie unter Asthma bronchiale. Hunde reagieren fast ausschließlich über die Haut. Eine Ausnahme sind Futtermittelallergien: Hier leiden Dreiviertel der Patienten an Durchfall, immerhin die Hälfte hat auch Hautprobleme.

Prognose: Die Prognose ist bei der Flohbissallergie und der Kontaktallergie gut, bei der Futtermittelallergie und der Atopie sollte man in seinen Erwartungen etwas vorsichtiger sein.

Diagnose und Therapie: Diagnose und Therapie gehen bei der Allergie Hand in Hand. Der Tierarzt kann beispielsweise gleichzeitig den Juckreiz und/oder die Hautveränderungen behandeln sowie – kommt es zur Besserung – den Befall mit Ektoparasiten und eine bakteriell verursachte Entzündung ausschließen.

Ist die Haut verändert, stellt sich die Frage: Juckt die Haut, weil sie beispielsweise entzündet ist, oder ist sie entzündet, weil der Hund sich ständig kratzt. Im zweiten Fall sind die Hautveränderungen sekundär, der Tierarzt muss also der Ursache des Juckreizes auf die Schliche kommen.

Juckreiz: Ob ein Hund sichtbar allergisch reagiert oder nicht, hängt mit seiner so genannten Pruritus-Schwelle (→ **Juckreiz**) zusammen. Bei Entzündungen, bei Allergien oder beim Austrocknen der Haut werden chemische Mittlerstoffe (Mediatoren) über die Haut freigesetzt und erregen die Juck-Nerven.

Umgekehrt kann man dieses Prinzip auch nutzen, um den Juckreiz zu mildern. So blockieren Hitze und Kälte sowie Druck diese Juck-Nervenfasern. Man kann also mit einem Eisbeutel, aber auch durch Kratzen und Beißen den Juckreiz beseitigen – zumindest vorübergehend. Denn wenn der Hund sich kratzt, setzt die Haut sofort wieder Mittlerstoffe frei. Die Folge ist: Der Juckreiz kehrt verstärkt zurück.

Atopie

Sie stellt die zweithäufigste allergische Hauterkrankung dar und tritt meist das erste Mal vor dem 3. Lebensjahr auf, oft in Zusammenhang mit anderen Erkrankungen wie z. B. massivem Flohbefall. Die Veranlagung dazu wird vererbt, Hündinnen sind häufiger betroffen als Rüden. Ist die Haut unverändert und der Hund leidet trotzdem an Juckreiz, nennt man dies Atopie. Das bedeutet nichts anderes, als dass ein Hund auf ganz normale Dinge in seiner Umwelt überempfindlich reagiert. Und zwar erfolgt die Reaktion sofort, daher auch die Bezeichnung Allergie vom Soforttyp.

Der Hund atmet die unverträglichen Substanzen meistens ein. In seltenen Fällen nimmt er sie auch über die Haut auf, beispielsweise Blütenpollen, Staubmilben oder Hausstaub.

Interessant ist, dass – wie beim Menschen – ein Zusammenhang zwischen der Atopie-Neigung und dem Geburtsmonat besteht: Während der Pollenflugzeit geborene Hunde leiden doppelt so häufig unter dieser Überempfindlichkeit wie Winterwelpen.

Vermutlich gehen acht bis zehn Prozent aller Hautkrankheiten auf eine Atopie zurück. Bei einigen Rassen wird die Neigung zur Atopie vererbt (siehe Tabelle). Neben der Rasse spielt auch das Geschlecht eine Rolle. So leiden – wie bereits gesagt – Hündinnen häufiger unter Atopie als Rüden.

A

Boston Terrier	Labrador Retriever
Boxer	Lhasa Apso
Cairn-Terrier	Mops
Dalmatiner	Rhodesian Ridgeback
Deutscher Schäferhund	Scottish Terrier
Drahthaar Foxterrier	Shar Pei
English Setter	West Highland
Golden Retriever	White Terrier
Irish Setter	Zwergschnauzer

Rassen, die zur Atopie neigen.

Krankheitsbild: Die Hunde leiden unter Juckreiz – vor allem im Gesicht und an den Pfoten (→ **Demodexmilben**). Sie belecken sich, bearbeiten mit den Pfoten Augenpartie und Schnauze oder scheuern den Kopf am Teppich hin und her.

Die Krankheitserscheinungen können zeitlebens saisonal, meist im Frühjahr oder Sommer, auftreten, aber 80 Prozent der Hundepatienten leiden das ganze Jahr darunter. Das hängt davon ab, welches Allergen die Atopie auslöst. Hauptmerkmal ist immer der Juckreiz, oft begleitet von einer chronischen Ohrenentzündung (Otitis) und/oder Bindehautentzündung. Dagegen sind Hautveränderungen zumindest am Anfang selten. Sie entstehen erst durch das ständige Kratzen. Dies führt zu Verletzungen, die sich entzünden, zu Haarverlust, zu dunkler pigmentierten Stellen und verfärbten Haaren sowie zur Seborrhoe.

Diagnose – Hauttest: Nachdem der Tierarzt andere Ursachen für den Juckreiz ausgeschlossen hat, wird die Verdachtsdiagnose Atopie gestellt. Nun kann man einen Allergietest durchführen, der aber nur dann sinnvoll ist, wenn man eine → **Immuntherapie** durchführen will, oder wenn man die auslösenden Allergene herausfinden und vermeiden möchte, wie im Falle der Kontaktallergie.

Als Allergietest verwendet der Tierarzt einen Hauttest (Intrakutantest) oder nimmt eine Blutprobe zur Untersuchung.

Für den Intrakutantest wird eine Flanke des Tieres rasiert, und man markiert dort etwa zehn bis zwanzig Punkte mit dem Stift. An diesen Punkten spritzt der Tierarzt jeweils eine kleine Menge der fraglichen Allergene in die Haut.

Die Auswahl der Allergene ist eine Kunst für sich. Bei Pflanzenallergenen wird der Tierarzt zudem die regionalen Besonderheiten berücksichtigen. Wird die Haut nach einer Wartezeit an einigen Stellen dicker oder rot, hat man das schuldige Allergen. Da die Durchführung und Auswertung große Erfahrung voraussetzt, sollte man diesen Test in einer Klinik oder bei einem Tierarzt, der sich auf Hautkrankheiten spezialisiert hat, vornehmen lassen (Adressen im Anhang).

Therapie Atopie: Jeder Organismus toleriert eine bestimmte Menge an Allergenbelastung – bis hin zu seiner individuellen Empfindlichkeitsschwelle. Ist diese erreicht, kommt es zur Reaktion. Dabei können trockene Raumluft, Flohbefall oder eine bakterielle Infektion aber auch andere Stressfaktoren das Fass zum Überlaufen bringen. Deshalb sollte man als Besitzer versuchen, diese zusätzlichen Faktoren zu beseitigen, um mit dem Hund wieder unter die Toleranzschwelle zu kommen.

Eine Atopie kann man wie auch beim Menschen nicht heilen. Das Ziel jeder Therapieform ist daher, die Symptome zu lindern und wenn möglich zu beseitigen. Dazu stehen verschiedene Medikamente zu Verfügung. Um den Juckreiz zu stillen, bedarf es meist der Anwendung von Glukokortikoiden, die in niedriger Dosis ausreichen, um die Beschwerden zu lindern. Antihistaminika wirken bei Hunden in nicht ausreichender Weise. Zusätzlich hat sich die Gabe von ungesättigte Fettsäuren bewährt.

Soweit der Allergietest die Atopieursache identifiziert hat und man sie auch meiden kann, ist der Fall relativ einfach. Lassen sich die auslösenden Faktoren nicht eliminieren, kann man den Hund hyposensibilisieren.

Der Erfolg sieht bei Hunden etwa so aus: Ein Drittel der Hunde ist nach dieser Immuntherapie beschwerdefrei, bei einem Drittel bessern sich die Beschwerden deutlich und ein Drittel reagiert nicht auf die Therapie. Die Besserung kann schon nach einem Monat eintreten, sie kann aber auch ein Jahr lang auf sich warten lassen. Die Therapie sollte über mehrere Jahre fortgesetzt werden.

Die sekundären Hautveränderungen behandelt man symptomatisch: Seborrhoe mit Shampoo, bakterielle Infektionen mit Antibiotika.

Allergie des Menschen gegen Hunde

Manche Menschen reagieren allergisch auf Hunde. Oft ist das mit einer Allergie gegen andere Tierhaare gekoppelt. In Hundekreisen kursieren verschiedene Gerüchte, welche Hunderassen man trotz Allergie halten kann. Einer wissenschaftlich Überprüfung halten diese Tipps jedoch nicht stand. Wenn man trotz Allergie einen Hund haben möchte, sollte man als erstes mit seinem Hausarzt sprechen. Mit Niesattacken kann man eventuell leben, mit Asthmaanfällen nur schwer.

Im Allgemeinen reagieren Menschen auf langhaarige Tiere weniger allergisch als auf kurzhaarige. Das hängt damit zusammen, dass die Haut- und Staubpartikel sowie Speichelreste vorwiegend beim Bürsten in die Luft gelangen. Wenn ein anderes Familienmitglied das Bürsten übernimmt oder wenn man – mit Mundschutz – den Hund im Garten oder auf dem Balkon bürstet, kann es gut gehen. Nackthunde sind erfahrungsgemäß stark allergen. Doch keine Regel ohne Ausnahme: Manche Leute reagieren gerade auf langhaarige Tiere besonders allergisch. Deshalb ist es am besten, man testet sich selber. Dazu besucht man Freunde oder Bekannte, die Hunde haben, und erprobt, wie weit man den Tierkontakt verträgt. Eventuell sollte man es mit einem Pudel, Bedlington Terrier oder Kerry Blue Terrier probieren. Diese Rassen haaren so gut wie überhaupt nicht, da sie geschoren werden.

Verlaufen mehrere Besuche in kurzen Abständen beim gleichen Hund ohne Probleme, kann man daran denken, sich selbst auch ein Tier zuzulegen. Um ganz sicher zu gehen, sollte man den Test-Hund als Feriengast für zwei Wochen bei sich aufnehmen – möglichst im Frühjahr oder Herbst, wenn er sein Fell wechselt.

Klappt das nicht, kann man noch einmal mit seinem Hausarzt bzw. einem Allergologen sprechen und sich eventuell hyposensibilisieren lassen. Allerdings dauert diese Behandlung einige Monate.

Alter

Hunde werden, wenn sie gut gehalten und medizinisch betreut werden, deutlich älter als früher. Kleinwüchsige Hunde leben in der Regel länger als riesenwüchsige. Die Faustregel, dass ein Hundejahr sieben Menschenjahren entspricht, lässt sich nur bedingt anwenden. Besser ist folgendes Schema, das aber Rasseunterschiede nicht berücksichtigt und für großwüchsigen Spätentwickler ebenfalls nicht stimmt:

Hund	Mensch
3 Monate	3 Jahre
4 Monate	5 Jahre
6 Monate	10 Jahre
8 Monate	14 Jahre
12 Monate	16 Jahre
18 Monate	20 Jahre
2 Jahre	24 Jahre
3 Jahre	28 Jahre
4 Jahre	32 Jahre
5 Jahre	36 Jahre
6 Jahre	40 Jahre
7 Jahre	44 Jahre
8 Jahre	48 Jahre
9 Jahre	52 Jahre
10 Jahre	56 Jahre
11 Jahre	60 Jahre
12 Jahre	64 Jahre
14 Jahre	72 Jahre
16 Jahre	80 Jahre
18 Jahre	88 Jahre

Hundealter im Vergleich zu Menschenjahren.

Laut Statistik zählt ein (großer) Hund mit acht Jahren bereits zu den Senioren. Die durchschnittliche Lebenserwartung liegt bei neun Jahren, obwohl Hunde durchaus 15 bis 20 Jahre alt werden können.

Auf zwei Punkte sollte man in diesem Lebensabschnitt besonders achten: Zum einen die Fütterung und zum anderen die Vorsorgeuntersuchungen.

Die *Fütterung* muss man dem verminderten Energiebedarf eines älteren Tieres anpassen. Auch die Zusammensetzung des Futters sollte sich ändern. Ein alter Hund braucht mehr Eiweiß, mehr Vitamin B und Vitamin A. Die Nahrungsbestandteile müssen hochwertig und gut verdaulich sein. Spezielle Seniorenfertigfutter tragen dem Rechnung. Es empfiehlt sich, einem alten Hund wieder zwei Mahlzeiten täglich anzubieten.

Den Grundstein für ein unproblematisches Altern legt man bereits beim Wel-

A

pen, nämlich mit einer artgerechten optimalen Haltung und Fütterung von klein auf. Übergewicht verkürzt die Lebenserwartung, und gerade im Alter nimmt ein Hund leicht zu: Der Grundumsatz sinkt bei älteren Tieren und gleichzeitig nimmt ihre Leistung ab, weil sie sich weniger bewegen. Die Folgen von Übergewicht sind schwerwiegend, z. B. Belastung von Kreislauf, Atmung, Skelett, Störungen der Leberfunktion, Hautkrankheiten sowie verminderte Abwehrkraft gegen Infektionen.

Umgekehrt besteht bei Senioren auch die Gefahr einer Unterernährung. Durch seinen verminderten Geruchs- und Geschmackssinn und durch einen Rückgang der Verdauungsleistung zeigen alte Hunde weniger Appetit. Das führt nicht nur zu einer Unterversorgung an Energie, sondern auch zu einem Mangel an verschiedenen lebensnotwendigen Nährstoffen. Eine regelmäßige Gewichtskontrolle sowie eine spezielle Altersdiät beugen dem vor. Man kann die Verdaubarkeit des Futters dadurch verbessern, dass man Eiweiß und Stärke kurz erhitzt. Das Anwärmen des Futters verstärkt seinen Geruch und Geschmack und wirkt daher appetitanregend.

Der alternde Hund sollte möglichst ein gleichmäßiges, ausgeglichenes Nährstoffangebot erhalten, da er unterschiedliche Gehalte nicht mehr gut ausgleichen kann.

Überschüssige Nährstoffe wie z. B. Kalzium oder fettlösliche Vitamine belasten den Stoffwechsel unnötigerweise. Futterumstellungen sollte man immer sehr behutsam vornehmen – Löffelchen für Löffelchen. Sonst sind Probleme vorprogrammiert.

Zum zweiten sollte man den Hund regelmäßig untersuchen lassen (siehe Alters-Checkup). Auch hier spielt die Betreuung von klein auf eine Rolle. Wer seinen Hund regelmäßig entwurmen und impfen lässt, erspart ihm Krankheiten und gibt gleichzeitig dem Tierarzt Gelegenheit, eventuell auftretende Erkrankungen frühzeitig zu erkennen. Denn chronische Krankheiten, wie z. B. von Kreislauf, Nieren oder Leber, sind bei älteren Hunden nicht selten. Eine

Wenn ein Hund bis ins Alter fit sein soll, muss man schon beim Welpen mit der Vorsorge beginnen.

frühzeitig begonnene Therapie, wie auch eine angepasste Diät tragen entscheidend zur Verbesserung der Lebensqualität bei und können das Leben deutlich verlängern. Ebenso ist eine regelmäßige Zahnkontrolle von großer Bedeutung. Denn Zahnstein und Zahnfleischentzündungen sind ein beständiger Infektionsherd: Bakterien und Bakterientoxine können in den Körper gelangen und zu Schäden von Nieren, Lungen und Herzklappen sowie zur Störung des Allgemeinbefindens führen. Daher sollte man die Zähne bis ins hohe Alter pflegen und bei Bedarf sanieren lassen (→ **Zahnstein**).

Kaum eine Erkrankung, die im Alter auftritt, ist wirklich ein reines Altersleiden. So können Krankheiten in jungen Jahren zu einer Vorschädigung führen, die erst im Alter wieder Probleme bereitet. Chronische Störungen können sich ebenfalls im Alter stärker bemerkbar machen. Zum einen summieren sich die Wehwehchen, zum anderen finden im Körper eines alternden Tieres Umbauvorgänge statt. Bindegewebe, Nerven- und Muskelgewebe werden abgebaut, nicht selten zugunsten von Fettgewebe. Das Gewebe kann sich nicht mehr so gut anpassen und verliert an Leistungsfähigkeit. Folglich reagiert der Organismus empfindlicher auf innere und äußere Einflüsse, besonders auf alle Stressfaktoren wie Krankheit oder Umstellung in der Haltung.

Geriatrika: Einen Jungbrunnen gibt es für Hunde ebenso wenig wie für Menschen. Dennoch können Präparate, welche die Durchblutung von Gehirn, Herz- und Skelettmuskulatur verbessern, ältere Hunde deutlich lebhafter erscheinen lassen.

Von Multivitamin-, Enzym-, Hormon- und ähnlichen Präparaten ist allenfalls dann ein Effekt zu erwarten, wenn der Hund vorher an einem Mangel litt.

Woran erkennt man einen alten Hund?

Dunkle Hunde beginnen um die Schnauze herum zu ergrauen. Das Bindegewebe lässt nach, so dass die Figur sich in Richtung Hängebauch entwickelt. Nicht selten wird – gerade bei Hündinnen – das Fell im Rücken- und Flankenbereich etwas schütter. Die Hunde werden ruhiger, bewegen sich weniger, vor allem wenn sie unter der schmerzhaften Arthrose leiden.

Altersbedingte Verhaltensstörungen

Auch Hunde können an einer so genannten kognitiven Dysfunktion leiden, darunter versteht man altersbedingte Verhaltensstörungen in der Wahrnehmung, Aufmerksamkeit, im Lernen sowie Gedächtnisstörungen, die nicht rein organisch bedingt sind. Es gibt vier Typen:

1. mangelndes Wiedererkennen von Personen, Situationen und Umwelt.
2. Verlust der Stubenreinheit.
3. Desorientiertheit, so finden Hunde beispielsweise die Tür nicht mehr oder laufen in eine Ecke und finden nicht mehr heraus.

A

4. Störung des Wach-Schlaf-Rhythmus in Form von Nachtaktivität. Manche Hunde fangen an, dauerhaft zu heulen, zu bellen oder verfolgen ihren Besitzer auf Schritt und Tritt.

Diagnose: Um organische Erkrankungen auszuschließen: Allgemeinuntersuchung, neurologische Untersuchung und Laboruntersuchung von Blut und Urin

Therapie: Medikament (Selegelin)

Dieses altersbedingte Krankheitsbild kann mit der Alzheimer Krankheit des Menschen verglichen werden. Die Veränderungen im Hundegehirn zeigen jedoch nicht alle typischen Alzheimer-Zeichen, so dass man nur von einem alzheimerähnlichen Alterungsprozess spricht.

Altersbestimmung

Nur bis zum Zahnwechsel lässt sich das Alter eines Hundes sicher bestimmen, danach ist man auf Erfahrung im Schätzen angewiesen. Der Wechsel beginnt mit den Schneidezähnen (Incisivi). Die Fangzähne (Canini) folgen im Alter von fünf bis sechs Monaten. Oft sind die Milch-Canini zu diesem Zeitpunkt noch nicht ausgefallen. Ein Hund mit Milch- und bleibenden Canini ist demnach sechs oder sieben Monate alt. Gleichzeitig werden alle Backenzähne ersetzt.

Nach dem Zahnwechsel kann man die Abnutzung der Zähne zur Altersschätzung heranziehen, allerdings können Angewohnheiten wie Steine Apportieren beispielsweise die Zähne frühzeitig abnutzen. Auch Körperhaltung und Gesichtsausdruck ändern sich mit dem Erwachsen- und Altwerden. Und schließlich treten manche Krankheiten bevorzugt in einem bestimmten Alter auf wie z. B. der Alterstar ab dem siebten Lebensjahr.

2 Monate:	Die Milchzähne sind vorhanden.
3,5 Monate:	Die ersten bleibenden Schneidezähne brechen durch.
6 Monate:	Die Fangzähne werden gewechselt.
7 Monate:	Der Hund hat sein endgültiges Gebiss.
1,5 bis 2,5 Jahre:	Abnutzung der Hauptlappen der Zangen (Schneidezähne in der Mitte) im Unterkiefer
2,5 – 3,5 Jahre:	Abnutzung der Hauptlappen der Oberkieferzangen
3,5 – 4,5 Jahre:	Abnutzung der Hauptlappen der mittleren Oberkieferschneidezähne
4,5 – 5,5 Jahre:	Abnutzung der Hauptlappen der Unterkiefereckschneidezähne
6 Jahre:	Hauptlappen der Oberkiefereckschneidezähne abgenutzt
7 Jahre:	Reibeflächen der Zangen im Unterkiefer längsoval
8 – 9 Jahre:	Reibeflächen der Mittelzähne im Unterkiefer längsoval
9 – 10 Jahre:	Reibeflächen der Zangen im Oberkiefer längsoval

mit 10 bis 12 Jahren fallen die Zangen im Unterkiefer und bald darauf im Oberkiefer aus.

Zahn-Altersbestimmung

Alters-Checkup

Um mögliche Probleme frühzeitig zu erkennen, führen viele Tierärzte einen speziellen Alters-Check durch. Diese Untersuchung dauert etwa 20 Minuten und umfasst in der Regel folgende Punkte:

- Allgemeinuntersuchung
- Überprüfung des Seh- und Hörvermögens
- Untersuchung des Bewegungsapparates (Probelauf im Freien)
- Abhören von Herz und Lunge zur Kreislaufkontrolle nach Bewegung sowie in Ruhe
- eventuell EKG
- Blut- und Harnuntersuchung
- Neurologische Untersuchung: Prüfen der Sensibilität sowie der Reflexe

Der Tierarzt dokumentiert die Ergebnisse nach einem festen Schema, so dass er Veränderungen sofort ersehen kann. Falls eine Behandlung notwendig ist, kann diese schon sehr frühzeitig einsetzen.

Alzheimer Krankheit

→ Altersbedingte Verhaltensstörungen

Anabolika

Anabolika sind Hormonpräparate, die sich von den männlichen Geschlechtshormonen (Androgenen) ableiten. Sie beschleunigen den Wachstumsvorgang und damit auch den Muskelansatz; daher werden sie im Leistungssport bei Mensch und Tier missbräuchlich eingesetzt. In der Tiermedizin verwendet man Anabolika beispielsweise bei Hunden mit Dackellähme, damit die Rückenmuskulatur sich stärker entwickelt und die Wirbelsäule entlasten kann.

Anabolika wirken sich jedoch nur an den Muskeln aus, die auch belastet werden. Um die rückgebildete Muskulatur, beispielsweise nach einer Operation, wieder aufzubauen, sollte man mit dem Hund Gymnastik machen oder ihn, falls möglich, bewegen.

Analbeutel, Probleme mit den

Hunde haben paarige Analdrüsen in der Afterschleimhaut. Es sind Duft- und Talgdrüsen, die ihr Sekret in die Analbeutel (Durchmesser ein bis zwei Zentimeter) beidseits des Darmausganges abgeben.

Das für Menschen äußerst übel riechende Sekret dient der Duftmarkierung des Hundekotes. Es wird normalerweise bei der Darmentleerung mit dem festen Kot aus den Analbeuteln ausmassiert. Wenn Hunde an anderen Hundehaufen schnuppern, können sie erkennen, wer hier seine Botschaft hinterlassen hat.

Auch das Schwanzwedeln hat diesen Effekt: Die Duftstoffe werden ausmassiert. Der Hund umgibt sich mit einer Duftwolke, die dem Gegenüber seine individuelle Duftmarke vermittelt. Dabei werden nur ganz geringe Mengen des Sekretes abgesetzt, die wir Menschen nicht wahrnehmen können. Die Analbeutel können jedoch verstopfen, z. B. bei Verdauungsstörungen. Das juckt und es kommt zum so genannten »Schlittenfahren«: Der Hund rutscht mit der Analregion auf dem Boden entlang und versucht die Analdrüsen auf diese Weise zu entleeren.

Behandlung: Der Tierarzt oder geübte Besitzer können die Beutel normalerweise ohne viel Aufwand ausdrücken. Ist dies nur hin und wieder nötig, braucht man weiter nichts zu unternehmen. Der Tierarzt kann die Analbeutel nach dem Ausdrücken eventuell noch spülen – mit Kochsalzlösung oder einem milden Desinfektionsmittel. Wegen der Verletzungsgefahr sollte man dies jedoch nicht zu Hause versuchen. Manche Hunde leiden jedoch an einer chronischen Analbeutelverstopfung, das heißt, die Analbeutel entleeren sich nicht oder kaum mehr von selbst. Als Folge kommt es zur Entzündung.

Krankheitsbild: Die Hunde haben oft Probleme beim Kotabsatz, sie lecken sich häufig die Analgegend, die gerötet und geschwollen sein kann. Die Hunde drehen sich im Kreis, um auch im Stehen an die schmerzende Stelle zu kommen. Bei kastrierten Rüden kann es vorkommen, dass Bakterien in den Analbeuteln Duftstoffe produzieren, ähnlich dem Geruch einer läufigen Hündin. Die Rüden werden dann wie eine läufige Hündin verfolgt, bedrängt und bestiegen.

Therapie: Der Tierarzt kann die Analbeutel ausdrücken und antibiotisch versorgen. Führt dies nicht zu einem bleibenden Erfolg, kann der Tierarzt die Analbeutel auch mit einem chirurgischen Eingriff entfernen.

Angina tonsillaris

Die Gaumenmandeln (Tonsillen) sind Organe des körpereigenen Abwehrsystems und reagieren auf eindringende Krankheitserreger. Beim Hund sind die Mandeln Teil des Waldeyerschen Rachenrings, der den Nasen-Rachen-Raum und den Schlund umgibt. Eine zeitweilige Schwellung der Mandeln, als Zeichen erhöhter Aktivität, kann durchaus normal sein und eine Erkrankung verhindern.

Die Mandeln enthalten – aus der Lymphe herausgefilterte – Keime, vor allem Bakterien. Manchmal gelingt es nicht, diese Erreger, die zur Mandelschwellung geführt haben, zu eliminieren. Die Mandeln erkranken schließlich selbst.

Lokale Reize im Rachenraum, wie Schneefressen, starkes Hecheln, Fahren mit offenem Autofenster oder Dauerbellen, sowie lokale Infektionen wie eine Tracheobronchitis begünstigen eine Mandelentzündung. Man sollte immer auch Zahnfleisch und Zähne kontrollieren. Auch in die Mandeln eingespießte Fremdkörper (z. B. Ähren) führen zu einer in diesem Fall meistens nur einseitigen Mandelentzündung. Ebenso können die Mandeln bei schweren Allgemeinerkrankungen (z. B. Staupe, Hepatitis contagiosa canis, Tollwut) in Mitleidenschaft gezogen werden. Daher ist es wichtig, auch Laboruntersuchungen (Blut, Harn) durchzuführen.

Die Erreger der Grundkrankheit können nicht abgefangen werden. Zusätzlich zur Allgemeinerkrankung entwickelt sich eine Mandelentzündung. Meist sind Hunde bis zu einem Alter von zwei Jahren betroffen. Die Entzündung kann akut oder chronisch (ältere Tiere) verlaufen. Oftmals entzünden sich die Mandeln nach erfolgter Abheilung immer wieder neu. Man nennt das rezidivierende Mandelentzündung.

Krankheitsbild der akuten Tonsillitis: Die Hunde haben meist hohes Fieber (40,5 bis 41 °C) und Probleme beim Schlucken. Sie würgen, husten oder gähnen. Wegen der Halsschmerzen fahren sie sich mit den Pfoten an den Kopf und/oder Hals oder schieben das Kinn am Boden entlang. Das Allgemeinbefinden ist deutlich gestört, die Hunde sind müde und wollen ihre Ruhe.

Krankheitsbild der chronischen Tonsillitis: Eine chronische Mandelentzündung ist die Folge von wiederholten akuten Entzündungen. Das Bild gleicht der akuten Entzündung, allerdings speicheln die Hunde vermehrt. Schluckbeschwerden können fehlen. Auffällig ist der üble Geruch aus dem Fang. Die Mandeln sind auch in den fieberfreien Phasen geschwollen. Sie können im Verlauf der Erkrankung so groß werden, dass sie den Schlund einengen. Der Hund hat dann Probleme beim Abschlucken des Futters. Die Gefahr der chronischen Entzündung liegt darin, dass aus dem beständigen Eiterherd Keime in den Körper gelangen und andernorts, z. B. an den Herzklappen, in den Gelenken oder den Nieren, zu Entzündungen führen. Außerdem besteht die Gefahr, dass sich die Mandeln tumorös verändern.

Therapie: Behandlung der Grundkrankheit und Gabe von Antibiotika.

Bei chronischen Mandelentzündungen empfiehlt sich, vor der Antibiotikabehandlung einen Abstrich zu nehmen, um ein Antibiogramm durchzuführen.

Wenn die Therapie nicht anschlägt oder es zu einer rezidivierenden Mandelentzündung kommt, dann sollte man die Mandeln operativ entfernen. Auch wenn man ein Organ des Immunsystems entfernt, überwiegen die Vorteile dieser Operation dennoch die möglichen Nachteile. Diese Operation kann der Haustierarzt in der normalen Praxis durchführen. Man muss dafür keinen Spezialisten aufsuchen, was für manche andere Operation durchaus sinnvoll sein kann. Nach der Operation erhält der Hund einige Tage nur flüssige bzw. breiige Kost, bis sich der Rachenraum erholt hat.

Angst

Man unterscheidet theoretisch eine gesunde Furcht, die Gefahren vermeiden hilft, von einer übersteigerten Angst. Allerdings ist es eine Standpunktfrage, ob die Angst z. B. vor Silvesterknallern berechtigt oder übertrieben ist, beruht sie doch auf für den Hund unangenehmen Erfahrungen. Da der Hund den Lärm weder vorhersehen noch vermeiden kann, wird die Angst im Laufe des Lebens schlimmer. Man darf in diesem Zusammenhang nicht vergessen, dass die Sinneswahrnehmung eines Hundes feiner ist (Gehör, Nase) und daher die

A

Schmerzgrenze schneller erreicht werden kann als beim Menschen. Reagiert ein sonst ruhiger Hund plötzlich ängstlich, kann dies immer auch ein Hinweis auf eine Erkrankung sein. Auch Menschen reagieren empfindlicher auf Geräusche oder Gerüche, wenn es ihnen nicht gut geht.

Wenn möglich, sollte man dem Hund die Angst nehmen, indem man ihn an die auslösende Ursache gewöhnt. Die Gewöhnung sollte in kleinen Schritten stattfinden (Desensibilisierung), durch Ablenkung, der Hund wird – z. B. durch Futter, Spiel – in eine positive Grundstimmung versetzt, die Angst ausschließt, und dafür belohnt. Ein weitgehend angstfreies Leben ist für den Hund sicherlich angenehmer – und auch für den Besitzer, doch das ist ein Nebeneffekt. → **Frostschutzmittel, Tollwut, Übererregbarkeit**

Angst vor dem Alleinebleiben

Das Nicht-Alleinebleiben-Können ist ein häufiges Problem beim Hund, wenn es nicht behutsam geübt wird. Besonders ganz junge Hunde, die bislang ohne Wurfgeschwister oder menschliche Familie waren, sowie Tierheimhunde, die bereits Trennungen erlebt haben, können an dieser Angst leiden.

Hunde zeigen diese Angst, indem sie z. B. Bellen, Winseln, an der Tür kratzen oder

Reagiert ein sonst ruhiger Hund plötzlich ängstlich, kann dies immer auch ein Hinweis auf eine Erkrankung sein.

unkontrolliert Harn und Kot absetzen, kurz nachdem der Besitzer das Haus verlässt. Und zwar ausschließlich dann. Ist der Besitzer zu Hause, verhalten sich die Hunde wohlerzogen. Andere Hunde verfallen in Depression, wenn sie alleine bleiben, und werden überaus aktiv, sobald der Besitzer wiederkommt.

Dieses Verhaltensproblem kann man nur mit viel Geduld in den Griff bekommen. Am besten wendet man sich an einen Verhaltenstherapeuten (→ **Adressen**), der ein individuelles Programm entwickeln wird. Folgende Punkte sind immer enthalten:

- Abschiedszeremoniell weglassen
- Auslöser wie etwa den Mantel anziehen oder den Schlüssel vom Haken nehmen, vermeiden. Alternativ kann man z. B. den Mantel im Auto lassen und den Schlüssel in der Handtasche aufbewahren.
- das Alleinelassen sehr langsam steigern, indem man erst nur die Wohnung verlässt, eine Minute wartet und wieder zurückkommt. Später kann man schon mal die Zeitung holen gehen …

Um diese Bemühungen nicht wieder zunichte zu machen, braucht man für mindestens vier Wochen einen allzeit bereiten Dogsitter, damit der Hund in der Trainingszeit nie alleine ist.

Man kann diese Verhaltensmaßnahmen in bestimmten Fällen durch Medikamente unterstützen. Die Medikamente alleine beheben das Problem jedoch nicht!!!

Angst vor dem Tierarzt

Hunde kommen nicht mit der Angst vor dem Tierarzt auf die Welt. Sie reagieren auf die Angst ihres Besitzers und auch auf die Stressdüfte im Wartezimmer. Außerdem kann eine Behandlung oder Untersuchung unangenehm oder schmerzhaft sein oder den Hund erschrecken, so dass er sich dies für lange Zeit merken wird. Es gibt auch Hunde, die, aus mangelnder Erfahrung, vor fast allem Angst haben, aber das ist dann ein anderes Problem.

Hunde mit schlechter Erfahrung fürchten eine Wiederholung des unangenehmen Erlebnisses und versuchen, sich dem zu entziehen: Sie betreten das Wartezimmer nicht mehr freiwillig.

Leider können wir einem Tier nur schwer erklären, dass der Tierarzt ihm helfen will. Das am Stammtisch oder in Rührstücken gern zitierte instinktive Wissen der Tiere, dass man ihnen helfen will, gehört in vielen Fällen ins Märchenland. Was nicht heißt, dass es diese Verständigung grundsätzlich nicht gibt. (Verletzt sich ein Hund die Pfote, hält er sie nicht selten dem Besitzer hin.)

Wenn ein Hund die Praxis nicht betreten will, dann lässt sich dieses Problem nicht mit guten Worten lösen. Zwergrassen kann man notfalls hineintragen, größeren Hunden sollte man besser beweisen, dass es keinen Grund zur Furcht gibt.

Wie so oft in der Verhaltenstherapie, braucht man Zeit. Denkt man an die eigene Angst vor Krankenhaus und Zahnarzt, die trotz modernster Anästhesie-Methoden nach wie vor existiert, sollte man das nötige Verständnis für seinen Hund aufbringen und die Situation mit ihm trainieren.

1. Gehen Sie möglichst oft zum Tierarzt, ohne dass etwas passiert. Also z. B. um ein Flohhalsband oder Shampoo zu kaufen. Falls man ein Markenfutter verfüttert, kann man es für eine Weile beim Tierarzt kaufen und den Hund jedes Mal mitnehmen – der Hund verknüpft den Tierarztbesuch mit einer sehr angenehmen Erfahrung.

2. Hat man als Besitzer selbst Panik davor, was für ein Theater es beim nächsten Tierarzttermin wieder geben wird, sollte man sich nach einer gelasseneren Begleitperson umsehen.

3. Man sorgt möglichst für Entspannung, indem der Termin beim Tierarzt als einer unter mehreren rangiert. So kann man z. B. einkaufen fahren, dann auf die Hundewiese gehen und am Schluss mit dem müde gespielten Hund den Tierarzt besuchen – möglichst auf einem anderen, als dem gewohnten Anfahrtsweg.

4. In schweren Fällen kann man den Tierarzt fragen, ob er ein Beruhigungsmittel bei Impfterminen etc. für angebracht hält. Bei einem kranken Tier würde dies jedoch das Krankheitsbild verändern und scheidet daher aus.

5. Man kann auch versuchsweise zum Nachbartierarzt gehen, vielleicht ist die Angst an das Sprechzimmer oder die Person gebunden.

Muss ein Hund häufig zum Tierarzt und gerät jedes Mal in Panik, dann sollte man das Problem grundsätzlich angehen – mit einem Trainingsprogramm. Voraussetzung ist natürlich, der Hund ist Futterbelohnungen zugänglich. Andernfalls berät man sich am besten mit einem Verhaltenstherapeuten, wie man das folgende Trainings-Programm für den Hund abändern kann.

Als erstes informiert man den Tierarzt von dem Vorhaben und bittet ihn um seine Mithilfe.

1. Man geht ein paar Tage hintereinander nur bis ins Wartezimmer des Tierarztes. Dort erhält der Hund eine besonders gute Belohnung. Man bleibt nur solange, wie man normalerweise im Wartezimmer warten müsste. Der Hund wird gelobt, wenn er keine Angst zeigt. Und er wird ignoriert, wenn er ängstlich ist. Die »beruhigenden Worte« bestätigen einen Angsthasen darin nur, dass er Grund zur Panik hat – man verschlimmert das Problem, statt es zu lindern!

2. Falls das im Sprechzimmer nötig ist, lässt man den Hund auch bei den Übungsterminen den Maulkorb tragen. Man sollte ihn so fest schnallen, dass der Hund ihn wirklich nicht abstreifen kann.

3. Erst nach einigen Tagen bittet man den Tierarzt oder gegebenenfalls seine Sprechstundenhilfe kurz ins Wartezimmer zu kommen und dem Hund eine Belohnung zu geben. Man sollte diese Besuche in mehrtägigen Abständen fortsetzen.

4. Nimmt der Hund die Belohnung mittlerweile freudig entgegen, sollte man ihn als nächstes auch kurz mit ins Sprechzimmer nehmen und nur noch dort belohnen. Nimmt er dort die Belohnung auch vom Tierarzt gerne und angstfrei an, ist das Trainingsprogramm beendet.

Ganz wichtig: Während des Trainingsprogrammes sollte der Hund, außer im Notfall, nicht behandelt oder untersucht werden. Auch in Zukunft sollte er bei jedem Tierarztbesuch eine dicke Belohnung erhalten.

Angst vor Gewitter / Silvester

Junge Hunde fürchten sich meist nicht vor Gewitter, erst im Laufe der Jahre entwickelt sich die Angst. Einige Rassen – wie Vertreter der Hütehunde – neigen besonders zu Geräuschängsten. Neben dem Lärm spielt bei der Gewitterangst auch noch die Veränderung des Luftdruckes eine Rolle. Letzteres kann man nicht trainieren. Als Besitzer kann man nur versuchen, dass der Hund sich in den angstauslösenden Situationen an einen für ihn sicheren Ort wie z. B. Auto oder Keller zurückziehen kann. Man sollte daran denken, dass Tiere das Aufziehen eines Gewitters schon Stunden vor dem ersten Donner oder Blitz spüren können. Wichtig ist es, den Hund nicht zu trösten, da dies die Angst noch verstärkt.

Ist ein Hund an Silvester oder bei Gewitter wirklich krank vor Angst, sollte man sich an einen Tierarzt für Verhaltenstherapie wenden, um die Situation – eventuell mit medikamentöser Unterstützung – zu üben oder zumindest zu lindern.

Ansteckungsgefahr Mensch – Hund

Die Gefahr, dass sich der Hund beim Menschen ansteckt, ist weit größer, als umgekehrt.

Beim Streicheln und Spielen, aber auch als Tröpfcheninfektion über Gähnen, Husten oder Niesen werden Keime direkt übertragen. Eine indirekte Übertragung findet über Teppiche oder Futternäpfe statt. Nachweislich kann sich der Hund bakterielle Darminfektionen, die Mykoplasmen-Pneumonie (atypische Lungenentzündung) sowie die Tuberkulose vom Menschen holen. Auch mit bestimmten Dermatomykosen (Hautpilze), wie Epidermophyton floccosum, infiziert der Hund sich meist beim Menschen. Die Influenza A und B wird ausschließlich vom Menschen aufs Tier übertragen.

Neben den Virus-Zoonosen findet man eine Reihe von Viruserregern beim Hund, die man dort eigentlich nicht vermuten würde: Die drei Serotypen des Poliomyelitis-Erregers (Kinderlähmung), das Masern- und Mumpsvirus oder auch Herpesviren.

Letztere führen bei Hund und Katze oft zu Maul- und Rachenentzündungen, die auf keine Therapie ansprechen. Haushalts-Hygiene ist daher für Mensch und Hund wichtig. Solange beide gesund sind, reicht die normale Reinigung vollkommen aus.

Hunde sind ideale Spielgefährten. Gut gepflegt, geben sie keinen Grund für hygienische Bedenken.

Fress- und Trinknapf kann man bedenkenlos im Geschirrspüler mitwaschen, was sie gleichzeitig weitgehend desinfiziert.

Desinfektion: Zur Desinfektion, also zur gezielten Vernichtung bestimmter Mikroorganismen, verwendet man Präparate, die unsere natürlichen Umwelt- und Lebensbedingungen möglichst wenig beeinträchtigen. Die meisten Viren werden durch Temperaturen über 60 °C (Dampfbehandlung, Kochen) abgetötet. Oberflächlich haben auch UV-Strahlen eine desinfizierende Wirkung. Normalerweise verwendet man Chemikalien. Gegen Bakterien und Viren wirken starke Laugen, Aldehyde und Halogene wie z.B. Chlorbleichlauge. Dabei ist die Gebrauchsanweisung (Vorreinigung, Verdünnung, Anwendungstemperatur, Einwirkdauer) genau zu beachten. Welches Mittel bei der Erkrankung eines Familienmitgliedes am besten zur Wohnungs-Desinfektion geeignet ist, kann man beim Hausarzt, Haustierarzt oder Apotheker erfragen.

Literatur: »Hygiene in Haushalten mit Heimtieren« – Behr's Verlag, Hamburg

Anthropozoonose

Anthropos ist das griechische Wort für Mensch, Zoon für das Tier. Häufiger verwendet man die Kurzform Zoonose für Infektionen und Krankheiten, die zwischen Mensch und Tier auf natürlichem Wege übertragen werden können. Der Hund spielt als Ansteckungspartner für den Mensch keine große Rolle mehr, seit

Impfung und Entwurmung zum Standard gehören. Mögliche Zoonosen sind z. B. Fuchsbandwurm, Tollwut, Hakenwurmbefall oder auch Hautpilzinfektionen.

Antibiogramm

Mit verschiedenen Untersuchungsmethoden ermittelt man im Labor, welche Antibiotika oder Chemotherapeutika gegen bestimmte Bakterien wirken. Dies betrifft Bakterien, die man bei dem erkrankten Hund im Blutserum, im Urin, in Gewebeproben oder auch in der Gehirn-Rückenmarks-Flüssigkeit (Liquor cerebrospinalis) gefunden hat. Besonders bei Infekten, die zu chronischem Verlauf neigen, wie Harnwegsinfektionen, oder sehr schweren Erkrankungen wie einer Blutvergiftung, sollte dieser Test auf jeden Fall durchgeführt werden.

Antibiotika

Sie verhindern die Vermehrung von Bakterien (bakteriostatische Wirkung) oder töten diese ab (bakterizide Wirkung). Jedes Präparat hat ein bestimmtes Wirkungsspektrum. Setzt man es bei den falschen Keimen ein, passiert Folgendes: Die krankmachenden Bakterien vermehren sich weiter, unter Umständen sogar noch schneller, da man aus Versehen Konkurrenten (z. B. gesunde Darmflora) ausgeschaltet hat. In anderen Fällen hat das Medikament nur eine schwache Wirkung auf den Krankheitserreger, die vom Laien gewählte Dosierung ist zu gering oder die Therapie wird vorzeitig abgebrochen, weil es dem Hund schon wieder gut geht. In all diesen Fällen züchtet man regelrecht gegen das Antibiotikum widerstandsfähige (= resistente) Stämme.

Bakterien vermehren sich unvorstellbar schnell, dabei passieren laufend kleine Fehler. Einige dieser leicht veränderten (= mutierten) Nachfolgebakterien sind noch weniger empfindlich und können sich daher ungestört vermehren. Und schließlich verdrängen ganz unempfindliche Nachfolger alle anderen Keime. Daher sollte man eine Antibiotikatherapie nur unter tierärzttlicher Kontrolle durchführen.

Antibiotika werden aus Stoffwechselprodukten von Schimmelpilzen, Bakterien oder deren (halb)synthetisch hergestellten Abkömmlingen gewonnen. Weil Bakterienstämme immer wieder neue Resistenzen entwickeln, müssen auch die Antibiotika ständig weiterentwickelt werden, um wirksam zu bleiben.

Appetitmangel

Einige kleinere und Zwerg-Rassen fressen von Haus aus schlecht. Wenn jedoch ein Hund, der bisher gerne gefressen hat, die Nahrung ganz oder teilweise verweigert, muss man dies ernst nehmen. Unter anderem kann es psychische Ursachen haben, z. B. wenn der Hund sich in einer neuen Umgebung eingewöhnen muss. In den meisten Fällen wird jedoch eine Erkrankung dahinterstecken, z. B. Magen-Darm-Erkrankungen, Nierenentzündung, fieberhafte Prozesse, Darmverschluss, Bauchspeicheldrüsenentzündung oder Harnvergiftung.

Arthritis

Im Gegensatz zur → **Arthrose** handelt es sich bei der Arthritis um eine infektiös bedingte Gelenkentzündungen, beispielsweise bei der → **Borreliose**. Sind mehrere Gelenke erkrankt, nennt man dies Polyarthritis. Die Behandlung richtet sich nach der Grunderkrankung siehe dort.

Arthrodese

Darunter versteht man die Versteifung von Gelenken, um die Schmerzen durch instabile Gelenke zu beseitigen. Bei Hand- und Fußgelenk klappt das, ohne die Bewegung sonderlich zu beeinträchtigen. Bei Schulter-, Ellbogen- und Kniegelenk kann es Probleme geben. Daher versteift man diese Gelenke selten.

Arthroplastik

Hier wird ein Gelenk ersetzt. Beim Hund kann man bisher nur das Hüftgelenk durch eine Prothese ersetzen.

Resektionsarthroplastik: Hier entfernt der Tierarzt erkrankte bzw. deformierte Knorpel-Knochen-Bereiche. So beispielsweise den Oberschenkelkopf oder -hals bei einem Patienten mit Hüftgelenksdysplasie.

Arthrose

Arthrose ist die Bezeichnung für eine degenerative Gelenksentzündung. Das bedeutet, dass sich anfangs lediglich der Gelenkknorpel zurückbildet. Im Verlauf der Erkrankung kommt es aber auch zur Veränderung des Knochens. Vermutlich sind angeborene oder verletzungsbedingte Fehlstellungen im Gelenk der Auslöser. Aber auch Überbelastung, beispielsweise durch deutliches Übergewicht oder durch zu intensive Bewegung können die Ursache sein.

Krankheitsbild: Manche Hunde haben Schmerzen, wenn sie aufstehen müssen. Nach einigen klammen Schritten gehen sie dann meist besser, eventuell sogar beschwerdefrei. Mediziner nennen dies eine Anlauflahmheit, ein Problem das übrigens auch viele alte Menschen haben. Es ist das typische Zeichen für eine Arthrose. Leichtere Arthrosen melden sich oft ausschließlich bei kaltem, nassem und windigem Wetter. Im Sommer laufen die Hunde dann wieder ganz normal.

Behandlung: Rückgängig machen kann man diesen Prozess nicht, allenfalls stoppen. In einigen Fällen kann man den betroffenen Gelenkknorpel in einer Operation abtragen. Es bildet sich dann ersatzweise Faserknorpel. Die Hunde sind nach dem Eingriff weitgehend schmerzfrei.

Auf jeden Fall sollte ein Arthrosepatient seine Gelenke schonen. Er sollte möglichst leichtgewichtig sein und sich nur mäßig, aber regelmäßig bewegen. Das kranke Gewebe muss regelmäßig belastet und durchblutet werden, auch wenn es manchmal ein bisschen weh tut. Vom Menschen weiß man, dass Wolle und Wärme an den betroffenen Gelenken angenehm sind.

Bei Hunden mit → **Hüftgelenksdysplasie**-bedingter Arthrose hat die Gabe von bestimmten essenziellen Fettsäuren und Muschelextrakten in manchen Fällen Erfolg. Man vermutet, dass diese Säuren auf dem gleichen Wege wie entzündungsfördernde Substanzen im Körperstoffwechsel verarbeitet werden und so entzündungswidrig wirken. Da diese Diät keine Nebenwirkungen zeigt – im Gegensatz zu anderen Präparaten wie Kortison und anderen Entzundungshemmern – kann ein Behandlungsversuch lohnen.

Aspirin (Acetylsalicylsäure)

Dieses Medikament wird bei Hunden anders als beim Menschen nicht sehr häufig und auch kaum als Schmerzmittel eingesetzt, da diese Wirkung beim Hund weniger überzeugt. Man verwendet es, um Entzündungsprozesse zu stoppen, beispielsweise bei rheumatischen Beschwerden, und um bei bestimmten Erkrankungen – z.B. Blutparasiten – die Blutgerinnung in den Gefäßen zu verringern.

Allerdings kann Aspirin, über längere Zeit genommen, auch bei Hunden zu Reizungen der Magenschleimhaut führen.

Die darmlöslichen und daher magenfreundlichen Medikamente aus der Humanmedizin eignen sich für den Hund nicht, da sie in dessen kurzen Darmtrakt nicht ausreichend zur Wirkung kommen (BURROW, College of Vet. Medicine, Florida).

Augapfel-Vorfall (Exophthalmus)

1. Rassebedingt: Einige Rassen haben aufgrund ihres kurzen Schädels von Haus aus einen Exophthalmus, das heißt, der Augapfel ist nur in geringem Maße in die schützende Augenhöhle eingebettet. Schon bei dem geringsten Druck, man langt dem Hund aus Versehen beim Halsbandüberstreifen ans Auge, kann der Augapfel vorfallen.

2. Traumatisch: Infolge eines Traumas, wie Schlag oder Stoß, kommt es zur Läsion der zuführenden Gefäße und damit zum Bluterguss. Dadurch treten der Augapfel und das umgebende Bindegewebe hervor. Der Hund kann die Lider nicht mehr schließen, die Hornhaut trocknet folglich aus.

Als Erste-Hilfe-Maßnahme kann man kalte Kompressen mit physiologischer Kochsalzlösung auf die betroffene Kopfseite legen. Der Hund sollte ruhig liegen. Auf diese Weise kann man die Blutung stoppen, bis der Tierarzt das Auge versorgen kann.

Auge

Hundeaugen sind ein hochspezialisiertes Sinnesorgan, dessen äußerer Bau in etwa so aussieht: Der Augapfel (Bulbus) liegt in der knöchernen Augenhöhle. Er wird außen von der Sklera umgeben. Man sieht allerdings nur ihren vorderen Teil, die Hornhaut. Während des Lidschlags wird die Hornhaut von Ober- und Unterlid gewaschen und mit Feuchtigkeit versorgt.

Die Pupille hingegen liegt im inneren

Auge, sie wird von der Regenbogenhaut (Iris) gebildet. Ebenfalls im Inneren ist die Linse. Mit ihrer Hilfe kann der Hund nahe gelegene Dinge scharf sehen (Akkomodation), außerdem ist die Linse für das Sammeln (Fokussierung) der Lichtstrahlen auf der Netzhaut zuständig. Der durchsichtige Glaskörper füllt den Augapfel aus und hält ihn in seiner Form.

Die Bauweise des Auges wird oft mit einer Fotokamera verglichen: Man kann sich die Hornhaut und die Linse als Objektiv vorstellen und die Netzhaut als lichtempfindlichen Film, auf den die Bilder der Außenwelt projiziert werden. Dabei übertrifft die Abbildungskraft des Auges eine Kamera bei weitem.

Hunde sind also durchaus keine reinen Nasentiere, wenngleich sie weit mehr mit der Nase erforschen, als der Mensch das vermag. Außerdem können Hunde auch Farben sehen, man vermutet jedoch, aufgrund der Verteilung der Farb- und Schwarz-Weiß-Sinneszellen, dass die Hundewelt eher pastell gefärbt ist.

Hunde orientieren sich mit den Augen sowohl in der Wohnung, als auch im Freien und erkennen auch Menschen und Hunde zuerst optisch. So missfallen manchen Hunden ganz offensichtlich Äußerlichkeiten wie beispielsweise Stiefel, Rucksäcke oder schwarze Hosen. Wenn das Sehvermögen älterer Hunde nachlässt, verbellen sie auch ihnen vertraute Personen. Wenn

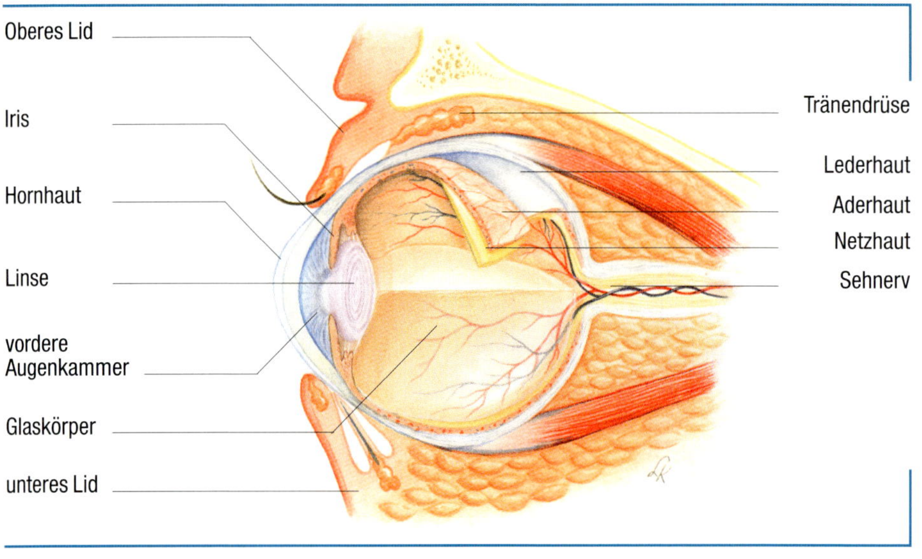

Die Bauweise des Auges wird oft mit einer Fotokamera verglichen. Dabei übertrifft das Auge eine Kamera bei weitem.

sie dann näher kommen, bemerken sie meistens ihren Fehler und gehen zur Begrüßung über.

In den letzten Jahren hat sich in der Tiermedizin auch die Fachrichtung Augenheilkunde entwickelt. Diese Tierärzte haben sich auf die Heilung von Augenkrankheiten spezialisiert und dürfen Vorsorgeuntersuchungen am Auge durchführen.

→ Erkrankungen des Augapfels: **Augapfel-Vorfall (Exophthalmus), Glaukom (Grüner Star)**; Erkrankungen der Augenlider: **Gerstenkorn, Lid-Fehlstellungen**; → Erkrankungen der Bindehaut: **Bindehautentzündung, Dermoid, Nickhautvorfall**; Erkrankungen der Hornhaut: **trockenes Auge, Schäferhund-Keratitis**; Erkrankungen des Tränenapparates: **trockenes Auge (Kerato-Konjunktivitis sicca), starker Tränenfluss**

Auge, trockenes (Kerato-Konjunktivitis sicca)

Der Tränenapparat besteht aus den Tränen produzierenden Drüsen und den ableitenden Gängen. Die Tränenflüssigkeit verhindert, dass Bindehaut und Hornhaut austrocknen. Außerdem spült sie den vorderen Augapfel und reinigt ihn auf diese Weise. Schließlich sorgt sie mit für den Schutzfilm, der vor der Hornhaut liegt.

Vor allem kleine Hunderassen, wie der West Highland White Terrier, neigen zur trockenen Horn- und Bindehautentzündung. Sie kündigt sich durch Blinzeln und Lichtscheue der Hunde an. Geht man sofort zum Tierarzt, kann die Erkrankung behandelt werden, bevor das Auge bleibend geschädigt wird. Ein Mangel an Tränenflüssigkeit oder eine Änderung in der Tränenzusammensetzung führen zur abnormen Trockenheit von Bindehaut und Hornhaut, später zur Entzündung.

Die Erkrankung kann angeboren, aber auch erworben sein: Chronische Entzündungen der Tränendrüse können zu einem Versiegen der Tränenflüssigkeit führen. Als Folge trocknen Bindehäute und die Hornhaut aus. Diese wird teilweise grautrübe. Im weiteren Verlauf können sich dunkle Pigmente auf der Hornhaut ablagern.

Krankheitsbild: Das trockene Auge ist gereizt und juckt. Die Hornhaut verliert ihren Glanz. Am Anfang blinzeln die Hunde und kratzen sich. Später kommt es dann zu schweren entzündlichen Verkrustungen, die Bindehaut liegt ganz dicht auf der Hornhaut auf. Die Versorgung der Hornhaut ist ohne den Tränenfilm schwer gestört. Unterbleibt eine Behandlung, kann sich die Hornhaut im Zuge der Entzündung auflösen. Die Hunde erblinden.

Diagnose: Die Erkrankung ist in Anbetracht des drastischen Krankheitsbildes schnell zu diagnostizieren. Um jedoch die Ursache und die optimale Therapie zu finden, werden spezielle Untersuchungen durchgeführt. Dazu zählen die Feststellung der Tränenproduktion mittels Schirmertest (eine Art Fließpapier), die mikroskopische Untersuchung eines Zellabstriches von Bindehäuten und Hornhaut, die

A

Untersuchung mit einer Spaltlampe sowie die bakteriologische Untersuchung des Tränensekretes mit Resistenztest.

Therapie: Wichtig ist, dass der betroffene Hund zuerst einmal von einem Fachtierarzt für Augenkrankheiten untersucht wird. Der Haustierarzt kann den Hund überweisen oder man wendet sich selbst an die zuständige Landestierärztekammer. Sie kann mit Adressen weiterhelfen. Erst wenn die Untersuchungsergebnisse vorliegen, kann über eine Behandlung gesprochen werden – Tropfen als Tränenersatz, Salben oder Tropfen gegen die Entzündung der Tränendrüse (leider ein noch sehr teures Medikament). Wenn dadurch keine Besserung zu erreichen ist, kann man den Speichelgang operativ so verlegen, dass er das Auge dauernd befeuchtet. Diese Operation können jedoch nur Spezialisten durchführen. Auf jeden Fall muss man viel Geduld und Konsequenz aufbringen. Die Therapie ist langwierig, aber man kann dem Hund durchaus helfen.

Augenkrankheiten, erbliche

Erbliche Augenerkrankungen werden in der Regel von einem oder mehreren Erbfaktoren (Genen) verursacht. Ob die Erkrankung dann aber wirklich bei den Nachkommen betroffener Elternpaare auftritt, hängt von vielen Faktoren ab.

Mittlerweile kennt man eine große Zahl dieser erblichen Augenleiden bei den verschiedenen Hunderassen. Viele von ihnen kann man jedoch nicht oder nur schwer behandeln.

Relativ gut lassen sich erbliche → **Lidfehlstellungen** korrigieren. Dazu gehören Entropium und Ektropium, sowie → **Wim-**

Augenkrankheit	Rasse
Entropium (Roll-Lid)	Chow-Chow, Shar Pei, Bouvier, Shih-Tzu, Pekinese
Ektropium (»offenes Auge«)	Bluthund, Spaniel, Bernhardiner
Distichiasis (»falsche Wimpern«)	Cockerspaniel, Retriever, Tibet Terrier, Pekinese, Pudel, Shih-Tzu
Glaukom (Grüner Star)	Beagle, Bouvier, Basset, Husky, Pudel
Katarakt (Grauer Star)	Bobtail, Golden Retriever, Spaniel, Afghane, Pudel, Zwergschnauzer, West Highland White Terrier
Linsenluxation (Linsenvorfall)	Jagdterrier
Retinadysplasie (Netzhautmissbildung)	Collie, Beagle, Labrador Retriever, Bedlington Terrier, Yorkshire Terrier, Rottweiler
CEA (Collie-Augen-Anomalie)	Collie, Sheltie
PRA (Netzhautdegeneration, Nachtblindheit)	Pudel, Collie, Zwergschnauzer, Dackel, Irischer Setter, Tibet Terrier, Labrador Retriever, Picard, Entlebucher Sennenhund.

Rassen, die zu erblichen Augenleiden neigen (nach Dr. W. Neumann)

pernanomalien, z. B. Distichiasis, Trichiasis oder ektopische Zilien.

Erbliche Erkrankungen der Linse wie → **Katarakt** und Linsenluxation hingegen sind sowohl in ihrer Entstehung als auch in der Diagnose und Therapie viel komplizierter. Das gilt ebenso für Missbildungen wie erblicher Grüner Star (→ **Glaukome**) und Anomalien des Glaskörpers und der Gefäßversorgung.

Augen, Pflege entzündeter

Man kann die verklebten Augen vorsichtig reinigen. Allerdings sollte man keine Kamillelösungen verwenden, denn Kamille kann durchaus reizen. Besser nimmt man spezielle Lösungen zur Augenspülung aus der Apotheke. Man taucht frische Zellstofftupfer in die Lösung und wischt damit leicht über das Lid bzw. den Lidrand.

Watte hat meist den Nachteil, dass winzige Fasern im Auge bleiben. Wichtig ist es, für jedes Auge einen extra Zellstofftupfer zu nehmen, damit die Entzündungserreger nicht von einem Auge in das andere übertragen werden.

Die Spüllösung sollte man peinlich sauber halten und im Kühlschrank aufbewahren. Wie bei allen Augenpräparaten muss man Reste spätestens vier Wochen nach dem Öffnen wegwerfen.

Augen-Vorsorgeuntersuchung

Mit Vorsorgeuntersuchungen erfasst man zum einen die Häufigkeit bereits verbreiteter Augenleiden und kann zum anderen gleichzeitig verhindern, dass mit den betroffenen Hunden weitergezüchtet wird.

Außerdem will man durch Routineuntersuchungen erbliche Augenerkrankungen beim Welpen/Junghund möglichst früh erkennen, genauso wie andere Augenprobleme.

Man unterscheidet zwischen angeborenen und erworbenen Veränderungen. Einige angeborene Augenerkrankungen kann man bereits im Alter von sieben bis acht Wochen diagnostizieren. In diesem Fall lassen sie sich relativ einfach kurieren. Erworbene Krankheiten kommen hingegen erst im Laufe der Jahre zur Ausprägung. Hier ist eine möglichst frühzeitige Diagnose wichtig, um die Hunde dann wenigstens sofort aus der Zucht zu nehmen.

Untersuchung: Für die Augenuntersuchung braucht der Hund keine Narkose.

Die verschiedenen Gewebe im Auge sind durchsichtig. So kann man nicht nur die äußeren Anteile wie Lider und Hornhaut begutachten, sondern man kann mit geeigneten optischen Instrumenten auch die anderen Augenabschnitte untersuchen, bis zu der Stelle im Hintergrund, an welcher der Sehnerv ins Auge eintritt. Da die Untersuchung im abgedunkelten Raum stattfindet, ist die Pupille weit offen.

Die erste Untersuchung sollte man beim Welpen mit sieben oder acht Wochen durchführen. Die nächste Untersuchung erfolgt, wenn der Hund ein Jahr alt ist. In diesem Alter kann man eventuell schon die ersten erworbenen Veränderungen feststellen.

Gerade bei Zuchthunden von gefährdeten Rassen ist diese Untersuchung außerordentlich wichtig. Sie sollte deshalb genauso wie das HD-Röntgen Pflicht und Voraussetzung für die Zuchtnutzung sein. Aber auch Hunde, mit denen man nicht züchten will, sollte man untersuchen lassen, um ein Problem möglichst früh zu erkennen und zu behandeln.

Im Abstand von zwei oder drei Jahren – je nach Land und Rasse – folgen dann regelmäßige Wiederholungsuntersuchungen. Denn die verschiedenen erblichen Augenleiden können sich zu jedem beliebigen Zeitpunkt im Leben eines Hundes zeigen.

Augenzittern (Nystagmus)

Ein Nystagmus ist kaum zu übersehen. Beide Augäpfel bewegen sich – gemeinsam oder unterschiedlich – schnell, unwillkürlich und rhythmisch. Es gibt viele Formen, die Bewegungen können ruckartig oder pendelnd, horizontal, vertikal oder kreisend sein. Oft ist diese Störung angeboren, sie kann aber auch als Folge von Allgemeinerkrankungen auftreten wie Gehirnerkrankungen (Gehirn-, Gehirnhautentzündung, Epilepsie), bei Vergiftungen (Kochsalz, Strychnin, Abbauprodukte von Spulwürmern) oder auch zu Beginn und am Ende einer Narkose.

Therapie: Lässt sich das Grundleiden beseitigen, verschwindet das Augenzittern. Andernfalls kann der Tierarzt Beruhigungsmittel verschreiben, die einen leicht bessernden Effekt besitzen.

Aujeszky-Virus

Hunde können an der Pseudowut oder Aujeszkyschen Krankheit erkranken. Die Infektion erfolgt in erster Linie über rohes Schweinefleisch. Da diese Erkrankung bei Nutztieren bekämpft wird und Hunde heutzutage nur noch selten rohes Fleisch erhalten, ist die Infektion bei Hunden sehr selten.

Wenn Hunde sich infiziert haben, leiden sie an starkem Juckreiz und haben oft auch Schluckbeschwerden. Eine Therapie ist unmöglich, die Krankheit endet immer tödlich. Daher sollte man nur gekochtes Fleisch füttern, ein Einfrieren tötet das Virus nicht ab.

Autoimmunerkrankungen

Autoimmunerkrankungen entstehen durch Reaktionen des körpereigenen Abwehrsystems. Sie richten sich gegen eigene Zellen des Blutes, der Organe oder des Gewebes.

In gewissem Umfang sind diese Vorgänge normal und ein Teil der natürlichen Aufräumungsarbeiten. Wenn sie jedoch überhand nehmen, kommt es zur Erkrankung, z. B. zur autoimmunhämolytischen Anämie (Zerstörung der roten Blutkörperchen), zur idiopathischen Thrombozytopenie (Zerstörung der Blutgerinnungsplättchen), Lupus erythematodes sowie zu rheumatoider Arthritis (u. a. Zerstörung von Gelenkknorpel, → **Rheuma**). Auch Pemphigus vulgaris, Myasthenia gravis zählen dazu. Bei einer Reihe weiterer Erkrankungen vermutet man ebenfalls eine Autoimmun-Beteili-

Afghane	Deutsche Dogge	Neufundländer
Airedale Terrier	Deutscher Schäferhund	Old English Sheepdog
Akita Inu	Dobermann	Pomeranian
Alaskan Malamute	Englischer Springer Spaniel	Pudel
Australischer Schäferhund	English Setter	Rottweiler
Basset	Fox Terrier	Saluki
Beagle	Golden Retriever	Samojede
Belgische Schäferhunde	Gordon Setter	Scottish Terrier
Bouvier des Flandres	Irish Water Spaniel	Shar-Pei
Boxer	Irish Wolfhound	Shetland Sheepdog
Briard	Irish Setter	Shih-Tzu
Bulldog	Keeshond	Siberian Husky
Cairn Terrier	Kerry Blue Terrier	Silky Terrier
Chow-Chow	Kuvasz	Soft Coat. Wheat. Terrier
Cocker Spaniel	Labrador Retriever	Weimaraner
Collie	Manchester Terrier	Welsh Corgi
Dachshund	Mastiff	Zwergschnauzer

Rassen mit Neigung zu Autoimmun-Erkrankungen

gung wie z. B. bei der Schäferhund-Keratitis und bei Schilddrüsenerkrankungen.

Auslöser sind oft Viren, Bakterien oder chemische Verbindungen (wie Medikamente), die sich an Zelloberflächen ansetzen. Dadurch hält das Immunsystem diese Zellen für fremd und zerstört sie.

Man geht davon aus, dass eine Disposition für diese Erkrankungen vererbt wird. Kommen dann entsprechende Faktoren wie eine Bakterieninfektion dazu, entwickelt sich die Krankheit.

Autovakzine

Manche infektionsbedingten Erkrankungen lassen sich mit antibakteriellen, antimykotischen oder antiviralen Medikamente nicht heilen, sondern werden zum chronischen Problem, z. B. Durchfall, Hautentzündung (Pyodermie) oder Ohrenentzündung.

In diesem Fall kann der Tierarzt in Speziallabors eine so genannte Autovakzine für den betroffenen Hund herstellen lassen. Grundlage sind die Erreger der Erkrankung, die zu einem Impfstoff verarbeitet werden, der das Immunsystem des erkrankten Hundes speziell für diese Erreger trainiert.

Der Hund erhält die Autovakzine je nach Erkrankung über mehrere Tage als Schluckvakzine, als mehrmalige Injektion unter die Haut oder auch als Kombination von beidem.

B

B

Babesiose

Hunde können sich in den Mittelmeer bzw. (sub)tropischen Ländern mit den Blutparasiten Babesia canis bzw. der seltenen Babesia gibsoni infizieren. Doch es gibt auch in Mitteleuropa Gegenden, z. B. Ungarn, in denen dieser Parasit heimisch ist. Die Babesien werden durch Zwischenwirte wie die Zecken Rhipicephalus sanguineus und Dermacentor reticulatus beim Blutsaugen übertragen. Rhipicephalus sanguineus wird meist aus Urlaubsländern eingeschleppt und kann sich dann für einige Zeit z. B. in Wohnungen halten. Demacentor reticulatus hingegen ist hier mittlerweile in einigen Regionen heimisch, wie z. B. im Raum Offenburg oder Tübingen.

Krankheitsverlauf: Die erkrankten Hunde bekommen 10 bis 20 Tage nach der Infektion Fieber. Sie sind abgeschlagen und magern rasch ab. Je nachdem welche Organe befallen werden (Milz, Leber) entwickeln sich Anämie (Blutarmut), Ikterus (Gelbsucht), bisweilen wird auch der Harn blutig. Wird die Erkrankung chronisch, steigt die Temperatur oft nur vorübergehend an, die Anämie ist jedoch deutlich ausgeprägt.

Im Verlauf der Erkrankung kann es in der Bauchhöhle zu Wasseransammlung kommen, daneben zu Haut und Schleimhautblutungen. Eine Erkrankung des Atmungstraktes macht sich durch Katarrh und Atemnot bemerkbar. Auch Mund- und Magenschleimhaut können sich entzünden, die Augen (z. B. Hornhautentzündung) und der Bewegungsapparat (rheumatische Beschwerden) können in Mitleidenschaft gezogen werden. Ist das Nervensystem mitbetroffen, zeigen die Hunde Bewegungsstörungen, Lähmungen und epileptiforme Anfälle.

Diagnose: Sie lässt sich durch zwei Blutuntersuchungen (Ausstrich, Immunreaktion) bereits beim ersten Verdacht stellen.

Prophylaxe: Zeckenprophylaxe (siehe Zecken)

Therapie: Solange noch keine Organe bleibend geschädigt sind, spricht eine Therapie mit Diamidinverbindungen schnell an.

Bachblüten

Die Bach-Blütentherapie ist in der Tiermedizin noch wenig erprobt, findet aber in den letzten Jahren zunehmend Interesse. Die Bach-Blütentherapie wurde vor rund 55 Jahren von dem englischen Arzt Dr. Edward Bach (1886–1936) entwickelt, der als Homöopath und Bakteriologe in London tätig war. Die Bach-Blütentherapie hat nichts mit einer Phytotherapie (Pflanzentherapie) zu tun, obwohl es sich um wässrige Auszüge von 38 wildwachsenden Pflanzen handelt.

Für Dr. Bach stand nicht die Behandlung körperlicher Krankheitssymptome im Vordergrund, sondern die »Seelenzustände« seiner Patienten. Die Bach-Blütenmischung

»Rescue Remedy« (Erste-Hilfe-Tropfen) enthält Essenzen aus folgenden Pflanzen: Kirschpflaume, Weiße Waldrebe, Springkraut, Gelbes Sonnenröschen und Doldiger Milchstern. Diese Mischung wurde von Dr. Bach für Menschen, die durch Schreck oder schockierende Erlebnisse aus dem Gleichgewicht gekommen waren, angewendet und ist heute auch bei Hundebesitzern beliebt.

Bach-Blüten-Essenzen sind Konzentrate, die in so genannten Vorratsfläschchen (englisch: »Stockbottle«) im Handel sind. Die konzentrierten Essenzen müssen vor ihrer Anwendung auf Einnahmestärke verdünnt werden. Die Verdünnung geschieht in der Regel mit 45 prozentigem Alkohol.

Für sie gibt man vier Tropfen aus der »Stockbottle« in Wasser oder Milch. Bach-Blüten-Essenzen sind bisher in Deutschland noch nicht arzneimittelrechtlich registriert. Nach dem Arzneimittelgesetz und der Apothekenbetriebsordnung dürfen sie nur in ihrer Originalverpackung importiert und an Einzelpersonen abgegeben werden.

Baden

Wenn gesunde Hunde gerne ins Wasser gehen, schadet das normalerweise nichts. Je nach Fell und Außentemperatur sollten sie sich in der kühlen Jahreszeit anschließend bewegen oder abfrottieren lassen.

Das Baden mit Shampoos hingegen zerstört zumindest teilweise den körpereigenen Fettfilm, dem eine wichtige Schutzfunktion zukommt. Daher sollte man auf reine Schönheitsbäder verzichten. Wenn ein Hund völlig verdreckt nach Hause kommt, kann man ihn mit lauwarmem, klarem Wasser abduschen oder warten, bis der Dreck trocken ist und sich ausbürsten lässt. Einzige Ausnahme sind medizinische Bäder, beispielsweise bei Allergien,

Baden der Schönheit halber ist für den Hund verzichtbar. Shampoos zerstören teilweise den schützenden Fettfilm der Haut.

Haut- und Parasitenproblemen. Hier muss man die entfettende Wirkung der Shampoos in Kauf nehmen.

Ballenerkrankungen

Das Anschwellen der Sohlen, die Entzündungen der Zwischenzehenspalten nennt man Pododermatitis, also Erkrankung der Ballen.

Ursachen: Erkrankt nur eine Pfote, sind meist eingetretene Fremdkörper wie Grannen, Steinchen oder Holzsplitter die Ursache. Diese können aber auch einen anderweitig entstandenen Krankheitsprozess weiterhin aufrecht halten und verschlechtern, besonders wenn der Hund nicht am Lecken gehindert wird. Deshalb sollte man dies zu allererst unterbinden. Ein probates Mittel sind Verbände, z. B. mit alten Socken.

Wenn der Zwischenzehenbereich erst einmal entzündet ist, kann das zur tiefgreifenden Zerstörung von Haarfollikeln und Gewebe führen. Dadurch flammt die Entzündung – wie durch einen Fremdkörper – immer wieder neu auf.

Doch auch der Kontakt mit reizenden Chemikalien oder Düngemitteln oder das

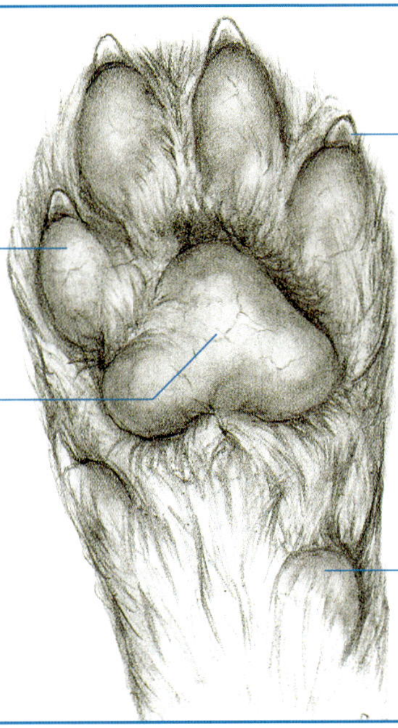

Die empfindlichen Pfoten sollten regelmäßig kontrolliert und gereinigt werden.

Laufen auf rauhem Stein kann zu Entzündungen führen. Ist eine Kontakt- oder Futtermittelallergie der Auslöser, leiden die Hunde in der Regel an Juckreiz und belecken die Pfoten deshalb ausgiebig. Haarbalgmilben können ebenfalls zu derartigen wiederkehrenden Entzündungen führen.

Als weitere Ursachen kommen Infektionen in Betracht. Pilzinfektionen sind sehr selten, häufiger sind bakterielle Infektionen als Folge einer Vorschädigung der Pfoten. Auch parasitäre Infektionen kommen als Ursache in Frage. Hier bereitet vor allem die Demodikose, die Infektion mit der Milbe Demodex canis, Behandlungsprobleme. Bestätigen Spezialuntersuchungen wie das Hautgeschabsel den Demodex-Verdacht, sollte man auch daran denken, das Immunsystem zu überprüfen.

Aber auch Allgemeinerkrankungen, die eventuell die Infektabwehr schwächen oder das Immunsystem betreffen, sich ansonsten aber nicht weiter bemerkbar machen, können zu wiederkehrenden Entzündungen im Pfotenbereich führen.

Behandlung: Die Behandlung richtet sich jeweils nach der Ursache. Der Tierarzt wird die Pfoten reinigen, eventuelle Knötchen entfernen, sie mit Medikamenten behandeln und einen Pfotenverband anlegen. Mit Fußbädern und Heillotionen sollte der Tierbesitzer die Behandlung fortsetzen.

Bandscheibenproblem → Dackellähme

Bandwürmer

Bandwürmer können sich nur mit Hilfe eines Zwischenwirtes, z. B. dem Hundefloh, entwickeln. Flohlarven nehmen die Eier auf, aus denen sich innerhalb von drei bis vier Wochen infektiöse Stadien entwickeln. Wenn Hunde Flöhe zerbeißen, können sie das infektiöse Stadium aufnehmen. Nach zwei bis drei Wochen sind die Bandwürmer geschlechtsreif und können im Kot als Eier oder Bandwurmglieder nachgewiesen werden.

Die Gewebeschädigung bzw. die Nahrungskonkurrenz spielt bei erwachsenen Hunden kaum eine Rolle, lediglich die Bandwurmglieder können Juckreiz verursachen, der dann zum »Schlittenfahren« führt. Der Befall bedeutet jedoch ziemlich viel Stress für das Immunsystem. Im Gegensatz zum Hund, der den Endwirt darstellt, können die Zwischenwirte, z. B. der Mensch, durch die Infektion mit Bandwurm-Larven (Finnen) schwer erkranken oder sogar sterben.

Infektionsweg: Hunde, die regelmäßig rohes Fleisch fressen, können noch andere Bandwürmer haben. Taenia hydatigena (Fleischerhundebandwurm) braucht als Zwischenwirt Schweine, Schafe, Ziegen oder Wildwiederkäuer. Jagdhunde können sich über rohe Innereien auch mit den Finnen von Taenia pisiformis infizieren; mögliche Zwischenwirte sind hier Kaninchen, Hase und andere Nager. Taenia multiceps (Hütebandwurm) benützt Schafe als Zwischenwirte.

Die sicherste Methode, seinen Hund vor Taenien zu schützen, besteht also darin, kein rohes Fleisch zu füttern. Tiefgefrieren tötet die Finnen ab. Tiefgefrorenes Fleisch, das mindestens 24 Stunden bei -20 °C gelagert wurde, ist finnenfrei.

Diagnose und Therapie: Es ist sinnvoll, regelmäßig eine Kotuntersuchung durchführen und den Hund bei Bedarf entwurmen zu lassen. Vor jeder Impfung ist die Kotuntersuchung unbedingt notwendig, da ein Wurmbefall das Immunsystem so schwächen kann, dass der Hund keinen voll belastbaren Impfschutz entwickelt.

Bauchspeicheldrüse, Störungen der (Pankreasinsuffizienz)

Die Bauchspeicheldrüse heißt mit wissenschaftlichem Namen Pankreas. Sie vereint zwei völlig unterschiedliche Funktionen: Einesteils stellt sie Verdauungsenzyme her, zum anderen produziert sie Hormone wie das Insulin. Ist letztere Funktion gestört, kommt es zum → **Diabetes mellitus**, ist die Enzymproduktion gestört, spricht man von einer Pankreasinsuffizienz: Meist als Folge einer Entzündung kann das Pankreas nicht genügend Fermente bilden.

Krankheitsbild: Der erkrankte Hund setzt große Mengen schaumigen, säuerlich riechenden, hell-gelbgrauen, glänzenden, weitgehend unverdauten Kot ab. Weil das Futter nicht ausgenutzt wird, leidet der Hund an unstillbarem Heißhunger. Besteht diese Erkrankung über längere Zeit, magern die Tiere sichtlich ab. Meist leiden sie auch unter starken Blähungen.

Diagnose: Dabei wirken die Hunde nicht unbedingt krank, weshalb das Problem oft lange nicht erkannt wird. Die sichere Diagnose lässt sich mit einem Bluttest oder einer Enzymbestimmung aus Kotproben von drei aufeinanderfolgenden Tagen stellen.

Therapie: Enzympräparate als Pulver oder Granulat, müssen ein Leben lang zusammen mit dem Futter, aber nicht vermischt, verabreicht werden. Enzyme in Tabletten- oder Kapselform werden im Magen nicht aufgeschlossen und sind daher nicht zu empfehlen. Falls die Enzymgabe allein nicht zur Verbesserung des Allgemeinzustandes führt, können zusätzlich Medikamente, z. B. Antibiotika, verabreicht werden. Damit kann ein Hund in der Regel gut leben, manche Tiere bleiben jedoch trotz Therapie relativ dünn.

Diät: Die Tagesration auf mindestens zwei Portionen verteilen. Das Futter soll reich an leicht verdaulichem Eiweiß sein, aber fettarm. Daher sollte man die fettlöslichen Vitamine A, D, E und K zusetzen. Beim Tierarzt kann man auch geeignete Fertigdiäten kaufen.

Leider sind diese Therapien gerade bei größeren Hunden – vor allem der Deutsche Schäferhund neigt zur Pankreasinsuffizienz – auf Dauer ziemlich teuer. Trotzdem ist die oft empfohlene Verfütterung von Schweinepankreas nicht ratsam, da der Enzymgehalt starken Schwankungen unterliegt.

B

Befruchtung, künstliche

Bei Hunden ist die künstliche Befruchtung, die so genannte Insemination, technisch möglich, aber sehr aufwendig. So muss die Hündin hierfür in Narkose gelegt werden. Die Erfolgsquote ist noch unbefriedigend.

Die künstliche Befruchtung der Hündin muss genau zum richtigen Zeitpunkt des Eisprungs erfolgen. Der Hormon-Schnelltest ist häufig unpräzise, man bestimmt daher den Blutspiegel des Hormons Progesteron und untersucht gleichzeitig die Zellen der Scheidenschleimhaut, die Auskunft über den Zyklusstand geben.

Wie Wissenschaftler an der Hunde-Samenbank im kanadischen Escondido nachweisen konnten, bleibt der eingefrorene Samen von Rüden bis zu acht Jahre lang gesund und lebendig. Allerdings muss man das Sperma besonders vorsichtig auftauen.

Beinbruch → Erste Hilfe ab Seite 289

Beine bespringen (Aufreiten)

Normalerweise erlangen Hunde mit sechs bis zwölf Monaten die Geschlechtsreife. Doch Teile des Paarungsverhaltens wie beispielsweise das Aufreiten zeigen schon Welpen im Spiel. Mit Ende des dritten Lebensmonates nehmen die spielerischen Übungen des Paarungsverhaltens zu, das ist noch ganz normal. Die jungen Hunde lernen dann mit dem Erwachsenwerden, dass in der Regel nur läufige Hündinnen dieses Verhalten dulden.

Auch rangniedere Tiere wehren sich nicht gegen einen aufspringenden Hund, der genauso eine ranghohe Hündin sein kann. Dieses Aufreiten gehört zum Imponiergehabe eines sehr selbstbewussten Tieres. Wenn also ein Rüde die Menschen seiner Familie bespringt, sollte man darauf achten, dass man selbst der Ranghöhere bleibt. Sonst hält er sich früher oder später für den Rudelführer, was sicher Probleme geben wird.

Auch wenn dieses Verhalten bei Welpen noch spielerisch ist, kann man schon mit der Erziehung anfangen. Bei jedem Versuch das Bein zu besteigen, kontert man mit einem deutlichen »Nein!« Allerdings muss der junge Rüde dieses Verhalten bei anderen Hunden weiter üben, um sich normal entwickeln zu können. Günstig sind hierfür Welpen- und Junghundetreffs.

Zeigt ein erwachsener Rüde dieses übertriebene Verhalten, nennt man dies → Hypersexualität.

Belohnung

Pralinen, Bonbons, Schokolade oder Kartoffelchips sind keine geeigneten Leckerbissen für Hunde. Im Handel gibt es eine fast endlose Zahl an Hundefutterhappen. Darüber hinaus mögen die meisten Hunde Käse oder ein Apfelstück. Meiner akzeptiert sogar Möhren und Salatgurkenscheiben als Motivationshilfe.

Man sollte immer berücksichtigen, dass eine Belohnung nicht zu einer Zwischenmahlzeit ausartet. Wenn man Trockenfutter verwendet, kann man morgens immer eine Hand voll für Zwischendurch abzweigen. Dann kann man den Hund jederzeit belohnen, ohne dass er deswegen auf Dauer an Gewicht zunimmt.

Bett, Hund im

Diese Frage empfinden Tierärzte wie Tierbesitzer oft als heikel. Deshalb wird das Thema auch selten offen angeschnitten. Von tierärztlicher Seite gibt es hierzu zwei Punkte zu kommentieren:

1. **Hygiene:** Ein gut gepflegter, gesunder, entwurmter, floh- und zeckenfreier Hund stellt keine Bedrohung der menschlichen Gesundheit dar.

2. **Verhaltensprobleme:** Man war der Ansicht, dass entsprechend veranlagte Hunde durch diesen bevorzugten Schlafplatz in ihrer hohen Rangposition bestärkt werden und ihrem Besitzer diesen Platz eines Tages streitig machen könnten.

Eine Studie aus den USA lässt dies jedoch fraglich erscheinen. Der einzige Unterschied zwischen Hunden, die ins Bett durften und denen, die im Körbchen blieben war ein verstärktes Territorialverhalten – und zwar bei den »Bett«-Hunden. In diesem Zusammenhang scheint es dennoch sinnvoll, ein Kommandowort für das aufs Bettspringen zu haben, um diese Gunst bei Bedarf zu reglementieren.

Bewegungsunlust

Wenn ein Hund plötzlich nicht mehr laufen mag, sollte man ihn als erstes genau vom Tierarzt untersuchen lassen. Meist haben Hunde nämlich Schmerzen, baden eine Infektionserkrankung aus oder sind aus einem anderen Grund erschöpft. Daher bleiben die Tiere auch zurück oder zeigen,

Lässt ein Hund plötzlich sein Lieblingsspielzeug links liegen, ist er vermutlich krank.

dass sie lieber umkehren wollen. Mit Strenge ist da nichts zu erreichen, denn es ist ja kein Ungehorsam, sondern Unwohlsein, was das Verhalten des Hundes bestimmt.

Ganz selten ist es auch Angst, z. B. vor einem Nachbarhund oder einer neuen Baustelle, die einen Hund zum Umkehren veranlasst.

→ **Arthrose, Babesiose, Ellbogendysplasie, Herzerkrankung, Hypervitaminose A, Leptospirose, Myasthenia gravis, Pododermatitis, Schilddrüsenunterfunktion, Störung der Knochenbildung**

Bindehautentzündung (Konjunktivitis)

Die Entzündung der Bindehaut ist eine der häufigsten Augenerkrankungen. Weil Bindehaut und Hornhaut sehr engen Kontakt haben, sind nicht selten beide gleichzeitig entzündet (Kerato-Konjunktivitis).

Im Fall einer Konjunktivitis ist es wichtig, den Allgemeinzustand des Hundes zu prüfen, denn Entzündungen im Augenbereich sind oft eine Begleiterscheinung von Allgemeinerkrankungen (z. B. Staupe). Wie sieht die Haut in der Augenumgebung aus, besteht Juckreiz? Sind beide Augen oder nur ein Auge betroffen? Eine einseitige Entzündung kann auch auf einen Fremdkörper hinweisen (Getreideähren, Fussel usw.).

Besonders gefährdet sind die vorstehenden Augen kleiner Rassen wie Mops, Pekinese oder American Cocker. Durch die Kopfform ist der Augapfel vorverlagert und damit ungeschützter und anfälliger. Sehr häufig kommt es zu einem ständigen mechanischen Reiz duch behaarte Nasenfalten. Nach innen oder außen gedrehte Lidränder, zusätzliche wimpernähnliche Haare, nach innen gebogene Wimpern oder, was sehr oft vorliegt, Follikel auf dem dritten Augenlid sind ebenfalls die Ursache für eine ständige Reizung.

Als Auslöser kommen außerdem Allergien, Zugluft, Dämpfe, Staub, Sand, Bakterien, Pilze, Viren, Störungen des Tränenflusses und vieles mehr in Frage.

Krankheitsbild: Die Schleimhaut ist gerötet und verschwollen. Schleimiges Sekret schwimmt im Lid. Bleibt die Entzündung über längere Zeit unbehandelt, wird sie chronisch. Das Lid kann sich so verändern, dass sich ein → **Entropium** bildet. Der Ausfluss wird eitrig (Konjunktivitis purulenta), die Hunde haben Schmerzen und sind lichtscheu. Außerdem kann sich eine follikuläre Entzündung (Konjunktivitis follicularis) entwickeln. Dabei bilden sich stecknadelkopfgroße, harte Knötchen auf der Nickhaut, eventuell vereinzelt auch auf der Bindehaut.

Therapie: Je früher, desto besser. Der Tierarzt muss das Auge genau untersuchen, um die mögliche Ursache zu finden und gezielt zu behandeln. Der Besitzer wird die Behandlung zu Hause fortführen, das Auge eventuell spülen und Augensalbe einbringen. Wegen der hohen Infektionsgefahr am Auge sollte man Augenmedikamente besonders vorsichtig handhaben und spätestens vier Wochen nach dem Öffnen zum Entsorgen in die Apotheke zurückbringen.

Bei der follikulären Entzündung wird der Tierarzt zudem die reizenden Knötchen unter Lokalanästhesie mit einem scharfen Löffel entfernen. Meist muss man diese Behandlung nach einer guten Woche wiederholen.

→ **Dermoid, Nickhautvorfall**

Biopsie

Zu diagnostischen Zwecken wird ein winziges Stück Gewebe unter Lokalanästesie oder eventuell unter Vollnarkose herausgestanzt, z. B. aus einem Lymphknoten, der Leber oder dem Knochenmark. Entsprechend aufbereitet kann man in diesen Proben feststellen, warum oder auf welche Weise das Gewebe verändert ist, z. B. in der Tumordiagnostik.

Bioresonanztherapie

Das Ziel dieser Therapie ist es, die Selbstheilungskraft des Organismus in Gang zu bringen. Sie wird deshalb bei vielen Erkrankungen wie z. B. Allergien und chronischen Prozessen eingesetzt.

Birkauge → Erbkrankheiten

Blähungen

Medizinische Namen dafür sind Flatulenz oder Meteorismus. Blähungen entstehen durch die Aktivität von Bakterien, aber auch durch Pilze im Darm. Rohfaserreiche, schwer verdauliche Nahrung sowie Tischreste und Knochen fördern dieses Problem. Sehr nervöse bzw. ängstliche Hunde reagieren auch auf Stress mit Blähungen (und Durchfall). Normalerweise hält sich die Gasproduktion in Grenzen, so dass der Hund dadurch keine Schmerzen hat. Man lässt in Zukunft die unverträglichen Lebensmittel, wie Knochen, einfach weg. Wenn sich jedoch die Darmflora ändert, beispielsweise nach einer längeren Antibiotikumgabe wegen einer Blasenentzündung, kann es nicht nur zur vermehrten Gasbildung, sondern zu generellen Verdauungsstörungen kommen. Dann sollte man mit dem Hund zum Tierarzt gehen.

Therapie: Bei starken Blähungen sollte man daher die Darmflora des Hundes untersuchen lassen, um unerwünschte Keime (z. B. Escherichia coli, Candida) medikamentell verdrängen zu können. Eventuell können eine leicht verdauliche Diät, die Gabe von pulverisierter gesunder Darmflora, von Joghurt sowie Fencheltee die Darmsanierung unterstützen.

→ **Störungen der Bauchspeicheldrüsen, Darmverschluss, Durchfall, Magen-Darm-Erkrankungen, Mastdarmvorfall**

Blasenentzündung und -steine

Über die Harnröhre können Bakterien in die Blase aufsteigen und dort zu einer Entzündung führen. Die Hunde haben Harndrang, trinken oft viel und sind bei einer schweren Erkrankung auch fiebrig und abgeschlagen.

Harnblasensteine sind bei Hunden nicht selten. Häufig werden sie erst zufällig bei einer Röntgenaufnahme des Bauchraumes oder der Lendenwirbelsäule diagnostiziert. Nicht immer bemerkt man sofort, wenn ein Hund Probleme beim Harnabsatz und/oder Blutbeimengungen im Harn hat, was auf Harnblasensteine hinweisen kann. Voraussetzung dafür ist, dass man ihn dabei beobachten kann. Andernfalls merkt man es erst, wenn der Hund weit öfter als sonst hinaus will. Beim Abgang größerer Steine kann es beim Rüden zur Behinderung des Harnabflusses kommen. Die betroffenen Tiere können nur wenig oder keinen Harn absetzen. Letzteres führt innerhalb von 48 Stunden zu einer lebensbedrohlichen Situation, die Steine müssen sofort entfernt werden.

Diagnose: Anhand der Symptome und einer Urinuntersuchung wird die Diagnose gestellt. Bei wiederholtem Auftreten (Rezidiven) oder therapieresistenten Fällen werden weiterführende Untersuchungen nötig sein, wie z. B. eine Ultraschalluntersuchung der Blase und der Nieren oder ein Röntgenbild und einer Harnkultur (Keime aus Urin werden angezüchtet, um ein wirksames Medikament zu finden).

Therapie: Bei einer Blasenentzündung sollte man den Hund warm halten, ihn zum Trinken animieren, falls möglich Blasentee, und möglichst oft einen Toilettenspaziergang einlegen. Der Tierarzt wird ihm geeignete Antibiotika verordnen, nur so lässt sich ein Dauerproblem vermeiden.

Kleinere Steine lassen sich durch eine spezielle Diät auflösen. Größere Harnblasensteine werden durch einen chirurgischen Eingriff entfernt. Man kann den entnommenen Stein im Labor auf seine Bestandteile hin analysieren, damit man künftig durch besondere Fütterungsmaßnahmen der Neubildung von Harnblasensteinen vorbeugen kann. 100-prozentig gelingt es jedoch nicht.

Die Rezidivrate, also das Wiederauftreten von Harnblasensteinen, ist bei einigen Rassen sehr hoch. Beim Cocker-Spaniel beträgt sie 32 Prozent, genauso wie bei Dackel, Dalmatiner, Chow Chow und Basset. Die betroffenen Hunde müssen immer genügend Wasser trinken. Man kann das Futter in Wasser einweichen oder man gibt eine Prise Kochsalz in das Trinkwasser, damit die Blase ständig gespült wird.

Bei Oxalatsteinen sollte allerdings kein Kochsalz verwendet werden. Stattdessen gibt man Medikamente, die die Harnausscheidung steigern.

Hunde mit Ammonium-Magnesium-Phosphat-Steinen, Cysteinsteinen, Oxalatsteinen und Uratsteinen können jeweils mit einer speziellen Diät gefüttert werden. Das Entscheidende ist aber die Spülung der Blase, weil sich die Harnblasensteine aus einzelnen, winzigen Kristallen zusammensetzen, an die sich immer neue Kristalle anlagern, solange, bis ein Stein entsteht. Er kann sogar bis faustgroß werden und den Blasenraum fast vollständig ausfüllen. Um der Steinbildung entgegenzuwirken, muss man die Blase immer »unter Wasser« halten.

Blindheit

Hunde, die im Laufe der Zeit, z. B. durch Alterungsprozesse oder Krankheiten, blind werden, gewöhnen sich relativ gut an die veränderte Situation. Sie orientieren sich mit der Nase und dem Gehör. Allerdings können diese Sinne mit dem Alter auch nachlassen. Das Verhalten der erblindeten Hunde ändert sich, sie bewegen sich vorsichtiger und suchen engeren Anschluss an ihren Besitzer. Nur selten reagiert ein Hund mit Aggressivität auf sein Handicap.

In ihrer vertrauten Umgebung bewegen sich blinde Hunde meist souverän, solange man nichts verändert. Im Freien sollte man blinde Tiere grundsätzlich nur an der Leine führen, wenngleich es blinde Hunde gibt, die problemlos ohne Leine laufen.

Soweit man das als Mensch beurteilen kann, leiden Hunde nicht unter der Blindheit. Viele lernen mit dem Verlust der Sehfähigkeit umzugehen. Kann ein Tier die fehlende Sicht nicht kompensieren und rennt auch in der vertrauten Umgebung gegen Hindernisse an, sollte man es besser einschläfern lassen. Auch Schmerzen, z. B. bei einem Glaukom, können Grund zur Euthanasie sein. → Erblinden

Blue-Dobermann-Syndrom

Die Erbanlage für die blaugraue Farbaufhellung führt gleichzeitig dazu, dass diese Hunde zu Haarausfall und Hautentzündung neigen. Welpen erkranken an einem kaum heilbaren Ekzem, junge Hunde sehen wie mottenzerfressen aus.

Unter Umständen ist eine angeborene Nebennierenrinden-Insuffizienz die Ursache für dieses »Blue-Dobermann-Sydrom«. Ähnliche Syndrome kennt man bei Whippets, Greyhounds, Deutschen Doggen und rehfarbenen Irish Settern.

Seit Januar 1993 werden in Deutschland keine blauen Dobermann-Pinscher mehr gezüchtet.

Bluterkrankheit (Gentherapie)

Hunde können an der so genannten Hämophilie leiden, die rezessiv mit dem X-Chromosom vererbt wird. Daher tritt sie nur bei Rüden (XY) auf, denn bei Hündinnen (XX) kann die Erbinformation des zweiten, gesunden X-Chromosoms den Erbfehler ausgleichen.

Je nachdem, welcher Blutgerinnungsfaktor fehlt, unterscheidet man bei Mensch und Hund die seltene Hämophilie A und die Hämophilie B. Insgesamt ist die Erkrankung höchst selten, da die betroffenen Rüden häufig innerhalb des ersten Lebensjahres sterben und daher die Anlage nicht weiter vererben.

Krankheitsbild: Der Besitzer erkennt die Erkrankung daran, dass bei diesen Hunden Wunden länger nachbluten, sie neigen außerdem zu Blutergüssen.

Vor einer Operation kann der Tierarzt die Blutungsneigung des Patienten in einem einfachen Test ermitteln.

Therapie im Test: Die einzige Therapie besteht bisher darin, während akuter Blutungen alle acht bis zwölf Stunden Blut zu transfundieren. Eine Maßnahme, die man nicht auf Dauer durchführen kann.

In den USA haben Wissenschaftler jetzt Retroviren gentechnisch verändert und auf dem Blutweg in die Leber von kranken Hunden geschleust. Wenn sich die Leberzellen teilen, wird etwa in jede 100. Zelle auch das veränderte Retrovirus eingebaut. Diese Zellen produzieren den fehlenden Gerinnungsfaktor. Die Produktion hält seit einigen Monaten an, ob sich die Methode auch auf lange Sicht bewährt, wird die Zukunft zeigen.

Blutgerinnungs-Störungen

Wenn ein Hund leicht blutet oder zu Blutergüssen neigt, kann das verschiedene Ursachen haben. Man unterscheidet dauerhafte und temporäre Gerinnungsstörungen. Die häufigste Ursache ist Rattengift (→ **Vergiftungen**). Wird ein Hund rechtzeitig behandelt und überlebt die Vergiftung, normalisiert sich auch die Blutgerinnung.

Bei den dauerhaften Blutgerinnungsstörungen unterscheidet man generell zwischen dem Fehlen einzelner Gerinnungsfaktoren (→ **Bluterkrankheit**) und einer verminderten Anzahl bzw. Unterfunktion der Blutplättchen, den Thrombozyten.

Die Blutplättchen leiten die Gerinnung ein. Bei einer so genannten Thrombozytopenie ist die Anzahl der Blutplättchen vermindert. Normalerweise hat ein Hund 150 000 bis 500 000 Blutplättchen pro Mikroliter Blut.

Entweder werden im Knochenmark zu wenig Blutplättchen gebildet oder aufgrund einer Autoimmunerkrankung werden sie frühzeitig zerstört, statt fünf bis zehn Tage im Blut zu verweilen. Diese Störung tritt vor allem bei einer so genannten Knochenmarkserschöpfung bzw. bei Knochenmarksschwund auf. Daneben gibt es auch Hunde, die normal viele Thrombozyten haben, deren Funktion jedoch gestört ist.

Therapie: Bei einer autoimmunbedingten Erkrankung können Kortikosteroide helfen. Bei allen anderen Ursachen der Thrombozytopenie, wie neoplastische Entartung, Röntgenstrahlen, toxische Einflüsse, Blutparasiten und Infektionskrankheiten, wirkt dieses Medikament jedoch nicht. Die Heilungschancen sind, abhängig von der Ursache der Knochenmarkserschöpfung, dementsprechend gering.

Blutgruppen und Bluttransfusion

Blut-Banken für Hunde gibt es nur vereinzelt, beispielsweise in den USA. Daher greifen Tierärzte meist auf Spendertiere zurück. Man unterscheidet acht große Blutgruppen (A1, A2, B, C, D, F, Tr, He), wovon jedoch nicht alle untereinander unverträglich sind. Spenderblut, das nicht mit A1 reagiert, kann daher in der Regel eingesetzt werden.

Zwar führt die erste Transfusion »unverträglichen« Bluts noch nicht zu Problemen, es werden jedoch Antikörper gebildet. Sie würden bei einer zweiten Transfusion zu schweren Unverträglichkeitsreaktionen führen.

Da man nie im Voraus sagen kann, dass der eigene Hund nie wieder eine Transfusion brauchen wird, sollte man mit einem speziellen Testset die Verträglichkeit von Spender und Empfängerblut ermitteln. Erst dann wird das Blut dem Spender entnommen – größere Mengen aus der Jugularis am Hals, kleinere Mengen eventuell aus einem Blutgefäß an Unterarm oder Unterschenkel. Der Empfänger bekommt das Blut intravenös meist am Unterarm.

Borreliose

Diese bakterielle Infektionskrankheit heißt auch Lyme disease oder Lyme-Borreliose, da sie 1976 in dem amerikanischen Städtchen Lyme zum ersten Mal entdeckt wurde. Der Erreger, Borrelia burgdorferi, wird von blutsaugenden Insekten, in erster Linie aber von Zecken übertragen.

Borrelien kommen fast weltweit vor – u.a. in Amerika, in Australien, Japan, Deutschland, Frankreich, Österreich, der Schweiz und der Slovakei bzw. in Tschechien. Die Borreliose tritt, im Gegensatz zur → **Zeckenenzephalitis** nicht nur an umschriebenen Orten auf, sondern überall da, wo Überträgerzecken anzutreffen sind. Nach heutigem Wissen sind nicht nur Menschen Opfer der Borreliose; sogar Hunde können, wenn auch weit seltener, betroffen sein.

Infektionsweg: Hierzulande überträgt fast ausschließlich der Holzbock diese Krankheit auf den Hund, in seltenen Fällen aber auch andere Zecken, wie die Igel und die Taubenzecke. Ebenso kommen Fliegen, Stechmücken und Flöhe als Überträger infrage. Hunde holen sich die Zecken meist im Wald – auf ihren Streifzügen durchs Unterholz von Mischwäldern, aber auch in Parks und Gärten, also überall dort, wo entsprechende Büsche und Sträucher wie beispielsweise Ginster stehen. Der Erreger, Borrelia burgdorferi, gelangt während des Zeckenbisses in das Blut des Hundes. Umgekehrt kann die Zecke beim Biss die Borrelien direkt aus dem Blut aufnehmen. Beim Zeckenbiss führen Speichelstoffe der Zecken zu einer Immunsuppression des Wirtstieres, was eine Infektion begünstigt.

Infektionsrate der Zecken: Die Gefährdung von Mensch und Tier hängt zum einen von der Zeckendichte ab, zum anderen davon, wie viel Prozent aller Zecken auch wirklich Borrelia burgdorferi tragen. Man nennt das Infektionsrate. Diese nimmt von Zeckenstadium zu Zeckenstadium zu. Daraus kann man schließen, dass die Infektiosität, also die Fähigkeit zu infizieren, bei der Metamorphose erhalten bleibt.

In den einzelnen europäischen Ländern schwankt die Infektionsrate mit Borrelia deutlich. Für die erwachsenen Zecken liegt sie zwischen 7,7 und 28,7 Prozent, nach anderen Untersuchungen sogar zwischen 5 und 50 Prozent. Bei den Nymphen zwischen 2,5 und 10,6 Prozent und bei den

B

Jagdlich geführte Hunde sind besonders gefährdet; Zeckenschutz ist unerlässlich.

Larven zwischen 1,1 und 3,14 Prozent. Das Zeckenweibchen kann die Borrelien auch an die Eier und damit an die schlüpfenden Larven weitergeben.

In der Schweiz hat man festgestellt, dass in geographisch höher gelegenen Gebieten die Zeckendichte geringer ist. Auch die Borrelien-Infektionsrate nimmt dabei ab.

Als Zecken- und damit auch als Borrelien-Reservoire gelten holzbockbefallene Gelbhals-, Wald-, Brand- und Rötelmäuse, aber auch Wildkaninchen und Vögel. Allerdings weiß man inzwischen, dass Zecken wieder borrelienfrei werden können. Zum Beispiel, wenn sie bei Amseln oder Rehen Blut saugen.

Krankheitsbild: Vom Menschen weiß man sehr genau, wie die Borreliose verläuft. Man kann daher das Krankheitsbild des Hundes vervollständigen: An der Zecken-Bissstelle bildet sich beim Menschen ein rotes Knötchen, das sich hart anfühlt. Aus der Rötung entwickelt sich ein Ring, der über zehn Zentimeter Durchmesser haben kann. Im Zentrum verblasst die Haut etwas.

Die Patienten fühlen sich abgeschlagen und krank, haben Husten und Fieber, gelegentlich auch Rücken- und Muskelschmerzen, Schwindel und Erbrechen. Die Rötung, das so genannte Erythem hält mehrere Wochen oder Monate an.

Nach einer Ruhepause von mehreren Wochen oder Monaten können Gelenksentzündungen auftreten. Meist erkranken mehrere Gelenke gleichzeitig (Polyarthritis), besonders häufig trifft die Arthritis dabei das Knie, das monatelang schmerzhaft entzündet bleiben kann.

Beim Hund verläuft die Borreliose im Grunde genauso, nur dass unter dem Fell eines langhaarigen oder dunkelhäutigen Tieres die typisch kreisförmige Rötung in der Regel verborgen bleibt. Im Gegensatz zum Menschen erkranken Hunde meist akut, also ziemlich plötzlich. Und zwar dann, wenn sie einige Wochen vorher auffallend stark von Zecken befallen waren. Der Hund bekommt Fieber, ist apathisch und frisst nicht mehr. Er hat Muskel- und Gelenkschmerzen, bewegt sich daher ungern und weicht Berührungen aus.

Nicht immer verläuft die Erkrankung klassisch. Bei Untersuchungen in Deutschland hatten 48 Prozent der titerpositiven (siehe Diagnose) Tiere Fieber und waren appetitlos. Ebenfalls 48 Prozent der Hunde zeigten Lahmheiten und Gelenkentzündungen.

Diese Symptome stehen im Vordergrund der Erkrankung, weil sie einfach beim Hund auffälliger sind als leichte Hautveränderungen. Die Hunde zeigen zum Teil über mehrere Wochen Gliederschmerzen und lahmen folglich. Auch Nierenerkrankungen sind nicht selten.

Es können mehrere Gelenke gleichzeitig erkranken; oft treten die Entzündungen schubweise auf. Bei einem lahmenden Hund sollte man daher nicht nur an Verletzungen, sondern auch an eine Borreliose denken.

Diagnose: Für den Tierarzt ist der Hinweis wichtig, dass der Hund vor einigen Wochen an Zeckenbefall litt. Etwa sechs Wochen nach der Infektion steigt auch der Bluttiter an (Grenzwert 1:64). Jedoch bedeutet nicht jeder erhöhte Titer, dass ein Hund auch erkranken wird. Nach einer Untersuchung an der Tierärztlichen Hochschule Hannover wird das Immunsystem der meisten Hunde mit einer Borrelieninfektion von alleine fertig.

Therapie: Die Behandlung mit den beim Menschen verwendeten Antibiotika führt bei etwa zwei Dritteln der Patienten zur Heilung. Doch bei einem Drittel der Hunde zeigen Antibiotika nicht den gewünschten Erfolg. Zwar fällt der Titer deutlich ab, doch diese Hunde wirken weiterhin krank. In solchen Fällen bewährt sich nach einer Paderborner Untersuchung die Gabe von Kortikosteroiden: Die Hunde gesunden und bleiben neun bis zehn Monate lahmheitsfrei.

Prophylaxe: Borrelioseimpfung. Vor der Borreliose kann man seinen Hund nicht schützen, man kann jedoch die

Zecken bekämpfen. In der Regel genügt es, dem Hund während der fraglichen Monate ein Zeckenhalsband umzulegen. Die Hauptzeit für Holzböcke dauert von April bis September. Hausmittel gegen Zeckenbefall wie beispielsweise Nelkenöl, Zwiebel und Knoblauch haben keine sicher nachweisbare Wirkung. In zeckenreichen Sommern sollte man seine Spazierrunde notfalls etwas anders wählen und lichte Mischwälder vorübergehend meiden.

Brauereihefe

Hefe wird häufig eine Wirkung gegen Flöhe nachgesagt. In kontrollierten Studien wurden jedoch Hunde, die fünf Wochen lang täglich 14 Gramm Hefe fraßen, genauso oft gestochen wie Hunde ohne Futterzusatz.

Ungeachtet dessen ist Hefe immerhin reich an Vitamin B1 (Thiamin) und den Aminosäuren Lysin und Methionin und ist somit gut für Haut und Fell.

Bronchitis

Eine Entzündung der Bronchien kann durch Infektionen (Bakterien, Staupevirus, Zwingerhusteninfektion), aber auch durch Allergene oder Reizungen (Rauch) entstehen. Bei abwehrgeschwächten Hunden besteht die Gefahr einer Lungenentzündung.

Krankheitsbild: Die Hunde haben oft Fieber, sind müde und husten. Bei schleimigem Sekret oder spasmisch verengten Bronchien zeigen die Hunde auch Atembeschwerden.

Therapie: Der Tierarzt wird den Hund je nach auslösender Krankheitsursache versorgen. Darüber hinaus kann man Brustwickel machen (→ **Hydrotherapie**) und den Hund warm halten. Mit ruhigen Hunden kann man auch inhalieren. Welche Dämpfe sich dazu eignen, sollte man unbedingt mit dem Tierarzt besprechen. Andernfalls sollte man die Luft in der Wohnung befeuchten.

Bronzing-Syndrom

Das »Bronzing-Syndrom des Dalmatiners« bezeichnet eine oberflächliche bakterielle Entzündung der Hautfollikel, unter der jeder Hund, also nicht nur ein Dalmatiner, leiden kann. Auslösender Erreger ist meist Staphylococcus intermedius. Allerdings muss die Haut vorgeschädigt sein, beispielsweise durch Schuppen, Parasiten wie der Demodexmilbe, durch Kratzer oder Quetschungen. Als Folge davon bekommt der Hund (Eiter-)Pusteln, eine Follikulitis.

Diagnose: Für die richtige Diagnose ist es wichtig, die primäre Ursache durch entsprechende Hautuntersuchungen herauszufinden.

Man kann den Pustelinhalt auf Pilze, Bakterien und bestimmte diagnostisch interessante Zellen untersuchen. Ferner kann man eine Kultur anlegen, um zu sehen, welche Keime wachsen, und um festzustellen, welche Medikamente gegen die Keime wirksam sind (Antibiogramm).

Durch ein Hautgeschabsel lassen sich zudem beispielsweise Parasiten nachweisen. Auch die Biopsie, also das Herausstanzen eines Minihautstückes, kann wichtige Hinweise erbringen. Führen alle diese Hautuntersuchungen zu keiner Diagnose, muss man das Blut untersuchen und eventuell einen Allergietest (Intrakutantest) durchführen.

Therapie: Es genügt nicht, die sekundäre Hauterkrankung, die Pickel der Follikulitis, zu behandeln. Spezielle Shampoos sowie Wickel unterstützen die Antibiotikatherapie. Infolge der chronischen Entzündung kann sich die Haut dunkel verfärben, da mehr Melanin (schwarzer Farbstoff) in die Haut eingelagert wird. Nicht selten – beispielsweise bei einer Demodikose – bleibt die Haut dunkel, obwohl die Erkrankung ausgeheilt ist.

BSE

BSE ist die Abkürzung für die Bovine Spongiforme Enzephalopathie, salopp auch als Rinderwahnsinn bezeichnet.

Beim Hund wurde bisher ein einziger Fall von einer BSE-ähnlichen Erkrankung beschrieben. Bei einem elfjährigen Labrador in Norwegen, der 1997 verstarb, traten BSE-ähnliche Symptome auf. Eine Bestätigung dieser Verdachtsdiagnose blieb aus.

Hersteller von Markenfutter verwenden zudem ausschließlich für den menschlichen Verzehr zugelassenes Fleisch. Es besteht daher nach heutigem Wissen in Bezug auf den Hund kein besonderer Grund zur Sorge.

C

Candida

Candida-Pilze zählen zu den Hefepilzen und können zur natürlichen Darmflora gehören. Sie vermehren sich erst dann, wenn der Darm vorgeschädigt ist. Diese ist entweder durch eine Darmerkrankung gegeben, bei jungen Hunden beispielsweise durch eine Parvovirose, oder als Folge einer langwierigen Antibiotikatherapie.

Das Ergebnis der Pilzinfektion ist chronischer Durchfall. Darüber hinaus können Candida-Arten auch an Mund- und Nasenschleimhaut sowie in den Atemwegen zu weißlichen Belägen (Soor) führen. Doch anders als beim Menschen kommt dies beim Hund äußerst selten vor.

Therapie: Der Tierarzt wird von Fall zu Fall entscheiden, ob eine kohlenhydratarme Diät ausreicht oder ob Präparate mit getrockneten gesunden Darmkeimen bzw. ein Antimykotikum nötig sind.

Bisweilen wird Joghurt als Hausmittel empfohlen. Im Darm ist jedoch kaum ein Effekt zu erwarten, da die Milchsäurebakterien das Salzsäurebad im Magen nicht lebend überstehen.

Chemotherapeutika – Chemotherapie

Als Chemotherapeutika bezeichnet man alle natürlich vorkommenden sowie synthetisch hergestellten (niedermolekularen) Substanzen, die weitgehend selektiv

Krankheitserreger und Tumore schädigen. Dazu zählen: Antibiotika (gegen Bakterien), Antimykotika (gegen Pilze), Parasitenmittel sowie Zytostatika (→ **Tumor**).

Dementsprechend bedeutet Chemotherapie eigentlich den Einsatz von Chemotherapeutika. In letzter Zeit hat sich jedoch eine Begriffsverengung eingebürgert. Oft meint man mit Chemotherapie speziell die Tumortherapie, also den Einsatz von antiviral wirksamen und zytostatischen Medikamenten.

Cheyletiella → Raubmilben

Chippen → Mikrochip

Cocker Wut

Besonders häufig leiden Englische Cocker Spaniels unter diesem Wutsyndrom, doch auch andere Rassen, wie der Amerikanische Cocker Spaniel, Berner Sennenhund, Dobermann, Englischer Bull Terrier, Englischer Springer Spaniel, Deutscher Schäferhund, Golden Retriever, Pyrenäen Berghund und Bernhardiner können betroffen sein. Insgesamt ist diese Erkrankung jedoch selten.

Krankheitsbild: Die betroffenen Hunde, normalerweise von freundlichem Wesen, zeigen überraschende Anfälle von Aggressivität gegenüber Familienmitgliedern. Oft tritt dieses Verhalten auf, wenn die Tiere gerade aufwachen oder aus dem Schlaf gerissen werden. Meist bekommen die Hunde zuvor einen abwesenden, glasigen Blick. Der Hund greift an, beißt eventuell mehrmals und zieht sich dann zum Schlafen oder Ausruhen zurück.

Aufgrund dieses anfallartigen Auftretens vermutet man, dass es sich hierbei um eine spezielle Form der Epilepsie handelt. Allerdings können auch die Aggressions-Bezeugungen eines dominanten Hundes, meist sind es Rüden, für den Besitzer sehr überraschend wirken. Bei diesem Verhaltensproblem sollte man – am besten unter Anleitung, da dies nicht so ganz ungefährlich ist – die Mensch-Hund-Beziehung in andere Bahnen lenken. Diese Dominanzaggression sollte man also keinesfalls mit der Cocker Wut verwechseln.

Therapie: Medikamente (Antikonvulsiva – Mittel gegen epileptische Anfälle) können die Wutanfälle verhindern, wenn man die Behandlung möglichst frühzeitig beginnt.

Collie-Augen-Anomalie (CEA)

Dieser erbliche Defekt des Augenhintergrundes (Tapetum) ist bei Collies und Shelties unabhängig vom Geschlecht weit verbreitet. Die Krankheit wird rezessiv vererbt, nur wenn ein Hund die Anlage von beiden Eltern mitbekommt, erkrankt er auch.

Das Tapetum hat mehr oder weniger große Defekte, außerdem kann es zu Blutungen im Auge kommen, eventuell mit Netzhautablösung (→ **Erblinden: PRA**)

Je nach Grad der Schädigungen können die Blutungen und die Netzhautablösung zu Sehausfällen oder zum Erblinden des betroffenen Auges führen.

C

Collie Nose

Bei Hunden mit entsprechender Veranlagung führt Sonnenbestrahlung zu einer entzündlichen Veränderung am Nasenrücken. Die Haut rötet sich, es entstehen Krusten, unter denen die Haut nässt. Neben Collies und Shelties neigen Hunde mit weißem oder hellem Nasenrücken zu dieser Sonnen-Dermatitis. Neben dieser lediglich auf die Nase beschränkten Form, gibt es auch die generalisierte Erkrankung (→ **Dermatomyositis**).

Therapie: Kortikosteroide sind das Mittel der Wahl. Da die lokale Behandlung mit Salben nicht befriedigt – die Hunde lecken sich zumindest den Nasenspiegel ständig, ist eine Gabe von Tabletten oder eine Injektion vorzuziehen. Bei Hautentzündungen sind zusätzlich Antibiotika angezeigt.

Da Sonneneinstrahlung diese vermutlich autoimmun bedingte Erkrankung fördert, sollte der Hund möglichst wenig der Sonne ausgesetzt sein. Eventuell kann man die Nase eines bekanntermaßen empfindlichen Hundes mit einem Sonnenschutzmittel für Babies eincremen. Die abgeheilte Nase kann man unter Vollnarkose tätowieren lassen und so einen dauerhaften Sonnenschutz erzielen.

Computertomographie (CT)

In einigen Tierkliniken stehen mittlerweile Computertomographen. Bei Dackellähme oder Tumorverdacht, bei Gelenkerkrankungen, Entzündungen, Infektionen oder Epilepsie kann der Tomograph helfen, die Krankheitsursache zu finden.

Für diese Spezialuntersuchung wird der Hund in Rückenlage in die Röhre geschoben. Dann tastet ein Röntgenstrahlenbündel schichtenweise die erkrankte Körperregion ab. Detektoren messen, inwieweit die Röntgenstrahlen absorbiert werden. Diese Messdaten werden an den Computer weitergegeben. Auf dem Bildschirm baut sich dann ein aktuelles Bild der erkrankten Region auf.

Die Aufnahmen sind aussagekräftiger als Röntgenbilder, die Strahlenbelastung ist gering. Der Haustierarzt wird den Hund bei Bedarf an die nächste Klinik mit Tomographen überweisen.

Cushing Syndrom

Eine der häufigsten Hormonstörungen beim Hund ist das Cushing-Syndrom. bei dem chronisch zu viel Glucokortikoide in der Nebennierenrinde gebildet werden, der Kortisol-Wert im Blut ist daher erhöht.

Kortisone haben einen wesentlichen Einfluss auf den Kohlenhydratstoffwechsel, beeinflussen den Kreislauf und das Herz, fördern die Magensaftproduktion, verzögern die Wasserausscheidung und wirken antientzündlich und antiallergisch. Die Hirnanhangdrüse schüttet ein Hormon aus, welches den Nebennierenrinden übermittelt, ihrerseits die Kortisone auszuschütten. Treten nun Störungen an der Hypophyse oder an den Nebennierenrinden auf, z. B. Tumore, kommt es zu einer Überproduktion an Kortisonen.

Das Cushing Syndrom oder wird durch Tumore der Hypophyse oder der Nebennierenrinde hervorgerufen, aber auch die Langzeitbehandlung mit hoch dosiertem Kortison kann diese Erkrankung verursachen.

Krankheitsbild: Die Hunde erkranken in der zweiten Lebenshälfte, in der Regel mit sechs bis neun Jahren. Sie trinken viel, haben starken Appetit und werden fett. Da die Muskulatur schlaff wird und sich zurückbildet, hängt die Bauchdecke durch und kann sogar am Boden schleifen. Einige Hunde können nur noch mit Mühe gehen. Typisch ist auch der Haarausfall, der aussieht, als hätten Motten Löcher ins Fell gefressen. Die Haarlosigkeit betrifft den Rumpf, wobei Beine und Kopf meistens normal behaart sind. Die Haut ist trocken und sehr dünn, die Blutgefäße am Unterbauch sind deutlich zu sehen. Die Hunde kratzen sich oft heftig.

Diagnose: Bei Verdacht lässt der Tierarzt eine Blutprobe sowie Urin untersuchen, um die Diagnose zu bestätigen sind weiterführende Tests (z. B. ACTH-Stimulationstest) nötig. Die Diagnosefindung ist aufwendig und teuer, aber Voraussetzung für eine Behandlung.

Therapie: Die Therapie ist abhängig von der Ursache, Nebennierenrindentumore entfernt man chirurgisch in Spezialkliniken; wenn ein Tumor der Hirnanhangsdrüse die Ursache ist, gibt man Medikamente, welche die Nebennieren teilweise zerstören und so die zu hohe Kortisolproduktion eingeschränkt wird.

Bei einer Erkrankung infolge langer Kortisongaben schleicht man das Medikament langsam – nach tierärztlicher Therapieanweisung – aus.

Die Therapie ist aufwendig und teuer, doch die behandelten Hunde haben eine gute Lebensqualität.

D

Dackellähme

Bei der Dackellähme kommt es zu Abbauvorgänge im Bereich der Bandscheiben. Am häufigsten sind die kurzbeinigen Rasen wie Dackel, Bullterrier, Basset und Pekinese betroffen. Bei deren Körperbau werden die Knorpelscheiben der letzten Brustwirbel und der ersten Lendenwirbel besonders belastet. Zudem bilden sich bei diesen Rassen die Knorpelscheiben nicht in Faserknorpel um, sondern bleiben weich. So kommt es leicht zu einem Gewebezerfall.

Eine Druckbeanspruchung kann nicht mehr ausgeglichen werden. Die Zellmassen engen den Wirbelkanal ein und führen zu einer örtlichen Reizung der Nerven, die an dieser Stelle im Wirbelkanal verlaufen bzw. dort abzweigen. Meist treten die Probleme anfallweise auf.

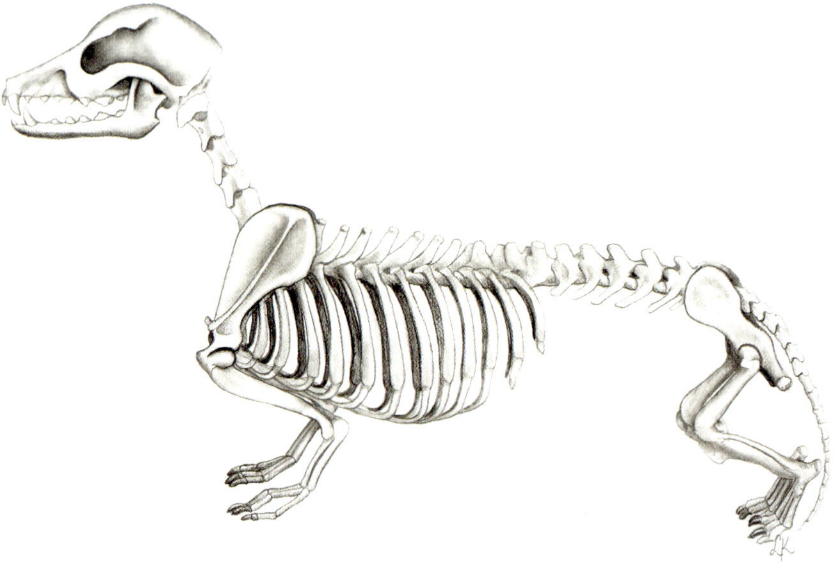

Besonders Unterarm und -schenkel sind beim Dackel im Vergleich zu anderen Hunderassen stark verkürzt. Die kurzen Trippelschritte können von der Wirbelsäule nicht mehr ausgeglichen werden. Folge sind nicht selten Rückenprobleme.

Krankheitsbild: Je nachdem, wie stark die Nerven in Mitleidenschaft gezogen werden, führt die Erkrankung zu Schmerzen und zu auffälliger Bewegungsunlust bis hin zu Lähmungen. Infolge der Schmerzen lassen sich die Hunde oft am Rücken nicht mehr anfassen. Meist ist die hintere Körperhälfte betroffen, also die Hinterbeine, aber auch Darm und Blase. Das bedeutet, dass der Hund Harn- und Kotabsatz nicht mehr kontrollieren bzw. beides nicht mehr absetzen kann.

Therapie: Die Behandlungs- und Heilungsaussichten sind von Fall zu Fall verschieden. Die ersten zwei Wochen nach dem Anfall sollte man den Hund in eine kleine Box setzen, damit er Ruhe gibt und sich möglichst nicht bewegt. Funktionieren Blase und Darm noch kontrolliert, sollte man den Hund mehrmals täglich an der kurzen Leine ausführen, damit er seine Geschäfte wie gewohnt erledigen kann. Er darf sich dabei nicht austoben, denn jede abrupte Bewegung könnte einen neuen Anfall auslösen.

Der Tierarzt wird dem Hund in dieser Zeit ein entzündungshemmendes, schmerzstillendes Präparat geben. Durch den Entzündungsrückgang wird der Druck auf den Wirbelkanal gemindert. Leichte Anfälle lassen sich durch diese Therapie beheben. In der Folgezeit sollte man darauf achten, dass der Hund die Wirbelsäule nicht übermäßig belastet z. B. durch Treppensteigen, Sprünge vom Sofa oder dadurch, dass er andere Hunde jagt. Auch ein falsches Hochheben des Hundes sollte vermieden werden.

Bei schweren Anfällen hilft nur eine Operation. Der Erfolg ist fraglich, wenn der Hund in dem gelähmten Bereich kein Gefühl mehr hat oder wenn Blase und Darm nicht mehr funktionieren. Ihr Haustierarzt wird Sie ausführlich beraten und, falls er selber nicht operiert, Ihren Hund in eine Tierklinik überweisen.

D.A.P.

Abkürzung für Dog Appeasing Pheromone, das sind körpereigene Duftstoffe, die anderen Hunden Informationen geben. D.A.P. ist ein Beruhigungspheromone, das die Hündin drei bis fünf Tage nach der Geburt der Welpen in den Talgdrüsen des Gesäuges produziert. Es festigt die Bindung zwischen Welpe und Mutterhündin. Wird es nicht mehr produziert, lösen sich die Welpen von der Mutter. Rudelführer produzieren vergleichbare Pheromone, um den anderen Rudelmitgliedern Wohlbefinden und die Gruppenzugehörigkeit zu vermitteln.

Dieses Pheromon wird synthetisch produziert und als Zerstäuber im Raum eingesetzt, um Hunde, die aus dem inneren Gleichgewicht geraten sind zu helfen, in Stress- und Angstsituationen, z. B. wenn ein neuer Hund oder Mensch zu dem Rudel dazustößt.

Darmentzündung

→ **Durchfall, Kolitis, Magen-Darm-Probleme**

Darmverschluss (Ileus)

Verschiedene Erkrankungen können dazu führen, dass der Darm in einem bestimmten Stück undurchgängig wird, was immer ein sehr gefährlicher Prozess ist.

So kann bei einem Nabel- oder Leistenbruch der Darm in den Bruchsack vorfallen. Wird der Darm gedreht oder abgeschnürt, kommt es zum Darmverschluss. Ebenso kann sich – z. B. bei einem Durchfallpatienten – ein Darmstück über das anschließende Stück stülpen und so den Darm verschließen, oder Tumore engen den Darm ein. Auch infolge von Knochenfütterung oder massivem Wurmbefall kann der Darm undurchgängig werden.

Krankheitsbild: Meist ist der Bauch sehr schmerzhaft, eventuell auch durch Gasbildung aufgetrieben. Die Hunde setzen keinen Kot mehr ab, allenfalls Schleim. Sie können auch kurz nach der Futteraufnahme erbrechen. In der Regel kann der Tierarzt bei der Untersuchung den betroffenen Darmabschnitt ertasten.

Therapie: In einer Operation wird der Tierarzt die Ursache beseitigen. Falls der betroffene Darmabschnitt schon stark verändert ist, muss man ihn entfernen.

Demodexmilben-Befall

Demodex-Milben leben in den Haarfollikeln und führen normalerweise nur dann zu einer Hauterkrankung, wenn das Immunsystem des Tieres geschwächt ist. Dann können sich die Milben ungehindert vermehren und zu einer Reizung führen. Die Haut wehrt sich gegen die massenhaften Eindringlinge und reagiert beispielsweise mit einer Entzündung.

Es gibt zwei Formen der Erkrankung: Bei der lokalisierten Form bleibt die Demodikose auf eine Stelle beschränkt, bei der generalisierten ist mehr oder weniger die ganze Haut betroffen. Bei der generalisierten Form kommt es zu tiefgreifenden Entzündungen und eitrigen Hautausschlägen, die sehr unangenehm riechen können.

Ansteckung: Hunde infizieren sich schon als Welpe, indem sie bei der Mutter saugen; also nicht durch Kontakt von Tier zu Tier wie bei den Räudemilben. Es wäre daher sinnvoll, Demodex tragende Mutterhündinnen aus der Zucht zu nehmen.

Verlauf: Die Demodikose beginnt meist am Kopf, der Besitzer bemerkt als erstes Haarausfall.

Nachweis: Die Milben sitzen in der Haut und lassen sich nur durch spezielle Hautuntersuchungen (Biopsie, Geschabsel) nachweisen.

Therapie: Die Therapie ist langwierig und teuer. Lokalisierte Form: Sie kann spontan ausheilen, andersfalls behandelt man die betroffenen Stellen mit Bezoylperoxid oder Selensulfid. Nach einer vierwöchigen Behandlungszeit sollte eine weitere Hautbiopsie oder ein Kontrollhautgeschabsel entnommen werden.

Generalisierte Form: Sie muss intensiv behandelt werden. Man verabreicht ein Medikament (Ivermectin), das mindestens 30 Tage nach Abklingen der Symptome und dem letzten Hautgeschabsel weitergegeben werden muss. Man darf es nicht bei Collies, Bobtails sowie deren Mischlingen anwenden. Vertreter dieser Rassen sollten mit Bädern (Amitraz) behandelt werden.

Da man die Demodikose nicht richtig ausheilen kann, sind Rückfälle jederzeit möglich, wenn der Hund Belastungen (Krankheiten, Trächtigkeit, psychischer Stress etc.) ausgesetzt ist.

Depigmentation

→ **Collie Nose, Dermatomyositis, Nase verfärbt sich**

Dermatomyositis

Bei der familiär auftretenden Hunde-Dermatomyositis erkranken Haut und Muskulatur. Neben jungen Collies neigen auch Shelties zu dieser Erkrankung. Die Ursache kennt man nicht, aber vermutlich spielen Autoimmunprozesse zusammen mit einer Virusinfektion eine auslösende Rolle.

Krankheitsbild: Im Alter von sieben bis elf Wochen treten die ersten Entzündungen und Rötungen der Haut auf, speziell im Gesicht, an den Ohren, an der Schwanzspitze und an Stellen, unter denen die Knochen sich abzeichnen, beispielsweise an der Hüfte.

In schwereren Fällen können sich auch die Kaumuskulatur sowie die Muskulatur von Unterarm und Unterschenkel entzünden. Man nennt das Myositis.

Die Anlage zu dieser Erkrankung wird dominant (jeder Erbmalträger erkrankt) vererbt. Mit befallenen Hunden sollte man daher nicht züchten.

Behandlung: Hunde mit leichter Form können spontan gesunden, oft sogar ohne dass Narben zurückbleiben. Mittelschwere Fälle können ebenfalls heilen, allerdings bleiben meist haarlose, depigmentierte Stellen zurück – bevorzugt auf dem Nasenrücken – (das ist die Collie-Nose), um die Augen und an der Schwanzspitze.

Die Besiedelung der Haut mit Eiterbakterien oder mit Demodexmilben kann den Heilungsprozess erschweren. Hunde mit schwerer Dermatomyositis leiden mal mehr und mal weniger, aber lebenslang an Dermatitis und Myositis, ohne dass eine Heilung möglich ist. Wenn sich die Kaumuskulatur zurückbildet, können die Hunde nur schwer fressen. Kommt es zur Erschlaffung der Speiseröhrenmuskulatur, besteht die Gefahr, dass die Hunde sich verschlucken und als Folge an einer Lungenentzündung erkranken.

Dermoid

Dermoide zählen zu den angeborenen Missbildungen. Bei Bernhardiner, Cocker Spaniel, Dackel, Englischer Setter, Beagle, Basset und dem Deutschen Schäferhund kommen Dermoide häufiger vor.

Während der Entwicklung des ungeborenen Welpen gelangen vereinzelt Hautzellen in den Augenbereich. Daraus können sich nicht nur äußere Haut mit Fettzellen, Talg- und Schweißdrüsen, sondern auch Anhangsgebilde der Haut wie Haare bilden. Meist kapseln sich diese Hautinseln jedoch ein und bilden Zysten.

Krankheitsbild: So kann sich auf der Hornhaut, in der Bindehaut oder auf der Innenseite der Lider eine kleine Hautinsel entwickeln. Für das Auge bedeutet dies einen ständigen Reiz. So, als hatte der Hund einen Fremdkörper im Auge.

Therapie: Wenn man die Hautinsel vollständig entfernt, wachsen weder Haut noch Haare nach. Allerdings kann in der Hornhaut eine Narbe zurückbleiben, dann sieht der Hund unter Umständen nicht mehr so gut. Um dies zu vermeiden, können spezialisierte Augentierärzte auch eine so genannte lamelläre Hornhauttransplantation vornehmen.

Diabetes insipidus

Übermäßiger Durst ist meist Anzeichen einer Stoffwechselstörung. Neben der Zuckerkrankheit, dem Diabetes mellitus, gibt es eine weiter Hormonstörung, den Diabetes insipidus.

D

Ursache und Krankheitsbild: Beim Diabetes insipidus trinken die Hunde oft von einem Tag auf den anderen plötzlich literweise Wasser. Um zu verstehen, was bei so einem Patienten abläuft, muss man sich die normale Nierenfunktion vor Augen führen: Das Hormon ADH (Antidiuretisches Hormon) wird im Hypophysenhinterlappen gebildet und bei Bedarf in das Blut abgegeben. Also dann, wenn der Körper rasch Flüssigkeit verloren hat oder wenn sich die Elektrolytzusammensetzung im Blut geändert hat. Die Nieren haben Rezeptoren für das Antidiuretische Hormon (ADH). Unter der Wirkung dieses Hormones wird auf diesem Wege die Wasserausscheidung gedrosselt.

Beim Diabetes insipidus ist entweder die Bildung des ADH gestört oder die Nieren-Rezeptoren sprechen nicht mehr auf das Hormon an. Deshalb scheidet der Hund das gesamte Wasser über die Nieren aus, ohne Flüssigkeit zurückzuhalten und muss ununterbrochen trinken, um nicht auszutrocknen.

Diagnose: Zur Diagnose reicht die Blutuntersuchung allein nicht, denn solange der Hund immer trinken kann, verändern sich die Blutwerte nicht unbedingt. Daher führt man einen Test durch, es sei denn, der Hund ist nierenkrank: Man lässt den Hund einige Stunden dürsten. Normalerweise müsste der Harn sich in dieser Zeit konzentrieren.

Bei Diabetes-insipidus-Patienten aber erhöht sich das spezifische Gewicht nicht. Das ist der Beweis, dass die ADH-Wirkung ausgefallen ist. Bei Hunden mit einer chronischen Nierenentzündung beispielsweise würde sich das spezifische Gewicht jedoch erhöhen.

Mit einem speziellen Test kann der Tierarzt auch noch unterscheiden, ob die Störung im → **Hypothalamus**, dort wird das ADH gebildet, oder in den Nieren liegt. Das ist für die Therapie wichtig.

Therapie: Bei einem zentralen Diabetes insipidus bekommt der Hund täglich ein Depot an Hypophysenhinterlappenhormon gespritzt. Bei der renalen Form, die beim Hund am häufigsten vorkommt, erhält der Hund ein Chlorthiazid-Präparat in Tablettenform. Da diese Hunde Kalium verlieren, sollte man ihnen gleichzeitig ein Kalium-Präparat geben. Eine Kochsalz und Eiweiß arme Diät unterstützt diese Therapie.

Diabetes mellitus

Die Bauchspeicheldrüse (Pankreas) hat eine Doppelfunktion. Sie produziert den Pankreassaft, das wichtigste Verdauungssekret, und gleichzeitig das Hormon Insulin, das einen wesentlichen Anteil an der Regulierung des Blutzuckerspiegels hat. Daneben bildet sie Glukagon, ein Hormon, das die Blutzuckerbildung beeinflusst.

Diabetes mellitus, die »Zuckerkrankheit« ist eine konstitutionell bedingte Erkrankung der Inselzellen der Bauchspeicheldrüse. Die Folge ist eine mangelnde Kohlenhydratverwertung. Daraus wiederum resultiert ein erhöhter Blutzuckerge-

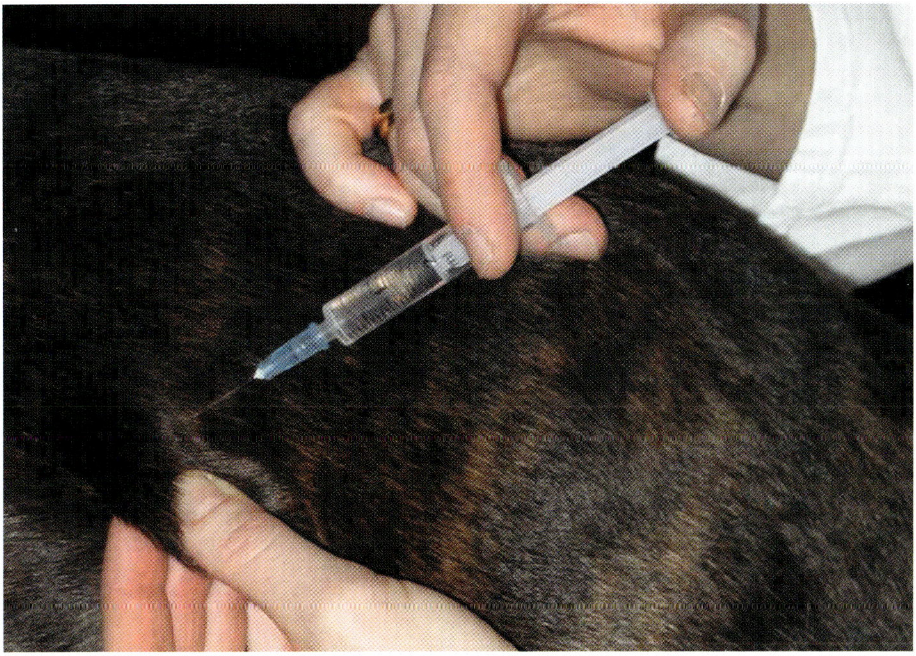

Die Zuckerkrankheit wird mit täglichen Insulingaben per Injektion unter die Haut behandelt. Der Hund braucht pünktlich alle zwölf Stunden Insulin.

halt. Bei den meisten Hunden mit Diabetes mellitus liegt eine absolute Insulininsuffizienz vor. 90 Prozent der diabetischen Hunde sind Hündinnen. Bei ihnen tritt die Erkrankung oft im Zusammenhang mit der Läufigkeit auf.

Man sollte die Hündin daher unbedingt kastrieren lassen. Sonst lässt sich der Diabetes kaum in den Griff bekommen.

Therapie: Die Zuckerkrankheit wird mit täglichen Insulingaben per Injektion unter die Haut behandelt. Eine Therapie mit Tabletten hat sich in der Tiermedizin bisher nicht erfolgreich behauptet, denn Bestandteile mancher Tabletten, z. B. Tolbutamid, sind für Hunde leberschädigend. Außerdem werden sie, auch beim Menschen, nur verabreicht, wenn ein insulinunabhängiger Diabetestyp vorliegt.

Dieser Typ ist jedoch bei Hunden äußerst selten. Es gibt spezielle Insulin-Einmalspritzen, die helfen, Schmerzen an den Einstichstellen zu vermeiden und das Insulin exakt zu dosieren.

Neben den täglichen Insulinspritzen muss man auch die Futter- und Trinkmenge überwachen und außerdem jeden zweiten Morgen um dieselbe Zeit mit Teststreifen den Zuckergehalt im Urin kontrollieren. Alle zwei bis drei Monate sollte man den Hund vom Tierarzt durchchecken lassen. Bleibt man gewissenhaft darin, kann der Hund ein normales Leben führen.

Die richtige Diät spielt für einen Diabetiker-Hund eine herausragende Rolle. Die Tiere müssen unbedingt ihr Normalgewicht halten oder, falls sie zu schwer sind, dieses durch eine Reduktionskost erreichen.

Wenn ein Hund abgenommen hat, kann man in der Regel auch die tägliche Insulindosis senken. Ballaststoffreiche Dosen- und Trockenfutter werden meist gut vertragen, sonst kann man über den Tierarzt auch spezielles Diätfutter beziehen. Dieses hat den großen Vorteil, dass es in seiner Zusammensetzung konstant bleibt.

Fütterung und Injektion nach Plan: Ideal wäre es, dem Hund zuerst das Insulin zu spritzen und ihn eine halbe Stunde später zu füttern. Doch da Zuckerpatienten nicht immer so gut fressen, ist diese Methode zu unsicher. Man füttert also zuerst und gibt gleichzeitig die Insulindosis. Verweigert der Hund die Mahlzeit, erhält er die halbe Dosis (siehe unten).

Der Hund braucht pünktlich alle zwölf Stunden Insulin und dazu zwei Mahlzeiten. Nur in Absprache mit dem behandelnden Tierarzt kann man das Frühstück halbieren und die zweite Hälfte mittags anbieten.

Wenn der Hund nichts frisst, erhält er nur die halbe Insulindosis. Außerdem nimmt man das Futter bis zur nächsten Mahlzeit weg. Frisst er dann, erhält er wieder die volle Insulindosis, andernfalls wieder halbe Insulindosis und Futter wegnehmen. Sollte er am nächsten Tag immer noch nichts fressen, bespricht man sich mit dem behandelnden Tierarzt.

Wenn der Hund Unterzucker hat, also unsicher und wackelig ist, bietet man ihm als erstes Futter an. Nimmt er nichts, flößt man ihm vorsichtig Traubenzucker oder Honig ein. Nimmt er auch das nicht, muss man sofort mit dem Tier zum Tierarzt fahren.

Dirofilariose

→ Herzwurm-Infektion

Disposition

Im Gegensatz zu einer Erbkrankheit, bei der ein Welpe wirklich mit einer Krankheit zur Welt kommt, wird bei einer Disposition lediglich die Anlage zu einer Erkrankung vererbt. Ob diese Anlage im Laufe des Lebens zu einer Erkrankung führt, hängt von unterschiedlichen Faktoren ab (z. B. Hüftgelenksdysplasie).

Wenn Hunde einer bestimmten Rasse – z. B. aufgrund eines nicht völlig intakten körpereigenen Abwehrsystems – häufiger an Infektionskrankheiten leiden (z. B. Parvovirose), nennt man das Rassedisposition. Disposition kann also die Anlage für eine ganz spezielle Erkrankung, aber auch eine höhere Anfälligkeit für Krankheiten meinen.(→ **Erbkrankheiten**)

Durchschnittsalter

→ **Lebenserwartung**

Durchfall

Jeder Hund hat hin und wieder einen Tag Durchfall, ohne gleich regelrecht krank zu sein. Manchmal weiß man als Besitzer sogar weshalb. Im Winter nehmen manche Hunde gerne Schnee und Eis auf, was dann zu Magen-Darm-Problemen führen kann. Die Spezialisten, die Kot fressen, neigen ebenfalls zu Durchfall.

Wenn ein Hund längere Zeit unter starkem Durchfall leidet, ist dies meist ein Zeichen für eine wirkliche Erkrankung des Magen-Darm-Traktes, für Verdauungsstörungen oder für Infektionen bzw. auch für die Intoxikation mit Bakterien- oder Pilzgiften.

Therapie: Immer, wenn ein Hund unter drastischem (Brech-)Durchfall leidet, sollte man sofort den Tierarzt aufsuchen. Der Flüssigkeits- und Elektrolytverlust kann in kurzer Zeit sehr hoch sein und bedarf dann einer Therapie. Außerdem kann die Ursache, z. B. Parvovirose oder Vergiftung, eine sofortige Therapie erfordern.

Hat der Hund bei weitgehend ungestörtem Allgemeinbefinden einmal Durchfall, sollte man ihn einen Tag bei Wasser oder Tee fasten lassen, damit sich der Magen-Darm-Trakt erholen kann. An den folgenden Tagen kann man dem Hund eine Schondiät geben, ein Drittel Magerquark oder Hüttenkäse, zwei Drittel Möhren und ein Drittel Reis – die beiden letzten gekocht.

Zusätzlich muss der Hund viel trinken. Sollte der Durchfall andauern, ist es ratsam, den Tierarzt zu konsultieren. Er wird die Ursache suchen. Bei chronischen Problemen ist das oft schwer. Auf jeden Fall wird er dem Hund ein geeignetes Elektrolytpräparat verordnen.

→ **Störung der Bauchspeicheldrüse (sehr große ungeformte Menge), Candida, Futtermittelallergie, Giardien (Kuhfladen), Gluten-Allergie, H.c.c., Kolitis, Leptospirose, Magen-Darm-Probleme, Nebennieren, Parvovirose (blutig), Spulwürmer, (Staupe), Urlaubs-Krankheiten, (Pflanzen-)Vergiftungen**

Durst, übermäßiger

→ **Cushing Syndrom, Diabetes insipidus, Diabetes mellitus, Gebärmuttervereiterung, Erkrankungen der Nieren und Harnwege**

Dysplasie

Das Wort Dysplasie bedeutet, dass sich bestimmte Gewebe bzw. Gelenke fehlerhaft entwickelt haben, z. B. → **Ellbogen-** und **Hüftgelenksdysplasie**. Die Veranlagung (= Disposition) für diese Entwicklungsstörungen wird vererbt.

Nur eine verantwortungsvolle Zucht kann dieses Problem aus der Welt schaffen: Wenn beide Elterntiere unter einer

D

Dysplasie leiden, sind nur sieben Prozent der Nachkommen dysplasiefrei. Doch die Vererbung allein ist es nicht. In der Regel sind die Tiere in ihrer Junghundezeit noch zusätzlichen Belastungen ausgesetzt, wie übermäßige Bewegung und zu intensive Fütterung.

Diese Umweltfaktoren hat jeder Hundehalter jedoch selbst in der Hand. Zurückhaltende Fütterung sowie körperliche Schonung können eine Dysplasie verhindern helfen oder zumindest die Ausprägung deutlich mildern.

E

Ehrlichiose

Die Ehrlichiose kommt inzwischen auch im Mittelmeerraum, in den USA sowie in den Tropen und Subtropen vor. Die Erreger-Bakterien *(Ehrlichia canis)* werden durch Zecken *(Rhipicephalus sanguineus)* übertragen.

Während des Vietnamkrieges starben viele aus den USA kommende Hunde in militärischem Dienst an der Ehrlichiose. Heutzutage bringen Touristen Hunde aus aller Welt mit nach Hause, so dass man vereinzelt auch in Deutschland Fälle sehen kann.

Die Erkrankung beginnt mit Fieberschüben und führt zur Hemmung der Blutbildung. Die Hunde sind infolge der Blutarmut sichtlich blasss. Wer also einen Hund aus Indien, Sri Lanka, Pakistan, Afrika oder eventuell den USA besitzt, sollte den Tierarzt unbedingt auf die Herkunft des Tieres hinweisen.

Diagnose: Bluttest 14 Tage nach einer Infektion

Prophylaxe: Zeckenbekämpfung

Bei rechtzeitiger Therapie mit Antibiotika sind die Heilungschancen gut.

Eiklar, rohes

Eier sind besser als ihr Ruf. In vielen Hundebüchern liest man, dass Hunde kein rohes Eiklar fressen sollen. Der Grund dafür: es enthält ein Antivitamin, wie auch einige rohe Fische und vor allem Rattengift (Antivitamin K).

Antivitamine sind verschiedene chemische Substanzen, die Vitamine abfangen. Da im Eigelb jedoch große Mengen des dazugehörigen Vitamins (Biotin) enthalten sind und der Hund mit einem rohen Ei beides gleichzeitig aufnimmt, macht ihm das gar nichts.

Im Übrigen sollte man mit rohen Eiern unbekannter Herkunft generell vorsichtig sein. Daher gilt: Kochen zerstört nicht nur die im Ei befindlichen Keime, sondern auch das Antivitamin.

Einreisebestimmungen

Wer mit seinem Hund verreisen möchte, braucht einen gültigen Impfpass seines Hundes sowie eventuell Gesundheitszeugnisse.

Da sich die Bestimmungen nach Drucklegung ändern können, fragen Sie bitte Ihren Tierarzt. Darüber erhalten sie auch beim Veterinäramt, dem zuständigen Konsulat, beim ADAC oder im Internet Auskunft.

Einsamfühlen

→ Angst vor dem Alleinebleiben

Eiweißbedarf von Hunden ohne besondere Leistung

Der Eiweißgehalt eines Futters sollte dem individuellen Bedarf entsprechen, während der Gehalt an Kohlenhydraten und Fett im Rahmen der benötigten Energie variieren kann. Auf der Verpackung von Fertigfuttern ist der Gehalt an Rohprotein meist in Prozent, bemessen auf die Trockensubstanz, angegeben. Man kann diese Angaben mit Hilfe eines Taschenrechners leicht umrechnen:

$$\frac{(100 - \text{Wassergehalt})}{100} \times \text{Proteingehalt in \%}$$

Enthält ein Futter beispielsweise 18 % Protein i. d. Tr. (in der Trockenmasse) bei 70 % Wassergehalt:

$$\frac{(100 - 70)}{100} \times 18\,\% = 5{,}4\,\%$$

das bedeutet, dass in 100 g Feuchtfutter 5,4 g Eiweiß enthalten sind. Ein fünf Kilogramm schwerer Hund bräuchte von diesem Futter täglich etwa 300 Gramm, um seinen Eiweißbedarf zu decken. Neben dem Eiweiß sollten auch Energie- (siehe Seite 140) und Mineralstoffhaushalt (siehe Seite 149) stimmen. Je weniger Salz, desto besser.

Gewicht des Hundes in kg	verdauliches Rohprotein in Gramm
5	17
10	28
20	47
35	72
60	108

Der Eiweißbedarf der Hunde nimmt mit zunehmendem Körpergewicht ab.

Eiweißbedarf von Hunden, die sich besonders viel bewegen

Der Eiweißbedarf bei Hunden, die Muskelarbeit verrichten, steigt im gleichen Maße wie der Energiebedarf. Das Verhältnis von verdaulichem Rohprotein zu verdaulicher Energie sollte etwa 9:1 betragen.

Bei sehr starken Arbeitsleistungen kann man dieses Verhältnis auf 6-8:1 senken. Das heißt, man füttert einfach mehr Fett.

	Bewegungsdauer in Stunden.	Mehrfaches des Erhaltungsbedarfs an Energie
Führhunde	2–4	1,2
Wachhunde	6–8	1,5
Jagd-, Hütehunde	6–8	2,0
Schlittenhunde	1–2	2,0–3,0

Eiweißbedarf von heranwachsenden Hunden

Gewicht des Hundes in kg	verdauliches Rohprotein in g 3.+4. Monat	5.+6. Monat	7.–12. Monat
5	18	19	17
10	29	32	30
20	48	49	50
35	70	85	80
60	100	140	120

Ein gemäßigtes Wachstum ist für junge Hunde wesentlich gesünder, als möglichst schnell groß zu werden. Die in der Tabelle genannten Werte beziehen sich daher auf ein mittleres Wachstum.

Eiweißbedarf von Hündinnen, die trächtig sind oder säugen

Nur in der zweiten Hälfte der Trächtigkeit hat die Hündin einen höheren Eiweißbedarf. Bei der säugenden Hündin richtet sich die nötige Eiweißmenge nach der Welpenzahl sowie der Säugewoche. In der ersten und zweiten Laktationswoche kann man die Richtwerte aus der Tabelle unterschreiten, in der dritten bis fünften Woche hingegen überschreiten. Das gilt vor allem bei großen Würfen.

Gewicht des Hundes in kg	verdauliches Rohprotein in g Trächtigkeit:	Säugeperiode
5	25	50
10	40	95
20	75	180
35	115	310
60	185	510

EKG (Elektrokardiogramm)

Das Elektrokardiogramm (EKG) ist neben dem Abhören des Herzens (Auskultation) sowie der Ultraschall-Diagnostik die wichtigste Untersuchung bei Herzkrankheiten und kann heute in fast jeder Kleintierpraxis durchgeführt werden. Beim EKG werden die Aktionspotenziale des Herzens von der Körperoberfläche abgeleitet und in Kurven aufgezeichnet. Die Zacken des EKG entsprechen dabei den einzelnen Phasen der Herztätigkeit. So kann man daraus Herzrhythmus und -frequenz ablesen sowie sehen, ob Störungen der Erregungsbildung, -ausbreitung und -rückbildung vorliegen.

Für die Untersuchung legt man den Hund meist auf die rechte Seite. Da das Herz beim Hund anders im Brustkorb liegt als beim Menschen, wählt man auch andere Ansatzpunkte für die Elektrodenklemmen. Meist legt man an jedes Bein eine Klemme sowie drei Klemmen im Brustbereich. Um die Leitfähigkeit zu verbessern, befeuchtet man die Stellen, an denen die Klemmen sitzen, mit physiologischer Kochsalzlösung. Das ist kalt, tut aber überhaupt nicht weh.

Wenn Hunde sich bei der Untersuchung sehr aufregen und zittern oder hecheln, kann dies die EKG-Kurve »verwackeln«, so dass der Tierarzt Probleme bei der Auswertung hätte. In diesem Fall kann man die

Untersuchung auch am stehenden Tier durchführen. Da man den Hund dabei kaum festhalten muss, ist er meist ruhiger als in Seitenlage.

Ekzeme

Ekzeme sind oberflächliche Entzündungen der Haut, ausgelöst durch Organerkrankungen, z. B. von Nieren, Leber oder Darm, oder durch allergische Prozesse. So reagieren Chow-Chows beispielsweise sehr sensibel auf gewürzte Speisen und entwickeln als Folge leicht Ekzeme.

Am Anfang rötet sich die Haut, es bilden sich Ödeme (Wasseransammlungen). Im Laufe der Entzündung bekommen die Hunde auch Juckreiz, wobei das Kratzen die Haut zusätzlich schädigt. Es entwickeln sich Pusteln, die aufbrechen, und dann tritt Flüssigkeit aus: Das Ekzem nässt. Trocknet das Sekret ein, bilden sich Krusten. Dies ist dann der erste Schritt zur Heilung.

Bleibt die Ursache weiterhin bestehen, entwickeln sich neue Ekzeme. Man kann dann die verschiedenen Ekzem-Stadien nebeneinander finden.

Therapie: Der Tierarzt wird versuchen, die auslösende Ursache zu finden. Nur wenn man diese behandelt, wird auch die Hauttherapie dauerhaft Erfolg bringen. Je nach Schwere des Ekzems wählt der Tierarzt aus der ganzen Bandbreite der Medikamente aus, vom austrocknenden Hautpuder bis zu Antibiotika- oder Kortisonhaltigen Präparaten. → **Läufigkeits-Ekzem** (Kruppe, Hinterschenkel)

Ellbogendysplasie (ED)

Vor allem großwüchsige Hunde neigen zu Dysplasien. Und zwar deshalb, weil sie eine längere Wachstumsphase und eine höhere Wachstumsintensität haben als kleine Rassen.

So starten Welpen großer Rassen mit knapp einem Prozent ihres späteren Endgewichtes ins Leben, während Zwergrassen bei der Geburt rund sechseinhalb Prozent des mütterlichen Gewichtes besitzen. Das bedeutet, ein Chihuahua wird nur das 15,6fache seines Geburtsgewichtes erreichen, ein Pyrenäenberghundwelpe hingegen hat um das 103fache an Gewicht zuzulegen. Die Wachstumsleistung ist also enorm und, wie bei jeder Hochleistung, ist auch der wachsende Hund besonders störungsanfällig.

Die Knochen müssen nicht nur größer werden, auch ihre Belastbarkeit muss der Körpergröße entsprechen. Während des Wachsens werden die Knochen daher umgebaut und die Wachstumsfugen schließen sich.

Bei kleinen Rassen beginnen diese Stabilisierungsumbauten früher. Bei den schnell wachsenden Großen werden die noch nicht umgebauten, weniger tragfähigen Knochen leicht fehl- oder überbelastet. Und das gerade in der intensiven Wachstumsperiode vom dritten bis fünften Lebensmonat. Zwei Faktoren können diesen Effekt noch verstärken: zu reiche oder falsche Fütterung und zu viel bzw. zu anstrengende Bewegung. Das Futter sollte also nicht zu energie- und proteinreich sein, die Gabe an Vitaminen und Mineralstoffen sollte genau stimmen. Gewichtstabellen, wieviel ein Junghund einer bestimmten Rasse wiegen darf, gibt es leider nur vereinzelt.

Außerdem lässt der Standard für Rüden und Hündinnen weite Gewichtsspannen zu. Man richtet sich daher nach dem Gewicht der Elterntiere, wenn man eine Gewichtskurve berechnet (Ernährungsberatung siehe Anhang). Je schlanker ein Junghund ist, desto besser für sein Skelett. Die Störung des Knochenwachstums kann unterschiedlich schwer sein. Ist sie hochgradig, macht sie sich auch schnell bemerkbar, der Hund zeigt Probleme beim Gehen. Leichte Dysplasien hingegen sieht man zwar in der Röntgenkontrolle, sie führen jedoch oft erst im Alter zu Bewegungsstörungen.

Diagnose: Die Diagnose wird immer durch Röntgenaufnahmen gestellt bzw. abgesichert.

Krankheitsbild: Die Hunde lahmen mehr oder weniger stark. Die Dysplasie des Ellbogens ist die häufigste Erkrankung in dieser Gruppe. Da die beiden Unterarmknochen Elle und Speiche nicht immer gleichzeitig (synchron) wachsen, sondern mal der eine, mal der andere Knochen etwas schneller, stimmt das Gelenk in sich nicht mehr. Wenn sich die Gelenkflächen der Elle fehlerhaft entwickeln, führen diese Gelenkstufen zu ungleichmäßiger Belastung der Gelenkflächen. Folgende drei Schwachstellen können dem Hund Probleme bereiten. Die medizinischen Namen sind leider ziemlich kompliziert und lassen sich nicht gut umschreiben:

1. Ein Knochenvorsprung der Elle bricht ab (Processus coronoideus med. ulnae)

Dies ist die häufigste Entwicklungsstörung des Ellbogens. Meist treten die Lahmheiten mit vier bis sechs Monaten auf; bei über der Hälfte aller Hunde sind beide Ellbogen betroffen.

Symptome: Die Hunde wollen nicht mehr so gerne laufen und liegen viel. Häufig drehen sie die Beine beim Gehen auffallend nach außen und lahmen. Sie haben sowohl beim Beugen, als auch beim Strecken des Ellbogens Schmerzen. Besteht die Störung über längere Zeit (chronisch), kann sich das Gelenk verdicken und die Muskulatur zurückbilden.

Therapie: Der Tierarzt entfernt den abgelösten Knochenfortsatz, der den angrenzenden Knorpel schädigt. Erfolgt die Operation sehr früh, ist die Prognose gut. Wird zu einem spätereren Zeitpunkt operiert, kann das fehlgebildete Gelenk immer wieder zu Lahmheiten führen. Bei 90 Prozent der Patienten bildet sich eine Arthrose. Daher ist es wichtig, auf das Gewicht des Hundes zu achten und ihn zu schonen. Über ein Drittel der Patienten leidet gleichzeitig an einer so genannten Osteochondrosis dissecans.

2. Schädigung der Gelenkflächen (Osteochondrosis dissecans)

Die Gelenkrolle des Oberarmknochens passt nicht optimal in die Gelenkfurche der

Elle. Als Folge bilden sich an den Gelenkflächen Knorpelläsionen, also Verletzungen. Die Hunde lahmen, besonders gleich nach dem Aufstehen. Da sich fast immer eine → **Arthrose** entwickelt, ist eine Heilung nicht möglich. Der Chirurg kann durch eine Operation die lädierten Stellen begradigen und so die Schmerzen beseitigen. Alle Operationen haben das Ziel, die Schmerzen zu verringern und die Gelenkfunktion wieder- oder neu herzustellen.

Rassedisposition: Golden Retriever, Labrador Retriever

3. Isolierter Processus anconaeus

Hier fehlt die knöcherne Verbindung dieses Knochenvorsprungs zur Elle. Etwa 20 Prozent der Deutschen Schäferhunde haben dieses Problem. Eine kleine Belastung kann genügen, um den Processus loszulösen. In 20 bis 35 Prozent der Fälle tritt die Störung an beiden Ellbogen auf. Rüden erkranken doppelt so häufig, da sie schneller wachsen und insgesamt größer werden. Es läuft daher ein Zuchtprogramm für Deutsche Schäferhunde, um diese Dysplasie genauso wie die HD zu eliminieren. In Skandinavien hat man mit konsequenter Zuchtauswahl die Krankheitshäufigkeit bereits von 30 auf 14 Prozent senken können.

Rassedisposition: Deutscher Schäferhund; auch beim Chow-Chow recht häufig; seltener bei anderen großwüchsigen Rassen wie Irischem Wolfshund, Neufundländer, Bluthund, Labrador Retriever, Dogge, Pointer, Pyrenäenhund, Weimeraner. Im Alter von sechs bis zwölf Monaten beginnen die Hunde, immer wieder zu lahmen. Ihr Gang ist auffällig, sie ziehen den Ellbogen an und drehen die Pfote nach außen. Während des Laufens werden die Schmerzen schlimmer. Sie wollen sich daher nur ungern bewegen.

Therapie: Wenn man die Hunde sehr frühzeitig, also noch vor dem Auftreten einer Lahmheit operiert, ist die Prognose gut.

Endoskopie

Mit einem Endoskop kann der Tierarzt in das Tier hineinsehen, in den Magen-Darm-Trakt beispielsweise oder in die Atemwege. Dazu wird der schwarze, dünne Schlauch in Körperöffnungen oder z. B. durch die Bauchdecke eingeführt. Er enthält ein optisches System, eine Beleuchtung und Arbeitskanäle zum Spülen oder Einführen von Spezialinstrumenten.

Mit einem Endoskop kann der Tierarzt auch Schleim- oder Gewebeproben aus Magen, Darm oder Bronchien entnehmen und sogar kleinere Fremdkörper entfernen. Außerdem kann er mit diesem Gerät schonend Operationen durchführen wie z. B. die → **Kastration** der Hündin. Beim Hund finden nicht nur Operationen, sondern auch Untersuchungen immer unter Vollnarkose statt, um Abwehrreaktionen zu vermeiden. Da die Endoskopieausrüstung sehr teuer ist, zählt die Methode in der Tiermedizin nicht zur Routine. Falls bei einem Patienten eine Untersuchung angezeigt ist, kann der Haustierarzt das Tier jedoch an eine entsprechende Klinik überweisen.

Entwurmen

Die Entwurmung ist eine Routinemaßnahme, wobei man für Junghunde in der Regel andere Präparate verwendet als für erwachsene Tiere. Die wesentlichen Darmparasiten sind Band-, Spul- und Hakenwürmer. Sie schaden dem Hund durch Abgabe ihrer Stoffwechselprodukte und entziehen ihm Nahrung. Besonders bei Welpen und Jungtieren führen sie zu akuten oder chronischen Darmerkrankungen. Daher ist die Entwurmung besonders wichtig.

Am Häufchen kann man Wurmbefall höchst selten erkennen. Man sollte den Kot daher regelmäßig drei- bis viermal im Jahr auf Endoparasiten untersuchen lassen. Nach dem Ergebnis kann der Tierarzt den Hund gezielt entwurmen.

Nicht jedes Wurmmittel beseitigt alle Endoparasiten. Die richtige Wahl der Präparate ist daher für jede Entwurmung entscheidend. Der Tierarzt wird aus der Vielzahl der Präparate das geeignetste auswählen.

Epilepsie

Epilepsie ist keine so fest umschriebene Erkrankung, wie man vielleicht annehmen möchte. Als Epilepsie bezeichnet man chronische Funktionsstörungen des zentralen Nervensystems, also Störungen im Gehirn. Ganz unterschiedliche Krankheiten (Vergif-

Je nach Gewicht bekommt der Hund mehrere Zentimeter der Wurmpaste in die Backentasche.

tungen, Stoffwechselerkrankungen, Gehirnverletzungen und -erkrankungen u. a.) können epileptiforme Anfälle auslösen. Deshalb heißt die durch andere Krankheiten ausgelöste Form auch sekundäre Epilepsie. Bei der primären Form ist die Epilepsie hingegen angeboren. Aus dem Verlauf des Anfalls lassen sich primäre und sekundäre Epilepsie nicht unterscheiden. Um eine organische Erkrankung zu finden bzw. auszuschließen, sind weiterführende Untersuchungen nötig, z. B. Laboruntersuchungen (Schwerpunkt Leber und Niere), Röntgen, EKG (Elektrokardiogramm) und EEG (Elektroenzephalogramm).

Rassedisposition: Einige Rassen haben ein erhöhtes Risiko, an idiopathischer (ohne erkennbare Krankheitsursache) Epilepsie zu erkranken: Zwergpudel, Cocker Spaniel, Labrador und Golden Retriever, Irish Setter, Zwergschnauzer, Siberian Husky, Bernhardiner, Wire-Haired Foxterrier, Berner Sennenhund, Tervueren, Keeshond. Bei diesen Rassen vermutet man eine erbliche Anlage, sie wurde jedoch noch nicht durch Stammbaumanalysen abgesichert. Bei Beagle, Britischem Schäferhund und Collie hat man die genetische Komponente bereits nachgewiesen.

Anfallsverlauf: Die Anfälle verlaufen mehr oder weniger nach folgendem Schema:

Vorphase: Anfänglich zeigt das Tier Unruhe und verkriecht sich. Die nächste Phase kommt unmittelbar vor dem eigentlichen Anfall und ist von stark verändertem, individuell verschiedenem Verhalten gekennzeichnet.

Anfall: Das Tier fällt plötzlich um, krampft und verliert ganz oder teilweise das Bewusstsein. Nach Sekunden oder Minuten löst sich der Krampf (Status epilepticus) und das Tier verhält sich wieder normal.

Erholungsphase: Nach dem sehr anstrengenden Krampfanfall muss sich der Hund erholen. Das kann Minuten, bisweilen aber auch Tage dauern.

Bisweilen gelingt es dem Besitzer, herauszufinden, was die Anfälle auslöst – körperliche Anstrengung, bestimmte Bewegungen von Kopf oder Körper, Lärm, grelles Licht usw. Das kann unter Umständen helfen, die Ursache zu finden. Ist sie heilbar, bleiben automatisch auch die Anfälle aus.

Therapie: Häufig findet man die ursächliche Erkrankung jedoch nicht. Man kann daher lediglich versuchen, mit speziellen Medikamenten (Antikonvulsiva) die Anfälle zu unterdrücken bzw. abzumildern, da die Krampfanfälle zudem sehr anstrengend für den Patienten sind.

Die Therapie sollte am Anfang nur unter ständiger tierärztlicher Kontrolle erfolgen. Die Ergebisse sind besser, wenn man die Medikamente injiziert. Später kann man dann auf Tabletten umsteigen. Außerdem muss man mit einer relativ hohen Dosierung starten, das bedeutet, der Hund schläft unter Umständen die erste Zeit. Darauf sollte man sich innerlich einstellen. Da die

Hunde sehr individuell auf die Medikamente reagieren, dauert es oft einige Wochen bis Monate, um das richtige Medikament und die passende Dosis zu finden. Als Besitzer braucht man Durchhaltevermögen und großes Vertrauen zum Tierarzt.

E

Auf keinen Fall sollte man eigenmächtig die Dosis verändern oder ein Medikament weglassen.

Es kann dann Tage dauern, bis der Hund wieder einen ausreichenden Medikamentenspiegel im Blut aufgebaut hat.

Die Hälfte der Epileptiker kann man so erfolgreich behandeln. Doch den anderen Patienten kann man nur unzureichend oder auch gar nicht helfen. Je schneller hintereinander die Anfälle kommen, manchmal jeden zweiten Tag, desto schlechter ist die Prognose. Bei etwa einem Drittel der Patienten bleibt der Erfolg völlig aus. In diesem Fall kann es ratsam sein, das Tier einzuschläfern.

PS: Bei läufigen Hündinnen, aber auch in der Vorgeburts- oder Nachgeburts-Periode, sollte man auch an eine andere Anfallsursache denken: einen erniedrigten Blutkalziumspiegel. (→ **Hypokalzämie**)

Erbkrankheiten

Den Voraussetzungen, die durch bestimmte Rassestandards gegeben werden, können nur wenige Hunde genügen. Dem Laien sind die Kriterien der Auswahl nahezu unverständlich. Es ist also schwierig, einen allgemeingültigen Blickwinkel zu finden, ganz besonders dann, wenn es nicht um die Schönheit, sondern um die Gesundheit von Vertretern einer Rasse geht. Anhaltspunkt bietet § 11b des derzeitigen Tierschutzgesetzes: Es verbietet, Wirbeltiere zu züchten, bei denen aufgrund von Erbmerkmalen Körperteile oder Organe für den artgemäßen Gebrauch fehlen oder bei denen Körperteile so umgestaltet sind, dass sie Leiden, Schmerzen oder Schäden verursachen.

Dabei bereitet die Tatsache, dass es sich bei einigen Rassemerkmalen um klare Missbildungen handelt, Züchtern wie Hundehaltern große Probleme. Einige Missbildungen, wie Wasserkopf oder offene Gaumenspalte, sind so gravierend, dass die Hunde meist schon als Welpe eingeschläfert werden.

Von diesen spontan entstandenen Missbildungen muss man die Erbfehler unterscheiden, die gewollt sind. Denn einige Zuchtziele ließen sich nur realisieren, indem man genetische Fehler gezielt weiter einsetzte. Manchmal können die Hunde ohne Probleme damit leben, manchmal auch nicht.

Der genetische Fehler fällt bei den einzelnen Individuen unterschiedlich groß aus, die Hunde können gesund, leicht oder sogar schwer krank sein. Diesen Umstand, dass Hunde einer Rasse zu einer bestimmten Krankheit neigen, nennt man Rassedisposition.

Viele Rassen weichen im Körperbau erheblich vom Wildtyp ab. Bei der Zuchtauswahl bedient man sich immer auch krankhafter Veränderungen, um besonders große, kleine oder neu proportionierte Hunde zu erreichen.

Die beiden häufigsten Skelettstörungen sind die Knorpelerkrankung (Chondrodysplasie) der kleinen und die Knochenfehlentwicklung (Dysplasie) der großen Rassen.

Verzwergung (Chondrodysplasie): Bei dieser erblichen Knorpelerkrankung stoppt das Längenwachstum frühzeitig. Je nach Schwere dieses Merkmals sind die Knochen nur verkürzt oder auch verformt. Bei einigen Rassen, wie Zwergpudel oder Englischer Bulldogge, ist das ganze Skelett betroffen, bei anderen nur bestimmte Regionen. So beim Cocker die Wirbelsäule, bei Teckel und Basset die Beine und beim Mops Kopf und Wirbelsäule anfällig für Knorpelerkrankungen. Die Folgen sind: Bandscheibenvorfall, Bewegungsstörungen, Kniescheibenluxation und Rutenfehler.

Hüftgelenks- und Ellbogendysplasie: Das Wort Dysplasie bedeutet, dass bestimmte Knochen bzw. Gelenke fehlerhaft entwickelt sind. Zur genetischen Anlage müssen meist noch Umweltfaktoren (Ernährung, Bewegung) dazukommen, damit während des Wachstums Störungen auftreten. Denn die betroffenen Hunde kommen mit gesunden Gelenken auf die Welt.

Weitere Störungen des Skelettsystems sind die Osteochondrosis dissecans, bei der sich Knorpelanteile im Gelenk lösen, die Luxation des Kniegelenkes, sowie verkürzte Kiefer (Brachygnathie), häufig in Verbindung mit Gebissfehlern. Dabei sind es längst nicht nur Skelettfehler, deren Anlage oder Ausbildung vererbar sind.

Auge: Bei einem gesunden Auge liegen Ober- und Unterlid dem Augapfel glatt an. Bei manchen Rassen, wie Basset, Blut- und Hubertushunden, wünscht man sich jedoch Triefaugen mit hängendem Unterlid, dem so genannten Ektropium. Wiederkehrende Augenentzündungen sind die Folge. Der Tierarzt kann durch eine Operation das Lid straffen; ebenso kann er das Entropium chirurgisch richten: Das Lid rollt sich nach innen, und die Wimpern reizen die Hornhaut, beispielsweise beim Chow-Chow.

Einige Rassen, die besonders große Augen haben, neigen zur Linsenluxation, der Augapfel tritt spontan aus der Augenhöhle und muss vom Tierarzt wieder an Ort und Stelle verbracht werden, bevor es zu Verletzungen kommt. Ebenso leiden einige Rassen an einer Degeneration der Netzhaut, was in der Regel zur Nachtblindheit, selten zur absoluten Blindheit führt.

Haut: Die Pigmentstörungen der Regenbogenhaut oder Iris, wie das Birkauge, zählen zu den Erbfehlern der Haut. Fehlt das Irispigment ganz, haben die Hunde blaue bis grauweiße Augen. Bei den Glas- oder Fischaugen sind über das ganze Auge verteilt Pigmentreste vorhanden. Ist im Auge nur ein Fleck pigmentlos, nennt man das Birkauge. So kann die Iris auch zweifarbig braunblau oder das eine Auge kann blau, das andere braun sein. Bei den Deutschen Doggen sind verschiedenfarbige Augen nicht selten und werden auch akzeptiert.

Das völlige Fehlen von Irispigment führt hingegen bei vielen Rassen zum Ausschluss aus der Zucht. Bei Schlittenhunden, die häufig an Irispigmentmangel leiden, sieht man einen Zusammenhang mit der Schneeblindheit. Insofern ist dies kein reiner Schönheitsfehler. Bei Malamutes kennt man auch die Taubblindheit, die jedoch auf den → **Merle-Faktor** zurückzuführen ist. Eine weitere bekannte Hautstörung ist die Haarlosigkeit der Nackthunde.

Hunde mit langen, dicht behaarten und eng anliegenden Ohren neigen zu chronischen Ohrenentzündungen.

Dies sind nur einige Beispiele für Rassedispositionen oder rassebedingte Erbkrankheiten. Grundsätzlich können Erbfehler alle Organe treffen. Vererbbare Störungen des Nervensystems sind beispielsweiseepileptiforme Anfälle. Die Erweiterung der Speiseröhre oder eine Verengung des Magenpförtners können ebenso erblich sein wie die Zuckerkrankheit Diabetes mellitus, das Fehlen der Nieren oder ein Nabelbruch. Gerade große Rassen leiden an Herzerkrankungen und sogar die → **Bluterkrankheit** kommt bei Rassen wie Schäferhunden, Dobermann und Terriern vor. → **Kryptorchismus** – die Hoden steigen nicht in den Hodensack ab – sowie → **Gesäugetumore** sind ebenfalls Veranlagungssache.

Die Hundezuchtverbände streben danach, gesündere Rassen zu züchten. Die Hauptverantwortung liegt hier in erster Linie bei den Zuchtrichtern, die den Rassestandard bei der Bewertung umsetzen. Die Hundekäufer können ihren Beitrag leisten, indem sie gesündere und damit unter Umständen weniger typvolle Hunde vorziehen.

Vor dem Hundekauf sollte man sich gründlich über mögliche Schattenseiten der erwählten Rasse informieren und dieses Wissen bei der Welpenwahl auch beherzigen. So kann man sich einigen Kummer ersparen, den ein ständig kranker Hund bereiten wird. Doch der erweichende Welpenblick hat auch sein Gutes, schließlich brauchen gerade die Sorgenkinder einen guten Platz, an dem sie auch die nötige tierärztliche Behandlung erhalten.

Zum besseren Verständnis einige Begriffe:

Disposition: Veranlagung, bestimmte Krankheiten zu bekommen.

Erbfehler: Sichtbare Abweichung vom Typ, die aus gesundheitlichen oder züchterischen Gründen abgelehnt wird.

Erbkrankheit: Der genetische Defekt ist sichtbar oder spürbar ausgeprägt und beeinträchtigt das Tier gravierend in seinen Lebensäußerungen.

Fitness: Der Wert eines Merkmals hängt davon ab, welche Chancen es seinem Träger gibt, das Erbgut an die Nachkommen weiterzugeben.

Genotyp: Bild aller Erbanlagen, der sichtbaren wie der »verborgenen«, die der Hund unsichtbar trägt und an die Nachkommen weitergeben kann.

Missbildung: Krankhafter Zustand einzelner oder mehrerer Organe, der auf eine Störung während der Trächtigkeit zurückgeht. Dabei unterscheidet man genetisch bedingte von den durch

äußere Einflüsse wie Strahlung oder Gift entstandenen Störungen.
Mutation: Plötzliche Veränderung der Erbinformation.
Phänotyp: Äußeres Erscheinungsbild, im Gegensatz zum Genotyp.

Jedoch sind längst nicht alle Störungen erblich. Viele Negativmutationen, die so genannten Letalfaktoren, führen schon während der Trächtigkeit zum Absterben der Frucht, so dass der Besitzer der Hündin dies nicht immer bemerkt. Das ist nicht beeinflussbar, es kann einen, aber auch alle Welpen treffen.

Rasse	Problemzonen
Basset:	Augen (Ektropium, Glaukom), Ohren(zwang), Unterarm
Bernhardiner:	Augen (Ektropium)
Boxer:	Nase
Chow-Chow:	Augen (Entropium), Sprung- und Kniegelenke
Cocker Spaniel:	Augen (Glaukom), Ohren(zwang)
Collie:	Augen (Blindheit, Entropium)
Dackel:	Bandscheiben
Schäferhund:	Hüfte
Dobermann:	Augen (Grauer Star)
Mops:	Augen
Pudel:	Ohren(zwang)
Setter:	Ohren(zwang)
Zwergpudel:	Kniescheibe, Ohren(zwang)

Durch Standards vorprogrammierte Problemzonen einiger Rassen

Erblinden – Progressive Retinaatrophie (PRA)

Es gibt eine ganze Reihe schwerwiegender Erkrankungen, die zur Erblindung führen und sich nicht behandeln lassen. Dazu zählen erblichen Veränderungen der Netzhaut. Sie treten jüngst bei einer immer größeren Anzahl der Hunde auf.

Daneben gibt es auch erworbene Degenerationen der Netzhaut, z. B. als Begleiterscheinung der Staupe. In diesem Fall erblinden die Hunde plötzlich. Dies fällt dem Besitzer natürlich sofort auf. Im Gegensatz dazu lasst das Sehvermögen bei der angeborenen Form allmählich, für den Besitzer oft unmerklich nach.

Progressive Retinaatrophie (PRA):
Unter diesem Begriff werden unterschiedliche erbliche Netzhautdegenerationen zusammengefasst. Die Netzhaut enthält Lichtrezeptoren, außen herum die Stäbchen und im Zentrum die Zapfen. Sie ermöglichen das Schwarz-Weiß/Dämmerungs-Sehen und das Farb-/Helligkeits-Sehen.

Rassedispositionen: Nachtblindheit (periphere Form): Irish Setter, Norwegischer Elchhund, Englischer Springer Spaniel, Englischer Cocker Spaniel, rauhaariger Collie, Samojede, Zwerg- und Kleinpudel, Tibet-Terrier, Cardigan-Welsh-Corgi, Bedlington Terrier, Cairn-Terrier.

Tagblindheit (zentrale Form): Pudel, Golden Retriever, Labrador Retriever, Border Collie, Irish Setter, Englischer Springer Spaniel, rauhaariger Collie, Briard.

Krankheitsbild Nachtblindheit: Die Erkrankung beginnt in den ersten Lebenswochen und führt in Monaten bis Jahren zur Erblindung. Mit der Zeit zeigen die Hunde Verhaltensänderungen. Sie werden scheu und unsicher, verstärkt in fremder Umgebung, in der Dämmerung und ganz besonders in der Dunkelheit.

E

Allerdings kompensieren die Hunde das Problem durch Geruchssinn, Gehör und Tastsinn. Mit Fortschreiten der Krankheit sehen die Hunde auch tagsüber nichts mehr. Dieses Endstadium kann innerhalb weniger Wochen oder erst nach einigen Jahren erreicht werden.

Krankheitsbild Tagblindheit: Die Netzhaut arbeitet anfangs störungsfrei. Erst mit zwei bis sechs Jahren treten Probleme auf: die Hunde sehen bei Tageslicht schlechter, in der Dämmerung hingegen gut. Manchmal fällt dem Besitzer auch auf, dass die Pupille grün schimmert.

Diagnose: Der Augentierarzt kann mit einer Elektro-Retinographie die Diagnose stellen. Eine Heilung ist nicht möglich. Im Frühstadium kann die Gabe von Vitamin A und B-Komplex das Erblinden hinauszögern.

Besonders bei diesen nicht therapierbaren, also unheilbaren Augenerkrankungen ist es wichtig, dass Tierärzte und Züchter Hand in Hand arbeiten. Nur so lässt sich das Auftreten dieser Erbkrankheiten verhindern.

→ **trockenes Auge, Schäferhund-Keratitis**

Erbrechen

Hunde würgen hin und wieder Unverdauliches aus dem Magen hervor, wie Knochenteile oder Holzstückchen. Das ist ein spontaner Schutzreflex, danach geht es dem Hund wieder gut. Das Gleiche gilt für ausgesprochene Schlinger, die so schnell fressen, dass sie den Magen überladen. Das Futter kommt unverdaut wieder hoch und wird erneut gefressen.

Daneben kann Erbrechen allerdings auch ein Symptom für viele Krankheiten sein.

Erbrechen wird vom Brechzentrum im Gehirn (z. B. als Reaktion auf Medikamente) oder über Impulse von Rezeptoren in Magen oder Darm ausgelöst. So tritt Erbrechen bei Magen-Darm-Erkrankungen, bei Krankheiten von Leber und Pankreas oder auch von Speiseröhre oder Zwerchfell auf. Auch Mandel- und Rachenentzündungen können zum Erbrechen führen. Und es können bestimmte allergene Substanzen in der Nahrung, massiver Wurmbefall oder hochgradige Erregtheit Erbrechen auslösen.

Manche Hunde erbrechen morgens noch nüchtern etwas Schleim, das spricht für eine Überproduktion an Magensaft. Dies lässt sich medikamentell behandeln.

Ablauf des Erbrechens: Die Hunde sind sehr unruhig, sie schlucken, kauen und würgen. Oft speicheln sie stark und lecken sich die Schnauze. Dann suchen sie sich eine ruhige Ecke, stellen sich breitbeinig hin und strecken den Hals nach unten. Man hört richtig, wie die Bauchpresse arbeitet und den Mageninhalt nach oben pumpt. Oft dauert das einige Sekunden, so dass man eine geöffnete Zeitung darunterhalten kann. Hilfestellung, wie den Kopf halten, schätzen Hunde nicht, daher ziehen sie sich in eine Ecke zurück.

Erbricht ein Hund mehrmals hintereinander und kann selbst Flüssigkeit nicht behalten, zeigt also unstillbares Erbrechen, muss man sofort mit ihm zum Tierarzt gehen. Auch wenn Hunde Kot erbrechen, ist das ein besorgniserregendes Zeichen – es sei denn, es handelt sich um die Hinterlassenschaften der Nachbarshunde (→ **Kotfressen**).

Therapie: Man muss die auslösende Ursache/Krankheit finden und behandeln. Wenn es vertretbar ist, kann der Tierarzt Medikamente geben, die den Brechreiz nehmen.

Diät: Neigt ein Hund zum Erbrechen, sollte man seine Futterration besser auf drei kleine Portionen verteilen. Das belastet den Magen nicht so stark.

Wenn ein Hund jedoch Schnee oder etwas anderes Unbekömmliches gefressen hat, sollte man ihn am besten einen Tag bei schwarzem Tee fasten lassen.

Am zweiten und dritten Tag erhält er dann folgende Magen-Schonkost:

$\frac{1}{3}$ gekochter Reis
$\frac{1}{3}$ gekochte Möhren
$\frac{1}{3}$ Hüttenkäse oder Magerquark.

Danach kann er wieder sein gewohntes Futter bekommen.

→ **Darmverschluss, Frostschutzmittel, Futtermittelallergie, Helicobacter, Kolitis, H.c.c., Leberprobleme, Leptospirose, Magen-Darm-Probleme, Nebennieren, Parvovirose, Spulwürmer, (Staupe), (Pflanzen-)Vergiftung, Verstopfung, Zwingerhusten**

Erdefressen

Manche Hunde fressen regelmäßig Erde – sowohl im Freien, als auch aus Blumentöpfen. Nach bisherigen Untersuchungen nehmen sie dabei wesentlich größere Mengen auf als vergleichsweise Sandkasten-Kinder.

Man vermutet daher, dass Hunde ihren Bedarf an gewissen Spurenelementen wie Aluminium, Silizium, Titan, Zirkonium und Lanthanum zumindest teilweise auf diesem Wege decken.

Erdefressen ist nicht mit Steine- oder Holzfressen, der Allotriophagie, gleichzusetzen. Bei manchen Hunden ist dieses Verhalten auch durch falsch verstandene Apportierspiele regelrecht antrainiert.

Dennoch sollte man alle Hunde, die Ungewöhnliches fressen, das gilt auch für Kotfresser, vom Tierarzt untersuchen lassen. Es können beispielsweise massiver Wurmbefall, eine Störung in der Magensaftproduktion oder Fäulnis- und Gärungsvorgänge im Darm dahinterstecken. Sie müssen behandelt werden. (→ **Kotfressen, Seifefressen**)

Ernährung

→ **Fütterung**

E

Essenzielle Fettsäuren

Essenzielle Fettsäuren sind Bestandteil der Zellmembranen. Sie sind wichtig für die Synthese hormonähnlicher Substanzen und für die Regualtion der Wasserausscheidung über die Haut. Ein Mangel an diesen Fettsäuren kann zu schuppiger Haut und glanzlosem Fell führen. Man kann einige der essenziellen Fettsäuren auch therapeutisch nützen.

Bei Hunden mit HD-bedingter Arthrose hat die Gabe von bestimmten essenziellen Fettsäuren in manchen Fällen Erfolg. Man vermutet, dass diese Säuren auf dem gleichen Wege wie entzündungsfördernde Substanzen im Körperstoffwechsel verarbeitet werden und so entzündungswidrig wirken. Da diese Diät keine Nebenwirkungen zeigt – im Gegensatz zu anderen Präparaten wie Kortison und anderen Entzündungshemmern – kann ein Behandlungsversuch lohnen.

Ethoxiquin

Ethoxiquin (ETQ) wird bzw. wurde zur Verhütung des Ranzigwerdens für Hundefutter verwendet. Es ist in einer Dosis von maximal 150 mg/kg lufttrockene Substanz futtermittelrechtlich zugelassen. Es hat außerdem eine Schutzwirkung gegen Krebs erregende Substanzen.

In Toxizitätsstudien mit hohen Dosen besitzt es beim Hund eine Schadwirkung auf Leber und Niere. Bisher gibt es jedoch keinen wissenschaftlichen Beweis, dass es Hauterkrankungen und Fruchtbarkeitsstörungen hervorrufen kann, wie in Laienpublikationen zu lesen ist.

Euthanasie

Darunter versteht man das schmerzlose Beenden eines Hundelebens. Man darf ein Tier nur dann einschläfern, wenn es unheilbar krank und das Weiterleben mit großen Schmerzen oder unzumutbarer Beeinträchtigung des Wohlbefindens verbunden wäre.

Ein Sonderfall sind aggressive oder tollwutverdächtige Tiere. In diesem Fall kann es nötig sein, sie zum Schutz des Menschen einzuschläfern. Die Hunde werden in Narkose gelegt. Anschließend führt man mit einer Überdosis Narkotikum oder einem Giftstoff den Herz- und Atemstillstand herbei.

Wenn es dem Besitzer gelingt, den schweren Abschied dem Tier zuliebe zu bejahen, dann signalisiert seine Ausstrahlung dem Hund: »Es passiert mir nichts Schlimmes.«

Man wird individuell den friedlichsten Ort wählen, der Tierarzt kann einen Hausbesuch machen oder er kann dem Hund auch einen Venenkatheter legen und ihm im Garten die Spritzen geben.

Da es in der Regel nicht erlaubt ist, den Hund im eigenen Garten oder am Waldrand zu vergraben, sollte man mit dem Tierarzt besprechen, ob der Hund in den entsprechenden kommunalen Einrichtungen verbrannt werden soll. Gegen Aufpreis kann man die Asche zurückhaben, wenn einem daran liegt.

F

Fachtierarzt und Zusatzbezeichnung

Durch mehrjährige Fortbildung können Tierärzte Zusatzqualifikationen erwerben – wie in der Humanmedizin auch. Da die Anerkennung durch die Bundesländer geregelt wird, gibt es geringfügige Unterschiede. So kann es in einem Bundesland den Fachtierarzt für Naturheilverfahren geben, während er im Nachbarland die »Zusatzbezeichnung Naturheilverfahren« trägt. Außerdem gibt es auch noch Spezial-Gebiete. Manche Tierärzte haben Qualifikationen auf europäischer oder Welt-Ebene, den so genannten Diplomat.

Hier einige Fachrichtungen:

1. Nach Tierarten: Fachtierarzt für Klein- und Heimtiere, Pferde, Rinder, Schweine und Zootiere.

2. Nach Fachrichtung: Fachtierarzt für Andrologie, Chirurgie, Gynäkologie, Immunologie, Innere Medizin, Labordiagnostik, Mikrobiologie, Öffentliches Veterinär-

Wenn nötig, überweist Ihr Haustierarzt den Hundepatienten zu einem Spezialisten.

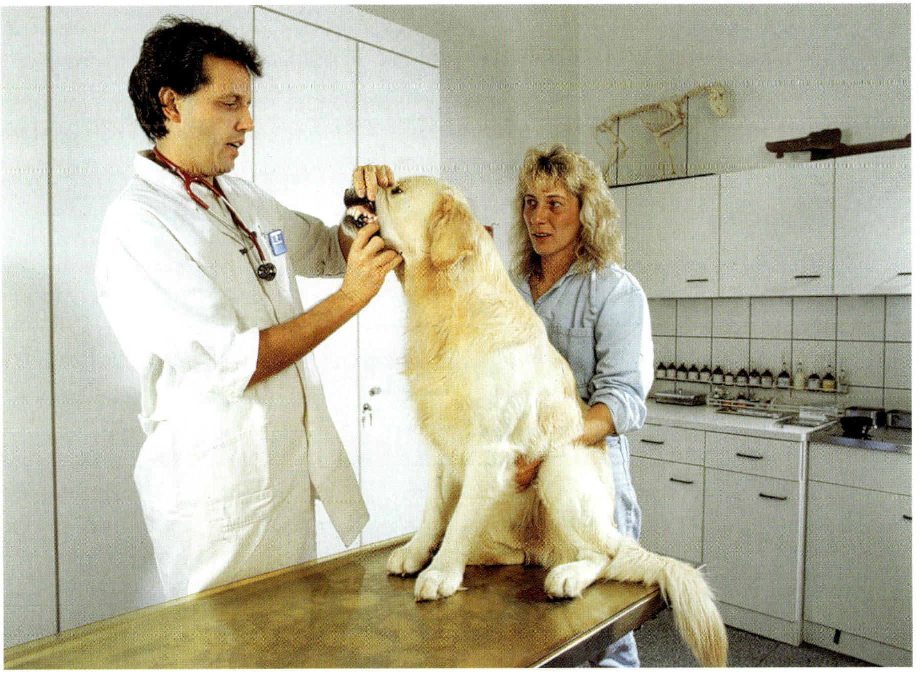

wesen (Amtstierarzt), Pharmakologie und Toxikologie, Radiologie, Tierschutz und Virologie.

3. Zusatzbezeichnung: Akupunktur, Homöopathie, Naturheilverfahren, Verhaltenstherapie.

4. Gebiet: Augenheilkunde.

F

Fellwechsel

Der Fellwechsel erfolgt in der Regel im Frühjahr und im Herbst (→ **Haar und Haarwachstum**). Natürliche Auslöser sind die Tageslichtlänge sowie die Umgebungstemperatur. Hunde, die viel im Freien sind, halten sich an diesen Rhythmus, während Wohnungshunde keinen ausgeprägt saisonalen Fellwechsel mehr haben.
Sie haaren das ganze Jahr über mehr oder weniger stark. Bei einem gesunden Tier wird dieser teilweise beträchtliche Haarverlust durch Mehrproduktion ausgeglichen.

Das Haaren ist für den Besitzer lästig, aber man braucht sich deswegen keine Sorgen zu machen. Erst wenn das Fell schütter wird oder sogar kahle Stellen auftreten, ist das Haaren ein Fall für den Tierarzt (→ **Haarverlust**). Verhindern kann man das Haaren allerdings auch nicht. Man kann allenfalls den Hund mehrmals täglich im Freien gut durchbürsten und auf diese Weise die Haare abfangen.

Einige Rassen wie der Pudel haben keinen richtigen Fellwechsel. Durch Fortfall bzw. Umwandlung der Deck- und Grannenhaare zugunsten der Unterhaare ist die rassetypische Wolle entstanden. Diese Unterwolle wächst stetig und die Hunde müssen daher, wie der Mensch auch, alle vier bis sechs Wochen zum Friseur.

Unterstützen des normalen Haarwechsels: Qualitäts-Fertigfutter, die als Alleinfutter gedacht sind, enthalten Spurenelemente, Mineralstoffe und Vitamine in der optimalen Zusammensetzung. Daher erreicht man mit den Multivitaminpräparaten, die mit Wirkung auf Haut und Fell werben, keinen Effekt, man bringt eher das ausgewogene Nährstoffverhältnis im Futter durcheinander.

Da Haare in erster Linie aus Protein bestehen, sollte man bei Fellproblemen die Eiweißzusammensetzung im Futter überprüfen. Eine unzureichende Ernährung kann sich durch ein stumpfes, trockenes, brüchiges und dünnes Haarkleid bemerkbar machen. Gleichzeitig können auch Pigmentstörungen auftreten.

Den normalen Haarwechsel kann man daher mit Sojaschrot und Trockenhefe unterstützen. Während des Haarwechsels können zwei Drittel des Eiweißanteils im Futter aus Sojaschrot und Trockenhefe bestehen.

Bei Trockenfütterung ist zu beachten, dass diese Nahrungsmittel herstellungsbedingt nicht immer genügend ungesättigte Fettsäuren enthalten. Die Folge ist stumpfes, trockenes Fell und Schuppenbildung.

Hier kann der Zusatz von essenziellen Fettsäuren hilfreich sein. Entweder man besorgt sich beim Tierarzt ein entsprechendes Präparat (z. B. Nachtkerzenöl) oder man gibt (allerdings mit geringerem Effekt) täglich einen Tee- bis Esslöffel – je nach Hundegröße – kaltgepresstes Distelöl über das Futter.

Bei Fellproblemen im Winter kann man unter Umständen mit einer Lichttherapie Erfolg haben. Außerdem sollte man den Hund täglich bürsten, das regt die Durchblutung der Haut an.

Fettes Fell

Wenn das Fell eines Hundes ranzig riecht und sich auch sehr fettig anfühlt, leidet er vermutlich an einer Hormonstörung bzw. einer vermehrten Produktion von Talgdrüsensekret. Diese Drüsen liegen an den Haarwurzeln. Am Rücken und um den Schwanzansatz herum wird besonders viel Sekret produziert. Daher sind die Symptome hier auch besonders stark.

Man nennt diese Überproduktion auch Talgfluss oder Seborrhea oleosa. Die von den Talgdrüsen im Übermaß produzierten Fette verkleben Haut und Fell und verursachen den Fettfilm sowie den unangenehmen Geruch. Bakterien finden hier optimale Lebensbedingungen. Dies führt zu eitrigen Hautentzündungen und verstärkt die ursprüngliche Erkrankung.

Häufig löst Zinkmangel diese krankhafte Talgproduktion aus. Man kann den Zinkspiegel im Blut bestimmen lassen und bei einem Mangel das Tier mit Zinktabletten behandeln.

Bei einer hormonellen Störung kann unter Umständen eine Kastration helfen, doch sollte man unbedingt den Hormonspiegel im Blut zuvor überprüfen lassen.

Fieber

Die normale innere Körpertemperatur liegt beim Hund bei 37,5 bis 39 °C, also höher als beim Menschen. Daran sollte man beim → **Fiebermessen** denken

Bei Fieber ist die Temperaturregelung auf einen höheren Sollwert eingestellt. Vermutlich wirken Toxine dabei auf das Wärmezentrum im Gehirn. Biochemische Reaktionen laufen bei höherer Temperatur schneller ab und die Korperabwehr kann effektiver arbeiten.

Sehr hohes Fieber (um 41 °C) ist typisch für Virusinfektionen, während bakterielle Infekte zu mäßig hohem Fieber führen. Auch andere toxische Einflüsse wie der Zerfall von Zellen, toxische Substanzen oder Parasiten können zu Fieber führen.

Hat die Körperabwehr Erfolg und eliminiert den Erreger, sinkt die Körpertemperatur. Bleibt der Kampf unentschieden, entwickelt sich chronisches Fieber. Im schlimmsten Fall erliegt der Patient der Erkrankung.

Fiebermessen

Mit dem elektrischen Fieberthermometer, dessen Spitze man zuvor in Vaseline taucht, bereitet das Messen meist keine Probleme. Lediglich sehr junge oder nervöse Tiere halten nicht still. Man sollte also in solch einem Fall möglichst einen Helfer zum Festhalten haben. Bei Hunden, deren

F

Hinterteil schmerzt, z.B. bei Durchfall, sollte man das Fiebermessen dem Tierarzt überlassen.

Es gibt auch Fieberthermometer für das Ohr, die Temperaturangaben sind aber bei diesen Instrumenten nach eigener Erfahrung sehr unsicher.

Flöhe

Flöhe kommen sehr häufig bei Hunden vor. Die Parasiten saugen Blut, lösen gelegentlich Allergien aus und können auch den Gurkenkernbandwurm (Dipylidium caninum) übertragen. Die Flohstiche jucken sehr, der Hund kratzt sich daher oft. Dennoch verbringen die erwachsenen Flöhe nur eine relativ kurze Zeit ihres Lebens auf ihren Wirten. Sie saugen etwa 20 bis 150 Minuten lang und verlassen dann den Hund. Man findet sie in der Umgebung, meistens an den Schlaf- oder Ruhestätten ihres Wirtes. Hier werden die Eier abgelegt, und es entwickeln sich Larven und Puppen, die sich von organischen Abfallstoffen und Flohkot ernähren, aber kein Blut saugen. Innerhalb von etwa zwei bis vier Wochen entstehen bei Zimmertemperatur wieder erwachsene Flöhe, die sich einen Wirt suchen.

Nur zwischen einem und zehn Prozent der Flöhe findet man tatsächlich auf dem Hund. Die restlichen 90 bis 99 Prozent sind in der Umgebung – vor allem an bevorzugten Aufenthaltsplätzen des Hundes. Das ist wichtig für die Bekämpfung: Man muss zwar auch den Hund behandeln, aber für den Erfolg ist das konsequente (und meist arbeitsaufwendige) Einbeziehen der Umgebung besonders wichtig.

Zur Flohbekämpfung *am Tier* gibt es verschiedene Präparate. Gerade in letzter Zeit sind sehr wirksame und für Säuger völlig unschädliche Mittel neu auf den Markt gekommen. Lassen Sie sich von Ihrem Tierarzt ausführlich beraten. Je nach der Wirkstoffzusammensetzung eignen sie sich auch für Jungtiere (Vorsicht, Welpen zerkauen unter Umständen Halsbänder!) oder empfindlichere Hunderassen. Zudem bestehen Unterschiede in ihrer Wirkdauer, die wenige Tage bis mehrere Wochen betragen kann. Manche Substanzen werden durch Wasser abgespült und damit unwirksam.

Für die äußerliche Anwendung am Tier: Spot-on-Präparate, Halsbänder, Sprays, Puder oder Shampoos. In Haushalten mit kleinen Kindern sollte man am besten Spot-on-Präparate verwenden, der Wirkstoff wird von der Haut aufgenommen, so dass die Kinder nach sechs Stunden wieder mit dem Hund Kontakt haben können.

Spot-on-Präparate haben eine mehrwöchige Wirkungszeit. Sie werden zwischen den Schulterblättern aufgetragen. Bei größeren Hunden behandelt man zusätzlich die Gegend am Schwanzansatz.

Für die innerliche Anwendung: Tabletten. Auch diese töten, je nach Wirkstoff, die Flöhe oder die Entwicklungsstadien ab.

Diese – meist verschreibungspflichtigen – Mittel töten die Flöhe und ihre Ent-

Die meisten Flöhe sitzen nicht auf dem Hund, sondern befinden sich an seinen bevorzugten Ruheplätzen.

wicklungsstadien ab, wirken also insektizid. Die Wirkung setzt binnen zwei Stunden (Spot-on) oder innerhalb von 24 bis 48 Stunden (Halsbänder) ein. Eine andere Wirkstoffgruppe greift in die Entwicklung der Flöhe ein und verhindert so, dass sich erwachsene und damit fortpflanzungsfähige Flöhe entwickeln.

Bekämpfung in der Umgebung: Fast noch wichtiger ist die Bekämpfung der Flöhe und ihrer Entwicklungsstadien in der Wohnung. Sie sollte alle möglichen Aufenthaltsorte der betroffenen Hunde umfassen, also z. B. in der warmen Jahreszeit auch Ruheplätze auf der Terrasse oder auf dem Balkon.

Mechanisches Beseitigen: Einen Großteil der Flöhe kann man durch mechanische Reinigung entfernen, z. B. mit dem Dampfstrahler oder dem Staubsauger. Nach dem Saugen muss man den Staubsaugerbeutel verbrennen oder in eine Plastiktüte knoten und beseitigen.

Falls möglich, sollten Decken bei 90 bis 100 °C gewaschen werden. Geht das nicht, sollte man sie wegwerfen. Den Hundekorb sollte man ebenfalls möglichst heiß abschrubben. Bei starkem Flohbefall reichen diese mechanischen Maßnahmen oft nicht aus, um das Problem in den Griff zu bekommen. Ruhe- und Schlafplätze der Tiere sind dann chemisch zu behandeln.

Chemische Bekämpfung: Es gibt einen sehr häufigen Fehler, der auch bei anfänglich wenigen Flöhen zu einem späteren Massenauftreten führen kann: Man sprüht zu selten, nicht gezielt auf die Flohplätze (also Spalten, Ritzen, Hundewege und -ruheplätze), dafür aber zu große Mengen Antiparasitenspray mehr oder weniger in die gesamte Wohnung.

Bei günstigem Klima können binnen zwei Wochen aus Eiern erwachsene Flöhe werden. Man muss also alle 14 Tage die Wohnung behandeln. Bei veränderter Temperatur und Luftfeuchtigkeit kann es aber auch monatelang dauern. Die vermeintliche Winterruhe hängt vermutlich damit zusammen, dass Hunde in dieser Jahreszeit weniger ins Freie gehen und so weniger Kontakt mit anderen Tieren haben. Zusätzlich kann man über dem Hundekörbchen Dichlorphos-Fliegenstreifen aufhängen – für den Hund müssen sie aber unerreichbar sein.

Wenn die Flohbekämpfung erfolglos bleibt, hat man nicht alle in der Wohnung existierenden Flöhe und ihre Entwicklungsstadien vernichtet (siehe unten). Denkbar ist auch, dass andere Tiere, z. B. Katzen, ständig neue Flöhe in die Wohnung bringen.

Flohhalsband und Wasser?

Ein bisschen Wasser beeinträchtigt die Wirkung eines Flohhalsbandes in der Regel nicht. In den Plastikmantel des Reservoirs kann kein Wasser eindringen. Lediglich der durch die Poren ausgetretene Puder wird abgewaschen.

Flohplage

Hat man ein Flohproblem, wird vielleicht auch selbst belästigt (siehe unten), stößt man zu allem Überfluss auch noch bei den meisten anderen – verschonten – Hundebesitzern auf Unglauben. Dabei ist die Sache ernst. Bei einer Flohplage muss man davon ausgehen, dass die gesamte Wohnung mit Floheiern und Flohlarven übersät ist. Diese Fälle sind glücklicherweise sehr selten, trotzdem veranstaltet man am besten beim ersten gesichteten Floh einen Putzaufstand, damit die Flöhe ja nicht auf die Idee kommen, sich häuslich niederzulassen. Besteht in einem Haushalt über längere Zeit ein gravierendes Flohproblem, hilft manchmal nur noch der Kammerjäger oder ein Vernebler plus Insektenspray oder Mikrokapseln. Solange der Hund Flohprobleme hat, muss man die Wohnung jeden Monat entflohen, später genügen in der Regel drei Behandlungen pro Jahr.

Ist die Flohinvasion aus der Wohnung gebannt, sollte man dem Hund noch für einige Zeit ein Halsband umlegen oder ein Spot-on-Präparat auftragen. So vermeidet man ein neuerliches Einschleppen.

Auch der Mensch kann von Flöhen befallen werden. Wenn Hunde oder Katzen im Haushalt leben, stechen Flöhe den Menschen in der Regel nur aus Versehen.

Floh-Kräuterhalsband
Mancher Hundebesitzer verspürt eine Abneigung gegen »Chemie«. Doch gegen bestehenden Flohbefall ist noch kein Kraut gewachsen. Um einem Flohbefall vorzubeugen, kann man jedoch ein Kräuterhalsband aus dem Fachhandel verwenden oder selber eines anfertigen.
Folgendes Antifloh-Potpourri kann man in Säckchen ins Hundekörbchen legen oder mit einem Baumwolltuch zum Kräuterhalsband binden. Man mischt je eine Tasse folgender getrockneter Kräuter: Gartenraute, Katzenminze, Lavendel, Minze, Rainfarn, Wermut. Man kann je einen Teelöffel Koriander, Muskat, Nelken, Zimt und einen Esslöffel Iriswurzel dazugeben.
Aber nicht alle Hunde mögen dieses Parfum, dann ist der Flohkamm vorzuziehen.

Ist der Hund wieder im Trockenen, erweitern sich durch die Körperwärme die Kunststoffporen des Halsbandes und neuer Puder gelangt an die Oberfläche. Das funktioniert besonders gut, wenn der Hund sich gleichzeitig bewegt. Der Puder vermischt sich mit dem Körperfettfilm und verteilt sich so gleichmäßig über den ganzen Hund.

Selbst wenn der Hund schwimmt, passiert nicht viel. Da das Wasser in der Regel kalt ist, tritt kein neuer Puder aus. Man kann das Halsband dennoch zur Sicherheit vorher abnehmen. Im Wasser wird sich der Hund mit Sicherheit keine Flöhe holen. Das Wirkpulver des Halsbandes wird allenfalls schneller verbraucht, wenn ein Hund sehr oft mit Halsband untertaucht. Dabei spielt es kaum eine Rolle, ob es sich um ein wasserfestes Produkt handelt oder nicht.

Die Herstellerangaben zur Wirksamkeit schwanken je nach Antiparasitikum. Die Schutzdauer der einzelnen Halsbänder liegt zwischen einigen Wochen und mehreren Monaten.

Das eigentliche Problem beim Baden ist der Verlust des körpereigenen Fettfilms. Wird ein Hund mit Shampoo gebadet, verliert er mit dem Fettfilm auch den größten Teil des Floh- und Zeckenwirkstoffes. Es braucht dann mindesten 24 Stunden, bis sich ein neuer Fettfilm bildet, bis sich der Puder mit ihm vermischt und bis der Hund wieder gegen Flöhe und Zecken geschützt ist.

Leider helfen in diesem Fall auch die rückfettenden Shampoos nicht. Zwar trocknen sie die Haut nicht aus, weil sie eine fettende Komponente enthalten, aber der wirkstoffhaltige Original-Fettfilm ist dennoch nach dem Bad verschwunden.

Flohbissallergie

Ist ein Hund erst einmal überempfindlich, kann ein einziger Flohstich genügen, um den Hund erneut zu sensibilisieren. Er reagiert dann nicht nur auf den Speichel der ursächlichen Flohart allergisch, meist ist das der Hundefloh, sondern auch auf alle anderen Arten wie Katzen- und Menschenfloh. Die Flohbissallergie plagt Hunde besonders in der warmen Jahreszeit. Der gesamte Rücken vom Schulterblatt bis zum Rutenansatz kann mit Papeln bedeckt sein. Dieser Ausschlag juckt sehr. Die Hunde kratzen, benagen und schlecken sich, das wiederum schädigt die Haut weiter: Es bilden sich Krusten, die Haut färbt sich dunkel (Hyperpigmentation), die Haare gehen aus und die Haut wird schuppig.

Diagnose: Kann der Tierarzt auf dem Hund Flohkot im Fell, Flöhe, Jugendstadien oder Eier nachweisen, bereitet die Diagnose keine Probleme. Andernfalls kann man bei typischem Krankheitsbild eine diagnostische Therapie beginnen, man behandelt auf Flohbissallergie; wenn die Therapie wirkt, hat sich die Diagnose bestätigt.

1. Juckreiz: Tabletten, meist Kortison.

2. Systematische Flohbekämpfung: Diese kann sehr mühsam werden, zumal dann, wenn mehrere Tiere im Haushalt leben oder Katzen regelmäßig zu Besuch kommen.

Man verwendet nur Präparate, die auch gegen Jugendformen der Flöhe wirken und die den Floh am Biss hindern, denn jeder Biss würde eine erneute allergische Reaktion auslösen.

Die Bekämpfung direkt am Hund sieht so aus: Der Hund wird mit einem Antiflohshampoo gebadet und anschließend mit einem Spot-on-Präparat behandelt. Die Behandlung muss man regelmäßig – je nach Präparat im Abstand von einer bis vier Wochen – wiederholen.

Gleichzeitig muss die Umgebung entfloht werden: Der gesamte Fußboden sollte gründlich gesaugt werden, den Staubbeutel muss man hinterher verbrennen. Das Lager des Hundes wird gewaschen oder vernichtet. Besser als Flohhalsbänder eignen sich Dichlorphos-Fliegenstreifen, um sie über dem Hundekorb aufzuhängen oder sie in der Hundehütte anzukleben.

Für die Wohnung kann man einen Vernebler plus Insektenspray oder Mikrokapseln anwenden. Wird man der Lage nicht Herr, sollte man sich besser an den Kammerjäger wenden. Letztendlich ist eine gezielte Bekämpfung weniger umweltbelastend, als jede Woche mehrere Flaschen Insektizid zu versprühen.

Solange der Hund noch Flohprobleme hat, muss man die Wohnung zumindest punktuell jeden Monat entflohen, später genügen drei Behandlungen pro Jahr.

Flugreisen

Normalerweise wird man seinen Hund nicht mit auf Flugreisen nehmen. Doch in Ausnahmefällen, beispielsweise, wenn man in die Staaten übersiedelt, kann der Fall auftreten.

Je nach Fluggesellschaft dürfen Hunde bis zu acht bzw. zehn Kilogramm mit in den Passagierraum, wenn sie rechtzeitig vorher angemeldet sind. Größere Hunde müssen in einem Kennel im klimatisierten Gepäckraum reisen. Wie Sie Ihren Hund am besten für die Reise vorbereiten, wird Ihnen Ihr Tierarzt sagen.

Schon Wochen vor der Reise sollte er an Geruch und Lärm des Flugplatzes, an die Transportbox sowie die Schaukelbewegung gewöhnt werden. Dies ist wesentlich besser, als dem Hund ein Beruhigungsmittel zu geben, da er dann auf Temperaturunterschiede und Richtungsschwankungen nicht so gut reagieren kann. Normalerweise füttert man den Hund etwa 18 Stunden vor der Reise das letzte Mal und lässt ihn unmittelbar vor dem Verladen in aller Ruhe (Zeit einplanen) beide Geschäfte erledigen. Während des Fluges sollte der Hund Zugang zu frischem Wasser haben, man sollte ihn also schon zu Hause an die aufgehängte Trinkflasche gewöhnen. Da gesunde Hunde nachts durchaus zehn bis zwölf Stunden ohne Gassigehen und meist auch ohne Trinken durchstehen, sind auch gemäßigte Langstreckenflüge notfalls machbar.

Fremdkörper

Vor allem junge Hunde verschlucken hin und wieder im Spiel einen Ball, eine Gummimaus oder Ähnliches. In diesem Fall sollte man wirklich sofort zum Tierarzt gehen. Kleinere Gegenstände kann der Hund mit Hilfe eines Brechmittels hervorwürgen, wenn sie sich noch im Magen befinden.

Das wird der Tierarzt mit einer Röntgenaufnahme, eventuell mit einer Ultraschalluntersuchung abklären. Ist der Fremdkörper bereits im Darm, wird der Tierarzt entscheiden, ob man abwarten kann – vielleicht kann der Gegenstand auf natürlichem Weg passieren – oder ob man sofort operieren sollte.

Frostschutzmittel

Hunde mögen alles, was süß schmeckt. So ist es zu erklären, dass sie auch die glykolhaltigen Zusätze, die das Gefrieren des Scheibenwischwassers am Auto verhindern, aufschlecken. Das kann dann, abhängig von der Menge, zu Vergiftungen führen. Im Vordergrund steht eine irreparable Schädigung der Nieren.

Schon innerhalb einer Stunde nach Giftaufnahme treten Angst, Unruhe und schwankender Gang auf, später Benommenheit bis zur Bewusstlosigkeit, Erbrechen, Krämpfe und Lähmungen.

Der Tierarzt kann die Vergiftung meist durch eine Urinprobe, die er mikroskopisch untersucht, nachweisen. Bei rechtzeitiger Behandlung besteht eine gute Aussicht auf Heilung, wenn der Hund nicht zuviel Gift erwischt hat.

An der Colorado State University haben Wissenschaftler ein Gegenmittel (4-methyl-Pyrazol) entdeckt. Wenn es innerhalb der ersten zwölf Stunden nach der Giftaufnahme verabreicht wird, kann es Nierenschäden verhindern. Das Mittel geht eine Verbindung mit dem Glykol ein, das in dieser Form gefahrlos über die Nieren ausgeschieden werden kann. Das Medikament ist allerdings noch nicht zugelassen.

Frühkastration → Kastration

Fuchsbandwurm

Hunde stecken sich genauso wie der Fuchs über den Verzehr von infizierten Mäusen oder Bisamratten an. Zwar sind nur ein bis zwei Prozent der Feldmäuse in Deutschland Bandwurmträger, doch es gibt regelrechte Mäusezyklen: Die Mäuse vermehren sich von einem Jahr zum nächsten bis zu tausendfach.

Irgendwann kommen sie dann an eine Obergrenze, der Überbevölkerungs-Stress wird so groß, dass sich die Mäuse nicht mehr fortpflanzen, ein Zyklus ist beendet. Immer dann, wenn es sehr viele Mäuse gibt, ist die Wahrscheinlichkeit für Füchse natürlich größer, eine befallene Maus zu erwischen. Zumal Füchse wie Hunde kranke oder sterbende Tiere leichter erbeuten als gesunde.

Die Caniden erkranken selber nicht, sie scheiden aber Bandwurmeier aus. Über sie kann sich der Mensch letztendlich auch anstecken. Da der Mensch jedoch ein Fehlwirt ist, führt längst nicht jedes aufgenommene Bandwurmei zu einer Infektion oder Erkrankung. Selbst in Gebieten wie im Landkreis Garmisch-Partenkirchen, wo die Füchse sehr zutraulich bis vor die Haustür kommen und 35 Prozent von ihnen Bandwurmträger sind, wurden in den letzten Jahren keine Erkrankungen beim Menschen bekannt.

Der Bandwurmbefall führt beim Menschen zur Zerstörung der Leber. Als Symptome treten daher Bauchschmerzen, Gelbsucht und Verdauungsstörungen auf. Eine Blutuntersuchung ermöglicht frühzeitig eine Diagnose, noch bevor größere Teile der Leber tumorartig von den Larven verändert werden. Der kranke Organteil muss chirurgisch entfernt werden, mit Chemotherapie lässt sich diese Erkrankung nicht behandeln.

Hunde erkranken selbst auch bei starkem Befall nicht. Zum Schutz des Menschen sollte man sie jedoch regelmäßig entwurmen. Da für diese → **Anthropozoonose** bisher keine Meldepflicht besteht, kann man überhaupt nicht abschätzen, wie viele Menschen wirklich an der Echinokkose erkranken, zumal die Inkubationszeit zehn bis fünfzehn Jahre betragen kann.

Fütterung

Hunde zählen zu den Raubtieren, doch sie sind keine reinen Fleischfresser. Ihre Vorfahren lebten von pflanzenfressenden Tieren. Dabei fraßen sie nicht nur das Muskelfleisch ihrer Beute, sondern in gewissem Umfang auch den Magen- und Darminhalt, also vorverdautes Gemüse oder Getreide. Die Wölfe im Schweizer Wallis fressen auch Äpfel.

Eine angemessene Ernährung des Hundes besteht nach heutigen Richtlinien aus 20 Prozent Fleisch, 15 Prozent Fett und 65 Prozent Gemüse. Fleisch bzw. Eiweiß dienen der Lebenserhaltung, Fette hingegen sind gut für Dauerleistungen, wie sie z. B. Schlittenhunde erbringen. Getreide sowie Gemüse (Kohlenhydrate) bewirken eine schnell spürbare Energieversorgung.

Handelsübliches Hundefutter enthält schon alles, was ein Hund zum Gesundsein und -bleiben braucht.

Unser Essen schmeckt für Hunde völlig versalzen. Zwar brauchen Hunde auch Salz, aber nur etwa ein Zehntel vom Bedarf des Menschen. Diese Menge holen sie sich aus dem Fleischanteil im Futter.

Doch aus einem zweiten Grund eignet sich unsere Nahrung nicht für Hunde: Hunde haben einen kürzeren Darm als Menschen (Hund: je nach Hundegröße 2 bis 4,75 m; Mensch: 6 bis 7 m). Deshalb können sie z. B. Kohl, Hülsenfrüchte und rohe Kartoffeln gar nicht ausnützen oder verdauen.

Hunde brauchen folglich eigens für sie hergestelltes Hundefutter. Wer nicht jeden Tag zwei Menüs zubereiten will, kann guten Gewissens fertiges Hundefutter kaufen. Denn das kommerzielle Fertigfutter ist in seiner Zusammensetzung optimal.

Die Tierfutter-Industrie bietet heute Spezialsorten für jedes Alter und jeden Geschmack an. Dieses Fertigfutter ist gesund, ausgewogen und sogar billiger als wenn man selbst kocht. Das handelsübliche Hundefutter enthält schon alles, was ein Hund zum Gesundsein und -bleiben braucht. Zusätzliche Vitamine und Mineralstoffe sind also bei einem gesunden Hund nicht nötig.

Wer Zeit hat, kann für seinen Hund natürlich auch kochen. Als Faustregel gilt: Ein Teil Fleisch und Fett, zwei Teile Getreide und Gemüse. Die Rezepte in den Kochbüchern für Hundebesitzer sind vermutlich wohlschmeckend, aber in den meisten Fällen ernährungsphysiologisch nicht optimal. Man sollte sie daher allenfalls hin und wieder ausprobieren und servieren.

Wer das Futter grundsätzlich selbst zubereiten will, dem ist eine Ernährungsberatung zu empfehlen. Mit Hilfe von speziellen Computerprogrammen kann der optimale Bedarf des einzelnen Hundes in allen Ernährungsbestandteilen errechnet und in geeignete Rezepte umgesetzt werden. Wer also beispielsweise Schlachtabfälle oder Fleisch verfüttern will, braucht ein speziell gemischtes Mineralstoffpulver. Denn Kalzium muss immer im richtigen Verhältnis zu Phosphor stehen.

Auch mit zusätzlichen Vitamin A- und D-Gaben sollte man vorsichtig sein. Die Vitamine A und D sind fettlöslich und reichern sich deshalb im Körper an. Die wasserlöslichen B-Vitamine erhält ein Hund automatisch durch den Getreideanteil im Futter. Und Vitamin C benötigen Hunde nicht, da sie es – im Gegensatz zum Menschen – selbst synthetisieren können.

Futter

Hundefutter zählt zu den Mischfuttern, da es aus verschiedenen Nahrungsmitteln besteht. Bestimmte Anforderungen müssen diese Futtersorten erfüllen:

Sie kommen verpackt in den Handel. Sie sind von handelsüblicher Reinheit und Unverdorbenheit und nicht gesundheitsschädlich. Sie dürfen nur zugelassene Zusatzstoffe wie Vitamine, Spurenelemente, Konservierungsmittel und Farbstoffe enthalten.

Um den Geschmack zu verbessern, darf der Hersteller Aromastoffe zusetzen oder Einzelkomponenten enzymatisch aufschließen.

Kennzeichnung: Dosenfutter muss als Tiernahrung deklariert werden. Jedes Futter muss das Herstellungsdatum bzw. einen Hinweis auf die Haltbarkeit tragen.

Mischfuttermittel müssen so gekennzeichnet sein, dass der Käufer Wert und Verwendungszweck beurteilen kann. Dabei dürfen sie keine irreführende Bezeichnung tragen. Insbesondere sind Werbeaussagen verboten, die sich auf die Beseitigung und Linderung von Krankheiten beziehen. Lediglich ein Hinweis, dass Nährstoffmängel verhütet werden, ist erlaubt.

Laut Futtermittelrecht muss ein Hersteller alle Einzelfutterbestandteile aufführen, wenn er eine Komponente wie »mit Lachs« oder »mit Rind« hervorhebt. Die Reihenfolge muss ihrem Gewichtsanteil entsprechen. Wovon am meisten enthalten ist, steht am Anfang der Liste.

Kalzium-, Phosphor- und Natrium-Gehalt werden nicht einzeln deklariert, sondern gemeinsam als Rohasche.

Genauso findet man die Begriffe Rohprotein, Rohfett. Sie bezeichnen den Gesamtgehalt im Futter, sagen aber nichts über die Qualität aus. Denn nur das, was auch verdaulich ist, kann der Hund verwerten. Deshalb unterscheidet man das verdauliche Protein vom Rohprotein. Die Verdaulichkeit sollte über 75 Prozent liegen, bei Welpen und für spezielle Leistungen sogar über 80 Prozent.

Ein hoher *Rohfaseranteil* weist auf einen hohen Anteil pflanzlicher Stoffe hin. Ein gewisser Anteil an Rohfasern ist positiv, er fördert die Verdauung. Zu rohfaserreiches Futter wird nicht mehr voll ausgenutzt; außerdem schmeckt es vielen Hunden nicht so gut. Daher verschmähen sie so manche Schlankheitsdiät.

Man unterscheidet Alleinfutter und Ergänzungsfutter:

Ergänzungsfutter: Unter diesen Begriff fallen alle Produkte, mit denen man einen Hund nicht ausschließlich ernähren kann. Typische Ergänzungsfutter sind beispielsweise Flocken, die mit Frischfleisch gemischt werden, aber auch alle Vitamin- und Mineralstoffpräparate.

Alleinfutter: Sie ernähren den Hund vollständig. Daher sollte man wirklich nichts zufüttern, denn das würde diese ausgewogene Mischung einseitig verändern.

Alleinfuttermittel gibt es als Trocken-, Halbfeucht- und Feuchtfutter

Trockenfutter: Dazu zählen Flocken, Pellets, Kuchen und Biskuits. Man stellt sie aus verschiedenen Ausgangsmaterialien her. Dabei verwendet man bereits trockene Materialien oder entzieht den Einzelkomponenten das Wasser. Der Wassergehalt liegt bei etwa zehn Prozent. Trockenfutter bestehen meist etwa zur Hälfte aus Getreide, wie alle Flocken. Außerdem enthalten sie tierische (Schlachtprodukte, Fleischmehl, Fleischknochenmehl, Magermilchpulver) und pflanzliche (Sojaextraktionsschrot, Maisnachprodukte) Eiweißkomponenten. Darüber hinaus setzt man Fette verschiedener Herkunft ein. Kleine Mengen an Gemüse, Hefe, Mineralstoffen und Vitaminen ergänzen die Mischung. Vorteil: Trockenfutter sind relativ preiswert, leicht zu handhaben und wenig anfällig für den Verderb.

Halbfeuchte Futter: Sie unterscheiden sich von Trockenfutter durch den Wassergehalt von 20 bis 30 Prozent. Im Übrigen enthalten sie die gleichen Rohmaterialien wie Trockenfutter. Relativ häufig wird Sojaeiweiß verwendet, da es sich gut verarbeiten lässt. Spezielle Zusätze wie Propylenglykol und Zucker sorgen für die Haltbarkeit und die Wasserbindung. Man verpackt halbfeuchte Futter in luft- und wasserdichte Papier- oder Plastiktüten. Vorteil: Diese Futterart kann man bequem portionieren, außerdem schmeckt sie aufgrund des höheren Wassergehalts besonders gut.

Feuchtfutter: Der bekanntere Name ist Dosenfutter. Man verwendet hierfür Fleisch, Schlachtnebenprodukte und immer mehr auch pflanzliche Eiweißbestandteile. Der Eiweißanteil liegt mit rund 35 Prozent etwas hoch, so dass man zum Ausgleich Kartoffeln, Reis, Nudeln, Haferflocken oder auch altes (nicht schimmeliges) Brot zufüttern kann.

Als Kohlenhydrat nehmen die Hersteller in der Regel Reis. Um die Flüssigkeit zu binden, benötigt man Dickungs- und Geliermittel, denn Feuchtfutter enthält 70 bis 80 Prozent Wasser. Das ist teilweise mehr als der natürliche Wassergehalt der Ausgangsstoffe. Außerdem schwankt der Wassergehalt, so dass man Feuchtfutter nur schwer nach der Menge der Ausgangsmaterialien beurteilen kann.

Die Mengenangaben auf der Dose beziehen sich immer auf die Trockenmasse. Dabei muss man aufpassen: Ein Futter mit 25 Prozent Trockenmasse enthält also ein Viertel mehr Inhaltsstoffe als ein Futter mit nur 20 Prozent Trockenmasse.

Vorteil: Es ist lange haltbar und fast alle Hunde akzeptieren diese Futterart. Speziell für große Hunde ist es allerdings nicht so praktisch, denn man muss im Verhältnis zum Trockenfutter die fünffache Menge nach Hause tragen; außerdem ist es im Verhältnis teurer.

Futtermittelallergie

Hunde leiden nur selten an einer Futtermittelallergie. Allerdings muss man Futterunverträglichkeiten von allergischen Prozessen unterscheiden. Bekannt ist beispielsweise die Unverträglichkeit von Milch, wenn das milchzuckerabbauende Enzym, die Laktase, fehlt.

Bei der echten Futtermittelallergie fällt auf, dass 70 Prozent aller Hunde das allergieauslösende Futter seit mehr als zwei Jahren bekommen. Doch da es keine typischen Symptome für eine Futtermittelallergie gibt, ist die Diagnose schwer zu stellen.

Test-Diät bei Futtermittelallergie

Eine hypoallergene Diät enthält Lammfleisch, weißes Fischfilet, Thunfisch, Kaninchen, Wildbret, Truthahnfleisch, Reis und Kartoffeln. Bekam der Hund eine oder mehrere dieser Nahrungsmittel bisher auch, darf man diese natürlich nicht verwenden. Es sei denn, man führt nun doch eine Eliminationsdiät durch. Das Prinzip ist: Erst nur die Kohlenhydrate wie Reis, Kartoffeln füttern, dann kommen einzeln die Gemüse und erst am Schluss die Eiweißkomponenten wie Fleisch, Fisch und Eier dazu.

Beispiel: Gab es bisher meist Gemüseflocken mit verschiedenem Frischfleisch, muss man so vergehen: Zehn Tage nur Gemüseflocken ohne Fleisch. Verliert der Hund zwar den Appetit, bekommt aber keinen Juckreiz, spricht das dafür, dass er ein oder mehrere Fleischsorten nicht verträgt. Als nächsten Schritt füttert man konsequent Flocken mit nur einer Fleischsorte. Sowie Juckreiz auftritt, verschwindet dieses Fleisch zeitlebens vom Hunde-Speiseplan. Man sollte diesen Diät-Versuch nicht nach dem ersten Treffer beenden, man könnte andere unverträgliche Futterbestandteile übersehen. Deshalb testet man alle bisher verwendeten Sorten durch.

Wer bei der Fütterung sehr viel Wert auf Abwechslung gelegt hat, sollte sich vom Tierarzt Diät-Ratschläge holen. Wenn Sie Fertigfutter verwendet haben, sollten Sie sich an den Hersteller wenden, man braucht die genaue Rezeptur.

Futterallergie und Atopie können auch gemeinsam auftreten.

Krankheitsbild: Etwa die Hälfte der Patienten reagiert mit Durchfall, ein Viertel hat Durchfall und Hautprobleme, ein weiteres Viertel nur Hautprobleme. Dabei kann die Futtermittelallergie das Bild zahlreicher, anderer Hauterkrankungen annehmen.

Aber auch andere Symptome wie Mattigkeit, Ohrenentzündungen und Erbrechen können auftreten. Neben Papeln, Pusteln, Quaddeln, Schuppen und Krusten ist wieder Juckreiz das Hauptsymptom. Zumindest einen Hinweis hat man: der Juckreiz tritt immer unabhängig von der Jahreszeit auf und lässt sich, im Gegensatz zu den anderen allergischen Erkrankungen, nicht mit Kortison behandeln.

Diagnose und Therapie: Die Futtermittelallergie lässt sich nur durch eine Ausschlussdiät sicher diagnostizieren. Dabei bekommt der Hund über mindestens drei Wochen Futterkomponenten, die er bisher noch nie gefressen hat. Beispielsweise Reis oder Kartoffelbrei ohne Milch zusammen mit Schaffleisch. Es reicht nicht aus, nur die Futtersorte zu wechseln oder stattdessen eine hypoallergene Diät zu verwenden.

Lässt der Juckreiz während der Diät deutlich nach – das kann drei Tage, aber auch drei Wochen dauern – spricht dies für eine Futtermittelallergie.

Da es den Besitzern der Allergie-Patienten meist zu beschwerlich war, die Komponenten des bisherigen Futters einzeln zu verfüttern, weiß man bis heute nicht so genau, was am häufigsten eine Allergie auslöst.

Im Grunde kann es jeder Futterbestandteil sein. Außerdem verändert Kochen beispielsweise die allergenen Eigenschaften, so dass man beim Testen auch auf die übliche Zubereitung achten muss.

Bekannte mögliche Auslöser einer Futtermittelallergie

Kuhmilch	Schweinefleisch
Hammelfleisch	Kaninchenfleisch
Hühnerfleisch	Fisch
Pferdefleisch	(verschieden)
Eier	Hafermehl
Weizen	Mais
Soja	Reismehl
Kartoffeln	Kidneybohnen
Dosenfutter	Hundekuchen
Fertigfutter	künstliche Futter-
Rindfleisch	zusatzstoffe

Futterverderb

Unbeschädigte Dosen und Verpackungen sind so gut wie nie verdorben oder mikrobiell kontaminiert. Ist eine Dose beschädigt, können hingegen Keime eindringen. Man sollte daher nur einwandfreie Packungen verfüttern. In Billigfuttern kann es vorkommen, dass man Knochenstücke oder andere Verunreinigungen findet. Dabei handelt es sich jedoch nicht um einen Verderb.

Bei Verdacht: Sollten Sie dennoch den Verdacht haben, dass ein Futter nicht in Ordnung ist, können Sie dies in Speziallabors untersuchen lassen. Wenden Sie sich an die Tierärztlichen Hochschulen

(→ **Adressenteil** im Anhang) oder an landwirtschaftliche Untersuchungs- und Forschungsstellen.

Futterzusätze

Futterzusätze sind Stoffe, die dem Futter zugesetzt werden, ohne selbst Nährwert zu besitzen. Dazu zählen Spurenelemente, wasserlösliche Vitamine, Farb- und Aromastoffe, aber auch Konservierungsmittel, beispielsweise Antioxidantien. Sie verhindern das Ranzigwerden des Futters.

Welche Stoffe in welcher Menge einem Hundemischfutter zugesetzt werden dürfen, wird durch das Futtermittelgesetz und die Futtermittelverordnung geregelt. Grundvoraussetzung ist, dass die Stoffe für Gesundheit und Leistung der Tiere unbedenklich sein müssen.

G

Gähnen

Wie der Mensch auch, gähnen Hunde vor allem beim Aufstehen als Zeichen der Verschlafenheit. Wenn sie sich verlegen fühlen, reißen sie ebenfalls den Fang sperrangelweit auf. Und schließlich gähnen Hunde auch dann, wenn sie Schluckbeschwerden haben (z. B. → Angina), um sich auf diesem Wege Erleichterung zu verschaffen – vergeblich.

Gebärmutterentzündung (Pyometra)

Gegen Ende der Läufigkeit öffnet sich der Gebärmutterhals. Keime wie z. B. Bakterien können von der Scheide bis in die Gebärmutter aufsteigen und dort zu einer eitrigen Entzündung führen. Begünstigend wirkt die Hormonumstellung am Ende der Läufigkeit.

Jetzt steigt der Progesteron-Spiegel an und senkt die Widerstandskraft der Gebärmutter gegen Infektionen. Außerdem bewirkt das Progesteron, dass sich der Gebärmutterhals wieder schließt. Folglich kann das Entzündungssekret nicht abfließen.

Im Laufe der Erkrankung wird immer mehr Entzündungssekret gebildet, so dass die Gebärmutter erheblich größer wird.

Neben dieser klassischen Form, die typisch für ältere Hündinnen ist, können auch Hormonstörungen, wie Eierstockszysten oder eine hormonelle Läufigkeitsunterdrückung, zu einer Gebärmuttervereiterung führen.

Symptome: Drei bis acht Wochen nach der letzten Läufigkeit oder einige Wochen bis Monate nach einer hormonellen Läufigkeitsunterdrückung trinken die Hündinnen auffallend viel und setzen auch entsprechend mehr Harn ab. Sie sind sichtlich krank, müde, appetitlos, meist haben sie (hohes) Fieber.

Manchmal entleert sich das Entzündungssekret spontan, die Hündin zeigt starken Scheidenausfluss. Da die Gebärmutter durch die Entzündung stark verän-

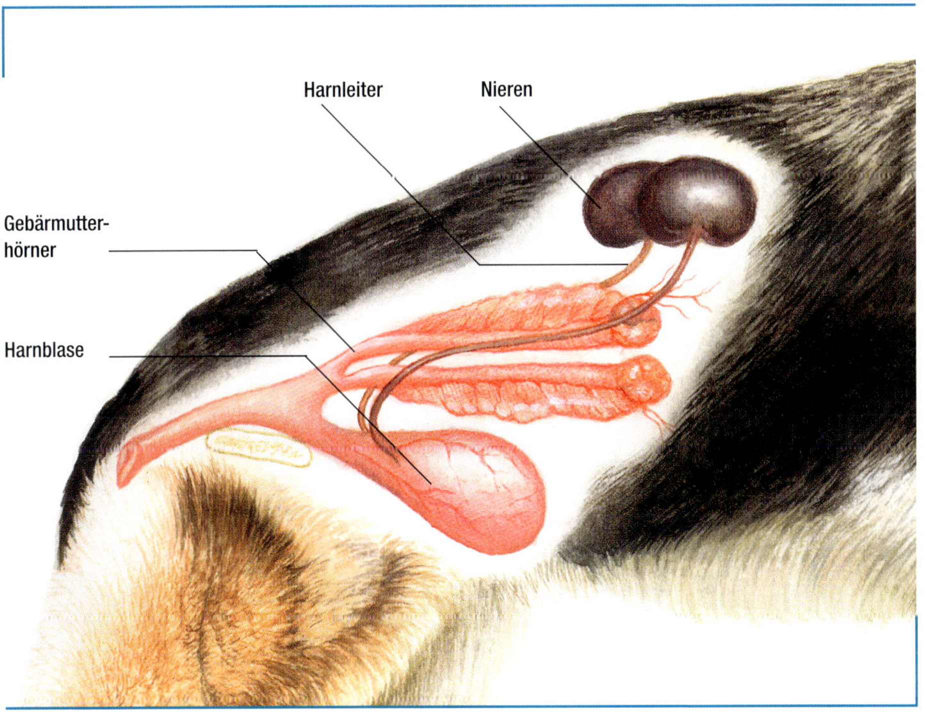

Die unteren Harnwege der Hündin.

dert ist, sollte man auch in diesem Fall an eine operative Therapie denken.

Bei einer primär hormonell bedingten Pyometra zeigen die Hündinnen hingegen oft tröpfelnden Scheidenausfluss, weshalb sie auch dem Tierarzt vorgestellt werden.

Therapie: Eine Pyometra kann lebensbedrohlich werden, die Hündin muss sofort zum Tierarzt. Eine konservative Behandlung mit Medikamenten, das sind in diesem Fall Antibiotika und eventuell Hormone, kann nur vorübergehend zu einer Besserung führen. Doch bald, spätestens bei der nächsten Läufigkeit, erkranken die Hündinnen erneut, dann meist schwerer. Daher sollte man bei diesen Hündinnen sofort die Eierstöcke und die Gebärmutter entfernen (Ovariohysterektomie).

Bei einer jungen Hündin, die an einer primär hormonell bedingten Gebärmutterentzündung leidet und die sehr frühzeitig zum Tierarzt kommt, kann man eventuell noch eine hormonelle Therapie durchführen und eine Operation vermeiden. Selbst wenn diese Therapie erfolgreich ist, kann es sein, dass man mit dieser Hündin nicht züchten kann.

Geburtsvorbereitungen und Geburt

Geht es Hündin und Welpen gut, sollte man für die Geburt eine stabile Wurfkiste vorbereiten. Sie sollte nicht zu klein sein, denn Hündin und Welpen müssen die ersten sechs Wochen – bis zum Absetzen – darin Platz haben. Der Bodenbelag muss rutschfest und gut zu reinigen sein. Darauf legt man kochfeste Handtücher oder Einmalwindeln.

Bereits einige Tage vor der Geburt werden die meisten Hündinnen träge und fressen weniger. Das Gesäuge vergrößert sich deutlich. Die *erste Milch* kann bereits bis zu fünf Tage vor der Geburt, aber auch erst einen Tag danach einschießen.

Ziemlich genau 24 Stunden vor der Geburt wird die Hündin unruhig und beginnt, ein Nest zu bauen. Zwölf Stunden vor der Geburt sinkt die Körpertemperatur um mindestens ein Grad. Man kann folglich durch regelmäßiges Fiebermessen den Geburtstag ermitteln. Das sollte man jedoch nur machen, wenn die Hündin sich beim Fiebermessen nicht aufregt. Sonst würde die gestresste Hündin die Geburt immer weiter hinauszögern, denn sie braucht Ruhe für die Geburt.

Viele Hündinnen bekommen die Welpen daher nachts. Manche Tiere sind jedoch ängstlich und möchten, dass ihr Bezugsmensch sozusagen Händchen hält.

Geburt: Als erstes öffnen sich die Geburtswege, das dauert sechs bis zwölf Stunden. Erst dann setzen die Wehen ein. Sobald der erste Welpe durch den Gebärmutterhals tritt, setzt bei der Hündin die Bauchpresse ein.

Sowie der Welpe auf der Welt ist, öffnet die Hündin die Fruchthülle mit den Schneidezähnen. Sie leckt den Kopf und dann den restlichen Körper frei, am Schluss beißt sie auch die Nabelschnur durch. Die Nachgeburt kommt normalerweise bis zu einer Viertelstunde nach dem Welpen und wird von der Hündin gefressen.

Die Welpen kommen im Schnitt im Abstand von etwa 30 Minuten. Es kann sehr viel schneller gehen – nur einige Minuten, sich aber auch um einige Stunden hinauszögern.

Anders als beim Menschen spielen Kopf- oder Steißlage keine Rolle. Gut 40 Prozent der Welpen starten mit dem Hinterteil in die Welt, das ist völlig normal.

Hat die Hündin nach der Geburt weiterhin Wehen oder zeigt Ausfluss, sollte man sofort mit ihr zum Tierarzt fahren. Unter Umständen steckt noch ein (toter) Welpe oder eine Nachgeburt im Geburtsweg.

Manche Hündinnen übertragen auch, das heißt, die Geburt lässt sich einige Tage über den errechneten Termin Zeit. Solange es der Hündin gut geht, kann man bis zu einer Woche abwarten. Allerdings sollte man mit dem Tierarzt in Verbindung bleiben, der eventuell die Geburt medikamentell einleiten wird. Da die Welpen in den letzten Trächtigkeitstagen schnell zunehmen, könnte es Platzprobleme geben.

Gehör

→ Hörtest

Gelenkrevision

Der Chirurg glättet die Gelenkflächen. Dabei entfernt er auch Gelenkmäuse (losgelöste Knorpel- oder Knochenteile) und Knorpelschuppen (z. B. bei Hüftgelenksdysplasie).

Gerstenkorn (Hordeolum)

Wenn Eitererreger in die Lidranddrüsen gelangen, kann sich ein Gerstenkorn bilden. Entweder entleert sich das Entzündungssekret in die Drüse oder es bricht in die Bindehaut durch.

Therapie: Das Auflegen eines handwarmen Fenchelteebeutels als Kompresse fördert das Reifen und Entleeren des Pickels. Eine antibiotikahaltige Salbe verhindert, dass sich weitere Gerstenkörner bilden.

Geruch

→ Wenn der Hund stinkt

Geruchssinn

Hunde verfügen über einen millionenfach besseren Geruchssinn als Menschen. Sie haben etwa 300 Millionen Riechzellen, der Mensch nur fünf Millionen. Hunde können Gerüche nicht nur am Land, sondern auch durch Wasser wahrnehmen. Hautpartikel, Fette und Gase eines Ertrunkenen beispielsweise senden Gerüche zur Hundenase. Rettungshunde melden Taucher in

Die Nervenenden nehmen die chemischen Partikel auf (stark vergrößert) und setzen sie in chemische Botschaften für das Gehirn um (Geruchszentrum, Bulbus olfactorius).

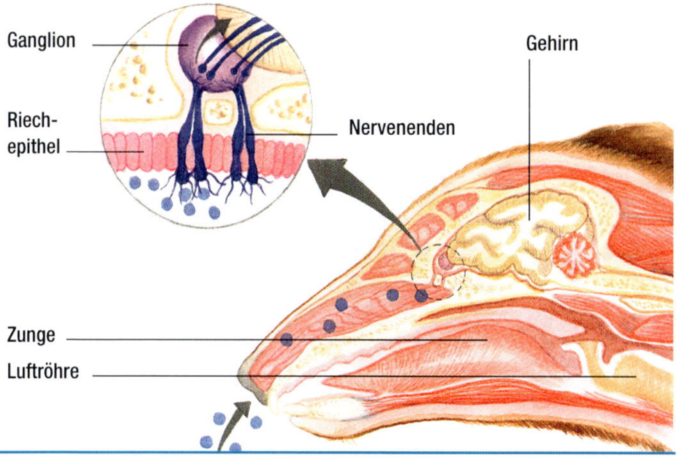

Geruchssinn des Hundes.

G

vier bis sechs Meter Tiefe. Es ist sogar ein Fall belegt, bei dem ein Hund in den USA einen Ertrunkenen in 80 Meter Tiefe aufgespürt hat. Auch Erdbeben- und Lawinenopfer, Rauschgift oder Defekte in Pipelines melden Hunde dank ihrer Nase.

Gesäugeentzündung

Im Verlauf einer Scheinträchtigkeit, während des Säugens oder aber durch Verletzungen können Keime in das Gesäuge gelangen und zu einer sehr schmerzhaften Entzündung führen.

Therapie: Gesäugeentzündungen sind keine Bagatelle und, wie gesagt, sehr schmerzhaft. Man sollte daher nach Antibiogramm antibiotisch behandeln. Kühlende Umschläge unterstützen die Heilung. Bei einer Hündin, die noch keine Symptome einer Allgemeinerkrankung wie Fieber hat, und die so ruhig ist, dass sie sich Umschläge gefallen lässt und sich schont, kann man es eventuell ohne Antibiotika versuchen.

Gesäugetumore (Mammatumore)

Die Hündin hat auf jeder Seite vier bis fünf Gesäugekomplexe. Die tumoröse Entartung dieser Komplexe, die Mammatumore, sind mit Abstand der häufigste Tumor überhaupt. Neubildungen bei der Hündin gehen vom Gesäuge aus.

Vor allem ältere Tiere über sechs Jahren erkranken. Hündinnen, die mehrfach Junge bekommen und gesäugt haben, entwickeln seltener Tumore als »kinderlose«,

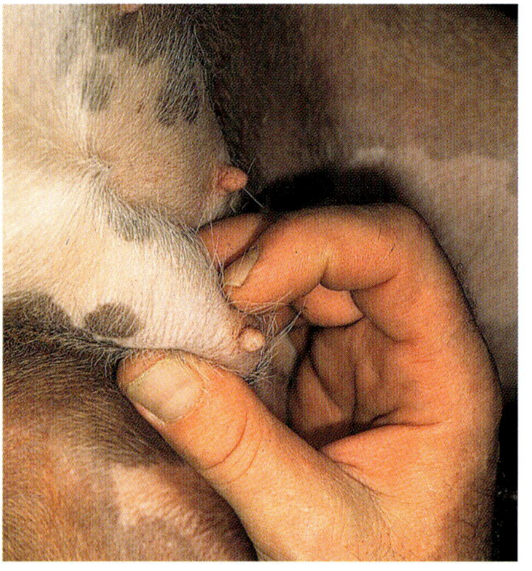

Wenn man das Gesäuge regelmäßig abtastet, kann man Veränderungen frühzeitig erkennen.

nichtkastrierte Tiere. Allerdings besteht nach heutigem Wissensstand kein Zusammenhang zwischen Scheinträchtigkeit und Tumorhäufigkeit. Hormongaben hingegen, die eine Läufigkeit verhindern sollen, können gleichzeitig auch Mammatumore aktivieren.

Gesäugetumore sind in 50 bis 70 Prozent der Fälle bösartig. Sie wachsen sehr schnell und verursachen häufig an anderen Körperstellen wie der Haut oder der Lunge Tochtergeschwülste, so genannte Metastasen.

Behandlung: Man sollte das Gesäuge jeder Hündin regelmäßig auf Veränderungen hin abtasten. Wenn sich Knoten gebildet haben, sollte man mit der Hündin möglichst schnell zum Tierarzt gehen.

Bis haselnussgroße Zubildungen braucht man in der Regel (noch) nicht zu behandeln, man sollte sie jedoch beobachten. Größere und schnell wachsende Tumore sollte man unbedingt chirurgisch entfernen lassen.

Ein Medikament, das den Wirkstoff Tarantula cubensis, ein Spinnengift, enthält, kann das Wachstum von Gesäugetumoren hemmen. Am Anfang injiziert der Tierarzt das Präparat dreimal im Abstand von vier bis sieben Tagen. Um neue Tumore zu vermeiden, sollte man die Injektion alle sechs Monate wiederholen.

Prophylaxe: Das Tumorrisiko lässt sich jedoch drastisch reduzieren, wenn man seine Hündin vor oder nach der ersten Läufigkeit kastrieren lässt. Daher ist diese Operation für alle Hündinnen sehr zu empfehlen, die nicht zur Zucht eingesetzt werden sollen.

Geschlechtsreife

Abhängig von der Rasse werden Hündinnen mit sechs bis zwölf Monaten das erste Mal läufig. Rüden werden im gleichen Alter geschlechtsreif. Die Zuchtreife erlangen sie aber erst später, wenn sie weitgehend ausgewachsen sind. Im Schnitt ist das mit 18 bis 24 Monaten.

Giardien

Im ersten Lebensjahr leiden Hunde häufig unter Durchfällen, nicht zuletzt deshalb, weil ihr Immunsystem noch in der Trainingsphase ist. Die Auslöser sind ganz unterschiedlich, z. B. Virusinfektionen, Wurmbefall oder Futterunverträglichkeiten. Kann man bei einem Hund mit Durchfall all diese Faktoren ausschließen, sollte man an spezielle Protozoen, die Giardien (Giardia canis), denken. Bis zu sieben Prozent aller Hunde sind im deutschsprachigen Raum infiziert – in den Staaten bis zu 50 Prozent.

Normalerweise erkranken infizierte Hunde nicht. Nur junge Hunde im ersten Lebensjahr, deren Darm durch andere Probleme vorgeschädigt ist, entwickeln wirklich Durchfall. Dabei scheiden sie die infektiösen Zysten aus – allerdings nur zeitweise.

Außerhalb des Wirtes sterben die Zysten sehr schnell ab. In kaltem Süßwasser jedoch können die Zysten monatelang überleben. Das ist auch der Grund, weshalb sich vor allem Hunde, die gerne schwimmen, immer wieder neu infizieren. Es genügen schon zehn Zysten, um eine Infektion hervorzurufen. Mit dem Erwachsenwerden bildet sich eine Immunität aus, dann ist Ruhe.

Diagnose: Die Zysten dieser Protozoen lassen sich nur zeitweise im Kot nachweisen. Das ist das Problem bei der Diagnose. Es gibt auch immunologische Tests.

Krankheitsbild: Meist bleibt das Allgemeinbefinden ungestört. Die Hunde haben »nur« Durchfall. Ganz typisches Kennzeichen für die Giardiose ist die Form des Häufchens – es sieht aus wie ein kleiner Kuhfladen. Der Durchfall kann dauerhaft bestehen oder intervallweise auftreten.

Therapie: Panacur (Entwurmungsmittel) über drei Tage. Tritt der Durchfall nach einigen Wochen wieder auf, spricht das für eine Neuinfektion. Man sollte den Hund dann für ein, zwei Monate nicht schwimmen lassen, um den Kontakt mit den Zysten zu vermeiden.

Giftpflanzen → Pflanzenvergiftung

G

Glaukom (Grüner Star)

Glaukom oder Grüner Star sind Sammelbezeichnungen für die Augenerkrankungen, bei denen der Innendruck im Augapfel erhöht ist.

Verschiedene bauliche oder funktionelle Störungen können den Abfluss des Kammerwassers behindern und so den erhöhten Innendruck verursachen. Cocker Spaniel und Basset neigen zu diesem Problem.

Krankheitsbild: Der Krankheitsverlauf hängt von der auslösenden Ursache ab. Das Glaukom kann plötzlich auftreten, aber auch schubweise oder sich allmählich entwickeln. Immer haben die Hunde Schmerzen. Diese können sich individuell unterschiedlich äußern.

Manche Hunde sind völlig ruhelos und versuchen durch ständige Bewegung, den Schmerz loszuwerden. Andere Tiere verändern ihr Wesen, sind unausgeglichen oder sogar aggressiv, beispielsweise, wenn man das Licht anknipst oder den Rollladen hochzieht. Bei Berührung des Auges reagieren die Hunde mit Schmerzlauten.

Akutes Glaukom: Die Hunde haben plötzlich Schmerzen am Auge und fühlen sich nicht wohl, sie sind lichtscheu, Auge und Lidspalt können vergrößert sein. Die Hornhautgefäße sind nun deutlich zu erkennen. Der Pupillenreflex kann verlangsamt sein oder fehlen, die Hunde haben oft Sehstörungen.

Chronisches Stauungsglaukom: Diese Glaukomform entwickelt sich schleichend. Man sieht eine entzündliche Hornhauttrübung und außerdem wieder die kranzförmige Gefäßzeichnung. Bleibt der Innendruck im Augapfel länger bestehen, führt dies zu Druckschäden an Netzhaut und Sehnerv und damit zu Sehstörungen.

Glaukom an einem Auge: Auch nach Krankheiten oder Schädigungen des Augapfels kann sich ein Glaukom entwickeln. Typisch, dass nur das erkrankte Auge betroffen ist. Die Veränderungen entsprechen dem akuten bzw. chronischen Glaukom.

Diagnose: Das Auge ist ein besonders empfindliches Organ, daher sollte man sogar schon bei der kleinsten Veränderung den Tierarzt aufsuchen, besonders wenn man plötzlich Gefäße in der Hornhaut erkennen kann oder wenn das Auge oder die Pupille größer erscheinen. Bei Glaukomverdacht misst man beim Hund, genauso wie beim Menschen auch, unter Lokalanästhesie den Augeninnendruck.

Therapie: Der Tierarzt möchte den Innendruck senken. Das kann er häufig medikamentell erreichen, manchmal muss er auch chirurgisch eingreifen. (Augenspezialisten, siehe Anhang).

Gluten-Allergie

Auch bei Hunden kommt eine Allergie gegen Gluten oder Kleber, einem Bestandteil des Weizen-Proteins, vor. Daher heißt die Erkrankung auch Weizen-Überempfindlichkeits-Enteropathie (Darmerkrankung). Als Folge dieser Unverträglichkeit verändert sich die Darmschleimhaut. Deshalb kann das Futter nicht mehr so gut verwertet werden.

Es können zwar auch erwachsene Hunde erkranken, doch in der Regel tritt das Problem im Alter von vier bis sieben Monaten zum ersten Mal auf. Die betroffenen Junghunde entwickeln sich schlecht, sie leiden immer wieder an Durchfall und verlieren an Gewicht.

Hat der Tierarzt den Verdacht auf Gluten-Allergie, sollte man diese Substanz völlig meiden. Am meisten Gluten enthält natürlich Weizen, aber auch alle anderen Getreidekörner enthalten Gluten. Deshalb vertragen diese Hunde kein normales Fertigfutter, denn sowohl Dosen- als auch Trockenfutter enthalten normalerweise Getreide. Man kann auf Reis ausweichen, der zu den Süßgräsern zählt und daher glutenfrei ist. Er ist auch Kohlenhydratbestandteil der glutenfreien Diäten, die es mittlerweile zu kaufen gibt.

Grasfressen

Fast alle Hunde nehmen gelegentlich Gras auf. Entgegen der landläufigen Meinung erbrechen sie nur selten im Anschluss an das Grasfressen. Wie eine englische Studie mit 652 Hunden zeigt, ist der Appetit auf Grünfutter völlig unabhängig von der Art

Besonders junge Wiesen schmecken köstlich.

der Fütterung, dem Gesundheitszustand des Hundes oder dem Wetter. Bevorzugt halten Hunde sich an die (proteinreichen) Blätter junger Pflanzen. Eventuell spielt auch der Zuckergehalt junger Schösslinge eine Rolle, denn Wölfe und Hunde lieben es süß – im Gegensatz zur Katze, der die Geschmackssensoren für »süß« fehlen. Hin und wieder kann Grasfressen zu Schwierigkeiten führen, wenn sich Halme im Nasen-Rachenbereich verspießen. Sie müssen dann vom Tierarzt entfernt werden.

Grasmilben → Herbstgrasmilben

Grauer Star

Ein anderer Name für diese Trübung der Augenlinse ist Katarakt. Besonders häufig erkranken Cocker Spaniel, Siberian Husky, Schnauzer-Rassen, Golden und Labrador Retriever, Pudel und Altdeutscher Schäferhund. Generell ist der Graue Star ein weitverbreitetes Problem aller Hunde. Er kann sich auch als Folge der Zuckerkrankheit (→ **Diabetes mellitus**) entwickeln.

Hunde jeden Alters können erkranken. Mit der Zeit wird die Linse gepresst, verliert Flüssigkeit und wird letztendlich trübe. Diese Linsenveränderung führt nicht zum Erblinden, doch haben die Hunde Schwierigkeiten, bei hellem Licht etwas zu erkennen oder Gegenstände in der Nähe zu sehen.

Therapie: Jeder Behandlungsversuch mit Tabletten, Tropfen, Spritzen oder Salben ist hier von vornherein zum Scheitern verurteilt, denn diese Erkrankung kann nur durch eine Operation behandelt werden. Der Augentierarzt kann die Linse entfernen und so die Sicht des Hundes verbessern.

Ob und wann eine solche Operation erforderlich ist, hängt auch davon ab, wie weit die Trübung der Linse schon fortgeschritten ist und wie das Restsehvermögen des Tieres zur Zeit ist. Außerdem sollte eine Untersuchung der Netzhaut (Elektro-Retinogramm) angefertigt werden, um festzustellen, ob die Netzhaut noch funktioniert. Nur dann ist die Operation sinnvoll.

Dann kann man auch eine künstliche Linse nach Entfernung der getrübten Linse einsetzen. Das Sehvermögen hinterher ist deutlich besser als beim alleinigen Entfernen der Linse. Diese Staroperation wird seit einigen Jahren mit gutem Erfolg (80 bis 85 Prozent) unter anderem an der Universitätsklinik Gießen durchgeführt.

Grundimmunisierung

Wie das optimale Impf-Programm für einen Welpen aussieht, wird bereits der Züchter mit seinem Tierarzt besprechen – je nachdem, welche Krankheitserreger vor Ort eine Rolle spielen. Ist der so genannte Infektionsdruck sehr hoch, wenn der Welpe beispielsweise in eine Staupe-Epidemie hineingeboren wird, kann ihn der Tierarzt vom ersten Tag an passiv impfen.

Wenn ein Welpe jedoch keine erschwerten Startbedingungen vorfindet, also beispielsweise nicht in einer Parvovirose-belasteten Zucht auf die Welt kommt, sieht sein Erstimpf-Programm meist so aus:

Mit acht Wochen erfolgt die erste Vierfachimpfung gegen Staupe, Hepatitis Contagiosa canis, Leptospirose und Parvovirose, vier Wochen später die zweite. Am besten spricht man den Impfplan mit dem Tierarzt durch; er kann anhand des Impfpasses, den der Welpe mitbekommt, genau ersehen, welche Impfung wann fällig ist. Er wird auch entscheiden, wie schnell die erste Tollwut-Impfung nötig ist. Das ist von Region zu Region verschieden, abhängig von der Wildtollwut. In der Regel impft man den Junghund bereits mit 12 Wochen, besser wäre mit 16 Wochen – in diesem Alter genügt eine Injektion, um einen Impfschutz zu erzielen.

Frisch gebürstet: Langes Fell braucht regelmäßig Pflege, sonst verfilzt es.

H

Haar und Haarwachstum

Haare sind Anhangsgebilde der Haut. Dichte, Länge, Farbe und Struktur der Haare sind genetisch festgelegt. Das Haar wächst nicht kontinuierlich, sondern in Zyklen. In der Wachstumsphase (anagene Phase) produziert der Haarfollikel das Haar. In der Ruhephase (telogene Phase) hält der Follikel das Haar noch fest, es ist jedoch tot und wächst nicht mehr. Schließlich wird das Haar abgestoßen. Der nächste Zyklus kann beginnen.

Der Haarzyklus wird von verschiedenen Faktoren gesteuert: Dauer der Lichteinwirkung, Umgebungstemperatur, Ernährung, Hormone, allgemeiner Gesundheitszustand sowie genetische Faktoren (→ **Fellwechsel**).

Die Haare werden nicht an allen Körperstellen gleich lang. So hat ein Afghane beispielsweise am Kopf relativ kurzes Fell; am Kopf wächst das Haar deshalb langsamer als an den Flanken. Bei einer Endlänge von 30 Millimetern beträgt die Wuchsgeschwindigkeit beispielsweise 6,7 mm/ pro Woche, bei Haaren mit 16 mm Endlänge hingegen nur 2,8 mm pro Woche. Beim Greyhound entspricht das 0,04 bis 0,18 mm am Tag, beim Beagle 0,34 bis 0,40 pro mm und Tag.

Im Vergleich dazu das Menschenhaar: Mit Ausnahme der Augenbrauen, die nur halb so schnell wachsen, schafft ein Menschenhaar 0,25 bis 0,4 Millimeter am Tag. Ausschlaggebend für das Ausfallen eines Haares ist seine Endlänge. Sie ist genetisch vorgegeben und lässt sich nicht beeinflussen.

Der Haarwechsel verläuft beim Hund mosaikartig. Das bedeutet, benachbarte Haarfollikel befinden sich in der gleichen Zyklusphase. Dabei spielen die Lichtlänge und vermutlich auch die Umgebungstemperatur die Hauptrolle, die Kastration hat keinen Einfluss auf den Haarwechsel, aber auf die Fellqualität.

In den gemäßigten Breiten wechseln Hunde daher im Frühjahr und im Herbst ihr Fell. Am stärksten wachsen die Haare im Sommer, im Winter hingegen nur wenig. So befinden sich im Sommer nur 50 Prozent der Haare in der Ruhephase, im Winter hingegen sind es bis zu 90 Prozent.

Nach dem Rasieren oder → **Scheren** braucht das Fell drei bis vier Monate zum Nachwachsen, bei langhaarigen Hunden sogar bis zu 18 Monate. Manchmal erreicht – aus ungeklärter Ursache – geschorenes Haar nicht mehr die Ausgangslänge.

Haarausfall

Da Hunde im Haus nicht mehr dem natürlichen Jahresrhythmus ausgesetzt sind, haaren sie mehr oder weniger das ganze Jahr. Bei einem gesunden Tier wird dieser teilweise beträchtliche Haarverlust durch Mehrproduktion ausgeglichen. Im Gegensatz dazu, können kranke Hunde (z. B. bei Wurmbefall) vermehrt Haare verlieren, die nicht sofort ersetzt werden können: Wegen des schlechten Allgemeinzustandes ist die Wachstumsphase des Einzelhaares verkürzt und besonders viele Haare fallen aus, es entstehen dünne oder kahle Stellen im Fell.

Haarausfall kann vielerlei Ursachen haben wie etwa Hauterkrankungen, Konstitutionsmängel, Alter, Allgemein- und Organerkrankungen, hormonelle Störungen, Vergiftungen, mechanische Schädigung der Haarwurzel, Mangelzustände oder Hautinfektionen – beispielsweise mit Pilzen oder Parasiten.

Krankheitsbild:

Stumpfes, brüchiges Fell: Genauso kann eine Krankheit die Haarqualität vermindern, das Fell wirkt stumpf und brüchig. Allgemeinerkrankungen (Wurmbefall) oder schwerer Stress (z. B. Trächtigkeit oder Säugen) können dazu führen, dass plötzlich alle Haare in die telogene Phase eintreten. Als Folge dünnen die Haare sichtbar aus oder es entstehen haarlose Stellen.

Symmetrischer Haarausfall: Hormonell

bedingter Haarausfall beginnt meist symmetrisch beidseits der Rückenlinie. Bei starker Ausbreitung kann er sich auch auf Kopf und Gliedmaßen erstrecken. Der Hund hat keinen Juckreiz, es handelt sich um ein reines – nicht immer behebbares – Schönheitsproblem.

Kreisförmiger Haarausfall: Kleinere haarlose Bezirke können die Folge von Pilzbefall sein. Für den Pilznachweis sind spezielle Untersuchungen nötig (→ **Mikrosporie**).

Therapie: Lässt sich das Grundleiden behandeln, wachsen auch die Haare wieder nach. Bei alten oder kastrierten Hündinnen kann man es mit Sojaeiweiß versuchen. Es enthält östrogenähnliche Substanzen, die das Haarwachstum fördern. Sie sind auch in Anis, Fenchel und Sellerie enthalten, doch diese Gemüse entsprechen in der Regel weniger dem Geschmack eines Hundes. Vitamin- und Mineralstoffpräparate wirken nur dann, wenn ein Mangelzustand den Haarausfall verursacht hat – also eher selten.

Es gibt auch einige Haarprobleme, die sich nicht behandeln lassen. Sie sind jedoch vergleichsweise selten.

Kurzhaarsyndrom der Seidenhaarrassen: Normalerweise tragen Yorkshire und Silky Terrier langes, seidiges Haar. Manchmal verliert jedoch ein Hund sein Seidenkleid, und es wachsen weit kürzere Haare nach. Der Besitzer eines solchen Tieres ist natürlich sehr enttäuscht und wird alles an Haarkuren, Vitamin- und Mineralstoffpräparaten an seinem Hund versuchen. Ohne Erfolg.

Diese Störung tritt im Alter zwischen einem und fünf Jahren auf, die Hunde wechseln ihr Fell und erscheinen anschließend kurzhaarig oder im »Mischlingslook«. Die Haut ist jedoch unverändert gesund, weshalb der Tierarzt keinen Therapieansatz hat. Er kann lediglich andere Ursachen für Haarwuchsstörungen ausschließen, wie eine Schilddrüsenunterfunktion.

Man vermutet, dass es einen – bisher unbekannten – Störfaktor geben muss, der für einen frühzeitigen Haarwechsel sorgt. Bevor ein Haar ausgewachsen ist, wird es schon abgestoßen.

Bei Welpen gibt es noch eine Sonderform: Die Haare an Kopf und Hinterteil bekommen beim Wechsel des Welpenfells die rassetypische Länge, der Rest bleibt kurzhaarig.

Schablonenkahlheit: Vor allem Dackel erkranken an dieser Kahlheit. Noch bevor die Hunde ein Jahr alt sind, zeigen die Tiere die geschlechtstypischen Haarverluste: Rüden verlieren an den Ohrmuscheln das Fell, mit einigen Jahren sind die Ohren völlig kahl. Hündinnen hingegen erleiden den Haarverlust am Bauch. Beide Formen sind therapeutisch nicht zu beeinflussen.

Neben Dackeln können auch Manchester Terrier, Pinscher und Chihuahuas erkranken. Man vermutet, dass eine erbliche Disposition besteht.

→ **Acanthosis nigricans (Beginn unter den Achseln, Dunkelfärbung), Cushing**

Syndrom, Demodexmilben (Juckreiz), Schilddrüden-Unterfunktion (Beginn am Bauch oder in Leistengegend)

Haarfarbe

Die Haare können einheitlich gefärbt sein oder auch unterschiedlich. So tragen die Haare beim Deutschen Schäferhund beispielsweise eine dunkle Spitze. Mit dem Alter wird die Fellfarbe mancher Rassen (z. B. Golden Retriever) intensiver, andere werden heller, (z. B. Schäferhund), da man beim Welpen nur die dunklen Spitzen der gebänderten Haare sieht.

Mit dem Alter können Hunde auch Ergrauen. Dieser Prozess beginnt meist an der Schnauze.

Neben diesen natürlichen Vorgängen können auch krankhafte Störungen oder Hautverletzungen zu Farbänderungen im Fell führen.

Veränderungen der Haarfarbe: Am häufigsten entstehen braune Verfärbungen in den Augenwinkeln, vor allem durch ständig tränende Augen. Kann man die Augen behandeln, wächst das Fell von selbst wieder weiß nach. Auch wenn die Haut in den Gesichtsfalten entzündet ist, können sich die Haare verfärben.

Bei inneren Erkrankungen oder Spurenelementemangel kann sich das Haar verfärben, beispielsweise kann schwarzes Fell rötlich werden. Der Tierarzt wird den Hund eingehend untersuchen, um die Ursache zu finden und dann gezielt eine Therapie durchzuführen. Bei verletzungsbedingten Depigmentationen kann man jedoch nichts machen.

Haaren, büschelweises

Wenn das Fell des Hundes glatt und glänzend ist, ohne schüttere oder haarlose Stellen, besteht keine Anlass zur Sorge. An sich gehen einem Hund die Haare nur dann büschelweise aus, wenn er das Fell wechselt oder wenn das Tier unter Stress steht. Eine typische Situation ist z. B. der Tierarztbesuch.

In extrem heißen Sommern kann es vorkommen, dass ein Hund außer der Reihe sein Fell mehr oder weniger abwirft.

Da die Haut ein wichtiges Stoffwechselorgan ist, können sich aber auch ganz unterschiedliche Erkrankungen auf diesem Wege äußern.

So beeinträchtigen beispielsweise Hormonstörungen, Wurmbefall, Mangelerkrankungen oder Infektionskrankheiten die Fellqualität (→ **Haarausfall**).

Haarling

Der Hundehaarling, *Trichodectes canis*, kommt nur auf schlecht gepflegten Tieren vor. Die Parasiten verursachen Juckreiz und beunruhigen die Hunde durch ihr Herumkriechen erheblich. Sie ernähren sich von Hautschuppen. Starker Befall führt besonders an Kopf, Hals und Rücken zu Haar ausfall und Ekzemen.

Die Behandlung erfolgt mit einem Spray oder Spot-on-Präparat mit dem Wirkstoff Fipronil. Nach drei bis vier Wochen sollte man die Behandlung wiederholen, da die Eier der Haarlinge gegen diese Präparate unempfindlich sind.

Hämophilie

→ Bluterkrankheit

Hakenwürmer *(Ancylostoma canium, Uncinaria stenocephala)*

Der Befall mit Haken-, Spul- und Peitschenwürmern zählt zu den Junghunde-Krankheiten. Nördlich der Alpen sind Hakenwürmer die Ausnahme.

Die Infektion erfolgt über die Haut, die Larven wandern an dünnbehaarten Stellen ein. Dem Hakenwurmbefall des Hundes kommt deshalb eine besondere Bedeutung zu, weil der Mensch als so genannter Fehlwirt erkranken kann. Badestrände bieten mit ihrem feuchtwarmen Klima dazu die idealen Voraussetzungen. Auch mit Hundekot kontaminierte Sandkästen und Spielflächen sind mögliche Infektionsquellen.

Hakenwürmer schädigen die Welpen dadurch, dass sie ihnen Blut entziehen. Welpen infizieren sich normalerweise über die Milch, die Larven können jedoch auch die Haut durchdringen und auf dem Blutweg ins Herz, in die Lunge, die Luftröhre und den Darm gelangen.

Als dritte Möglichkeit werden Larven auch einfach verschluckt. Nach 15 bis 18 Tagen entwickeln sich geschlechtsreife Würmer. Dauerformen können über mehrere Trächtigkeiten hinweg die Welpen infizieren.

Krankheitsbild: An der Eintrittsstelle entwickeln sich erhabene Rötungen. Die Bohrgänge zeichnen sich als rote, etwa zwei Millimeter breite, über die Hautoberfläche erhabene Veränderungen ab. Die Umgebung ist gerötet, ödematös geschwollen oder verkrustet. Die Stellen jucken sehr und schmerzen mit der Zeit. Durch das Kratzen dringen Keime ein, die Wunden eitern also. Die Diagnose bereitet keine Probleme, da das Krankheitsbild so typisch ist.

Erst starker Hakenwurmbefall macht sich bemerkbar. Bereits ein Wurm führt pro Tag zu 0,05 Milliliter Blutverlust. So erkennt man eine massive Infektion über die Milch etwa ab dem zehnten Lebenstag daran, dass der Kot blutig ist. Die Saugwelpen werden anämisch und können daran sterben.

Der Befall lässt sich mit einer Kotuntersuchung nachweisen.

Prophylaxe und Therapie: Ziel ist es, die Entwicklung geschlechtsreifer Haken- und Spulwürmer bei der Hündin und auch bei den Saugwelpen zu verhindern.

Saugwelpen sollte man das erste Mal mit 14 Tagen behandeln, noch bevor sich geschlechtsreife Würmer entwickeln konnten. Da sich die Welpen während der gesamten Säugezeit immer wieder neu infizieren, muss man die Entwurmung sogar jede Woche wiederholen bis zwei Wochen nach dem Absetzen. Die Hündin behandelt man mit, da sie sich über den Welpenkot infizieren kann.

Desinfektionsmaßnahmen wirken nicht so effektiv, da schon eine geringgradige Infektion zu hoher Eiausscheidung führt und die Eier in der Umwelt sehr widerstandsfähig sind. Daher sollte man unbedingt den Kot der infizierten Hunde in Plastiktüten beseitigen, um die Infektionskette zu unterbrechen.

Zur Behandlung bekommen die Patienten drei Tage lang Thiabendazol. Die Larven kann man durch Vereisungsmittel abtöten, die auf die betroffenen Hautstellen gesprüht werden.

Wichtig ist die Prophylaxe. Wer seinen Hund zum Baden mitnehmen möchte, sollte seinen Kot regelmäßig untersuchen und ihn, falls nötig, entwurmen lassen.

Halswirbel-Dysplasie

Im Gegensatz zu Ellbogen- und Hüft-Dysplasien, die fast ausschließlich große Hunde treffen, kommt die Dysplasie des zweiten Halswirbels, genauer gesagt des Processus odontoideus des Axis, ausschließlich bei Zwergrassen vor. Bei den betroffenen Hunden erfolgt die Verknöcherung des Wirbelkörpers nicht vollständig, wie das normalerweise mit sechs bis neun Monaten geschieht.

Krankheitsbild: Durch die abnorme Beweglichkeit zwischen erstem und zweitem Halswirbel wird das Rückenmark gequetscht. Daher zeigt der Hund meist schon im ersten Lebensjahr Lähmungserscheinungen. Rund zwei Prozent der Yorkshire Terrier leiden an dieser Störung.

Therapie: Der Tierarzt wird je nach Schwere der Beschwerden konservativ behandeln oder mit einer Operation für Stabilität des Gelenkes sorgen. Die Prognose hängt von der Schwere der Krankheit ab.

Hard Pad Disease

Übersetzt heißt das Hart-Ballen-Krankheit. Im Zuge einer Staupeinfektion mit zentralnervösen Symptomen kann es ab der zweiten Krankheitswoche auch zu Verhornungsstörungen der Ballenhaut und eventuell des Nasenspiegels kommen. (→ **Staupe**)

Harnträufeln (Inkontinenz)

Einige Hunde können den Harn nur im Schlaf nicht halten, andere tröpfeln ständig. Die Ursache kann, aber muss nicht nerval bedingt sein. Die Unterscheidung ist für die Therapie wichtig. Die häufigste Ursache sind Rückenmarksschädigungen (z. B. Dackellähme). So wird beispielsweise eine Blase, die sich nicht vollständig leeren kann, tröpfchenweise überlaufen.

Angeborene Missbildungen können genauso zu Inkontinez führen wie Entzündungen, **Blasensteine** oder Tumore im Blasen- oder Harnröhrenbereich. Bei sehr jungen Hunden ist es meist ein angeborenes Problem, bei erwachsenen Hunden ist sehr häufig eine unzureichende Funktion des Blasenschließmuskels die Ursache.

Dies ist auch bei kastrierten Hündinnen der Fall (→ **Kastration**).

Bisweilen kann auch Übergewicht dazu führen, dass sich die Lage der Blase in der Bauchhöhle verändert. Das kann ebenfalls eine Inkontinenz verursachen. Als Komplikation kann es zur chronischen Blasenentzündung kommen.

Therapie: Wenn nicht, wie bei der Dackellähme oder der Kastration der Hündin, die Ursache naheliegend ist, kann eine umfangreiche Diagnostik erforderlich sein. Wenn es gelingt, die Ursache zu beseitigen, ist die Prognose hinsichtlich eines normalen Harnabsatzes gut; andernfalls leider nicht.

Bei der kastrationsbedingten Inkontinenz kann man versuchen, die Inkontinenz mit Östrogen oder Sympathomimetika wie Ephedrinhydrochlorid oder Phenylpropanolamine in den Griff zu bekommen.

Hausapotheke für den Hund

Im Grunde genügt es, ein Fieberthermometer für den Hund, eine Krallenschere, ein Zeckenentfernungs-Instrument und eine Ohrreinigungslotion zu besitzen sowie die entsprechenden Mittel gegen Würmer, Flöhe und Zecken als Reserve für den nächsten Befall vorrätig zu haben.

Wenn ein Hund spezifische Probleme hat, sollte man auch für diesen Fall das nötige bereitzuhalten, z.B. Reisetabletten oder ein Schlafmittel gegen Silvesterangst. Alles andere wie etwa Verbandsmaterial, nicht brennbares Desinfektionsmittel, Kamillentee, Elektrolytpulver oder Bachblüten-Notfalltropfen kann man bei Bedarf aus der eigenen Hausapotheke bzw. der Küche nehmen. Das empfiehlt sich auch deshalb, weil diese Dinge nur begrenzt haltbar sind.

Bei chronisch kranken Hunden sollte man darüber hinaus natürlich ihre täglichen Medikamente immer vorrätig haben.

Haut

Bei den meisten Hunden sieht man wenig Haut, stattdessen zeigt ein glatt anliegendes, glänzendes Fell, dass die Haut gesund ist. Sie schützt den Körper vielfältig – vor Austrocknung, vor mechanischen, chemischen und thermischen Schäden. Sie bildet darüber hinaus auch eine Barriere gegen das Eindringen von Krankheitserregern.

Über die Hautgefäße können Körpertemperatur und Blutdruck reguliert werden. Das Sekret der Talgdrüsen hält Haar und Haut geschmeidig, die Sinneszellen registrieren Berührungen und Temperaturunterschiede. Die Haut ist ein Spiegel des gesamten Stoffwechsels. Wenn die Haut erkrankt, muss der Tierarzt immer klären, ob wirklich nur die Haut betroffen ist oder ob nicht die Erkrankung eines anderen Organs zu Haut- und Haarveränderungen führt.

Man unterteilt die Haut in drei Schichten, von außen nach innen in Epidermis,

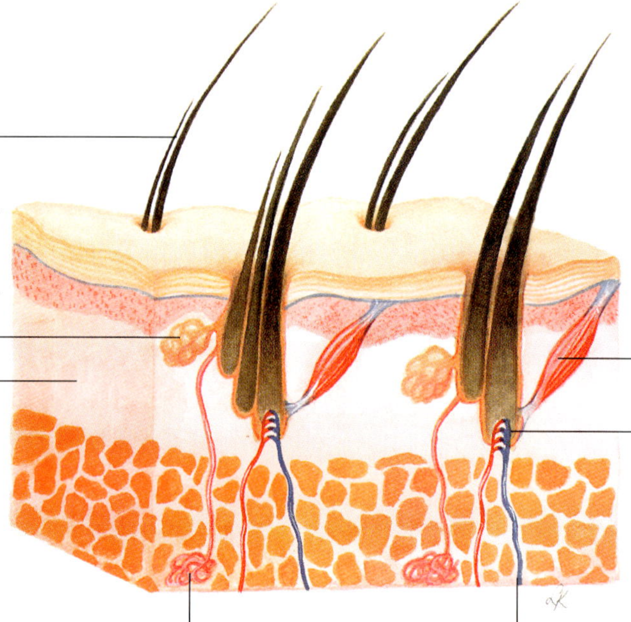

Querschnitt durch die Haut (schematisch).

Dermis und Hypodermis. Die Epidermis wiederum besteht aus drei Schichten, die unter anderem die Zellen zur Verhornung und für die Bildung von Farbstoffen, den Pigmenten enthalten. Nur, wenn Haut und Haare gesund sind, können sie ihre Schutzfunktion erfüllen.

Haare sind Anhangsgebilde der Haut. Dichte, Länge (→ **Haar und Haarwachstum**), Farbe und Struktur der Haare sind genetisch festgelegt. Bei einem Welpen machen die auf Wachstum bemessene Haut, Unterhaut und Behaarung 24 Prozent des Körpergewichtes aus. Mit zunehmendem Alter füllt ein Hund dann sein Fell aus. Beim erwachsenen Tier machen diese Strukturen nur noch zwölf Prozent aus.

Hautbiopsie, Hautgeschabsel

→ Hautuntersuchung

Hautfarbe

Welche Hautfarbe ein Hund hat, hängt mit dem Melaningehalt zusammen. Aber auch andere Farbstoffe spielen eine Rolle. Das Melanin wird in die Hautzellen eingeschleust. Bei hellhäutigen Tieren wird das Pigment abgebaut, bei dunkelhäutigen Hunden nicht. Die gesunde Hautfarbe ist genetisch festgelegt. Jedoch können Krankheiten, Stress oder Stoffwechselstörungen zu Pigmentveränderungen führen.

Hyperpigmentation: Dabei wird die Haut, meist infolge von Hormonstörungen, dunkler → **Acanthosis nigricans, Atopie, Bronzing Syndrome, Demodexmilben, Flohbissallergie, hormonelle Läufigkeitsverhütung**

Hypopigmentation/Depigmentation: Hier hingegen wird die Haut heller. Ursachen können z. B. Verletzungen oder Entzündungen der entsprechenden Stelle sein. Aber Lippen und Nase können sich auch hell verfärben, ohne dass der Tierarzt eine konkrete Ursache finden kann (→ **Nase verfärbt sich**).

Hautpilz

→ Mikrosporie, Krallenpilz

Hautuntersuchung

Der Hautpatient ist immer ein besonderer Patient, für den sich Tierarzt und Besitzer Zeit nehmen müssen. Denn die Haut kann auf ganz verschiedene Schädigungen oder Erkrankungen mit dem gleichen Krankheitsbild reagieren. Sie kann sich röten, sich schuppen, sie kann nässen; alles in allem gibt es nur etwa 20 bis 30 verschiedene Hautreaktionen, auslösende Ursachen hingegen weit über 1000. Und hier liegt die Schwierigkeit der Diagnose und Behandlung.

Auch wenn ein Hund Fellprobleme hat, ist die Haut als Mutterorgan meist mitbetroffen. Und weil Hauterkrankungen sich recht unspezifisch als Flecken, Bläschen, Pusteln oder Schuppen außern oder sich durch Juckreiz bemerkbar machen, führt der Tierarzt neben einer gründlichen Allgemeinuntersuchung, bei der auch eine Blutprobe nötig sein kann, spezielle Hautuntersuchungen durch:

Hautgeschabsel: Mit einer Skalpellklinge schabt der Tierarzt im Bereich einer Hautveränderung, bis es gerade anfängt zu bluten – oberflächlich (z. B. bei Verdacht auf Sarcoptesräude) oder tief (z. B. bei Verdacht auf Demodexmilbenbefall). Das Material gibt der Tierarzt auf einen Objektträger, bereitet es auf und untersucht es unter dem Mikroskop.

Hautbiopsie: Bei dieser Untersuchung stanzt der Tierarzt mit einem Spezialgerät ein Stückchen Haut (in der Regel sechs Millimeter Durchmesser) aus einer oder mehreren erkrankten Stellen. Diese Untersuchung ist nicht besonders schmerzhaft, dennoch wird sie immer unter lokaler Betäubung vorgenommen. In einem Speziallabor können dann alle Hautschichten auf Veränderungen hin untersucht werden.

Intrakutantest: Beim Verdacht auf eine Atopie kann der Tierarzt einen Hauttest durchführen. Wichtig ist es, dass der Hund vier Wochen zuvor keine Kortikosteroide oder Psychopharmaka bekommen hat. Vor dem eigentlichen Test überprüft der Tierarzt mit einer Histaminlösung die Reaktionsbereitschaft des Hundes. Dann markiert er die Injektionsstellen mit einem Spezialstift und injiziert dem Patienten intrakutan einzelne Substanzen, die so genannten Allergene, wie beispielsweise Gräserpollen, Schafwolle oder Hausstaubmilben. Der Hund darf sich an diesen Stellen weder lecken noch kratzen. Nach 15 bis 30 Minuten wird der Test abgelesen. Die Reaktion kann auch verzögert nach 24 oder 48 Stunden auftreten, daher sollte der Hundebesitzer die Injektionsstellen kontrollieren.

Tesa-Abklatsch: Der Tierarzt drückt einen Tesafilmstreifen auf das Fell des Hundes und klebt ihn dann auf einen Objektträger. Unter dem Mikroskop sieht man an der Probe, ob Ektoparasiten auf der Haut bzw. im Fell waren.

Woodsche Lampe: Bei Verdacht auf Pilzbefall verwendet man diese Ultraviolett-Lampe. Die erkrankte Hautstelle wird angeleuchtet. Fluoresziert sie, schimmert also hellgrünlich, besteht der Verdacht, dass der Hund an Mikrosporie leidet.

Da Fehldiagnosen relativ häufig sind, muss der Tierarzt den Pilzverdacht durch eine weitere Untersuchung absichern.

Auszupfen von Haaren: Hier entnimmt man Haare, um den Zustand und das Wachstumsstadium (so genanntes Trichogramm) zu bestimmen. Bei manchen Erkrankungen ist die normale Entwicklung und Alterung des Haares gestört und lässt daher Rückschlüsse auf die Krankheitsursache zu.

Hecheln

Hunde können nicht schwitzen, daher müssen sie überschüssige Hitze abhecheln. Anders als beim Schwitzen (Mensch, Pferd) gehen dabei keine Körpersalze verloren. Das Hecheln verbraucht jedoch relativ viel Energie.

Dazu ein paar Zahlen: Ein Hund kann, während er hechelt, die Zahl der Atemzüge auf 130 bis 400 pro Minute steigern. Das Atemminutenvolumen, also die Luftmenge, die pro Minute eingeatmet wird, kann er von zwei auf 50 bis 75 Liter erhöhen.

Der Hund atmet dabei über die Nase ein und über das Maul wieder aus. Die Verdunstung erfolgt deshalb in erster Linie über die Nasenschleimhaut. Die nötige Flüssigkeit stammt aus den seitlichen Nasendrüsen und den Speicheldrüsen, die beim Hecheln verstärkt Sekret ausscheiden. Dadurch entsteht Verdunstungskälte, und die Hundenase fühlt sich kalt und feucht an. Die Wasserverdunstung kann dabei einen Wert von 200 Gramm pro Stunde erreichen.

Hunde hecheln nicht nur, wenn es ihnen zu warm ist.

Auch Aufregung und Stress äußert sich bei vielen Hunden auf diese Weise.

PS: Es gibt jedoch auch eine ganz einfache Erklärung dafür, wenn Hunde in wohltemperierter Umgebung vor einem liegen und heftig hecheln: Sie müssen dringend hinaus und das kleine Geschäft erledigen.

Heimtierpass

In der Europäischen Union gelten ab 3. Juli 2004 weitgehend einheitliche Regeln für Hunde, die ins Ausland reisen. Sie müssen mit Mikrochip (→) gekennzeichnet sein, bis 2011 werden auch noch Tätowiernummern anerkannt. Jeder Hund muss einen EU-einheitlichen Reisepass mit sich führen, der neben der Identität auch eine gültige Tollwutimpfung nachweist. (Details siehe: http://europe.eu/eur-lex)

Helicobacter

Als Verursacher von Magengeschwüren beim Menschen wurden *Helicobacter pylori* sowie Subspecies wie *Helicobacter feli* bekannt. Sie können auch bei Hunden zu chronischen Magenentzündungen führen.

Krankheitsbild: Die betroffenen Tiere leiden unter immer wiederkehrendem Erbrechen. Daher besteht immer Verdacht auf eine Helicobacter-Infektion, wenn die normale Therapie gegen Erbrechen nicht auf Dauer hilft.

Diagnose: Inzwischen lassen sich die verschiedenen Helicobacter-Spezies im Kot nachweisen (mittels Elisa).

Therapie: Ganz wichtig ist es, dass man die Tabletten wirklich vier bis sechs Wochen täglich gibt. Andernfalls heilt man die Infektion nicht aus und die Tiere fangen wieder an zu erbrechen.

Hepatitis contagiosa canis (H.c.c.)

Die Hepatitis contagiosa canis, eine ansteckende Leberentzündung, ist eine leberschädigende Viruserkrankung und wird vor allem durch den direkten Kontakt sowie den Harn übertragen. Etwa zwei bis zehn Tage nach der Infektion kommt es zur Erkrankung, die recht unterschiedlich verlaufen kann.

Genesene Hunde können noch 200 Tage lang virushaltigen Harn ausscheiden und damit andere Hunde anstecken. Allerdings sind Krankheitsfälle heute selten. Jüngere Tiere erkranken schwerer als alte.

Krankheitsbild: Die Krankheit kann perakut, also sehr schnell, verlaufen und der Tod innerhalb von Stunden bis drei Tagen eintreten. Die Krankheit wird dann häufig nicht erkannt, sondern für eine Vergiftung gehalten.

Für den akuten Verlauf ist Fieberentwicklung typisch. Drei bis sieben Tage hohes Fieber, dann nach einer kurzen fieberfreien Phase kehrt das Fieber zurück, das Allgemeinbefinden verschlechtert sich.

Ungeimpfte Hunde zeigen Apathie, Futterverweigerung, hohes Fieber, Tonsillenschwellung, in einem Drittel der Fälle Erbrechen und blutigen Durchfall, Bauchschmerzen sowie blasse Schleimhäute.

Bei dem subakuten Verlauf erkranken die Hunde etwas milder, aber nach einer scheinbaren Besserung entwickelt sich eine meist einseitige Hornhauttrübung. Nach ein bis zwei Wochen heilt diese jedoch von selbst.

Daneben gibt es aber auch die chronischen Hepatitiden, die sich nur schwer nachweisen lassen. Neben dem klassischen H.c.c.-Erreger wurden und werden noch andere Viren entdeckt, die eine Hepatitis hervorrufen können. Die betroffenen Hunde leiden unter chronischen Fieberintervallen, die sich durch Antibiotika nicht beeinflussen lassen.

Nicht selten waren die Hunde zuvor im südlichen Europa.

Therapie: Die Krankheit hat viele Gesichter und entsprechend unterschiedlich wird der Tierarzt die Therapie gestalten. Da die Viruserkrankung selbst nicht bekämpft werden kann, ist die regelmäßige prophylaktische Impfung unbedingt nötig.

Wenn die Krankheit bereits ausgebrochen ist, können lediglich die Symptome behandelt werden. Anfangs kann der Tierarzt auch ein Immunserum injizieren. Vorsicht ist am Auge geboten, man sollte nur streng nach Anweisung behandeln. Die landläufigen Salben in der Hausapotheke enthalten meist Kortison und können in diesem Fall zu einer bleibenden Trübung führen.

Die chronische Form lässt sich von Fall zu Fall mit entzündungshemmenden, eventuell fiebersenkenden Medikamenten lindern. Wegen möglicher Nebenwirkungen sollte die Therapie nur unter laufender tierärztlicher Kontrolle stattfinden.

Herbstgrasmilben

Die Herbstgrasmilbe, *Neotrombicula autumnalis*, tritt nicht nur im Herbst, sondern auch im Frühjahr und Sommer auf. Die Nymphen und erwachsenen Milben leben in der Erde, nur die Larven befallen den Hund und verursachen heftigen Juckreiz.

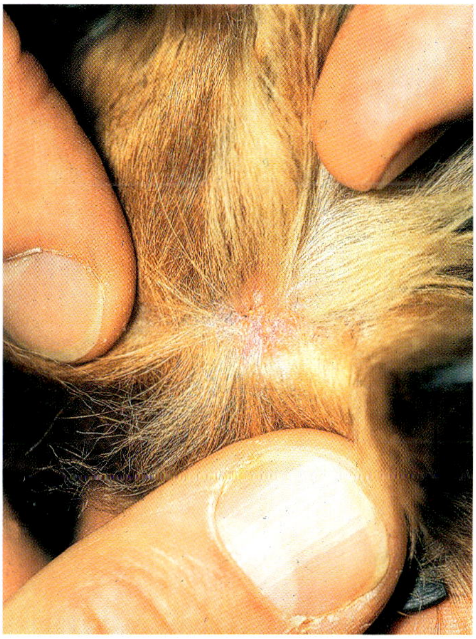

Der Tierarzt scheitelt das Fell. So kann er die Haut genau untersuchen.

Die Larven klettern bis zu 50 Zentimeter an Pflanzen hoch und lassen sich dann – wie Zecken auch – auf ihr Opfer fallen, bevorzugt an dünnhäutigen Körperstellen wie Zwischenzehenspalt, Augen- und Lippengegend, Nasenrücken und Ohrmuscheln. Dort ritzen sie mit ihren Schneidezangen die Haut an, saugen Hautzellen auf und verursachen Rötungen und Juckreiz.

Die gelben bzw. orangeroten Larven sind nüchtern 200 Mikrometer und satt bis zu 500 Mikrometer groß. Nach einer Woche verlassen sie den Wirt und entwickeln sich im Boden zur erwachsenen Milbe.

Krankheitsbild: Das Hauptsymptom ist der Juckreiz. Die Hunde scheuern und kratzen sich ununterbrochen, die Haut wird dick, es entstehen Falten und graue Krusten. Bei massenhaftem *Neotrombicula*-Befall erinnert das Krankheitsbild an die → Sarcoptes-Räude. Die Hautveränderungen beginnen am Kopf; an den Ohrrändern, am Nasenrücken und an den Augenbögen bilden sich Knoten, Pusteln oder Schuppen.

Therapie: In der Regel wäscht man den Hund mit antiparasitären Präparaten wie Hexachlorcyclohexan. Um alle Stadien zu erwischen, muss man den Hund dreimal mit je einer Woche Abstand waschen. Zusätzlich kann man die erkrankten Hautpartien mit Lotionen gegen Juckreiz und Entzündung behandeln.

Allerdings lassen sich Neuinfektionen mit Parasitenhalsbändern nicht ganz vermeiden. Unter Umständen besser scheint eine Spraybehandlung mit dem – für Mensch und Hund ungiftigen – Wirkstoff Fipronil zu wirken. Bei vorschriftsmäßiger Anwendung einmal im Monat bleiben nach einer britischen Studie über 80 Prozent der Hunde milbenfrei.

Fipronilspray ist als apothekenpflichtiges Mittel gegen Zecken und Flöhe auf dem Markt.

Herzerkrankungen

Rund zehn Prozent aller Hunde leiden an Herzerkrankungen, die ein Hundeleben verkürzen können. In erster Linie trifft es

Rassedispositionen für angeborene Herzfehler	
verengte Herzklappen an der großen Lungenarterie: Englische Bulldogge, Chihuahua und Terrier	*operabel*
Verengung der Klappen der Hauptschlagader (Aorta): Deutscher Schäferhund, Neufundländer und Boxer	*nicht operabel*
funktioneller Kurzschluss der Lungen-Hauptschlagader: Pudel, Collie und Zwergspitz	*in 90 % operabel*

Junioren oder Senioren. So kommen Welpen schon mit einem Herzfehler zur Welt, der sich dann früher oder später bemerkbar machen kann, oder das Herz eines alternden Hundes zeigt mehr und mehr Ermüdungserscheinungen.

Angeborene Herzfehler:
Der Tierarzt entdeckt sie meist bei der ersten Impfung, wenn er den Welpen das erste Mal untersucht. Findet er beim Abhören Hinweise auf eine Störung, kann er ein Elektrokardiogramm (EKG) durchführen und so die Verdachtsdiagnose absichern.

Bei Welpen kann eine Verengung der großen Gefäße, eine Aorten- oder Pulmonalstenose, auftreten, eine Verengung der Herzklappen, Löcher zwischen den Scheidewänden der Vorhöfe oder zwischen den Kammern des Herzens. Allerdings hat ein Septum-Defekt bei Hunden meist weniger Bedeutung als beim Menschen, denn er tritt bei Hunden an einer anderen Stelle auf.

Herzprobleme, erworbene

Mit dem neunten Lebensjahr nehmen erworbene Herz- und Gefäßkrankheiten beim Hund zu. Etwa ein Drittel aller Hunde hat in diesem Alter veränderte Herzklappen und eine Erkrankung der Herzmuskulatur. Dennoch brauchen längst nicht alle Hunde eine Behandlung. Diese geschädigten Herzen arbeiten oft jahrelang ausreichend weiter.

Aus diesem Grund weiß der Besitzer meist gar nicht, dass sein Hund herzkrank ist. Wenn sich die Erkrankung bemerkbar macht, ist das ein Zeichen dafür, dass das Herz jetzt (medikamentelle) Hilfe braucht. Kleine Rassen können an einer Veränderung der Atrioventrikularklappen, der Endokardiose, leiden. Große Rassen haben häufig einen durch Überbeanspruchung »ausgeleierten« Herzmuskel, die so genannte Kardiomyopathie.

Krankheitsbild: Die Anzeichen für eine Herzerkrankung sind recht unspezifisch. Die Hunde ermüden schneller, sie haben Atembeschwerden, husten bei Anstrengung oder bekommen blaue Schleimhäute. Nachts sind sie eventuell unruhig und wollen häufiger hinaus, sie verlieren den Appetit und nehmen ab. Altersbedingte Herzschwächen lassen sich medikamentös behandeln.

Diagnose: klinisches Bild, Röntgen, EKG, Ultraschall, um das Ausmaß der Veränderung zu erkennen.

Therapie: Spezielle Medikamente stärken die Herzfunktion und können das Leben des Hundes erleichtern und verlängern.

Im Anfangsstadium bei leichten Symptomen setzt man ACE-Hemmer ein, die das Herz entlasten. Ihr Prinzip ist es, den Blutdruck zu senken und damit auch die Blutmenge, die das Herz bewältigen muss. Sie werden beispielsweise bei der Mitralklappeninsuffizienz eingesetzt, der häufigsten Herzerkrankung bei Hunden.

Zur weiteren Kreislaufentlastung gibt der Tierarzt bisweilen gering dosierte Entwässerungsmedikamente. Falls der Hund auf diese Medikamente nicht anspricht, sollte man eine Ultraschalluntersuchung des Herzens durchführen, nach der Diagnose richtet sich die spezielle Therapie.

Wichtig ist es, sich genau an die Anweisungen des Tierarztes zu halten und das Medikament nicht plötzlich abzusetzen.

Das Herz arbeitet durch Medikamente wieder effektiver, und der Hund wirkt munterer. Trotzdem sollte man ihn schonen, damit er keinen Rückfall erleidet: Bei Anstrengung schafft es das Herz nicht mehr, es sammelt sich wieder Flüssigkeit in Brusthöhle und Bauchraum.

Nebenwirkung der Medikamente: Reagiert der Hund mit Müdigkeit auf die Tabletten, erbricht, hat Durchfall oder frisst nicht mehr, sollte man mit ihm sofort wieder zum Tierarzt gehen. Auch wenn der Hund »eingestellt ist«, sollte man ihn als Besitzer gut beobachten.

Herzschrittmacher

In einigen Fällen kann man auch beim Hund erworbene Herzkrankheiten operieren. Wie beim Menschen auch, führen Herzspezialisten diese Eingriffe durch, assistiert von einem Anästhesisten. So kann man einem Hund, dessen Herz zu langsam, also nur noch 20 bis 40 mal pro Minute schlägt, einen künstlichen Herzschrittmacher einsetzen. Nach Schätzungen bekommen weltweit 30 bis 60 Hunde pro Jahr einen Herzschrittmacher – diese Operation wird also die Ausnahme bleiben.

Herzuntersuchung

Um Anomalien und Funktionsstörungen des Herzens genauer zu erfassen, stehen dem Tierarzt spezielle Untersuchungsmethoden zur Verfügung. Meist reicht es aus, das Hundeherz genau mit dem Stethoskop abzuhören und bei Bedarf ein EKG (→ **Elektrokardiogramm**) anzufertigen.

Den Puls fühlt man bei Hunden an der

H

Arteria femoralis, die am inneren Oberschenkel verläuft. Wie beim Menschen auch überprüft man die Frequenz und Qualität der Pulswellen sowie die Gefäßfüllung. Große Rassen haben eine Pulsfrequenz von 80 bis 100 in der Minute, kleine Rassen von 100 bis 140.

Eine Röntgenaufnahme des Brustkorbs zeigt Größe und Lage des Herzens.

Als weiterführende Untersuchung wird oft eine Ultraschalluntersuchung kombiniert mit einem EKG angeschlossen. Anders als bei der Ultraschalluntersuchung des Bauchraums ist die Herzuntersuchung schwierig und kann nur von Spezialisten durchgeführt werden.

Bei der Angiokardiographie wird dem Hund über den Herzkatheter ein Kontrastmittel in das Herz bzw. die herznahen Gefäße injiziert, das den Gefäßverlauf sichtbar macht. So lassen sich in Spezialkliniken Gefäß- und Klappen-Anomalien darstellen und die Hunde auf eine Herzoperation vorbereiten.

Der Blutdruck ist beim Hund kein so zuverlässiges diagnostisches Mittel wie beim Menschen. Man kann ihn mit der Druckmanschette an der Vordergliedmaße messen.

Herzversagen – Herzinsuffizienz

Von Herzversagen spricht man nur dann, wenn eine Herzerkrankung ins Endstadium tritt. Die Herzleistung reicht trotz Kompensationsversuchen wie Herzvergrößerung oder Mehrleistung nicht mehr aus, um den Körper ausreichend mit sauerstoffreichem Blut zu versorgen. Doch das Herz kann auch plötzlich versagen, beispielsweise wenn es zum Kammerflimmern, einer Rhythmusstörung, kommt.

Der Begriff Herzinsuffizienz besagt, dass das Herz nicht mehr ausreichend arbeitet. Man unterscheidet nach Lage des Problems eine Rechts- und Linksherzinsuffizienz, sowie nach Auftreten eine Ruhe- und eine Belastungsinsuffizienz. Ohne Behandlung führt eine Herzinsuffizienz zum Tod durch Herzversagen.

Herzwurm-Infektion

Die Infektion mit dem Herzwurm (*Dirofilaria immitis*) zählt zu den Reisekrankheiten. Hunde können sich in Mitteleuropa (Italien!), Südosteuropa sowie außereuropäischen Ländern wie den USA infizieren. Vereinzelt findet man diese Infektion auch bei Hunden im süddeutschen Raum, die nachweislich nicht im Ausland waren.

Dabei werden die Larven des Erregers durch Stechmücken übertragen. Die ausgewachsenen Würmer befinden sich im rechten Herzen sowie den großen Gefäßen und führen daher zu Herzproblemen. Die stark befallenen Hunde zeigen Atemnot und Husten infolge der Lungenerkrankung, Ödeme, aber auch unspezifische Störungen wie Müdigkeit und Gewichtsverlust. Es ist sehr wichtig, den Tierarzt auf den Auslandsaufenthalt hinzuweisen.

Diagnose: Der Tierarzt kann die Parasiten im Blutausstrich sehen. Bisweilen sind mehrere Ausstriche nötig. Man kann – ebenfalls mit einer Blutprobe – auch einen immunologischen Test durchführen, der sehr sicher ist, einen so genannten Elisa – 4 bis 5 Monate nach der Infektion.

Therapie: Man kann Medikamente einsetzen, um die Würmer abzutöten. In seltenen Fällen entfernt man diese auch operativ.

Prophylaxe: Hierfür gibt es Tabletten oder Spot-on-Präparate (Wirkstoff Selamectin), um die Larven im Blut abzutöten. Man beginnt mit der Tabletten- bzw. Spot-on-Gabe eine Woche vor der Reise und gibt diese über den gesamten Urlaub in 4-Wochen-Abständen, das letzte Mal vier Wochen nach Ende der Reise. Generell ist vom Verreisen mit Hunden in diese Länder eher abzuraten.

Hinken

Im Gegensatz zu einer Lähmung, bei der die entsprechenden Gliedmaße nicht mehr bewegt werden können, belasten Hunde bei einer Lahmheit nur vorsichtiger. Sie hinken, um das schmerzende Bein zu schonen, und belasten das nicht oder weniger schmerzende Gegenbein. Besteht eine Lahmheit über längere Zeit, kann es auf dem ursprünglich besseren Bein zur Überbeanspruchung kommen.

Wenn Hunde vor allem beim Aufstehen oder nach Ruhephasen lahmen, ist die Ursache häufig eine → **Arthrose**, also der Abbau von Gelenkknochen-Gewebe.

Hinken Hunde nur bei bestimmten Bewegungen, muss man mit einer genauen Untersuchung nach der Ursache suchen. Eventuell hat sich der Hund – vom Besitzer unbemerkt – eine Verletzung zugezogen. Als harmloses Beispiel sei hier eine zu lange oder eingerissene Wolfskralle erwähnt. Bei Berührung quieken die Hunde auf, hinken kurz und lecken dann die Pfote.

Hitze

→ **Läufigkeit**

Hitzschlag

→ **Sonnenstich**

Homöopathie

Statt das Gegenmittel zu wählen, heilt der homöopathisch tätige Tierarzt Ähnliches mit Ähnlichem. Auch in einem zweiten Punkt weicht die Homöopathie von anderen Heilmethoden deutlich ab: je geringer die Dosierung, desto stärker die Wirkung.

Die Zahl hinter dem Namen des homöopathischen Mittels bezeichnet daher den Verdünnungsgrad (D1 = 1:10, D2 = 1:100).

In fast allen Kleintierpraxen werden heute homöopathische Mittel verwendet.

In erster Linie sind dies Kombinationspräparate, z. B. für Erkältung, Durchfall oder Nervosität. Das entspricht nicht der klassischen Homöopathie. Hier sucht der Tierarzt mit Hilfe eines umfassenden Vorberichts nach dem passenden Einzelmittel.

In der Homöopathie behandelt man

nicht die Krankheit, sondern den individuellen Hund. Deshalb wird in diesem Buch auch darauf verzichtet, bei den einzelnen Krankheiten homöopathische Mittel zu empfehlen. Stattdessen sind hier die wichtigsten Typen charakterisiert. Sie verkörpern jeweils ein homöopathisches Mittel und sind in bestimmten Fällen die Grundlage für eine homöopathische Therapie. Nach Barbara Rakow findet man bei Hunden vor allem die zwölf folgenden Konstitutionstypen:

1. Calcium carbonicum Hahnemannii (Austernschalenkalk)

»Gutmütiger Tollpatsch«

Diese Mittel passt zu Welpen und Jungtieren mit großem Kopf und kräftigem Knochenbau, aber mit schwachen Gelenken und Bändern – und zu Tieren, die lange welpenhaft bleiben. Der Zahnwechsel kommt spät, sie behalten lange ihr Welpenfell.

Verhalten: Sie bewegen sich tollpatschig und ungeschickt. Calcium-carbonicum-Tiere sind ruhig und liebebedürftig. Sie suchen Zuwendung, wollen sich anlehnen, sie sind auffallend gutmütig und lassen sich gerade von Kindern einiges gefallen.

Appetit: Die Hunde haben immer guten Appetit. Sie lieben Eier, vertragen jedoch keine Milch.

2. Calcium phosphoricum

»Zarter Unruhegeist«

Auch Calcium phosphoricum ist ein Mittel für Jungtiere. Die Hunde sind schlank, zartgliedrig, gut gewachsen, mit schmalem Kopf und eher frühreif.

Verhalten: Calcium-phosphoricum-Tiere sind verspielt, ängstlich-nervös und bewegen sich gerne. Sie lernen schnell, vergessen aber aus Konzentrationsmangel genauso schnell wieder.

Appetit: Ihr Appetit ist mal besser, mal schlechter. Sie mögen Salziges und Fleisch, aber auffallenderweise keine Haferflocken.

3. Graphites (Graphit)

»Verfressener Faulpelz«

Graphites-Hunde sind fettleibig und brauchen es immer warm.

Verhalten: Sie sind ausgesprochen gutmütig. Hündinnen werden schwach läufig, Rüden sind an Hündinnen kaum interessiert.

Appetit: Sie haben immer Hunger und fressen einfach alles.

Disposition: Sie neigen zu Ekzemen mit Haarausfall und Schuppen sowie zu Verstopfung.

4. Lycopodium (Bärlapp)

»Heikle Naschkatze«

Lycopodium-Tiere sind meist schlank, mager oder abgemagert.

Verhalten: Sie sind häufig recht eigenwillig bis jähzornig und achten streng auf Einhaltung ihrer Gewohnheiten. Sie schlafen unruhig und fahren plötzlich aus dem Schlaf hoch.

Appetit: Sie fressen schlecht und sind heikel. So akzeptieren sie kaum zweimal hintereinander dasselbe. Sie lieben Süßigkeiten wie Kekse, Schokolade, Hundedrops, vertragen jedoch kein Fett (und damit auch nicht alle Süßigkeiten).

Disposition: Leber und Nieren sind ihre Achillesferse. Sie neigen zu Verdauungsstörungen, zu Verstopfung ebenso wie zu Durchfall. Immer wiederkehrende Harnwegsinfekte können ein Hinweis auf Lycopodium sein, aber auch Hauterkrankungen, die in Zusammenhang mit Magen- Darmerkrankungen oder Leber- und Nierenstörungen stehen und zum Gesamtbild passen.

5. Natrium chloratum (Kochsalz)

»Sensibler Eigenbrötler«

Verhalten: Diese eigenwilligen, selbstbewussten, leistungsfähigen Hunde binden sich nur an eine Person. Besonders Rüden brauchen eine feste Hand, sonst beherrschen sie ihren Besitzer.

Sie lassen sich nicht gerne von Fremden anfassen, wollen nicht dauernd gestreichelt werden und zeigen sich aggressiv gegen andere Hunde.

Kummer, wie der Verlust des Besitzers oder eines befreundeten Tieres, das mit ihnen gelebt hat, macht sie krank.

Appetit: Sie lieben salziges Essen, sind sonst aber nicht besonders wählerisch.

Disposition: Sie vertragen in der Regel kein Fertigfutter, bekommen dann Juckreiz, Haarausfall und Schuppen.

6. Nux vomica (Brechnuss)

»Ängstlicher Vielfraß«

Der Nux-vomica-Typ ist mager, manchmal aber auch fettleibig.

Verhalten: Die Hunde sind übererregbar, nervös und reagieren empfindlich auf alle äußeren Reize wie Licht, Berührung, Geräusche und Gerüche wie beispielsweise Tabak. Die Tiere erschrecken, regen sich auf, schreien oder beißen um sich. Sie sind überaus schmerzempfindlich.

Appetit: Sie fressen gerne, und zwar alles, was essbar erscheint, und davon zuviel. Sie bevorzugen ungesundes Essen wie Tischreste. Knochen werden geradezu verschlungen und führen zu Blähungen oder Verstopfung.

Disposition: Nux-vomica-Hunde neigen zu Verdauungsstörungen.

7. Sulfur (Schwefel)

»Selbstbewusster Schmutzfink«

Sulfur-Hunde sind physisch-psychisch ausgesprochen robust. Ihre Haut riecht immer stark nach Hund, sie ist trocken und schuppig. Das Fell ist fettig und filzig.

Verhalten: Diese selbstbewussten Hunde sind gerne im Freien und gehen mitten durch Pfützen und Schlamm.

Appetit: Sie können jederzeit fressen und alles kunterbunt durcheinander.

Disposition: Der Haarwechsel zieht sich bei Sulfur-Hunden immer hin. Sie neigen zu Ekzemen und haben morgens oft Durchfall.

8. Phosphor

»Neugierige Wasserratte«

Meist sind es hochbeinige, schlanke Tiere mit langgezogenem Körper, schmalem Kopf und feinem Haarkleid.

Verhalten: Sie sind sehr lebhaft und äußerst geräusch- und berührungsempfindlich. Sie sind neugierig, haben immer neue Ideen, sie sind kitzlig – besonders an den Pfoten – und unruhig. Sie wollen nicht alleine bleiben, jammern, heulen oder zerlegen das Auto bzw. die Wohnung. Sie haben außerdem große Angst vor Gewitter. Sie lieben Wasser, gehen bei jeder Gelegenheit hinein und spielen, wann immer sie können, mit Wasser (Dusche, Schlauch).

Appetit: Sie essen gerne öfter kleine Happen und bekommen auch nachts Hunger. Sie mögen Salziges, aber keine Haferflocken.

9. Pulsatilla (Küchenschelle)

»Mollige Schmeichelkatze«

Pulsatilla-Hunde sind meist weiblich, gutmütig und freundlich.

Verhalten: Sie wollen ständig gestreichelt werden, brauchen Anlehnung und viel Zuwendung. Die Läufigkeit kommt unregelmäßig, weshalb man manchmal nur schwer mit ihnen züchten kann. Pulsatilla-Mütter kümmern sich jedoch besonders gut um ihre Jungen.

Appetit: Die Hunde trinken auffallend wenig. Sie mögen gerne Süßigkeiten, vertragen sie aber genausowenig wie Kaltes.

Disposition: Sie neigen zum Dickwerden und leiden häufig an Entzündungen der Schleimhäute wie Augen, Scheide, Blase oder Darm.

10. Sepia (Tintenfisch)

»Zickiger Miesepeter«

Sepia ist ein Mittel für ältere Hündinnen mit schwachem Bindegewebe und Hängegesäuge.

Verhalten: Sepia-Hündinnen sind innerhalb einer Gruppe meist dominant und auch aggressiv gegen andere Tiere, um ihre Stellung zu behaupten.

Disposition: Das Fell ist oft struppig und dünn, besonders am Rücken. Sie neigen zu Verstopfung.

11. Silicea (Kieselsäure)

»Anlehnungsbedürftiges Pflänzchen«

Zarte, zierliche Hunde mit dünner Haut, schwachen Gelenken und Bändern sind typisch für Silicea.

Verhalten: Silicea-Hunde haben wenig Selbstbewusstsein, brauchen Anlehnung und Halt. Sie sind ängstlich, nervös und geben leicht nach.

Disposition: Ihre Haut entzündet sich bei Verletzungen leicht, eitert dann und heilt schlecht. Junghunde scheinen im Wachstum stillzustehen, sie neigen zu immer wiederkehrenden Infektionen.

12. Thuja (Lebensbaum)

»Bescheidener Lebenskünstler«

Thuja-Hunde sind meist älter und haben

eine dunkel pigmentierte, oft schmierige Haut. Es gibt den eher schlanken und den eher aufgeschwemmten Typ. Ihr Schweiß kann nach Knoblauch riechen.

Verhalten: Sie sind gutmütig und passen sich daher leicht an. Sie lieben es warm und meiden Kälte und Nässe. Sie bewegen sich gerne.

Disposition: Sie neigen zu Verstopfung, wenn sie nicht genug Bewegung haben. Außerdem haben sie häufig hartnäckige oder wiederkehrende Ekzeme besonders an Augen, Ohren, Lefzen und After, aber auch an den Beinen und Pfoten. Man findet bei ihnen fast immer Warzen.

Hörgerät

Was als Alters-Schwerhörigkeit bezeichnet wird, ist in Wirklichkeit die Folge von Schadeinwirkung: Das Gehör lässt deshalb nach, weil übermäßiger Lärm die feinen Nervenzellen des Ohres unwiederbringlich zerstört hat. Den Grad der Schädigung zeigt der → **Hörtest**.

Wegen der beachtlichen Kosten bleibt die Anpassung eines Hörgerätes jedoch ein Einzelfall. So haben 1995 ein Hörgeräteakustiker sowie Tierärzte der Tierärztlichen Hochschule Hannover ein Hörgerät für einen Beagle entwickelt. Dazu muss man das für Menschen konzipierte Hörgerät auf hundefreundliche 90 Dezibel begrenzen. Die Computersteuerung sorgt dafür, dass leise Geräusche verstärkt und laute abgeschwächt werden.

Hörtest

Meist merken es die Besitzer sehr schnell, wenn ihr Hund nichts hört. Ob ein Tier jedoch einfach schwerhörig oder nur auf einem Ohr taub ist, kann man mit dem üblichen »in die Hände klatschen«-Test nicht feststellen. Daher haben Tierärzte der Tierärztlichen Hochschule Hannover zusammen mit Humanmedizinern von der HNO-Universitätsklinik einen Hunde-Hör-Test entwickelt. Test-Kandidaten waren 38 Teckel aus einer Zucht mit → **Merle-Faktor**, der Anlage für weiße Scheckung, die oft mit der Anlage für Hör- und Sehschäden vererbt wird.

In einem Verhaltenstest wurde zuerst die Hörschwelle ermittelt: In einer schallisolierten Kammer kamen wechselnd aus zwei Lautsprechern in Hundekopf-Höhe bestimmte Signale mit 10 bis 90 Dezibel bzw. 30 bis 20 000 Hertz. Jeder Hund musste sich also eindeutig bewegen, wenn er der Schallursache auf den Grund gehen wollte.

Danach führten Ärzte der HNO-Klinik einen Hörtest mit der so genannten »Electric Response Audiometrie« durch. Diese Methode wendet man vor allem bei Kleinkindern an. Dabei messen Nadelelektroden an Stirn und Ohrmuschel (Warzenfortsatz) Potenzialschwankungen im Stammhirn, die durch den Hörvorgang entstehen.

Während normale Teckel auf beiden Ohren gleich gut ab 10 bis 20 Dezibel hören, liegt die Hörschwelle von Tigerteckeln weitaus höher bis hin zu 90 Dezibel.

Bei Merle-Teckeln zeigten sich auch deutliche Unterschiede zwischen linkem und rechtem Ohr. Mit diesen Untersuchungen konnte gezeigt werden, dass schon der einfache Merle-Faktor, also nur von einem Elternteil, zu Hörverlusten führt.

Routinemäßig wird der Hörtest bisher nur bei Dalmatinern durchgeführt. Die nötigen Testgeräte gehen auf Tournee von Ohrentierarzt zu Ohrentierarzt, so dass die Hundebesitzer keine langen Anfahrtswege in Kauf nehmen müssen.

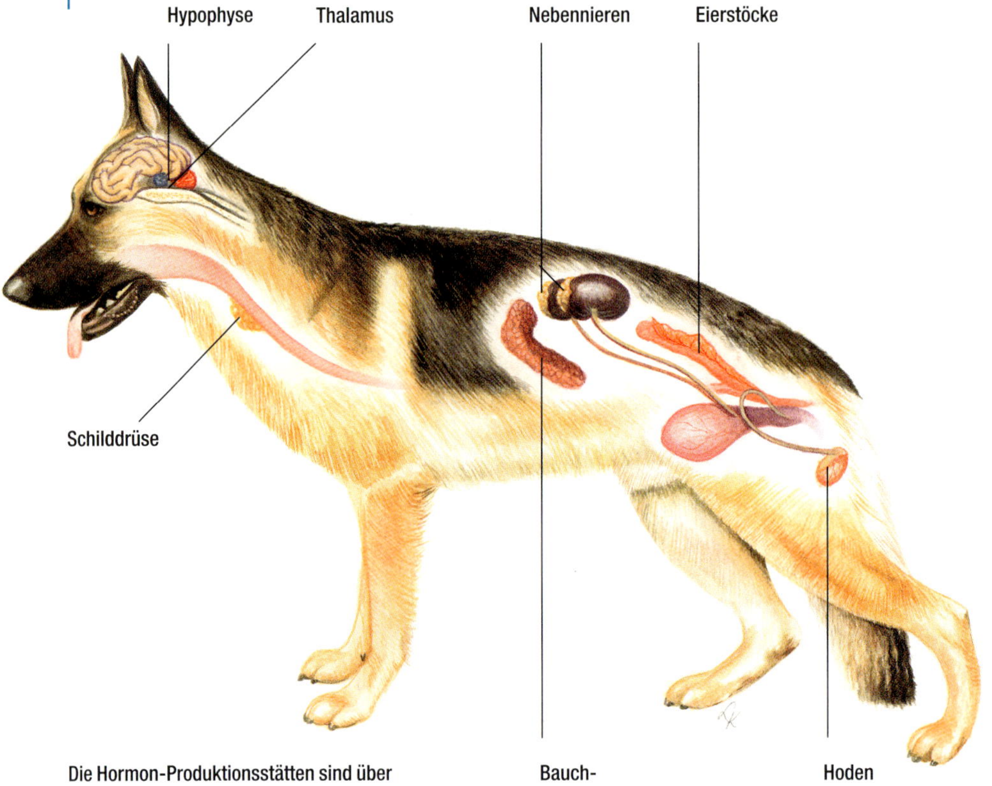

Die Hormon-Produktionsstätten sind über den Körper verteilt, die Schaltzentrale sitzt im Gehirn.

Hormone

Hormone sind die chemischen Boten im Organismus. Zusammen mit dem vegetativen Nervensystem steuern sie alle Stoffwechselvorgänge. Sie beeinflussen die Entwicklung und die Emotionen eines Hundes.

Sie sorgen zudem dafür, dass ein junger Hund wächst, dass eine Hündin läufig wird, dass die Nieren mehr Wasser oder mehr Natrium zurückbehalten, oder sie veranlassen, dass der Hund Hunger bekommt.

Die verschiedenen Hormone werden von speziellen Drüsen produziert und gelangen bei Bedarf über den Blutkreislauf an ihre Wirkungsorte. Bereits ganz geringe Mengen im Bereich von 10–11 bis 10–12 Mol/Liter genügen. Über Rückkoppelung sind Produktions- und Wirkungsort eines Hormones miteinander verbunden, so dass der Hormonhaushalt unter Kontrolle bleibt. Klappt dieser Regelmechanismus an einer Stelle nicht mehr, gerät der Stoffwechsel aus den Fugen.

Die Schilddrüse produziert z. B. die Hormone Thyroxin und Thyreoglobulin, die das Wachstum und den Ruhestoffwechsel regulieren, sowie Calcitonin, das von anderen Zellen der Schilddrüse gebildet wird und den Kalzium-Spiegel im Blut senkt.

Die Geschlechtshormone sorgen noch vor der Geburt und während der Erlangung der Geschlechtsreife für die Ausprägung der Geschlechtsmerkmale.

Der Eierstock der Hündin produziert Östrogen, das die Läufigkeit auslöst, sowie Progesteron, das für die Einnistung der Eizelle in der Gebärmutter und die Aufrechterhaltung der Trächtigkeit sorgt.

Die Hoden produzieren Androgene, speziell Testosteron. Androgene haben neben der Wirkung auf das Sexualleben auch Einfluss auf den Eiweißstoffwechsel, das Wachstum und die Skelettbildung. Auch die Eierstöcke produzieren in geringem Maße Androgene. Die Steuerung der Sexualhormone läuft über die Zentrale (Hypophyse-Hypothalamus).

Hüftgelenksdysplasie (HD)

Die Hüftgelenksdysplasie, kurz HD, ist die bekannteste Erkrankung aus der Gruppe der Dysplasien (Fehlentwicklungen). Hochgradige HD bedeutet, dass die Hüfte nicht zum reibungsfreien Kugelgelenk verknöchert. Verschiedene Fehlentwicklungen können die Ursache sein:

Die Hüftpfanne ist zu flach, der Oberschenkelkopf ist zu klein oder er ist nicht rund. Folglich passen die beiden Knochen nicht mehr optimal ineinander. Schmerzen bereitet dies aber erst, wenn es zur Kapsel- oder Gelenksentzündung, der Arthrose kommt. Die Hunde stehen nur noch schwer auf und lahmen beim Laufen.

Wie bei der → **Ellbogendysplasie** spielen so genannte Rassedispositionen hier eine Rolle. Daher tragen Züchter eine große Verantwortung. Die Diagnose wird durch eine Röntgenaufnahme gestellt, zu der man den Hund in Narkose legt. Er muss auf dem Rücken liegen, die Hinterbeine gestreckt.

Internationale Klassifikation		Österreich
A1 A2	HD-frei für HD	kein Hinweis für HD
B1 B2	Übergangsform	Minimalform
C1 C2	leichte HD	geringgradige HD
D1 D2	Mittlere HD	mittelgradige HD
E1 E2	Schwere HD	hochgradige HD

Meist leiden großwüchsige Hunderassen an Hüftgelenks-Dysplasie. Das liegt daran, dass sie eine längere Wachstumsphase und eine höhere Wachstumsintensität haben als kleine Rassen. Die Knochen müssen gleichzeitig größer und tragfähiger werden.

Bei kleinen Rassen beginnen die nötigen Stabilisierungsumbauten früher als bei den großen. Daher müssen bei den Großen noch nicht richtig stabile Knochen ein enormes Gewicht aushalten.

Das führt nicht selten zu Fehl- oder Überlastung. Die Folge sind dann Fehlbildungen oder Schädigungen des Knochensytems. Besonders kritisch ist die Zeit des intensiven Knochenwachstums während des dritten, vierten und fünften Monats.

Nahezu 40 bis 60 Prozent der HD-Erkrankung sind erblich bedingt. Ein Übermaß an Gewicht und Bewegung tun das Übrige. Daher sollte man als Besitzer unbedingt auf folgende zwei Punkte achten:

Schlanke Junghunde haben bessere Chancen, gesund groß zu werden. Das Futter darf nicht zu energie- und proteinreich sein.

Die Gabe an Vitaminen und Mineralstoffen sollte genau dem Bedarf angepasst werden. Mit Fertigfutter für Welpen bzw. wachsende Hunde geht man auf Nummer sicher.

Außerdem brauchen wachsende Hunde nur in Maßen Bewegung. Viele Hundebesitzer meinen, je länger der Spaziergang, desto schöner für den Hund. Doch für den wachsenden Junghund gilt das keinesfalls.

Im Gegenteil, zu große Belastung führt zu einer bleibenden Skelettschädigung. Mehrere Kurzspaziergänge, möglichst auf weichen Wegen, entsprechen dem natürlichen Bewegungsbedürfnis junger Hunde weit mehr. Dabei stehen Spielen und das Erkunden der Umgebung im Vordergrund. Als Besitzer sollte man sich auf längere Rumstehperioden einstellen. Solange man den Kleinen tragen kann, sollte man ihm das Treppauf und -ab ersparen. Sprünge sind ebenfalls nichts für Junghunde. Schoßhöhe kann genügen, dass sich ein Welpe beim Landen ein Bein bricht.

Kein Hund kommt mit Hüftgelenksdysplasie auf die Welt! Alle Hunde starten mit gesunden Hüftgelenken. Es sind Wachstumsstörungen, die zu Problemen führen können. Die Hunde lahmen, und zwar unterschiedlich stark, je nach dem Grad der Schädigung.

Prophylaxe: Man sollte nur mit HD-freien Hunden weiterzüchten, da zumindest die Veranlagung zur HD vererbt wird. Diese Maßnahme hat in der Vergangenheit bereits deutliche Erfolge gezeigt. Im Jahr 1968 waren nur 10 Prozent der Schäferhunde HD-frei, 25 Jahre später waren es schon 53 Prozent.

Therapie: Eine konservative Therapie bei Wachstumsstörungen und Fehlentwicklungen mit Futterergänzungsmitteln, welche die Regeneration von Knorpel, Sehnen, Bändern und Gelenkkapseln fördert.

Operationen: Bei jungen Hunden kann es genügen, einen Beckenmuskel (Musculus pectineus) beidseits zu entfernen. Diese relativ einfache Operation kann lebenslänglich wirken, oft hilft sie aber nur für eine gewisse Zeit.

Dann entscheidet das Röntgenbild: Ist der Knochen noch nicht durch Arthrose geschädigt, kann man die Knochenstellung (→ **Osteotomie**) in einer Operation korrigieren. Eine sichere Voraussage, ob und wie lange der Hund nach einer Operation schmerzfrei sein wird, lässt sich nicht immer treffen. Auch kann nicht jede Operation den Krankheitsverlauf stoppen.

Wenn jedoch arthrotische Veränderungen vorliegen, wird der Tierarzt zu einer Endoprothese raten. Nach erfolgreicher Operation können Hunde mit Endoprothese in 90 Prozent der Fälle beschwerdefrei laufen, was man bei einer Osteotomie nicht mit so großer Sicherheit prognostizieren kann.

Da beide Operationen etwa gleich viel kosten, empfehlen Experten im Zweifelsfall immer die Prothese.

Als letzte Möglichkeit kann man den veränderten Oberschenkelkopf in einer Operation entfernen. Anschließend bildet sich ein Scheingelenk aus elastischem Bindegewebe.

→ **Athrodese, Athroplastik, Arthritis, Arthrose, Gelenkrevision, Myotomie, Osteotomie**

Die so genannte konservative Behandlung mit schmerzlindernden und entzündungshemmenden Medikamenten befriedigt auf Dauer nicht. Doch bei älteren Tieren versucht man auf diesem Wege, eine Operation zu umgehen. Unterstützend sollten übergewichtige Hunde abnehmen.

Ergänzungsfuttermittel mit Chondroitinsulfat oder Glykosaminoglykanen unterstützen den Stoffwechsel des Gelenks und beugen einer erhöhten Knorpelabnutzung vor.

Vor/nach der Operation: Vor jeder Operation erfolgt eine genaue Untersuchung (z. B. Herz-Kreislauf und Labor), um Probleme bei der Narkose zu vermeiden. Darüber hinaus wird man den Hund vor einer Hüftoperation auch neurologisch untersuchen sowie seine Wirbelsäule röntgen.

In der Regel operiert man die schlechtere Hüfte zuerst. Ist diese nach einer mehrwöchigen Ruhepause wieder belastbar, folgt die andere. Nicht selten erübrigt sich die zweite Operation, da der Hund bereits problemfrei geht. Nach dem Einsetzen einer Endoprothese könnte der Hund sofort gut laufen.

Dennoch schont man ihn normalerweise, falls der Tierarzt nichts anderes rät: Die ersten zehn Tage sollte der Hund strikt Ruhe geben und anschließend sechs Wochen an der Leine bleiben. Man beginnt mit zweimal einer halben Stunde Bewegung und steigert die Belastung allmählich, um die Muskulatur wieder aufzubauen.

Wenn ein Hund an der Hüfte operiert werden muss, wird der Haustierarzt ihn eventuell an eine nahegelegene private oder Universitäts-Tierklinik überweisen. Die Adressen der deutschsprachigen Universitäts-Tierkliniken finden Sie im Anhang.

Hundeklo: Wie gewöhnt man einen Hund an die Toilette?

Bei alten oder länger kranken Tieren, die nicht so gut Treppen steigen können, aber nachts öfter hinaus müssen, kann es hilfreich sein, sie zusätzlich an ein »Katzenklo« – es muss der Größe des Hundes entsprechen – zu gewöhnen. Dann können sie sich jederzeit erleichtern.

Falls man einen Balkon hat, geht es relativ gut. Ein nach Urin riechendes Grasbüschel oder etwas Erde machen es dem Hund leichter. Steht das »Katzenklo« im Bad, wird es eine Übergangszeit brauchen, da der Hund gelernt hat, stubenrein zu sein.

Am ehesten erreicht man etwas, wenn man die mit Zeitung oder Zellstoff ausgelegte Klokiste zum Spazierengehen mitnimmt und dem Hund im geeigneten Augenblick unterschiebt. Zielt er richtig, muss man ihn entsprechend loben und kann dies mit einem Kommando wie »Schnellschnell« verknüpfen. Hat sich der Hund an die Kiste gewöhnt, kann man sie allmählich an eine andere Stelle versetzen. Das Kommandowort gibt dem Hund die Sicherheit, dass er sich wirklich erleichtern darf. Wenn es sehr dringend ist, bleiben auch potente Rüden dazu in der Hocke.

In der Wohnung legt man etwas von der schon benutzten Zeitung in die Kiste, als zusätzlicher Wegweiser und als Stimulanz für den Hund. Die Spaziergänge darf und kann das nicht ersetzen, aber es kann schwierige Zeiten für Mensch und Hund erleichtern.

Für Durchfallpatienten müsste die Kiste sehr groß sein, da Hunde sich vor dem Geschäft im Kreis drehen, um eine Kuhle in das imaginäre Gras zu treten.

Husten

Husten oder Hustenreiz können die unterschiedlichsten Ursachen haben. Am häufigsten sind dies:

1. Infektionen
2. Allergie
3. Herzerkrankung
4. Kollaps der Luftröhre bei kleinen Hunden

5. Vergrößerung der Schilddrüse (Tumor)
6. Fremdkörper

Wenn Husten in den Wintermonaten verstärkt auftritt, kann er durch eine entzündliche Reizung oder eine Erkältung der Bronchien hervorgerufen werden.

Bei Hunden kleiner Rassen wird der Husten sehr häufig auch durch eine Entzündung und Schwellung der Rachenmandeln (Tonsillitis) oder eine Entzündung des Kehlkopfes (Laryngitis) ausgelöst. Vor allem Yorkshire Terrier und Zwergpudel können manchmal einen asthmaähnlichen Hustenreiz bekommen, dessen Ursache man nicht immer abklären kann. Auch Erkrankungen der Schilddrüse kommen als Ursache für ständiges Husten oder Hüsteln in Frage.

Bei Hunden großer Rassen können Veränderungen der Luftröhre einen Hustenreiz hervorrufen. Herzerweiterungen oder Veränderungen an den Herzklappen können zu einem »Lungenstau«, einem Lungenödem mit Husten-Symptomen führen. Die Therapie richtet sich nach dem Grundleiden.

→ **Angina, Borreliose, Bronchitis, Herzerkrankungen, Herzwurm-Infektion,** Schilddrüse: **Kropf, Spulwürmer, Zwingerhusten**

Hydrotherapie

(hydros griechisch für Wasser)

Die äußere Anwendung von Wasser bewirkt Kälte- bzw. Wärmereize, je nachdem, ob die Wassertemperatur unter 15 oder über 20 °C liegt. Kälte führt dazu, dass sich die Blutgefäße vorübergehend zusammenziehen, das steigert den Blutdruck; Wärme wirkt genau entgegengesetzt.

Beim Hund setzt man Bäder nur zur Reinigung bzw. zur Behandlung von Hauterkrankungen ein.

Kalte Umschläge wendet man bei Fieber und Hitzschlag an, um den Hund abzukühlen, aber auch bei Unfall- oder Bissverletzungen beispielsweise, um Blutergüsse und Sickerblutungen zu verhindern. Dazu taucht man ein Leinenhandtuch in eiskaltes Wasser, wringt es nur leicht aus und legt es auf Stirn und Nacken bzw. die verletzte Stelle.

Warme Umschläge (Prießnitz-Umschläge) helfen bei Rachen-, Hals- und Lungenentzündungen sowie bei Bauchschmerzen. Man taucht ein Leinenhandtuch in kaltes Wasser, drückt es kurz aus und legt es fest um die zu behandelnde Köperregion. Darüber wickelt man einen Wollschal, der breiter als das Handtuch sein soll. Nach dem anfänglichen Kältereiz kommt es unter dem Schal zum Wärmestau.

Man kann den Umschlag bis zu dreimal am Tag anlegen, der Hund sollte jedoch in einem warmen Raum bleiben.

Hygiene

Nicht nur die medizinischen Maßnahmen wie regelmäßiges Impfen und Entwurmen, sondern auch die alltägliche Pflege tragen zur Gesundheit des Hundes bei.

Näpfe: Futter und Wasser sollte man in getrennten Näpfen anbieten, die möglichst spülmaschinenfest und standsicher sind. Leben mehrere Tiere im Haushalt, sollte jedes seine eigenen, gekennzeichneten Näpfe besitzen. Der Wassernapf wird vor dem Füllen gereinigt, der Futternapf nach dem Fressen. Feuchtfutter-Reste sollten nach einer halben Stunde weggeworfen oder gekühlt aufbewahrt werden. Auch der Standort der Näpfe sollte leicht zu wischen sein.

Fell: Beim täglichen Bürsten und Kämmen sollte man den Hund immer gleich auf Ektoparasiten, Haarausfall und Hautveränderungen hin untersuchen. Da das Bürsten einen wichtigen Part im Mensch-Hund-Kontakt spielen kann, sollte man ruhig auch einen kurzhaarigen Hund mit einer weichen Bürste oder einem Massagehandschuh verwöhnen.

Ohren, Zähne und Augen: Man kontrolliert sie regelmäßig und reinigt sie dann nach Bedarf.

Liegeplatz: Korb oder Decke sollten regelmäßig gereinigt werden. Ideal sind abwischbare oder waschbare Körbe und Matten sowie Decken, die bei 60 oder 90 Grad gewaschen werden können.

Hypersexualität

Unter Hypersexualität versteht man beim Rüden auffälliges, unangebrachtes Sexualverhalten, das den Besitzer stört. Die Abgrenzung zum normalen Verhalten ist dabei nicht leicht. Schon Welpen zeigen im Spiel das für das Paarungsverhalten typische Aufreiten. Mit Ende des dritten Lebensmonates nehmen die spielerischen Übungen des Paarungsverhaltens zu. Die jungen Rüden lernen mit dem Erwachsenwerden, dass in der Regel nur läufige Hündinnen dieses Verhalten dulden.

Allerdings wehren sich auch rangniedere Tiere nicht gegen einen aufspringenden Hund – Rüde wie Hündin. Dieses Aufreiten gehört zum Imponiergehabe eines sehr selbstbewussten Tieres. Das kann genausogut eine dominate Hündin wie ein Rüde sein.

Hypersexuelle Rüden versuchen, wahllos jeden Hund zu besteigen. Daneben bespringen sie auch andere ungeeignete Objekte wie Stühle, Menschenbeine und Sofakissen. Wenn also ein Rüde die Menschen seiner Familie bespringt, sollte man darauf achten, dass man selbst der Ranghöhere bleibt. Sonst hält er sich früher oder später für den Rudelführer, was sicher Probleme geben wird.

Behandlung: Als erstes sollte man es – eventuell mit Hilfe eines erfahrenen Hundeausbilders – mit Erziehungsmaßnahmen versuchen. Hilft das nichts, kann man sich mit dem Tierarzt über eine Kastration unterhalten. Gerade bei der Hypersexualität wirkt sich eine Kastration recht verlässlich (80 bis 90 Prozent) aus.

Origanum vulgare D30: Rüden-Besitzer können dem Tier den Liebeskummer ersparen, wenn sie ihm an den interessanten Tagen der Nachbarhündin ca. sechs Tage lang täglich eine Tablette Origanum vulgare D30 verabreichen.

Hypokalzämie

Bei läufigen Hündinnen, aber auch in der Vorgeburts- oder Nachgeburts-Periode,kann es zu einem erniedrigten Blutkalziumspiegel, der Hypokalzämie, kommen. Die Hündinnen zeigen Krämpfe, die mit dem Bild der Epilepsie verwechselt werden können.

Anfallsverlauf: Meist tritt nur ein Anfall auf, selten wiederholt er sich zwei- bis dreimal im Abstand von einigen Wochen. Er kündigt sich bereits Stunden vorher durch Nervosität und Unruhe an. Im Gegensatz zu den epileptiformen Anfällen sind diese Krämpfe wirklich, sehr intensiv und dauern auch erheblich länger.

Diagnose: Der Tierarzt sollte das Blutkalzium während des Anfalls bestimmen, um dann die optimale Kalziummenge zu verabreichen.

Hypophyse

Die Hypophyse ist den meisten endokrinen Organen übergeordnet. Ihre Sekrete veranlassen untergeordnete Drüsen, nun ihrerseits Hormone zu produzieren und auszuschütten.

Die Hypophyse heißt auch Gehirnanhangsdrüse, da sie an der Basis des Zwischenhirns sitzt. Die Gehirnanhangsdrüse ist zweigeteilt: Der so genannte Vorderlappen (HVL) oder die Adenohypophyse produziert mehrere Hormone, wie der Kasten rechts zeigt. Der Vorderlappen steht in der Stoffwechselhierarchie oben, seine Hormone (mit der Endung -trop) veranlassen meist die Produktion anderer Hormone.

Störungen der Hypophysenfunktion sind sehr selten. Bei einer Überfunktion, beispielsweise durch einen Tumor, wird zu viel Wachstumshormon produziert.

Hypophysenhormone:

Hypophysenvorderlappen:

- *Gonadotrope Hormone:*

a) Das follikelstimulierende Hormon fördert das Wachstum von Eierstöcken und Hoden, es regt die Hormonbildung im Eierstock an.

b) Das Luteinisierungshormon regt die Gelbkörperbildung im Eierstock an.

c) Das Prolactin reguliert die Milchbildung der säugenden Hündin und erhält die Funktion des Gelbkörpers im Eierstock.

- *Adrenokortikotropes Hormon (ACTH)* fördert das Wachstum der Nebennierenrinde und die Produktion ihrer Hormone.
- *Thyreotropes Hormon (TSH)* fördert das Wachstum der Schilddrüse und die Produktion der Schilddrüsenhormone
- *Somatotropes Hormon (STH)* fördert das Wachstum und die Knochenentwicklung

Hypophysenhinterlappen:

- *Oxytocin* bewirkt die Kontraktion der Gebärmutter-Muskulatur
- *Vasopressin* greift in Elektrolythaushalt ein. Wasser wird verstärkt rückresorbiert, Kochsalz hingegen vermehrt ausgeschieden.

Solche Hunde können übergroß werden und zusätzlich an einer Reihe anderer Störungen, wie Fettsucht, Hautfaltenbildung oder Diabetes mellitus leiden.

Der Hinterlappen (HHL) speichert zwei Hormone aus dem Hypothalamus und gibt sie als Reaktion auf Nervenimpulse frei.

Hyposensibilisierung

Bei einer atopischen Dermatitis (→ **Atopie**) kann man eine Hyposensibilisierung vornehmen. Der Effekt beruht darauf, dass der Körper mit dem auslösenden Allergen in anderer Weise in Berührung kommt. Statt durch den Hautkontakt wird das Allergen nun in die Haut gespritzt und verändert dadurch die Reaktion der Körperabwehr. (→ **Immuntherapie**)

Hypothalamus

Diese Region liegt unterhalb des Sehhügels im Zwischenhirn. Diese übergeordnete Schaltzentrale steuert die Wärmeregulation, den Wach-Schlafrhythmus, Blutdruck und Atemregulation, die Nahrungsaufnahme über Hunger- und Sättigungszentrum, Fettstoffwechsel, Wasserhaushalt sowie die Sexualfunktion.

Im Hypothalamus werden die Hormone ADH (siehe Diabetes insipidus) und bei Bedarf Oxytocin (Einsetzen der Wehen sowie Einschießen der Milch) gebildet, außerdem Steuerungshormone für die Hypophyse: hormonale Hemm- und Freisetzungsbefehle.

I

Ileus

→ Darmverschluss

Immunität

Unter Immunität versteht man einen angeborenen oder erworbenen Schutz gegen eine oder mehrere Infektionskrankheiten. Den ersten Schutz vor Krankheiten bekommt ein Welpe noch im Mutterleib. Den zweiten Schub Abwehrstoffe holt er sich beim Trinken des Kolostrums, der ersten Muttermilch. Die Wirkung dieser mütterlichen Antikörper hält mehrere Wochen bis zu sechs Monaten an. Erst wenn dieser Effekt nachlässt, ist es sinnvoll, einen Welpen aktiv zu impfen.

Man kann diesen mütterlichen Schutz noch verbessern, indem man die Hündin impft – z. B. gegen Parvovirose und Zwingerhusten (siehe Muttertier-Impfung).

Immunologische Lücke

Dieser Begriff benennt eine kurze Zeit, in der ein Welpe nicht ausreichend gegen Infektionskrankheiten geschützt ist. Nach der Geburt trinken die Welpen das so genannte Kolostrum, die besonders Abwehrstoffreiche Biestmilch. Hormonell gesteuert nimmt der Gehalt an Abwehrstoffen in der Milch allmählich ab. Der exakte Zeitpunkt, wann die Milch keine Antikörper mehr in nennenswertem Maße enthält, ist individuell verschieden.

Daher kann man nur schätzen, wann die erste Impfung stattfinden sollte. Impft man zu spät, bleibt der Welpe ungeschützt. Eine zu frühe Impfung dagegen wirkt nicht oder nicht so gut, denn solange der Welpe noch mütterliche Antikörper im Blut hat, wird sein Immunsystem nicht ausreichend auf den Impfstoff reagieren. Die Antikörper fangen das Impfvirus ab. Der Welpe bildet keine eigenen Antikörper.

Deshalb wäre eine zu frühe aktive Impfung umsonst. Aktiv heißt sie deshalb, weil der Welpe selber die spezifischen Abwehrkörper gegen die Krankheitserreger im Impfstoff entwickelt. Der Impfstoff enthält einen abgeschwächten oder abgetöteten Erreger, der zwar zur Immunantwort (= Bildung von Antikörpern), aber nicht zur Erkrankung führt.

Immuntherapie

Die Immuntherapie (ITH), wie man die Hyposensibilisierung heute bezeichnet, wird bei Hunden angewandt, die an Atopie (→ **Allergie**) leiden. Für jeden Patienten wird im Labor eine individuelle Allergenlösung hergestellt, verdünnt und für den behandelnden Tierarzt in Ampullen abgefüllt. In der Regel erhält der Hund die ersten fünf Tage täglich eine Injektion, danach einmal die Woche. Die Therapie sollte über mindestens ein Jahr durchgeführt werden.

Durch die ITH wird die Immunreaktion unterdrückt und die Allergieneigung geht zurück. Die Erfolgsquote liegt bei Hunden im Alter von ein bis acht Jahren bei 74 Prozent Hunde, die länger als fünf Jahre an einer Allergie leiden, sowie ältere Hunde sprechen schlechter auf diese Therapie an.

Unterstützend wirken Ergänzungsfuttermittel, die essenzielle Fettsäuren, Kieselsäure und Hefe enthalten.

Impfung

Wenn das Immunsystem des Welpen beginnt, selbst Abwehrstoffe zu bilden, kann der Welpe zum ersten Mal erfolgreich geimpft werden. Die mütterlichen Antikörper schützen gegen alle Infektionserreger, mit denen die Hündin in Berührung gekommen bzw. gegen die sie geimpft worden ist.

Die Impfung hingegen kann dem Welpen nur einige, besonders gefährliche Erkrankungen ersparen, die anderen Krankheiten muss er im Lauf der Zeit selbst durchmachen bzw. sie erfolgreich bekämpfen.

Ein geimpfter Hund wird daher auch mit anderen Infektionen, gegen die er nicht geimpft ist, leichter fertig als ein ungeimpfter.

Die Sorge vieler Hundebesitzer, die Impfung könnte einen geschwächten Hund überfordern, ist also falsch. Ganz im Gegenteil, gerade anfällige Tiere können durch die regelmäßigen Impfungen gesundheitlich stabilisiert werden. Natürlich sollte man keinen kranken Hund impfen. Daher ist es auch so wichtig, die Folgeimpfungen durchzuführen. Die erstmalige Injektion, die der Züchter durchführen lässt, bewirkt noch keinen belastbaren Impfschutz.

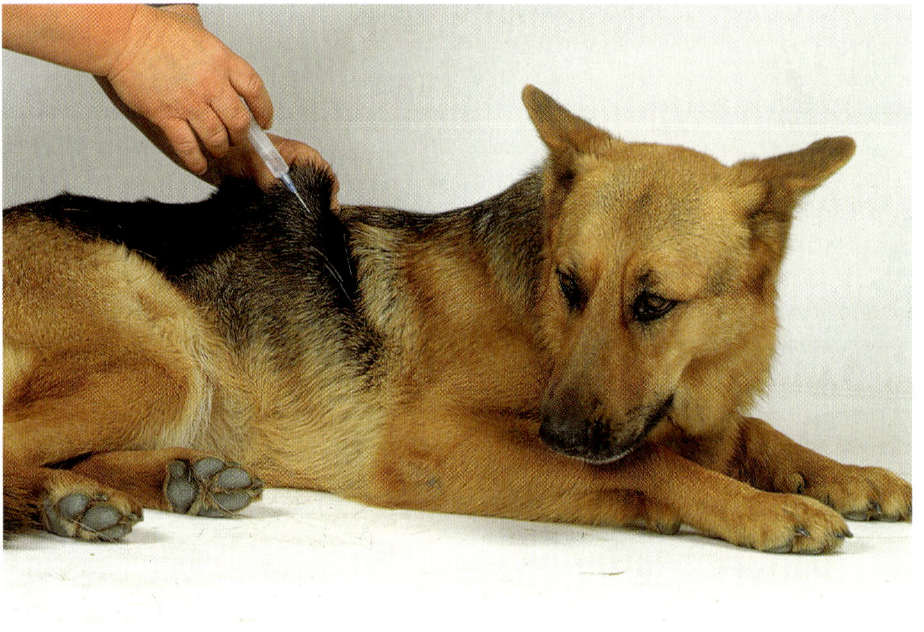

Meist merken Hunde die Impfinjektion in die Haut gar nicht, dennoch: die Wirkung ist groß.

Darüber sind sich viele Hundefreunde nicht im Klaren. Wenn ihr einmal geimpfter Welpe z. B. an Parvovirose oder an Staupe erkrankt, zweifeln sie an der Wirkung des Impfstoffes.

Es liegt jedoch weder am Impfstoff noch an der Impftechnik, sondern am Immunsystem des Welpen. Erst die zweite Injektion mit zwölf bzw. vierzehn Wochen führt nach einigen Tagen zum belastbaren Impfschutz.

Man unterscheidet die Grundimmunisierung des Welpen und die jährliche Wiederholungsimpfung.

Die Grundimpfung beginnt normalerweise mit acht Wochen – gegen Staupe, Hepatitis, Leptospirose (= SHL) und gegen die Parvovirose (→ **Parvovirose**). Manchmal impft man Welpen jedoch schon mit sechs Wochen gegen Parvovirose.

Dies geschieht aus zwei Gründen: Zum einen lässt der Schutz der mütterlichen Antikörper in diesem Alter schon nach, zum anderen führt die Parvovirose-Impfung zu einer leichten Immunsuppression.

Es ist also besser, die restlichen Impfungen zeitlich versetzt vorzunehmen. So erreicht man den optimalen Impfschutz. In

Gebieten, in denen die Parvovirose keine Probleme bereitet, impft man nach wie vor gegen alle vier Krankheiten mit acht Wochen.

Die erste Injektion erfolgt daher meist schon beim Züchter. Vier Wochen später, also mit zehn und zwölf Wochen, folgt dann die zweite Injektion. Das ist nötig, weil das Immunsystem des Welpen erst lernen muss, auf Impfkeime richtig zu reagieren, genauso wie später auf Krankheitserreger.

Erst die zweite Impfdosis führt zur Bildung so genannter Gedächtniszellen, die im Ernstfall eine blitzschnelle, effektive Abwehrreaktion ermöglichen.

Die Tollwutimpfung muss exakt spätestens nach 365 Tagen aufgefrischt werden, damit der Hund juristisch als gültig geimpft gilt. Dies ist wichtig für Auslandsreisen sowie für den Fall, dass in der Nachbarschaft ein tollwutverdächtiges Tier, also ein Fuchs oder Marder, gefunden wird. (→ **Tollwutverordnung**)

Nach der Grundimmunisierung des Welpen wird der behandelnde Tierarzt das individuelle Impfschema für Ihren Hund festlegen. Man impft heute sehr gezielt, nicht mehr nach festem Schema: So ist es für einen Junghund, der die Hundschule besucht und der mit allen Hunden spielen will, wichtig, gegen Zwingerhusten geimpft zu werden. Ein älterer Hund, der jungen Tieren lieber aus dem Weg geht, braucht diese Impfung in der Regel nicht mehr.

Impfreaktion

Normalerweise verläuft eine Impfung völlig reaktionslos. Doch bei kleinen Hunderassen treten hin und wieder Begleiterscheinungen einer Impfung auf wie z. B. Mattigkeit oder Erbrechen. Sie sind aber meist harmlos.

Nach der Impfinjektion muss sich das Immunsystem des Hundes – wie bei einer leichten Infektion – mit dem Impfstoff auseinandersetzen. Deshalb kann der Hund als Reaktion darauf müde sein und eventuell auch leicht erbrechen. Das kommt jedoch selten vor.

Etwas häufiger bildet sich ein »Knubbel« an der Einstichstelle. Bei der Impfung wird etwa ein Milliliter Flüssigkeit unter die Haut gespritzt. Normalerweise wird die Flüssigkeit resorbiert. Es kann aber vorkommen, dass das Bindegewebe die Flüssigkeit abkapselt. Dann entsteht eine kleine Beule, die nach drei bis vier Wochen von selbst verschwindet. Es handelt sich dabei um eine normale Antwort des Kreislaufs und der Haut auf die Impfung. Der Impfschutz entwickelt sich ganz normal. Auf keinen Fall sollte man direkt nach der Injektion versuchen, die Einstichstelle zu massieren. Allzu leicht kommt die Flüssigkeit durch den winzigen Stichkanal wieder heraus und der Hund müss dann neu geimpft werden.

PS: Obwohl die Impfung meist überhaupt keine Probleme bereitet, sollte der Impfling eine Woche lang nach der Impfung geschont werden. Also keine zu langen Spaziergänge oder Fahrradtouren unternehmen.

Impfschema

Für die Grundimmunisierung gibt es ein klassisches und ein modifiziertes Impfschema. Letzteres entstand, weil der Impfschutz gegenüber der Parvovirusinfektion und in letzter Zeit auch gegenüber der Staupeinfektion nicht allerorts ausreichte.

1. modifiziertes Impfschema für Grundimmunisierung nach Truyen:	
6.–7. Woche	Parvovirose
8.–9. Woche	Parvovirose + Staupe + H.c.c. + Leptospirose (+ Zwingerhusten)
12.–13. Woche	(Parvovirose) + Staupe + H.c.c. + Leptospirose (+ Zwingerhusten + Tollwut)
15.–16. Woche	Tollwut

2. klassisches Impfschema für Grundimmunisierung:	
8. Woche	Parvovirose + Staupe + H.c.c. + Leptospirose (+ Zwingerhusten)
12. Woche	Parvovirose + Staupe + H.c.c. + Leptospirose (+ Zwingerhusten + Tollwut)
16. Woche	Tollwut

Wenn möglich, sollte man die Tollwutimpfung bis zur 16. Woche herauszögern. Die einmalige Impfung genügt in diesem Alter.

Wiederholungsimpfungen für 1. und 2.:	
nach 1 Jahr*:	Auffrischungsimpfung für P + SHLT (+ Z) * CH: T nach 2 Jahren

Inkontinenz

→ Harnträufeln

Insektenstich

Ein Einzelstich ist normalerweise nicht gefährlich. Doch da Hunde manchmal im Spiel nach Bienen oder Wespen schnappen, können sie dann im hinteren Maulbereich oder in die Zunge gestochen werden. Das Gewebe kann so schnell anschwellen, dass der Hund Atem- und Schluckbechwerden bekommt. Daher sollte man schon bei dem Verdacht, dass der Hund eine Biene oder Wespe verschluckt hat, mit ihm zum Tierarzt fahren.

In allen anderen Fällen genügen in der Regel kühlende Umschläge auf die Stichstelle. Eine Insektenstichallergie ist bei Hunden unbekannt.

Intelligenz

Für den Menschen definiert man Intelligenz als kognitive psychische Fähigkeit. Intelligenz beinhaltet demnach Wahrnehmung, Konzentrationsvermögen, Vorstellung, Gedächtnis, Denken, Lernen und auch flüssiges Sprechen.

Diese Definition lässt sich nicht so einfach auf Tiere übertragen. Unserer Vorstellung von Intelligenz kommen diejenigen Hunde am nächsten, die gut und gerne lernen. Häufig ist diese Eigenschaft jedoch entscheidend vom Bezugspartner Mensch abhängig. So wird man einem aktiven Hütehund spontan Intelligenz zubilligen,

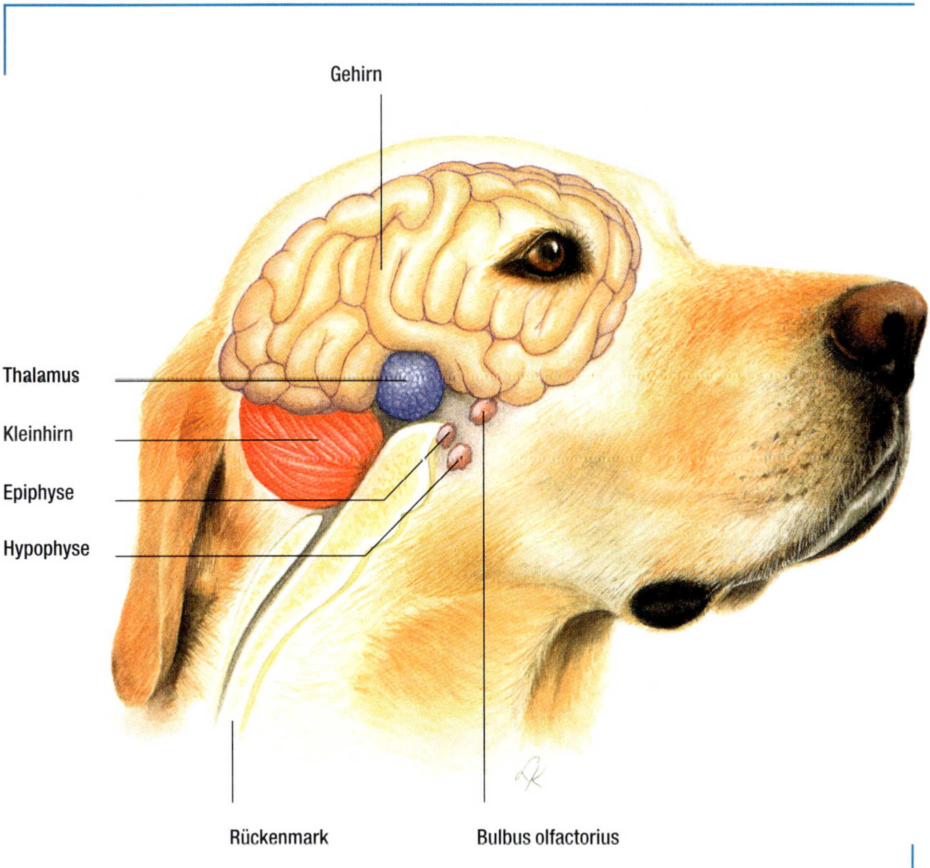

Was Hunde so alles im Kopf haben: Gehirn und Sinnesorgane.

genauso wie dem Darsteller von »Komissar Rex«.

Intelligenztests für Hunde sind sehr beliebt, obwohl sie nicht unbedingt etwas über die Intelligenz eines Tieres aussagen, sondern beispielsweise über dessen Sinnesleistung (Geruch), Training und Gehorsam.

Ein ganz wichtiger Punkt ist auch die Motivation. Ein Mensch, der sich einem IQ-Test unterzieht oder unterziehen muss, geht mit Ehrgeiz an die Sache. Ein Hund hingegen kann Lust haben oder nicht, z. B. abhängig davon, ob er hungrig ist oder satt.

Wie fraglich diese »Zirkusintelligenz«-Prüfungen sind, wird klar, wenn man an den Wolf denkt. Im Gegensatz zum Hund beweist er durch sein Überleben, was in ihm steckt. Dennoch würde er aufgrund seiner Scheu in diesen Tests nicht besonders gut abschneiden: Pfote geben, auf den Tisch springen, Sandkastenförmchen auf Futter untersuchen usw.

IQ-Ranglisten, wie die des kanadischen Psychologen Stanley Coren, sollte man daher mehr unter dem Aspekt der Unterhaltung betrachten, dass beispielsweise Rottweiler, Platz 9, sich vom Bernhardiner, Platz 118, vor allem durch Intelligenz unterscheiden, lässt sich nicht wissenschaftlich untermauern.

J

Juckreiz

Juckreiz ist ein sehr auffälliges Symptom, da Hunde mit Juckreiz sehr unruhig sind und sich ständig mit den Pfoten kratzen. Da längst nicht immer Flöhe die Verursacher des Übels sind, muss man genau hinsehen. Wichtig ist es zu wissen, wo der Juckreiz auftritt: am ganzen Körper oder nur an einzelnen Körperstellen. Tritt er plötzlich oder anfallartig auf oder ist er immer gleich stark? Bei einem Flohbiss beispielsweise kann der Hund seelenruhig schlafen, plötzlich wie von der Tarantel gestochen hochschießen und sich heftig kratzen und beißen.

Teufelskreis Juckreiz: Ob ein Hund sehr unter Juckreiz leidet, hängt mit seiner so genannten Pruritus-Schwelle (Pruritus = Juckreiz) zusammen. So wie manche Menschen sehr reizbar sind und schnell in Zorn geraten und andere hingegen kaum aus der Fassung zu bringen sind, so reagiert auch das körpereigene Abwehrsystem auf Reize aus der Umwelt individuell verschieden. Ein Hund mit niedriger Pruritus-Schwelle leidet nahezu ständig und recht stark an Juckreiz, einer mit hoher Pruritus-Schwelle fast nie.

Allerdings können Angst, Stress oder Allgemeinerkrankungen diese Schwelle senken, so dass die Haut überall oder an bestimmten Stellen plötzlich anfängt zu jucken: Juckreiz ist im Grunde nichts anderes, als die Erregung ganz bestimmter sensibler Nervenfasern.

Genauso wird → **Schmerz** erst durch die Erregung von Schmerzfasern fühlbar. Diese Erregung erfolgt über chemische Mittlerstoffe (Mediatoren), die beispielsweise bei Entzündungen, bei Allergien oder beim Austrocknen der Haut freigesetzt werden. Umgekehrt blockieren Hitze und Kälte sowie Druck diese Juck-Nervenfasern.

Deshalb beseitigen Eisbeutel, aber auch Kratzen und Beißen vorübergehend den Juckreiz. Nur, wenn der Hund die Haut malträtiert, setzt diese postwendend wieder Mittlerstoffe frei. Die Folge ist: Der Juckreiz kehrt verstärkt zurück. Juckreiz kann auch beim Wechsel der Jahreszeit, des Futters, der Liegedecke oder einer sonstigen Veränderung auftreten.

Wichtig ist zudem, ob der Hund auch dann beißt und kratzt, wenn er während

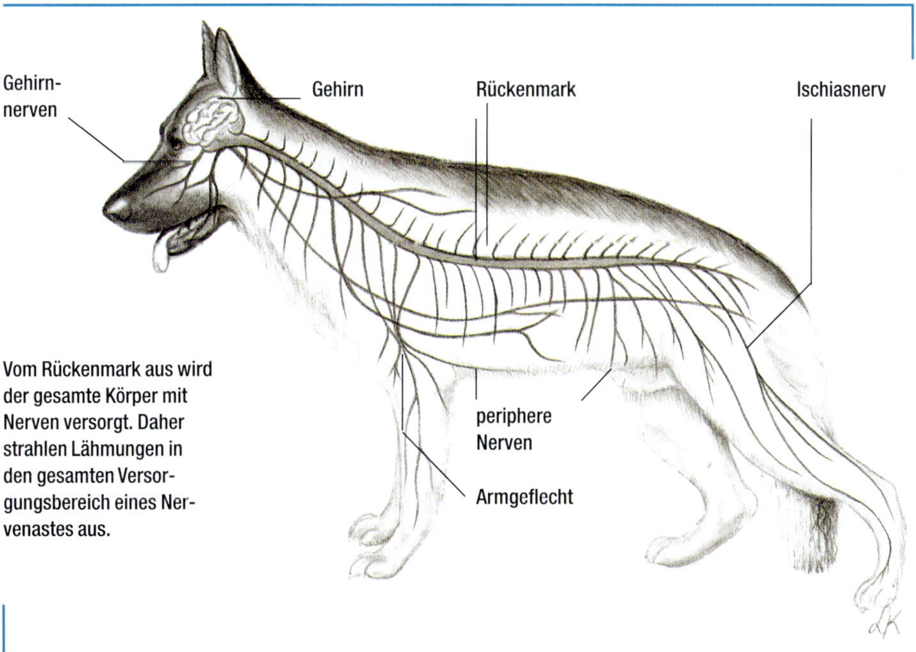

Vom Rückenmark aus wird der gesamte Körper mit Nerven versorgt. Daher strahlen Lähmungen in den gesamten Versorgungsbereich eines Nervenastes aus.

Beim Nervensystem unterscheidet man das willentlich beeinflussbare sympathische System und das automatisch ablaufende parasympathische System. Letzteres regelt z. B. die Verdauung.

eines Spazierganges oder durch das Fressen abgelenkt ist. Wie sehen das Fell und die Haut des Hundes aus? Sind Veränderungen sichtbar, wie etwa stumpfes, glanzloses, schuppiges Fell oder rote Flecken und Erhebungen der Haut?

Wenn man die Begleitumstände genau beschreiben kann, erleichter man es dem Tierarzt, die Diagnose zu stellen. Die denkbaren Ursachen für Juckreiz sind vielseitig: Aujeszky-Virus, Flöhe, Milben, Haarlinge, Pilze, Wurmbefall, Allergien oder auch Erkrankungen der inneren Organe. Es kann sich auch um eine Art Neurodermatitis handeln. Neben den rein physischen Ursachen kann auch eine psychische Komponente mitverantwortlich sein.

Bevor man aber eine Diagnose stellen kann, sind oft zusätzliche Untersuchungen nötig. Bei Verdacht auf ein Hautproblem kommen dafür z. B. Hautgeschabsel, Untersuchungen mit der Wood'schen Lampe, mikroskopische Haaruntersuchungen, Pilzkulturen und bakterielle Hautuntersuchungen in Betracht.

Vermutet man eine Stoffwechselstörung, ist eine Blutuntersuchung angebracht.

Behandlung: Da der Juckreiz nur eine Folge ist, versucht man die auslösende Erkrankung zu behandeln. Geht das nicht, kann man medikamentös den Juckreiz lindern und so zumindest die Heilung der Haut unterstützen.

Besteht der Verdacht, dass der Juckreiz nervös bedingt ist, kann der Tierarzt Tranquilizer verschreiben (das sind Arzneimittel, die den ganzen Organismus beruhigen). Zur Unterstützung von außen sind medizinische Shampoos für empfindliche Haut oft sehr hilfreich.

Bei chronischen Hautproblemen sollte man generell auf eine ausgewogene Ernährung achtgeben und vermehrt die Vitamine der B-Gruppe zuführen (Hefetabletten aus der Drogerie).

Verhalten: Wenn Hunde sich nur in bestimmten Situationen kratzen, spricht das für eine Verlegenheitsgeste oder Übersprungshandlung. So wie sich viele Menschen die Haare unnötig aus dem Gesicht streichen, am Kopf kratzen oder die Pulloverärmel hochschieben.

→ **Allergie, Atopie, Aujeszky-Virus, Ekzem, Flohbefall, Flohbissallergie, Futtermittelallergie, Haarling, Herbstgrasmilben, Kontaktallergie, Läuse, (Pilzinfektionen), Räude, Seborrhoe**

K

Kaiserschnitt

(siehe auch **Trächtigkeit**)

Die Schnittentbindung wird immer dann durchgeführt, wenn eine Geburt auf natürlichem Wege ein Risiko für die Mutterhündin oder die Welpen darstellen würde. Auch ist die Operation schonender als eine lange komplizierte Geburt, bei der instrumentelle Hilfe wie eine Geburtszange nötig wären.

Die Hündin wird für die Operation mit einer die welpenschonenden Methode in Narkose gelegt. Dann wird die Bauchhöhle sowie ein Gebärmutterhorn eröffnet.

Danach entwickelt der Tierarzt die Welpen, nabelt sie ab und löst im Normalfall den Mutterkuchen aus der Gebärmutter. Anschließend werden Gebärmutter und die Schichten der Bauchwand wieder zugenäht.

Komplikation: Wenn die Welpen nicht mehr am Leben sind, kann es nötig sein, dass man die Gebärmutter ungeöffnet entfernt.

Kalorienbedarf von Hunden ohne besondere Leistung

Man nennt diesen Wert auch Erhaltungsbedarf. Denn mit dieser Energiemenge hält ein Hund sein → **Normalgewicht** konstant. Die Richtwerte in der Tabelle gelten für ausgewachsene Hunde bis zu acht Jahren. Bei älteren oder sehr ruhigen Tieren sollte man sich immer an die niedrigeren Empfehlungswerte der Tabelle halten.

Gewicht des Hundes in kg	verdauliche Energie in kcal
5	405 – 480
10	670 – 810
20	1120 – 1360
35	1720 – 2055
60	2580 – 3105

Kalorienbedarf von Hunden, die sich besonders viel bewegen

Wieviel Energie ein Arbeitshund letztendlich braucht, hängt von der Dauer und der Intensität seiner Leistung ab. So benötigt ein Blindenführhund trotz aller Anstrengung weit weniger Energie als ein Schlittenhund.

Bewegungsdauer in Stunden		Mehrfaches des Erhaltungsbedarfs an Energie mit Faktor
2 – 4	Führhunde	1,2
6 – 8	Wachhunde	1,5
6 – 8	Jagd-, Hütehunde	2,0
1 – 2	Schlittenhunde	2,0 – 3,0

Kalorienbedarf von wachsenden Hunden

Das Wachstum der Welpen lässt sich durch die Fütterung steuern. Dabei sollte man kein maximales Wachstum anstreben, insbesondere nicht bei großwüchsigen Rassen. Die Empfehlungen in der Tabelle sind auf mittlere Wachstumsraten eingestellt.

Gewicht des Hundes ausgewachsen in kg	verdauliche Energie in MJ 3.+4. Monat:	5.+6. Monat:	7.–12. Monat:
5	2,0	2,2	2,0
10	3,2	3,6	3,4
20	5,1	5,5	6,0
35	7,2	9,1	9,0
60	9,4	14,0	14,0

K

Kalorienbedarf von Hündinnen, die trächtig sind oder säugen

Erst in der zweiten Trächtigkeitshälfte hat die Hündin einen höheren Energiebedarf. Bei der säugenden Hündin richtet sich die nötige Energiemenge nach der Welpenzahl sowie der Säugewoche.

In der ersten und zweiten Laktationswoche kann man die Richtwerte aus der Tabelle unterschreiten, in der dritten bis fünften Woche hingegen überschreiten. Das gilt vor allem bei großen Würfen.

Gewicht des Hundes in kg	verdauliche Energie in kcal Trächtigkeit	Säugeperiode
5	620	955 – 1195
10	1005	1790 – 2290
20	1960	3345 – 4300
35	3105	5495 – 7165
60	4896	9075 – 11940

K

Kalzium

Kalzium sorgt zusammen mit den anderen Mengenelementen (→ **Mineralstoffe**) für das Säure-Basen-Gleichgewicht, für die Regulation des Wasserhaushalts und es schafft die Voraussetzung für die Impulsleitung von Nerven- und Muskelfasern. Außerdem ist es ein wichtiger Bestandteil des Skeletts.

Kalziummangel, Kalziumüberversorgung, aber auch ein unausgeglichenes Verhältnis zwischen Kalzium und Phosphor, Phosphorüberschuss oder Phosphormangel können, vor allem bei Welpen großwüchsiger Hunderassen, zu schweren Schädigungen des Skelettes führen. Sie beeinträchtigen die Hunde oftmals für das ganze Leben. In manchen Fällen sind die Schäden sogar so schwer, dass die Hunde eingeschläfert werden müssen.

Kalziummangel bei wachsenden Hunden: Kalziummangel tritt vor allem bei selbst zusammengestellten Rationen auf. Meist wird eine Mischung aus Fleisch, Schlachtabfällen, Getreideflocken, Reis und Gemüse verfüttert und mit einem x-beliebigen Mineralstoffpräparat ergänzt, das leider oft wenig geeignet ist. Alle üblichen Nahrungsmittel sind für Hundebedürfnisse kalziumarm, also auch Quark und Milch.

Der Bedarf des heranwachsenden Menschen liegt deutlich niedriger, da er viele Jahre Zeit hat, um sein Endgewicht von 50 bis 75 Kilogramm zu erreichen. Hundewelpen kleinerer Rassen schaffen das in weniger als einem Jahr, Vertreter größerer Rassen in etwa zwei Jahren.

Allein Knochen sind kalziumreich. Doch die sollte man wegen der Verletzungsgefahr und wegen möglicher Verdauungsstörungen besser nicht verfüttern.

Das Kalzium-Phosphor-Verhältnis sollte bei 1,35 : 1 (Sollwert > 1 : 1, < 2 : 1) liegen. Wer selber für den Hund kocht, sollte den Bedarf ausrechnen und ein passendes Zusatzfutter aussuchen. Der Hersteller muss bei Mineralfutter den Gehalt an Kalzium und Phosphor angegeben.

Mineralisierte Getreide- oder Gemüseflocken müssen etwa 20 g Kalzium/kg Flocken enthalten, wenn sie zusammen mit Fleisch oder Schlachtabfällen den Kalziumbedarf decken sollen. Einige Produkte enthalten aber deutlich weniger, ohne einen Hinweis auf dieses Defizit zu geben.

Kalzium-Überversorgung des wachsenden Hundes: Zur Kalzium-Überversorgung kommt es vor allem dann, wenn man zu Aufzuchtfertigfutter mit ausreichendem Kalziumgehalt noch zusätzlich Kalziumreiches Mineralfutter gibt. Besonders ungünstig ist der Zusatz von mehreren Esslöffeln Futterkalk zum Welpenfutter. Bei Alleinfutter oder als Welpenfutter deklariertem Fertigfutter sollte man nichts mehr dazufüttern.

Wenn Welpen trotz der Gabe von Alleinfuttern Kalziummangel haben, dann deshalb, weil man ihnen in bester Absicht zusätzlich Kalziumarme Nahrungsmittel gibt, wie Fleisch, Eigelb oder Quark. Die Hunde fressen dann weniger Fertigfutter und nehmen entsprechend weniger Kalzium auf.

Generell sollte man darauf achten, dass ein Welpe wirklich Welpenfutter und ein ausgewachsener Hund ausschließlich Erwachsenenfutter erhält.

Es gibt kein Mineralfutter für alle Lebenslagen. Man sollte sich daher vor dem Kauf unbedingt vom Tierarzt beraten lassen und nicht enttäuscht sein, wenn man vielleicht ganz ohne Zusatzmineralstoffe nach Hause kommt.

Karies

→ Zähne und Gebiss

Kastration / Frühkastration

Im Gegensatz zu den USA versteht man in Europa darunter die Kastration – bei Rüde wie Hündin – vor Einsetzen der Pubertät, also im Alter von ca. sechs Monaten. In den USA hingegen werden Welpen schon beim Absetzen von der Mutter, also mit acht Wochen kastriert, denn Tierheim-Hunde sollen nur kastriert abgegeben werden. Um unerwünschten Nachwuchs sicher zu verhindern, propagieren Tierschutzorganisationen die Kastration im Abgabealter. In diesem Alter erholen sich die Hunde schneller von der Operation als mit einem Jahr. Allerdings entwickeln sich einige Hunde anders: Sie neigen zu längeren Beinen, zu wolligem Fell und einige Hündinnen gebärden sich recht rüde. Fell- und Verhaltensänderungen treten jedoch auch bei Kastrationen zu einem späteren Zeitpunkt öfters auf.

Bei Rüden, die mit etwa einem halben Jahr kastriert werden, besteht die Gefahr, dass die harnableitenden Wege nicht in ausreichendem Maße weiterwachsen. Daher sollte man diesen Eingriff nicht vor dem siebten Monat vornehmen. Bei der Welpenkastration scheint dies hingegen kein Problem zu sein.

Gründe für die frühe Kastration:

- Die Wahrscheinlichkeit für Mammatumoren, dem häufigsten bösartigen Tumor beim Hund, beträgt bei der Kastration vor der 1. Läufigkeit 0,5 %, bei Kastration nach der 1. Läufigkeit 8 %.

- Die Wahrscheinlichkeit, dass die Hündin nach der Operation Harnträufeln entwickelt ist deutlich geringer.
- Die möglichen Veränderungen des Fells sind geringer, das Wachstum wird verzögert, aber die Hunde erreichen trotzdem die genetisch vorgegebene Größe.
- Die Lebenserwartung früh kastrierter Hunde ist nach amerikanischen Studien länger, da das Risiko für Mammatumoren, Pyometra bzw. Prostataerkrankungen deutlich geringer ist. Diese Vorteile genießen jedoch auch Hündinnen, die vor der ersten Läufigkeit operiert werden. Ergebnisse von Langzeitstudien fehlen bisher.

Gründe gegen die Frühkastration:

- Hündinnen, die an der Junghundvaginitis leiden, sollte man erst nach der 1. Läufigkeit kastrieren.
- Früh kastrierte Hunde bleiben aktiver, sind vom Charakter nicht so ausgereift. Bei Arbeitshunden wird dies teilweise nicht gewünscht, z. B. Blindenführhund.
- Hündinnen, die sehr wachsam und eher sozial expandierend, also »dominant« sind, sollte man nicht kastrieren, da sich diese Eigenschaften durch die Kastration, also den Wegfall der mildernden Östrogene, verstärken. Allerdings zeigen sich diese Eigenschaften erst beim erwachsenen Tier, noch nicht mit sechs Monaten, dem Zeitpunkt der Frühkastration.

Kastration der Hündin

Immer noch verwendet man für die Kastration der Hündin auch den Begriff Sterilisation, obwohl er nicht korrekt ist. Eine Sterilisation, also eine Teilentfernung oder Durchtrennung der Eileiter auf operativem Weg, führt man bei Hündinnen nicht durch. Grund: Sie würden weiterhin läufig und Rüden anlocken. Außerdem fallen die positiven Wirkungen der Kastration weg, das Verhindern von Mammatumoren und von Gebärmuttererkrankungen.

Bei der Kastration entfernt man in der Regel lediglich die Eierstöcke. Nur wenn die Gebärmutter vergrößert (z. B. nach mehreren Trächtigkeiten) oder krankhaft verändert ist, nimmt man sie mit heraus (Ovariohysterektomie). Die Operation selbst verläuft in der Regel ohne Komplikationen. Zumal eine junge Hündin weder an Übergewicht noch an Herz-Kreislauf-Erkrankungen leiden dürfte. Zwar stellt jede Narkose und jede Operation ein gewisses Risiko dar, aber es besteht kein Grund zur Sorge.

Um die Eierstöcke zu entfernen, muss man die Bauchhöhle normalerweise mit einem etwa zehn Zentimeter langen Schnitt eröffnen. Bei einer Operation unter Endoskop-Kontrolle benötigt man nur drei zwischen fünf und zehn Millimeter lange Schnitte. Durch diese werden die Kameraoptik sowie das verkleinerte chirurgische

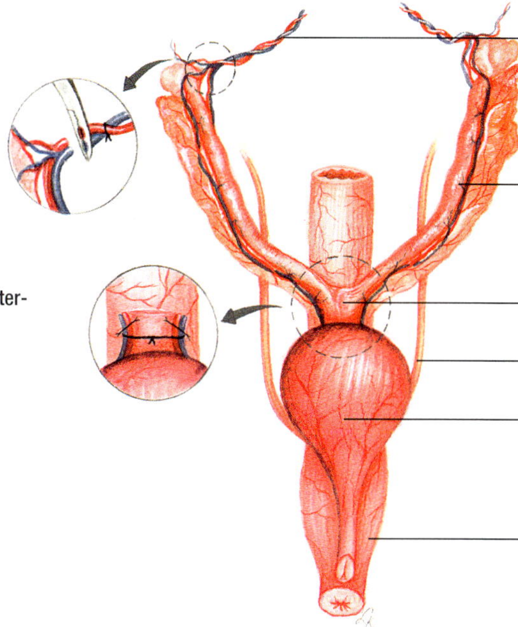

Bei der Kastration der Hündin werden immer beide Eierstöcke entfernt, manchmal auch die Gebärmutter (Ovariohysterektomie).

Instrumentarium in den Bauchraum eingeführt. Die Kamera überträgt die Innenansicht achtfach vergrößert auf den Bildschirm und ermöglicht so die Operation unter Sichtkontrolle. Da diese Ausrüstung sehr, sehr teuer ist, zählt diese OP-Methode in der Tiermedizin nicht zum Standard.

Will man seine Hündin aus oben genannten Gründen bereits vor der ersten Läufigkeit operieren lassen, sollte man auf das eventuelle Anschwellen der Schamlippen achten. Es zeigt, dass die Läufigkeit in etwa drei Wochen eintreten wird – der richtige Zeitpunkt, um mit dem Tierarzt einen Operationstermin auszumachen.

Gründe für die Kastration:

- Hunde sind leichter zu halten
- Krankheitsprophylaxe (Mammatumoren, durch Hormongaben verursachte Gebärmutterentzündungen)
- Geburtenregelung
- aus medizinischen Gründen, z. B. Gebärmuttervereiterung.
- Positive Verhaltensänderung: Rüden: Verhaltensprobleme wie Hypersexua-

lität, massive Probleme mit anderen Rüden verbessern sich, allerdings sollte neben der Kastration auch eine Verhaltenstherapie durchgeführt werden, da dies Verhaltensweisen nicht allein hormonell bedingt sind, sondern auch auf erlernten Komponenten beruhen.

Mögliche Nebenwirkungen jeder Kastration:

Harninkontinenz: Eine Nebenwirkung der Kastration ist das so genannte Harnträufeln. 3,7 % der Hündinnen können vor allem im Schlaf den Harn nicht mehr völlig halten. Die Ursachen können vielfältig sein. So werden nervale Störungen aus dem Bereich des Rückenmarks, Verletzungen oder die Folge von chronischen Blasenentzündungen vermutet, der Zusammenhang mit einer Kastration ist aber meist eindeutig. Das Träufeln beginnt meist etwa ein halbes Jahr nach der Operation, die abgesetzte Harnmenge steigert sich im Laufe der Zeit. Genauso kann das Träufeln spontan wieder von alleine enden. Tritt das Träufeln nach einer Kastration auf, kann man kaum klären, ob die Ursache in einem Hormonmangel oder in der Operation selbst zu sehen ist. Durch die Entfernung der Gebärmutter kommt es zu einer veränderten Lage der Blase und in seltenen Fällen auch zu Verklebungen, so dass sich die Blase eventuell aus mechanischen Gründen nie richtig entleeren kann.

Betroffen sind meist große Hündinnen mit einem Körpergewicht von mehr als 20 Kilogramm, nach einer Schweizer Untersuchung werden 30 Prozent nach der Operation inkontinent. Bei den kleinen Hunderassen mit einem Körpergewicht von weniger als 20 Kilogramm dagegen sind nur knapp 10 Prozent betroffen. Bei der → **Frühkastration** ist das Risiko hingegen deutlich geringer.

Außerdem neigen Hündinnen bestimmter Rassen vermehrt zu Inkontinenz, wie z. B. Dobermann, Riesenschnauzer, Rottweiler oder Boxer. Bei Boxerhündinnen werden über 65 % aller kastrierten Hündinnen inkontinent. Bei diesen Hunderassen sollte man sich gut überlegen, ob man nicht andere Methoden der Trächtigkeitsverhütung anwenden kann.

Hunderassen wie z. B. der Deutsche Schäferhund, Berner Sennenhund, Dackel oder Spaniel haben hingegen ein unterdurchschnittliches Risiko nach der Operation inkontinent zu werden; von den übrigen Hunderassen gibt es keine Untersuchungen.

Unabhängig von der Rasse neigen sehr lebhafte und nervöse Tiere besonders zur Harninkontinenz.

Therapie: Bei der kastrationsbedingten Inkontinenz möchte man die Verschlussfunktion der Harnröhre unterstützen und somit verbessern. Die Hündin erhält täglich Medikamente, die direkt auf die Harnröhrenwand wirken und dadurch deren Verschluss verbessern. Die Mehrheit der betroffenen Hündinnen werden durch diese medikamentelle Behandlung kontinent.

Die Gabe von Hormonen ist wegen der Nebenwirkungen nicht zu empfehlen. In manchen Fällen hilft die Verabreichung von durchblutungsfördernden Mitteln oder Präparaten gegen eine Reizblase. Auch kann man als letzte Möglichkeit eine Nachoperation durchführen, Kolposuspension und chirurgische Behandlungsmethoden an.

Fellveränderung:
Eine andere, sehr seltene Folge der Operation können Fellprobleme sein, die sich aber nicht in einem Haarausfall, sondern in der Bildung von so genanntem Teddyfell zeigen. Das Haar ist sehr fein und brüchig. Relativ häufig tritt diese Besonderheit bei Rassen mit Seidenhaar wie roten Dackeln oder Irischen Settern auf.

Gewichtszunahme:
Sie wird jedoch durch den Besitzer beeinflusst: Bei einer Untersuchung von Dr. Eva Heidenberger stellte sich heraus: Lediglich 32 Prozent der Hündinnen betteln und fressen nach der Operation mehr als vorher. Steuert der Besitzer bei diesen Tieren nicht gegen, bringt der Hund bald deutlich mehr auf die Waage. Anders als bei den Rüden spielen Rasseunterschiede keine große Rolle.

Verhaltensänderung:
Rund 20 Prozent der Hündinnen sind nach der Kastration wachsamer und verspielter. Im Umgang mit anderen Hunden neigen Hündinnen – unter Einfluss der männlichen Androgene – zu rüderen Manieren, 31 Prozent zeigen sich eher territorial und aggressiv, sie können einen höheren Rang in der Hierarchie einnehmen.

28 Prozent der nicht-kastrierten Rüden und 13 Prozent der Hündinnen bemerken, dass sich an ihrem Gegenüber etwas verändert hat.

Läufigkeitssymptome nach der Kastration:
Zeigt eine Hündin nach einer Kastration erneut Läufigkeitssymptome, wie z. B. Anschwellen der Scham oder Attraktivität für Rüden, so spricht das dafür, dass ein Eierstocksrest in der Bauchhöhle verblieben ist. Allerdings kann auch der Geruch von Entzündungsprodukten, z. B. bei einer Scheidenentzündung, Rüden in die Irre führen.

Obwohl es sich bei der Kastration um eine Routineoperation handelt, kann es in seltenen Fällen auch einem erfahrenen Operateur passieren, dass die Entfernung der Eierstöcke nur unvollständig gelingt, z. B. wegen sehr kurzer Eierstocksbänder. Solche Hündinnen sollte man auf jeden Fall nachoperieren lassen, da Eierstocksreste zur Zystenbildung neigen. Haben sich erst einmal Zysten gebildet, kann die Hündin dauerläufig werden.

Wer nicht züchten möchte, dem kann man wegen der eindeutigen Vorteile zur Kastration der Hündin raten. Vielen Besitzern fällt die Entscheidung leicht. Wenn man noch Bedenken hat, sollte man das Problem am besten frühzeitig mit dem

K

Tierarzt besprechen. Eventuell kann man auch zu den Besitzern von Wurfgeschwistern oder Verwandten der eigenen Hündin Kontakt aufnehmen und sich nach deren Kastrations-Erfahrungen erkundigen.

Kastration des Rüden

Grundsätzlich ist die Kastration des Hundes laut Tierschutzgesetz in Deutschland verboten. Der Gesetzgeber geht davon aus, dass Hunde beider Geschlechter – im Gegensatz zu Katzen – sich beständig in der Obhut des Menschen befinden und daher keine Gefahr besteht, dass sich Hunde in stärkerem Maße vermehren können. Daher darf die Kastration streng genommen nur nach medizinischer Indikation erfolgen.

Während man eine Hündin kastrieren lässt, um unerwünschtem Nachwuchs sowie der Entwicklung von Gesäugetumoren vorzubeugen, kastriert man Rüden nur aus zwei Gründen:

Hodenprobleme:

Wenn der Rüde → **Kryptorchide** ist, das bedeutet, ein oder beide Hoden sind nach der Welpenentwicklung in der Bauchhöhle verblieben, statt durch den Leistenkanal in den Hodensack zu wandern. Da diese

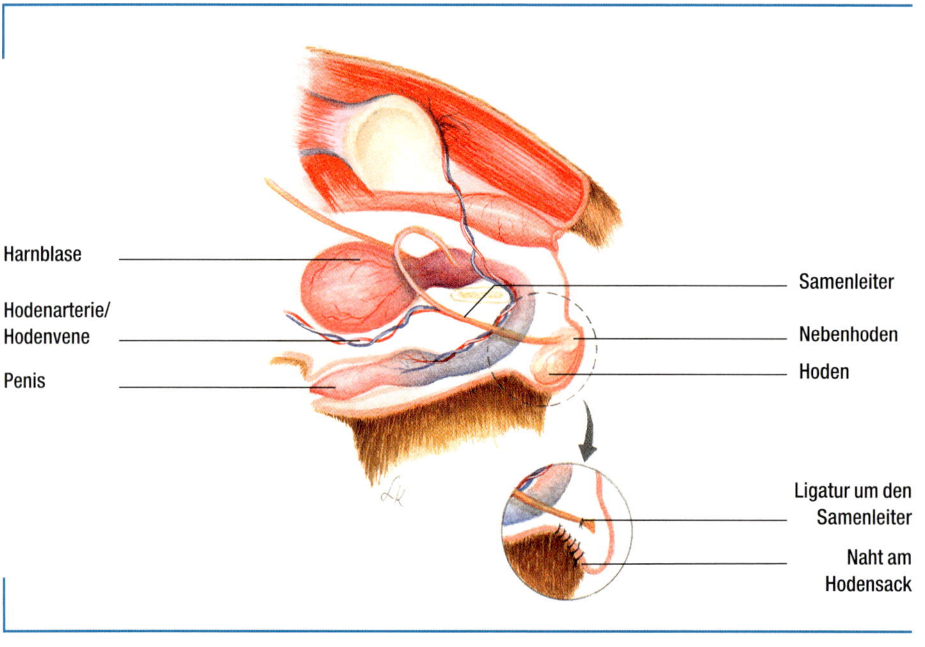

Bei der Kastration werden hintereinander die beiden Hoden zusammen mit ihrem Hodensack entfernt.

Hoden zur tumorösen Entartung neigen, entfernt man sie in einer Kastration. Man sollte mit dem Eingriff warten, bis der Hund voll entwickelt ist.

Außerdem kastriert man einen Rüden beim Vorliegen eines Hodentumors.

Verhaltensprobleme:

Durch Kastration erhofft man sich bei Rüden mit → **Hypersexualität** (Pudel), mit erhöhter Aggressivität (Schutzhunde wie Deutscher Schäferhund) oder bei Streunern eine Verhaltensbesserung. Im Schnitt kann man bei 60 Prozent der Fälle eine Besserung erwarten. Allerdings kommt es auf die Art des Problems an. Bei Hypersexualität ist der Erfolg überzeugender als bei Aggressivität. Außerdem muss der Besitzer seinen Rüden auch mit Erziehungsmethoden am unerwünschten Verhalten hindern, die Kastration allein hilft hier nicht.

Nebeneffekte der Kastration – Übergewicht:

Wie die Arbeit von Dr. E. Heidenberger zeigte, betteln und fressen 43 Prozent der Rüden nach der Operation mehr. Allerdings gibt es Rasseunterschiede, wobei man nicht ausschließen kann, dass Besitzer unterschiedlicher Rassen auch unterschiedlich mit dem veränderten Hund umgehen.

So verändern sich Deutsche Schäferhundrüden durch die Operation am wenigsten. Sie schlafen, spielen und fressen wie zuvor. Kastrierte Pudel hingegen spielen wenig und fressen viel. Kastrierte Dackelrüden liegen in der Mitte, sie spielen weniger als kastrierte Schäferhunde, fressen jedoch auch weniger als kastrierte Pudel.

Verhalten: 30 Prozent der kastrierten Rüden werden anhänglicher und zeigen weniger Angriffslust.

Fellprobleme: Rüden, die sehr früh kastriert werden, können wie kastrierte Hündinnen auch, selten einmal Fellprobleme zeigen. Es ist bekannt, dass Rüden einiger Hunderassen eher zu Haarkleid-Veränderungen neigen, beispielsweise Setter, Golden Retriever, Pudel und Terrier. Das Fell kann vorübergehend durch die Hormonumstellung schütter werden, nach drei bis sechs Monaten haben diese Hunde aber wieder ein normales Fell. Manche Rüden bekommen auch ein dem Welpenfell ähnliches wolliges Haarkleid, das dann bleibt.

Katarakt

→ Grauer Star

Katzenfutter

Katzen- und Hundefutter unterscheiden sich in einigen Punkten ganz deutlich: Der Fettgehalt ist im Katzenfutter mit über zehn Prozent höher. Der Eiweißbedarf einer erwachsenen Katze ist im Verhältnis doppelt so hoch wie beim Hund, außerdem enthält Katzenfutter noch zusätzlich Arginin und Taurin, da die Katze diese Aminosäuren nicht selbst synthetisieren kann. Daraus ersieht man schon, dass eine Katze keinesfalls von Hundefutter leben könnte.

Umgekehrt führt Katzenfutter bei Hunden leicht zu Übergewicht und aufgrund des hohen Eiweißanteils eventuell zu Nierenproblemen.

Man sollte daher versuchen, Katzen und Hunde eines Haushaltes getrennt zu füttern, damit erstere nicht zu kurz kommen.

Kennel cough

→ Zwingerhusten

Kieferproblem (temperomandibuläre Dysplasie)

Beim Basset, aber auch bei Irish Setter, Boxer, Labrador Retriever und Golden Retriever kann das Kiefergelenk fehlentwickelt sein, die so genannte temperomandibuläre Dysplasie. Wenn solche Hunde den Fang öffnen, kann sich der Unterkiefer (Processus coronaris mandibulae) spontan verhaken. Folglich kann der Hund sein Maul nicht mehr schließen. Meist tritt das Problem schon bei jungen Hunden auf.

Hier hilft nur eine Operation, bei der das störende Knochenstück entfernt wird.

Klinikadressen

→ Anhang

Kniescheiben-Luxation (Patella-Luxation)

Die Kniescheiben-Luxation kommt besonders häufig bei kleinen Hunderassen vor, z.B. beim Yorkshire Terrier, Pudel und Chihuahua. Sie kann erworben oder auch angeboren sein.

Die Kniescheibenverrenkung ist nicht nur ein Problem des Knies, sondern der ganzen Hintergliedmaßen. Man unterscheidet je nach Ausprägung des Leidens vier Grade – von der zeitweiligen Verrenkung bis zur dauernden Verlagerung der Kniescheibe.

Diagnose: Die Feststellung des Grades der Kniescheibenverrenkung ist sehr wichtig, denn danach richtet sich die Behandlung. Dazu ist unbedingt eine Röntgenuntersuchung des Beckens und beider Kniegelenke nötig, da die eigentliche Ursache an verschiedenen Stellen sitzen kann: Hüfte, Oberschenkel, Knie und im Aufhängeapparat der Kniescheibe.

Krankheitsbild: Normalerweise bewegt sich die Kniescheibe während des Gehens wie ein Schlitten. Ihre Bahn ist eine Längsrille am unteren Ende des Oberschenkelknochens. Rutscht die Kniescheibe, beispielsweise bei einem Unfall, seitlich nach links oder rechts aus der Bahn, nennt man das Luxation. Die Hunde ziehen dann mitten im Schritt das eine Hinterbein abrupt an den Bauch und laufen auf drei Beinen weiter.

Operation: Für die Behandlung gibt es eine ganze Reihe von operativen Verfahren. Sie alle haben zum Ziel, eine korrekte Lage der Kniescheibe und ihres Aufhängeapparates zu erreichen. Häufig treten die Grade zwei und drei auf, die bereits eine chirurgische Behandlung notwendig machen.

Meist kombiniert man zwei Verfahren: die Vertiefung der Kniescheibenrinne und das Versetzen des Ansatzes des Kniescheibenbandes. In der modernen Tierchirurgie handelt es sich um einen risikoarmen Routineeingriff. Zudem gibt es heute schonende Narkoseverfahren und sehr gute Möglichkeiten, den Patienten während der Narkose zu überwachen.

Lässt man den Hund nicht operieren, kann es zu schwerwiegenden Veränderungen am Knie kommen, wie etwa Riss des Kreuzbandes, Meniskusschaden, Seitenbandlockerung und später auch Arthrosen. All diese Komplikationen sind später nur mit großem Aufwand zu heilen. Bei Arthrosen ist oft nur eine Linderung möglich und das Tier wird immer Schmerzen haben.

In der Regel kann ein operierter Hund vier bis sechs Wochen nach der Operation das Bein wieder gut belasten.

Ist eine Operation an beiden Knien notwendig, dann wartet man mit der zweiten Operation, bis der Hund das zuerst operierte Bein wieder gut belastet. Normalerweise ist das Knie nach der Operation bleibend wiederhergestellt. Falls der Haustierarzt die Operation selbst nicht durchführt, wird er den Hund an einen erfahrenen Orthopäden überweisen.

Knoblauch und Zwiebeln

Knoblauch hat keine Wirkung gegen Flöhe oder Würmer. Doch aufgrund seines Gehaltes an Allicin besitzt er einen milden antibakteriellen und antimykotischen Effekt im Magen-Darm-Trakt.

Mit Zwiebeln hingegen sollte man vorsichtig sein, schon 0,5 Prozent des Körpergewichtes, bei einem 10 Kilogramm schweren Hund entspricht das 50 Gramm, können aufgrund ihres Gehaltes an einem toxischen Alkaloid zur Zerstörung von Erythrozyten führen.

Knochen

Knochen eignen sich nicht als Hundefutter. Das gilt generell, nicht nur für die besonders gefährlichen Geflügelknochen. Alle Knochen splittern leicht, die Verletzungsgefahr ist daher groß. Außerdem

Finger weg von Knochen! Idealer Ersatz sind weiße Kauknochen.

können sie zu hartnäckigen Verstopfungen bis zum Darmverschluss führen.

Besser als Knochen sind harte Brötchen, Hundekuchen, Büffelhautknochen oder Obstbaumstückchen zum Nagen. Beim Tierarzt bekommt man auch spezielle Kaustrips, die gleichzeitig die Zähne putzen.

Knochenbildung, Störung der

Dabei handelt es sich um eine Erkrankungen der Nebenschilddrüsen (Glandulae parathyreoideae). Die vier Epithelkörperchen liegen wirklich neben der Schilddrüse und produzieren Parathormon. Dieses Hormon reguliert den Kalzium- und Phosphorgehalt im Blut und im Gewebe. Als Folge einer Nierenentzündung oder einer Fehlernährung – zu wenig Kalzium bzw. zu viel Phosphor – kann die Nebenschilddrüse zur Überproduktion angeregt werden, dem Hyperparathyreodismus. In seltenen Fällen kann auch ein Tumor, der Hormonwirkung entfaltet, die Ursache sein.

Krankheitsbild: Es kommt zum Kalkverlust und damit zum Abbau der Knochen. Als Ersatz für das Knochengerüst wird Fasergewebe gebildet. Selbst die Zähne können infolge der Abbauvorgänge locker werden. Bei wachsenden Hunden ist die Knochenbildung gestört. Daher bewegen sich die Hunde ungern und es können bereits beim normalen Laufen spontan Knochen brechen.

Die Behandlungsmöglichkeiten sind sehr gering.

Kohle

Aktivkohle wird aus pflanzlichen Materialien gewonnen und kann in Flüssigkeit oder Gasen gelöste Teilchen an sich binden. Kohletabletten galten deshalb lange als harmloses Hausmittel bei Durchfall. Mittlerweile haben Untersuchungen gezeigt, dass Aktivkohle bei infektiösen Durchfällen mehr Schaden anrichtet als nutzt. Sie bremst die Darmpassage. Giftstoffe wie Bakterien-Toxine schädigen dadurch den Organismus noch länger.

Bei manchen Vergiftungen (z. B. wenn ein Hund Schlaftabletten erwischt) kann die Aktivkohle immer noch hilfreich sein, jedoch sollte man sie ausschließlich auf Anordnung des Tierarztes geben.

Kolitis

Bei der Kolitis ist die Schleimhaut des Dickdarms entzündet. Vermutlich handelt es sich hierbei um eine Autoimmunerkrankung, eine Störung der körpereigenen Abwehr. Besonders häufig leiden Boxer und Schäferhunde an dieser Krankheit, so dass eine genetische Disposition anzunehmen ist.

Krankheitsbild: Bei einer akuten Entzündung schwillt die Schleimhaut an und blutet sehr leicht, die Hunde setzen blutigen bis himbeerroten Kot bzw. Durchfall ab. Im weiteren Verlauf der Erkrankung können sich Geschwüre bilden. An den betroffenen Stellen ist die Darmschleimhaut defekt. Die Hunde erbrechen immer häufiger, das Allgemeinbefinden verschlechtert sich schnell.

Diese chronische Form heißt *Kolitis ulcerosa*. Bakterien führen zu kleinen Abszessen, aus denen sich dann Geschwüre entwickeln.

Auch allergene Stoffe im Futter können eine Kolitis ulcerosa auslösen. Meist sind das Eiweißbausteine.

Therapie: Die Therapie setzt daher an verschiedenen Punkten ein. Zum einen muss der Hund bei Beginn der Erkrankung möglichst früh Antibiotika bekommen, damit sich die Bakterien nicht ungehindert vermehren und den geschädigten Darm dadurch noch mehr belasten. Die Antibiotika erhält der Hund per Injektion, da der Darm geschädigt ist. Starken Flüssigkeitsverlust gleicht man über Infusionen aus.

Zum anderen sollte ein Hund mit blutigem Durchfall zwei bis drei Tage streng fasten. Der blutende Darm braucht diese Zeit, um sich zu erholen. Glücklicherweise regeneriert sich Schleimhaut sehr schnell. Präparate, die Gallensäure binden, können das Fortschreiten der Entzündung verhindern.
Diät: Wenn die akute Phase vorbei ist, sollte man vorsichtig füttern. Der Wechsel der Futtersorte verspricht keinen Erfolg, denn es sind die Eiweißbausteine, also Fleisch oder Milchproteine, welche die allergische Reaktion auslösen.

Egal, welcher Hersteller oder welche Rezeptur, das Immunsystem reagiert auf das enthaltene Schweine- oder Rindfleisch. Deshalb sollte man nach dem Fasten mit einer Fleischsorte beginnen, die der Hund bisher noch nicht gefressen hat, also beispielsweise Hammelfleisch. Man kann aber auch gekochtes Ei oder Hüttenkäse füttern, wenn dies bisher nicht auf dem Speiseplan stand.

Als Kohlenhydrate eignen sich gekochte Kartoffeln oder Reis. Möhren fördern die Heilung des Darmes. Neuerdings gibt es auch eine Kolitis-Diät auf dem Markt.

Kontaktallergie

Bis zu fünf Prozent aller Hauterkrankungen (Dermatosen) beim Hund sind auf eine Kontaktallergie zurückzuführen.

Wie die betroffenen Menschen auch, haben Hunde eine erbliche Disposition. Die Rassen Labrador Retriever und Deutscher Schäferhund leiden besonders häufig darunter.

Krankheitsbild: Bis die Erkrankung zum Ausbruch kommt, dauert es meist länger als zwei Jahre. An sich schützt das Haarkleid den Hund recht gut vor Kontaktallergenen. Die Reaktion zeigt sich daher meist an haarlosen oder dünn behaarten Hautstellen: an den Sohlen, am Bauch, an Schwanz, Brust, Hals, Kinnspitze und an den Ohrmuscheln.

Sind nur Lippen und Nase verändert, dürfte ein Futternapf oder Kauspielzeug dafür verantwortlich sein. Die Hautveränderungen erfolgen erst nach einiger Zeit, daher spricht man von einer Allergie vom Spättyp. Die Veränderungen reichen von der einfachen Rötung bis zu Ausschlägen; Juckreiz kann, muss aber nicht auftreten.

K

Substanzen, die eine Kontaktallergie auslösen können

1. Pflanzen:
Pollen und Harze von Gräsern, Kräutern und Blumen; Jasminblüten, *Toxicodendron*-Arten (Giftefeu, Gifteiche), *Tradescantia fluminensis*

2. Medikamente:
Lokal-Therapeutika, Seifen, Shampoos (insbesondere teer- und kresolhaltige), Paraffin, Lanolin, Desinfektionsmittel, Insektizide (Shampoos, Spüllösungen, Sprays, Floh- und Zeckenhalsbänder)

3. Haushalts- und Gebrauchsartikel:
Fasern (Wolle, Nylon, Synthetik), Farben, Beize, Lacke, Polituren, Reinigungsmittel, Gummi- und Plastikprodukte, Detergenzien, Katzenstreu, Halsbänder (Leder, Metall).

Diagnose: Hat der Tierarzt die anderen möglichen Ursachen für eine Hautentzündung (Dermatitis) wie beispielsweise → Räude ausgeschlossen, kann er den so genannten Epikutan- oder Pflastertest durchführen. Bei Tieren führt man, anders als beim Menschen, einen offenen Epikutantest durch, da das Verpflastern problematisch ist. Die fraglichen Substanzen, wie beispielsweise ein Stück Teppichbelag, werden auf die rasierte Haut gelegt und mit einem Verband befestigt.

Wurde ein Patient bereits vorbehandelt, muss man mit dem Allergietest warten. Nach einer Kortisonbehandlung beträgt die Wartefrist mindestens vier Wochen, nach der Gabe von Antihistaminika zehn Tage.

Therapie: Die Therapie ähnelt dem Vorgehen bei der Atopie: Meiden des Allergens oder, wenn das nicht geht, die Gabe von Glukokortikoiden. Da Kortison die Haut austrocknet, was Juckreiz auslösen kann, sollte man gleichzeitig rückfettende Präparate anwenden.

Die Therapie mit Kurzzeitkortikosteroiden ist relativ risikoarm. Man wird mit der Zeit die Dosis reduzieren, also nur noch jeden zweiten Tag und dann in größeren Abständen eine Tablette geben. So kann sich Nebennierenrinde, die das körpereigene Kortison produziert, sich erholen.

Kopf schief halten

→ Mittelohrentzündung

Kosten

Tierärzte in Deutschland, Österreich und der Schweiz stellen ihre Leistungen nach der geltenden Gebührenordnung in Rechnung. Dabei gibt es für jede Leistung eine gewisse Spanne – in Deutschland ist dies der ein- bis dreifache Satz – innerhalb derer sich die Preisgestaltung bewegen muss. Spezialkliniken können im Einzelfall mehr verlangen, ein Aushang im Warte- oder Sprechzimmer weist den Besitzer auf diesen Umstand hin.

Wochenend- und Notdiensteinsätze sind teurer als eine Behandlung während der Sprechstunde. Für Hausbesuche sind Zeit und Kosten für die Anfahrt zu bezahlen.

Für den Tierbesitzer sind die Gebühren oft deswegen schwer nachzuvollziehen, weil sie sich aus vielen Einzelbeträgen zusammensetzen. So enthalten beispielsweise die Kosten für die Kastration der Hündin Beträge für die Voruntersuchung, die Narkose, die eigentliche Operation, die Materialkosten (Infusion, Narkotika, Antibiose, Nahtmaterial etc.) sowie das Fädenziehen. Die Operation für einen Dackel ist daher preiswerter als für einen Bernhardiner.

Bei der Impfung ist neben dem Impfstoff und der Injektion die eingehende Allgemeinuntersuchung sowie ein ausführliches Beratungsgespräch miteingeschlossen. Am besten fragen Sie Ihren Tierarzt, was eine Behandlung in etwa kosten wird – bei einer Impfung oder Entwurmung kann er es Ihnen sogar genau sagen.

Kotfressen

Zumindest bei der Welpenpflege zählt das Kotfressen zum Normalverhalten. Die Hündin hält auf diese Weise das Nest sauber.

Für das so genannte Kotfressen beim Hund gibt es verschiedene Ursachen. Ist es lediglich eine Untugend des Tieres, kann man erzieherische Methoden anwenden. Vermutlich spielt auch Stress dabei eine Rolle. So zeigen sich einige Hunde als reine Frustfresser.

Es können aber auch Erkrankungen (z. B. Bauchspeicheldrüse) zu der so genannten Fresssucht führen, bei der die Tiere so ziemlich alles aufnehmen.

Besonders bei jüngeren Hunden sollte man zuerst an eine Mangelernährung, vor allem einen Mangel an Spurenelementen und Mineralstoffen, sowie an einen Wurmbefall denken. Es kann aber auch daran liegen, dass die Nahrung nicht genügend ausgenützt wird. Hier kann es manchmal schon helfen, den Eiweiß- und Fettanteil im Futter zu erhöhen und gleichzeitig die Kohlenhydrate zu senken.

Auch bei Wurmbefall fressen die Hunde oft wahllos alles in sich hinein, denn die Würmer entziehen dem befallenen Tier wichtige Nährstoffe.

Da durch das Kotfressen auch Krankheitserreger, vor allem Parasiten aufgenommen werden können, sollte man das Problem mit dem Tierarzt besprechen. Er kann eine krankhafte Ursache gegebenenfalls diagnostizieren und behandeln.

Therapie: Die Therapie besteht darin, die Grundkrankheit zu behandeln oder ein Vitamin-Mineralstoff-Gemisch zu geben bzw. das Tier fachgerecht entwurmen zu lassen.

Eventuell spezielle Erziehungsmaßnahmen nach einer individuellen Beratung in der Verhaltenssprechstunde.

Krämpfe

→ **Frostschutzmittel, Epilepsie, Hypokalzämie, Sonnenstich: Hitzschlag, nervöse Staupe, Tetanus, Tollwut, (Pflanzen-)Vergiftung, Zeckenenzephalitis**

Krallenpilz

Die Pilze sitzen im Krallenbett des Hundes. Man nennt diesen Pilzbefall Onchyo-

K

mykose. Die Pilze zerstören das Hornmaterial und führen zu den sehr schmerzhaften Krallenbettentzündungen.

Man muss verhindern, dass der Hund die Krallen leckt oder benagt, denn eine zusätzliche Schmutzinfektion mit Bakterien verschlimmert diese Entzündung deutlich. Ganz vermeiden lässt sie sich aber nicht.

Krankheitsbild: Unregelmäßig wachsende Krallen, die brüchig werden, abbrechen und aufsplittern sprechen eindeutig für einen Pilzbefall der Krallen.

Diagnose: Hauptproblem ist, dass sich Pilze nur in Gewebsproben vom Krallenbett, nicht aber im toten Krallenhorn nachweisen lassen Das Untersuchungsergebnis beim Einsenden von abgefallenem Hornmaterial ist daher immer negativ, obwohl ein Pilzbefall vorliegt.

K

Therapie: Am wichtigsten ist die Behandlung mit einem Mittel gegen Pilze. Oft reicht eine lokale Behandlung des Krallenbettes aus. Wenn nicht, muss man dem Hund zusätzlich antimykotisch wirkende Tabletten eingeben.

Es gibt Kombinationspräparate, die auch ein Antibiotikum enthalten, da immer auch Bakterien an der Entzündung beteiligt sind.

In schlimmen Fällen muss man eventuell die Krallen unter Narkose ziehen.

Pfotenpflege: Nach dem Spazierengehen sollte man die Pfoten des Hundes kurz in einer entzündungshemmenden Lösung baden.

Das wichtigste ist das Abtrocknen, denn Nässe und Feuchtigkeit weichen das Horn zusätzlich auf. Erst dann trägt man die Antipilzlotion auf die Pfoten auf. Damit der Hund die Lotion nicht ableckt, zieht man ihm zuerst Baumwoll- und darüber Kinderwollsocken an. Es kommt noch genügend Luft an die Krallen.

Krallenschneiden

Nicht bei allen Hunden nützen sich die Krallen von alleine ausreichend ab. Beispielsweise bei älteren Hunden, die nicht mehr so viel laufen, bei Tieren, die sich vorwiegend auf weichem Untergrund bewegen oder Einzelkrallen, die wegen einer Fehl-Fußung weniger belastet werden. Das gilt auch für die Wolfskrallen.

Bei hellen Krallen ist es einfach, man kann das Blutgefäß durchschimmern sehen und kürzt die Kralle knapp davor. Der Nerv verläuft parallel zum Gefäß, es blutet und schmerzt also nicht.

Bei dunkel pigmentierten Krallen lässt man sich das Kürzen am besten vom Tierarzt zeigen. Notfalls hat er ein Gerät, um eine leichte Blutung zu stillen. Man kann sich auch nach der kürzesten Kralle richten und die längeren auf diese Länge schneiden. So geht man auf Nummer sicher. Man kürzt jede Kralle einzeln und zwar gerade, nicht angeschrägt.

Krankengymnastik

In den USA zählt die Krankengymnastik für Tiere schon zum medizinischen Alltag.

In Europa fangen Tierärzte vereinzelt an, sich auf diesem Gebiet Spezialkenntnisse anzueignen. Man muss also noch nach einem Spezialisten suchen. Ein Besuch bei einer Krankengymnastischen Praxis für Menschen ist nicht zu empfehlen, da exakte Anatomiekenntnisse des Hundes unabdingbar sind.

Wenn ein Dackel beispielsweise durch einen Bandscheibenvorfall teilweise gelähmt ist, kann man mit ihm Gleichgewichts- und isometrische Übungen machen. Wurde ein Unfallhund an der Hüfte operiert und muss sich schonen, gymnastiziert man das betroffene Bein, um die Muskulatur wieder zu kräftigen.

Kryptorchismus

Bei der Geburt liegen die Hoden noch unter bzw. hinter den Nieren. Innerhalb der ersten sechs Wochen, spätestens im dritten Lebensmonat wandern die Hoden durch den Leistenkanal in die Hodensäckchen.

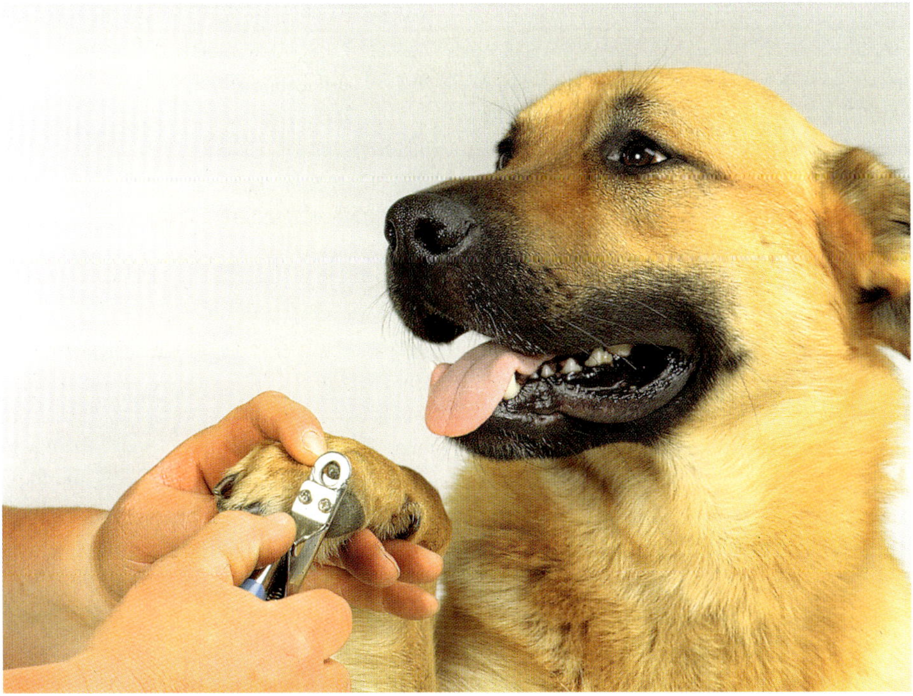

Krallenkürzen: Mit einer Krallenschere ist das kein Problem, es sei denn, der Hund ist ein Zappelphillip. Wichtig ist, immer im rechten Winkel und im nicht mehr durchbluteten Ende der Kralle zu kürzen.

Man nennt das den Deszensus testis oder Hodenabstieg. Hin und wieder bleiben jedoch ein oder beide Hoden in der Bauchhöhle zurück. Der Tierarzt kann sie nicht ertasten, daher nennt man diesen Zustand Kryptorchismus, was verborgene Hoden bedeutet.

Der Hodenabstieg lässt sich durch Medikamente nicht beeinflussen. Da es in der Bauchhöhle knapp 40 °C hat, im Hodensack hingegen unter 20 °C, neigen die Hoden zur tumorösen Entartung. Man sollte die betroffenen Rüden daher besser kastrieren lassen.

Eine Operation ist ab Eintritt der Geschlechtsreife möglich, also mit knapp einem Jahr. Diese Routineoperation ist gerade bei einem jungen Hund mit keinem großen Risiko verbunden.

Neben dem Kryptorchismus kommt noch eine weitere Entwicklungsstörung vor: Die Hoden bleiben im Leistenkanal stecken, die Retentio testis. In diesem Fall lassen sich die Hoden tasten. Der Tierarzt kann in den ersten sechs Lebenswochen versuchen, durch Injektion von Hormonen den vollständigen Hodenabstieg herbeizuführen. Diese Therapie ist aber nur bei jungen Hunden zu empfehlen. Stört eine Engstelle den Abstieg, kann der Tierarzt dieses mechanische Problem mit einem kleinen Eingriff beseitigen.

Mit den betroffenen Rüden sollte man nicht züchten, da die Veranlagung für dieses Problem erblich ist. Da es zudem erst beim späteren Besitzer auftritt, der Züchter also gar nicht weiß, dass diese Veranlagung in seiner Zucht ist, sollte man es dem Züchter mitteilen. Nur so kann er diesen Punkt bei der Wahl der Elterntiere in Zukunft mit berücksichtigen.

L

Lähmung

→ **Dackellähme, Halswirbel-Dysplasie (kleine Rassen), Hinken, Leptospirose, Rückenmarksquetschung, Staupe, Tetanus, Toxoplasmose**

Läufigkeit

Die Weibchen wild lebender Caniden (Hundeartige) haben nur eine Brunst zum Jahresanfang und werfen ihre Jungen im Frühjahr. Die Haushündin ist diöstrisch, das heißt, sie wird zweimal im Jahr läufig. Man unterscheidet dabei vier Abschnitte:

1. **Vorhitze** (Proöstrus): Die Proöstrus-Phase dauert zwischen sieben und dreizehn Tagen, die Hündin ist noch nicht aufnahmebereit. Die Schamlippen schwellen, die Blutungen setzen ein und die Hündin scheidet ein intensiv riechendes Sekret aus. Gleichzeitig vergrößert sich die Gebärmutter, der Gelbkörperhormongehalt (Progesteron) steigt und in den Eierstöcken reifen befruchtungsfähige Eizellen.

2. **Hitze** (Östrus): Die eigentliche Hitze dauert fünf bis zwölf Tage im Durchschnitt.

Die Hündin ist nun paarungs- und aufnahmebereit und lässt die Rüden an sich heran, wenn der Besitzer das zulässt. Die in den Eierstöcken gereiften Eizellen werden freigegeben, bis zu zwölf Befruchtungen sind möglich.

Wird eine Hündin nicht gedeckt und damit nicht trächtig, schließt sich der Metöstrus an.

3. Nachbrunst (Metöstrus): Die Nachhitze dauert neun bis zwölf Wochen. Der Progesteronwert erreicht nach drei bis acht Tagen seinen Höhepunkt, bevor er langsam wieder absinkt (Gefahr einer möglichen Scheinträchtigkeit).

Manchmal bleibt der Gelbkörper im Metöstrus jedoch länger bestehen und schüttet Progesteron aus. Der Hündin wird suggeriert »Ich bin trächtig«. So kommt es zur Scheinträchtigkeit. Die Gebärmutter bildet sich zurück, die nicht befruchteten Eizellen werden abgestoßen.

4. Anöstrus, die Ruhephase, dauert zwei bis vier Monate.

Läufigkeit bleibt aus

Normalerweise haben Hündinnen einen regelmäßigen Zyklus, solange sie keiner Hormontherapie unterzogen werden. Manche Hündinnen werden allerdings nur einmal im Jahr läufig und das eventuell kaum merkbar.

Wenn die Läufigkeit wirklich einmal ausbleibt, sollte man den Tierarzt zu Rate ziehen. Nachwuchs scheidet als Ursache meist aus, da die Trächtigkeit kürzer ist als die Abstände zwischen zwei Läufigkeiten.

Wenn eine junge Hündin im ersten Jahr nicht läufig wird, kann es an der Rasse liegen. Auch eine Unterfunktion der Eierstöcke kann dazu führen, dass eine Hündin erst sehr spät das erste Mal läufig wird. Die andere Möglichkeit wäre, dass man die Läufigkeit nicht bemerkt, was jedoch selten der Fall sein dürfte. Abgesehen von dem kurzzeitigen Interesse der Rüden, ist auch das Verhalten der Hündin deutlich anders.

Bleibt bei einer jüngeren Hündin die erwartete Läufigkeit einmal aus, besteht in den meisten Fällen kein Grund zur Sorge. Vor allem in der kälteren Jahreszeit verschiebt sich gelegentlich der Termin ohne ersichtlichen Grund um einige Wochen. Genauso ist es möglich, dass die Läufigkeit einmal sehr schwach ausgeprägt ist und auch für den erfahrenen Hundehalter unbemerkt abläuft.

Behandlung: Man kann die Läufigkeit mit Hormonpräparaten verschieben oder sogar verhindern, aber man kann sie nicht medikamentös auslösen – es wäre die Induktion einer sterilen Läufigkeit.

Die Gabe von Östrogenen bewirkt lediglich die äußeren Anzeichen einer Läufigkeit, das heißt, das Anschwellen der Vulva und anschließend die leichte Blutung, es erfolgt aber kein Eisprung. Daher sollte man diese Behandlung nicht durchführen, zumal sie unter Umständen eine Gebärmutterentzündung verursachen kann.

Wenn man mit seiner Hündin nicht züchten will, ist es für die Hündin am besten, einfach abzuwarten, solange ihr Allgemeinbefinden ungestört ist. Allerdings sollte man die Hündin untersuchen lassen, um eine Krankheit oder Entwicklungsstörungen auszuschließen.

Wenn sich eine normale Hitze einstellt, merkt man das nicht zuletzt am Verhalten der Rüden. Wenn die Eierstöcke nicht unterentwickelt sind, was eine Untersuchung klären kann, wird jede Hündin ein erstes Mal läufig werden.

Durch eine Blutuntersuchung lässt sich dieser Zeitpunkt nur sehr schwer feststellen, da normalerweise die Östrogenwerte erst ansteigen, wenn die Blutung schon begonnen hat.

Zyklusstand untersuchen: Man kann den Zyklusstand feststellen, indem man durch Scheidenabstriche klärt, ob ein Eisprung stattgefunden hat oder wann er zu erwarten ist. Dieser Abstrich sollte aber in Verbindung mit einer gynäkologischen Untersuchung im wöchentlichen Abstand erfolgen; wenn eine Blutung eingetreten ist, muss die Hündin ab dem zehnten Tag der Läufigkeit täglich untersucht werden.

Läufigkeitsstörungen sind in der Praxis keine Seltenheit. Man sollte die Hündin auf jeden Fall immer gut beobachten. Wenn sie einen abgeschlagenen Eindruck macht oder vermehrt Wasser trinkt, könnte das ein Hinweis auf eine → **Gebärmutterentzündung** sein. Diese kommt bei Hündinnen mit gestörter Läufigkeit relativ häufig vor.

Läufigkeitsekzem / Hormonüberempfindlichkeit

Manche Hündinnen reagieren allergisch auf endogene Östrogene, seltener auf Gestagene und Androgene.

Die Hormonumstellung vor der Läufigkeit lässt bei Hündinnen Hautprobleme akut werden. So bekommen beispielsweise Neufundländer, Berner Sennenhunde oder Schäferhunde meist vor oder während der Läufigkeit bzw. Scheinträchtigkeit juckende → **Ekzeme** im hinteren Körperbereich, um Anus und Vulva herum sowie an den Hinterflächen der Schenkel.

Mit zunehmendem Alter werden die Symptome stärker und verschlimmern sich jeweils während der Läufigkeit.

Therapie: Kastration.

Läufigkeitsverhütung / Trächtigkeitsverhütung

Die Läufigkeit stellt Hundebesitzer vor eine ganze Reihe von Fragen. Märchen wie »einmal sollte jede Hündin Junge haben«, sollte man vergessen. Aus biologischer und medizinischer Sicht entbehren sie jeder Grundlage. Ihre Wurzeln kann man wohl eher in der vermenschlichten Vorstellung vom »Mutterglück« suchen. Und das sieht für Hunde so aus: Ohne Hormone entwickeln sich auch keine Muttergefühle.

Das bedeutet, man sollte sich bereits vor der ersten Läufigkeit für eine Verhütungs-Methode entscheiden. Die meisten Hündinnen werden mit sieben bis neun Monaten geschlechtsreif.

1. Aufpassen:
Wie praktikabel diese Methode ist, hängt von der Wohnsituation, dem Temperament der Hündin und dem Eifer der Nachbarrüden ab. Für den Hundebesitzer ist diese Zeit sicherlich sehr mühsam und auch für die Hündin bedeutet es einen erheblichen Stress. Daher fressen viele Hündinnen in dieser Zeit kaum noch; einige sind in dieser Zeit sehr unfreundlich zu anderen Hunden, insbesondere zu Hündinnen .

Mittel gegen den interessanten Geruch: Wer möchte, kann diese Mittel ausprobieren, wissenschaftliche Untersuchungen fehlen. Wirklich verlassen sollte man sich nicht darauf.

- OBA ALTA T 2-Tabletten: Vom ersten Tag der Hitze an zu geben. Das Mittel kaschiert lediglich den Geruch der Vulva und der Ausscheidungen und ist ohne Nebenwirkungen für die Hündin. Man soll die doppelte Dosierung von Anfang an und an den Stehtagen (13. bis 18. Tag) die dreifache bis vierfache Menge geben. Das Medikament ist in der Apotheke erhältlich, aber leider nicht ganz billig – und »ohne Garantie«.
- Auf ähnliche Weise sollen »Garantol Dog-Stop Dragees« den spezifischen Geruch der läufigen Hündin beseitigen.
- Den Nachbarrüden kann man sich eventuell mit einem »Hau-ab Spray« vom

Wenn das Gegenüber verheißungsvoll duftet, spielen Größenunterschiede keine Rolle. Wo ein Wille ist, ist auch ein Weg.

Leib halten, was jedoch zu Ärger mit den Rüdenbesitzern führen kann.

Da diese Mittel nicht sicher sind und auch den Paarungsdrang der Hündin nicht mindern, kann man sie nicht wirklich empfehlen.

2. Hormonelle Läufigkeitsunterdrückung:

Man kann die Läufigkeit durch regelmäßige Hormongaben unterdrücken. Da Hündinnen sehr empfindlich auf Östrogene reagieren, verwendet man immer Gestagene.

Sie blockieren den Zyklus der Hündin. Sie macht daher nach jeder Hormoninjektion eine der Scheinträchtigkeit vergleichbare Phase durch, und zwar mit allen Begleiterscheinungen: Die Hündin wird ruhiger und runder, sie baut sich ein Nest, sammelt Spielzeug und schließlich entwickelt sich ihr Gesäuge. Unter Umständen beruht darauf auch die erhöhte Neigung zu Mammatumoren, die man bei hormonell behandelten Tieren beobachten kann.

Trotz aller Bemühungen, die Gestagene nur im so genannten Anöstrus, also während der Ruhephase des Sexual-Zyklusses, einzusetzen, zeigt die Praxis, dass die Hormonbehandlung immer wieder zu Gebärmuttererkrankungen führt. Deshalb muss man auf einige Punkte achten:

- Um die Risiken möglichst gering zu halten, sollte man die ersten beiden Läufigkeiten einer Hündin ohne Behandlung vorübergehen lassen. So lernt man Dauer, Verlauf und Intervall der Läufigkeit kennen.
- Die Behandlung sollte frühestens drei Monate nach der letzten und spätestens einen Monat vor der zu erwartenden Läufigkeit erfolgen. Hat eine Hündin geworfen, sollte man sie 60 Tage nach der Geburt behandeln.
- Vor der ersten Gestagen-Injektion sollte der Tierarzt eine so genannte vaginalzytologische Untersuchung durchführen: Mit einem Wattetupfer entnimmt der Tierarzt eine Probe und untersucht dann den Ausstrich unter dem Mikroskop. An den Abschilferungszellen kann er erkennen, ob sich die Gebärmutter seit der letzten Läufigkeit vollkommen erneuert hat. Ist der Prozess nicht abgeschlossen, muss die Untersuchung wiederholt werden.
- Kennt man den Termin der letzten Läufigkeit oder den der letzten Hormongabe nicht oder hat die Hündin Zyklusstörungen oder Scheidenausfluss, dann darf sie keine Gestagene erhalten.
- Besonders bei Hündinnen, die mehrere Jahre lang Gestagene erhalten haben, kann es zu einer Gebärmutterveränderung kommen, in Folge derer dann Eierstöcke und Gebärmutter entfernt werden müssen. Auch symmetrischer Haarausfall oder Hautverfärbungen können auf eine durch die Injektion bedingte Hormonstörung hinweisen.
- Neben diesem Risiko sollte man auch berücksichtigen, dass der Sexualzyklus

der Hündin durch die Gestagene vollständig unterdrückt wird. Sollte man nach einigen Jahren doch noch züchten wollen, könnte es damit Probleme geben. Die Entscheidung für eine Hormonbehandlung ist daher im Grunde genauso schwerwiegend wie die für eine Kastration:

3. → Kastration

Läufigkeit verschieben

Vor einer Ausstellung oder einem Urlaub kann man die Läufigkeit ausnahmsweise einmal verschieben. Allerdings sollte man mit der Behandlung mindestens zehn Tage vor der erwarteten Läufigkeit beginnen.

Man gibt der Hündin täglich Gestagentabletten. Je länger die Hündin die Pille nimmt, desto länger kann es dauern, bis nach dem Absetzen des Präparats die Läufigkeit einsetzt.

Man kann die Läufigkeit durch Hormongabe auslösen, dies bedeutet jedoch ein hohes Risiko für den Hund.

Läuse

Lausbefall spielt bei Hunden kaum eine Rolle. Lediglich auf langhaarigen, schlecht gepflegten Hunden kann man hin und wieder die Laus *Linognathus setosus* finden. An Kopf, Hals und Rücken stechen die Läuse in die Haut und saugen Blut. Die Läuse verursachen starken Juckreiz. Die betroffenen Hunde verlieren mit der Zeit den Appetit, magern ab und werden anämisch.

Therapie: Man sollte den Hund scheren bzw. das Fell kürzen und den Hund mit einem Spray oder Spot-on-Präparat gegen Ektoparasiten (Wirkstoff Fipronil) behandeln.

Lasten tragen

Mit Ausnahme von einigen Tiermüttern, die ihre Jungen im Beutel, an der Brust oder auf dem Rücken mit sich herumtragen, ist Gepäck ein typisch menschliches Problem. Selbst Pferd und Esel sind von Haus aus keine Tragtiere.

Beim Tragen von Lasten können grundsätzlich zwei Probleme auftreten: Zum einen kann es auf der Haut durch das Scheuern der Last Druckstellen geben. Zum anderen kann eine schwere Last den Rücken eines Tieres überanstrengen. Besonders problematisch ist dies, wenn die Last ungleichmäßig aufgeladen wird.

Dennoch kann man größeren Hunden eine gut gepolsterte Packtasche umschnallen, wie das bei Rettungs- und Servicehunden teilweise üblich ist. Hunde mit Herz- oder Skelettproblemen sollte man unbedingt schonen.

Laute, ungewöhnliche

→ Rückwärtsniesen, Schluckauf

Lebenserwartung

Im Vergleich zu Studien aus den sechziger Jahren hat sich die Lebenserwartung der Haushunde verdoppelt. Die Daten zum durchschnittlichen Alter einer Rasse wer-

Rasse	mittlere Lebenserwartung	Prozent der Hunde, die älter als 10 Jahre wurden
Berner Sennenhund	6,8 Jahre	12,5 %
Boxer	9,5 Jahre	35,7 %
Chow-Chow	10,8 Jahre	54,7 %
Cocker Spaniel	10,7 Jahre	51,9 %
Eurasier	10 Jahre	44,4 %
Mischlinge	10 Jahre	–
Pudel	13 Jahre	74,9 %
Rottweiler	7 Jahre	10 %
Schäferhunde	9 Jahre	35 %
Schnauzer	11 Jahre	–
Teckel	11 Jahre	56,5 %
Yorkshire Terrier	11 Jahre	52,2 %

den meist in Kliniken aus dem Patientengut erhoben.

Eine Aussage über die Vitalität einer Rasse lassen sie nur bedingt zu, da die Lebensumstände wie Unfallrisiko (Stadt-, Jagdhund), mangelhafte Pflege oder beispielsweise die Welpensterblichkeit unberücksichtigt bleiben. Trotzdem geben diese Jahresangaben (nach Eichenberg und Seine) einen realistischen Anhaltspunkt. Interessant ist, dass nach dieser Studie Hündinnen keine höhere Lebenserwartung haben als Rüden.

Nach amerikanischen Untersuchungen werden Hündinnen älter als Rüden, kastrierte Tiere älter als unkastrierte. Auch das Vorurteil, Mischlinge seien besonders robust, lässt sich hier nicht bestätigen.

Leberprobleme

Die Leber ist das wichtigste Stoffwechselorgan und hat eine Fülle von Funktionen. Sie verstoffwechselt Zucker- und Eiweißbausteine, entgiftet toxische Substanzen, dient als Speicherorgan, produziert die Gallenflüssigkeit zur Fettverdauung sowie Blutbestandteile und Vitamine. Da die Leber eine hohe Regenerationsfähigkeit besitzt, führen erst gravierende Schäden zu Symptomen.

Wenn die Leber erkrankt, dann häufig infolge von Allgemeininfektionen, wie Blutvergiftung, H.c.c. oder chronischen Magen-Darmentzündungen. Doch auch toxische Substanzen (z. B. Medikamente) können die Leber schädigen.

Die Symptome sind recht unspezifisch.

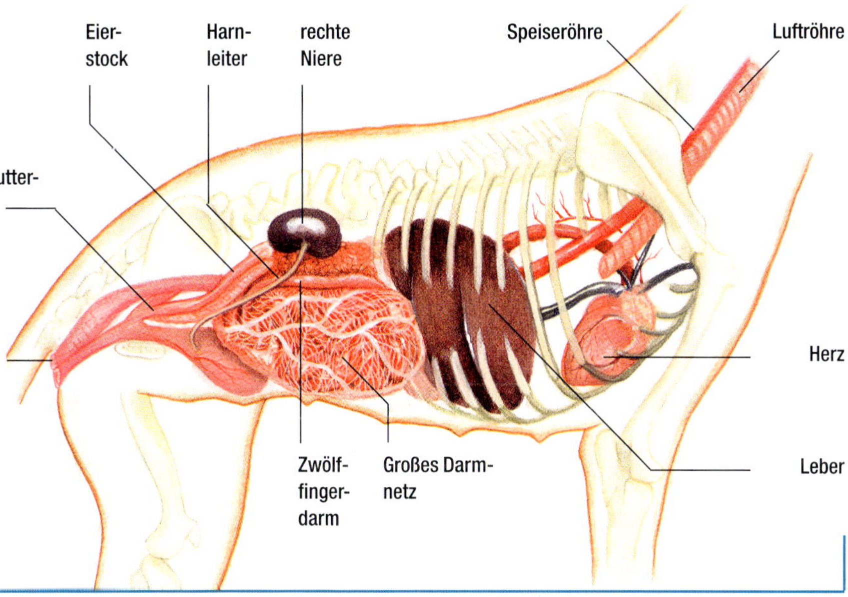

Die inneren Organe des Hundes, von der rechten Seite aus betrachtet. Die Leber nimmt reichlich Platz ein.

Manche Hunde haben Fieber, erbrechen, die Tiere können an Bauchwassersucht leiden, sehr viel Wasser trinken und wieder ausscheiden.

Die Gelbsucht (Ikterus), die auf ein Leberproblem hinweisen könnte, fehlt oft. Als Komplikation kann es zum Leberkoma kommen, wenn die Leber ihre Funktion nicht mehr erfüllen kann. Die Leber kann beim Abtasten schmerzhaft sein, außerdem geben bestimmte Blutparameter Hinweise auf einen Leberschaden. Eine Ultraschalluntersuchung gibt Aufschluss über den Zustand der Leber und des Gallensystems. Röntgenaufnahmen zeigen eine Vergrößerung des Organs

Therapie: Da man bei Lebererkrankungen oft nicht so genau weiß, was die Ursache ist, kann man die Heilung nur allgemein unterstützen. Der Tierarzt wird die Entzündung behandeln, um ein Absterben von Lebergewebe zu verhindern. Außerdem wird er bakteriellen Infektionen vorbeugen und die klinischen Symptome wie Bauchwassersucht therapieren.

Der Besitzer kann den Hund schonen sowie fettarme Diät mit hochwertigem Eiweiß anbieten (eventuell kommerzielle

Leberdiät, Reis-Quark/Hüttenkäse). Den genauen Eiweißgehalt muss der Tierarzt mit den Laborwerten abstimmen. Zuviel wäre genauso schädlich wie zu wenig. Außerdem sollte der Hund täglich Laevulose oder Glucose erhalten.

Präparate aus der Mariendistel kommen bei verschiedenen Lebererkrankungen zum Einsatz.

Leckekzem der Pfoten

siehe Pfoten

Leishmaniose

Die Leishmaniose kommt vor allem im südlichen Europa vor. Ihr klassisches Verbreitungsgebiet reicht von der Iberischen Halbinsel bis zur Türkei, aber auch vierbeinige Urlauber aus anderen Mittelmeerländern können dieses unliebsame Souvenir mit nach Hause bringen.

Infektion: Durch einen Mückenstich gelangt der Erreger, das Protozoon *Leishmania donovani*, in die Blutbahn des Hundes. Es vermehrt sich durch Zweiteilung und befällt Lymphknoten, Milz, Leber und das Knochenmark. Erst Wochen bis Monate später wird der Hund krank, also dann, wenn man als Besitzer schon gar nicht mehr an den letzten Urlaub denkt.

Symptome: Leichtes Fieber und schlechter Appetit sind die Vorboten. Meist erkranken Hunde an der Hautform der Leishmaniose:

Die Haut im Bereich der Ohrmuscheln und der Lidränder, am Nasenrücken und oft auch an den Ellbogen verändert sich deutlich, sie wird weiß und bekommt grobe Schuppen. Darüber hinaus können sich kleine Knötchen oder auch Geschwüre in der Haut bilden; nicht selten verlieren die Hunde auch Haare. Ohne Therapie endet diese Parasitose in der Regel tödlich.

Diagnose: Bluttest

Therapie: Prophylaxe: Mückenschutz durch Spot-on-Präparat (z. B. Exspot) oder Halsband (Scalibor), bereits eine Woche vor der geplanten Reise anwenden. Die Chemotherapie mit Antimon-Präparaten erfordert Geduld. Nicht selten kommt es nach Monaten bis Jahren zu einem Rückfall, so dass sich der Hund erneut einer Behandlung unterziehen muss. Obwohl

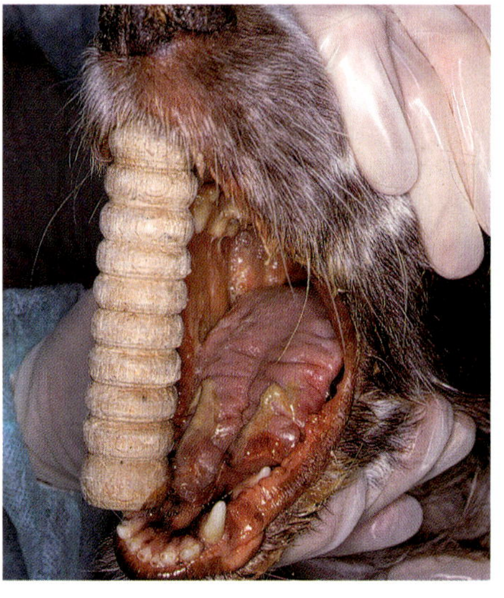

Die Leishmaniose kann Schleimhautgeschwüre verursachen, wie bei diesem Hund.

L

man den Erreger in Blutausstrichen nicht mehr nachweisen kann, zeigt der Hund durch seine typischen Hautveränderungen, dass er noch an Leishmaniose leidet, was dann durch einen Bluttest erhärtet werden kann.

Leptospirose

Die Leptospirose ist eine Infektionskrankheit, die von im Wasser lebenden Einzellern *(Leptospira)* hervorgerufen wird.

Leptospira canicola, der Erreger der Stuttgarter Hundeseuche, wird von Hund zu Hund übertragen. *Leptospira icterohaemorrhagiae*, der Erreger der Weilschen Krankheit, wird in erster Linie durch Ratten verbreitet. Die Erkrankung ist auch für den Menschen ansteckend.

Die Hunde können den Erreger über die Schleimhäute (Auge, Atmungs-, Genital- und Verdauungstrakt) sowie kleine Hautverletzungen aufnehmen. Hauptansteckungsorte sind Boden, Pfützen und Gewässer, in die infizierte Hunde ihre Urinbotschaften gesetzt haben.

Die Krankheit tritt gehäuft vom September bis Dezember auf, wobei doppelt so viele Rüden wie Hündinnen erkranken. 5–20 Tage nach dem Erreger-Kontakt kommt es zur Erkrankung. Infizierte Hunde können den Erreger über lange Zeit mit dem Urin ausscheiden.

Symptome: Die betroffenen Hunde bekommen hohes Fieber (bis 41 °C), sind auffällig müde, neigen zu Nachhandschwäche, das heißt einer allmählichen Lähmung der Hinterbeine, zur Nierenentzündung und Mundhöhlenentzündung, zu blutigem Durchfall sowie zum Erbrechen. In besonders schlimmen Fällen können Gelbsucht und Verhaltensveränderungen auftreten.

Vorbeugen und Therapie: Wer seinen Hund regelmäßig impfen lässt, vermeidet die Erkrankungen. Außerdem sollte man seinen Hund von stehenden Gewässern fernhalten. Er sollte weder daraus trinken, noch darin baden.

Wenn sich jedoch ein ungeimpfter Hund infiziert hat, muss er unbedingt sofort vom Tierarzt intensiv betreut werden. Die Therapie richtet sich gegen den Erreger sowie nach den bereits aufgetretenen Symptomen. Sind bereits Organe zerstört, ist die Prognose ungünstig.

Lid-Fehlstellung

Die angeborenen Fehlstellungen der Augenlider Ektropium und Entropium lassen sich relativ gut korrigieren.

Ektropium:

Bei dem Ektropium ist der untere Augenlidrand ganz oder teilweise nach außen gedreht.

Bei manchen Rassen ist es durch zweifelhafte Zuchtauswahl angeboren, z. B. bei Bernhardiner, Neufundländer, Bluthund und Basset. Bei Hunden mit rundem Kopf und daher sehr offenen Augen wie Boxer und Cocker Spaniel kommt das Ektropium ebenfalls häufig vor.

Daneben können jedoch auch Krankheiten (Narben, Lähmungen usw.) zu einem Ektropium führen. Ein nach außen gedrehtes Unterlid kann seine Schutzfunktion nicht mehr erfüllen, die Bindehaut neigt daher zu chronischen Entzündungen.

Therapie: Man kann das Lid auf verschiedene Weise chirurgisch raffen und so einen korrekten Lidschluss erzielen. Im Übrigen sollte man sich Welpen kaufen, deren Eltern kein Ektropium haben.

Entropium:
Meist ist das Unterlid betroffen. Das Unterlid ist dabei mehr oder weniger nach innen gerollt. Das bedeutet, dass auch die Wimpern nach innen zeigen und bei jedem Lidschlag auf der überaus empfindlichen Hornhaut scheuern.
Bei einigen Rassen tritt das Entropium gehäuft auf, so etwa bei Rottweiler, Chow-Chow, Deutsch-Drahthaar, English Setter, Bullterrier und Dalmatiner. Das Entro-

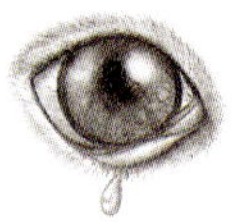

Ektropium: Das Unterlid kehrt sich nach außen.

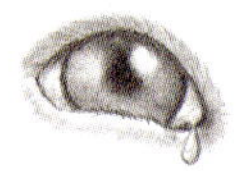

Entropium: Das Unterlid kehrt sich nach innen.

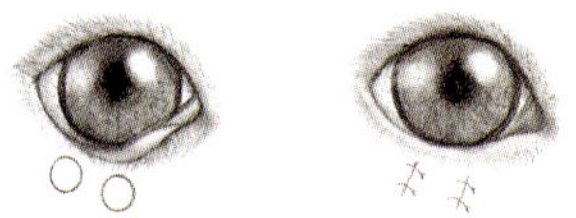

Operative Korrektur eines leichten Ektropiums

Operative Korrektur eines leichten Entropiums

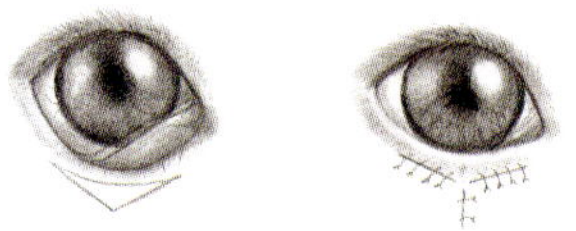

Operative Korrektur eines starken Ektropiums

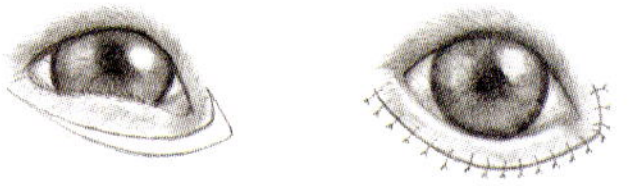

Operative Korrektur eines starken Entropiums

Fehlerhafte Lidstellungen und deren chirurgische Korrektur.

L

pium kann jedoch auch als Folge von Verletzungen oder Augenerkrankungen auftreten.

Als Folge kann es zum krampfhaften Lidschluss und zu Entzündungen von Hornhaut und Bindehaut kommen. Die betroffenen Hunde sind sehr lichtscheu. Diese Irritationen am Auge sind durchaus schmerzhaft, die Hunde kratzen, reiben und scheuern sich.

Therapie: Man kann eine konservative Behandlung versuchen, aber in der Regel reichen entzündungshemmende Medikamente hier nicht aus. Der Tierarzt wird in diesem Fall das Lid in einer Operation raffen.

Licht

Therapeutisch nutzt man speziell das UV-Licht. Die Bestrahlung mit UV-B-Strahlen bewährt sich bei Ekzemen, Hautpilz-Erkrankungen und schlecht heilenden Wunden. Auch bei allgemeiner Abwehrschwäche und schweren inneren Erkrankungen kann UV-Licht helfen.

Man beginnt die Bestrahlung mit fünf Minuten und steigert sie dann minutenweise auf maximal 20 Minuten.

Liebeskummer des Rüden

Origanum vulgare D 30: Rüden-Besitzer können dem Tier den Liebeskummer ersparen, wenn sie ihm an den interessanten Tagen der Nachbarhündin ca. 6 Tage lang täglich 1 Tablette Origanum vulgare D 30 verabreichen.

Liegeschwielen

Vor allem bei Hunden großer Rassen können sich Liegeschwielen bilden. Da Hunde es nicht immer so warm mögen, liegen sie viel auf dem blanken Boden und da macht sich das höhere Körpergewicht der großen Rassen bemerkbar: im Verhältnis lastet zu viel Gewicht auf den vorspringenden Stellen.

Liegeschwielen entstehen an Körperstellen, an denen die Haut über Knochenvorsprüngen beim Liegen stark beansprucht bzw. regelrecht gequetscht wird. Die strapazierte Haut reagiert mit einer

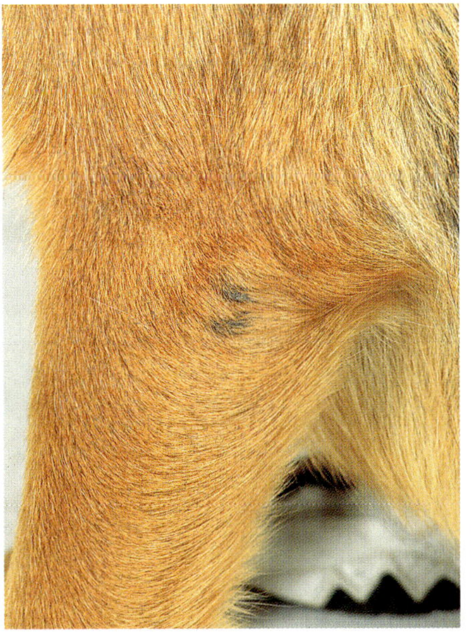

Größere Hunde haben wegen ihres Gewichtes oft – wie hier am Ellbogen – Liegeschwielen.

L

zunehmenden Verdickung, mit Faltenbildung, Schwarzfärbung und Haarausfall.

Als Folge kann sich die Haut an diesen Stellen entzünden. Diese Entzündungen kehren trotz Behandlung häufig wieder, so dass man diese Hautbezirke in solch einem Fall operativ entfernen muss.

Vorbeugen und Behandlung: Als erstes entstehen Schwellungen über dem Ellbogenhöcker (Processus anconäus). Am Anfang kann der Tierarzt durch Punktion die Flüssigkeit ablassen, anschließend einen elastischen Verband anlegen und die Stelle gut abpolstern.

Bei kleineren Schwellungen (Hygrome) unternimmt man nichts. Man polstert die Stelle und achtet darauf, dass der Hund sich nicht auf den blanken Fußboden legt. Gut wirksam und preiswert ist so genanntes Melkfett, das man für die Pflege der empfindlichen Euterhaut von Kühen verwendet. Wichtig ist, dass die Haut zweimal täglich damit eingerieben wird, und das meist ein Leben lang.

Nur wenn man dafür sorgen kann, dass der Hund in Zukunft nicht mehr auf hartem Untergrund liegen wird (und das ist ziemlich unwahrscheinlich) hat man eine Chance, die Liegeschwielen wegzubekommen.

Eigentlich müsste man den Hunden Ellbogenschützer anziehen, um die Haut zu entlasten. Solange sich die Schwielen nicht entzünden, haben die Hunde keine Schmerzen. Es ist dann lediglich ein Schönheitsfehler.

PS: Nach einem Aufenthalt in südlichen Ländern sollte man bei Hautveränderungen an Ellbogen, Ohrrändern und am Nasenrücken immer auch an → **Leishmaniose** denken.

Linsenluxation

Normalerweise liegt die Augen-Linse in einer Grube des Glaskörpers. Wird der Aufhängeapparat der Linse verletzt, kann sie aus dieser Grube rutschen und nach vorne in die Augenkammer oder nach innen in den Glaskörper fallen.

Ursachen: Angeboren, Verletzungen, Infektionen, toxische Schädigung, mechanische Verdrängung (Blut, Entzündungen, Druckerhöhung im Auge, Tumore).

Therapie: Das chirurgische Eingreifen muss unverzüglich erfolgen, dann kann man die Sehfähigkeit oft erhalten.

Linsentrübung

→ Grauer Star

Lokalanästhesie

Man blockiert mit der Injektion von Lokalanästhetika – unter die Haut, ins Gelenk oder in den Wirbelkanal – lokal begrenzt und reversibel die Erregungsleitung der Nervenfasern. So wird das Schmerzempfinden in dieser Körperregion ausgeschaltet, obwohl das Bewusstsein erhalten bleibt.

M

Magen-Darm-Probleme

Magen-Darm-Erkrankungen äußern sich meist in Verdauungsstörungen, wie Durchfall, Erbrechen, Mundgeruch oder Blähungen. Die Ursachen sind vielfältig: allgemeine Infektionskrankheiten, z. B. Staupe, spezifische Infektionen des Magen-Darmtraktes, z. B. Helicobacter, Salmonellose, Darmparasiten, Störungen in der Bewegungsfähigkeit des Verdauungstraktes und der Darmsaftabsonderung (z. B. Bauchspeichel, Magensaft, Galle) und falsche Ernährung.

Krankheitsbild: Ein Hauptsymptom bei Magenkrankheiten ist Erbrechen, vor allem kurz nach der Fütterung, aber auch Würgen, Rülpsen und Appetitlosigkeit. Darmkrankheiten äußern sich in erster Linie mit Durchfall, Veränderungen in der Farbe und dem Geruch des Kotes (faulig oder säuerlich) sowie durch Gasbildung.

Ursache – Futterbestandteile: Futterbestandteile, die im Magen und Dünndarm nicht ausreichend verdaut und aufgenommen werden können, werden in verstärktem Maß im Dickdarm von den dort zahlreich vorhandenen Mikroorganismen abgebaut.

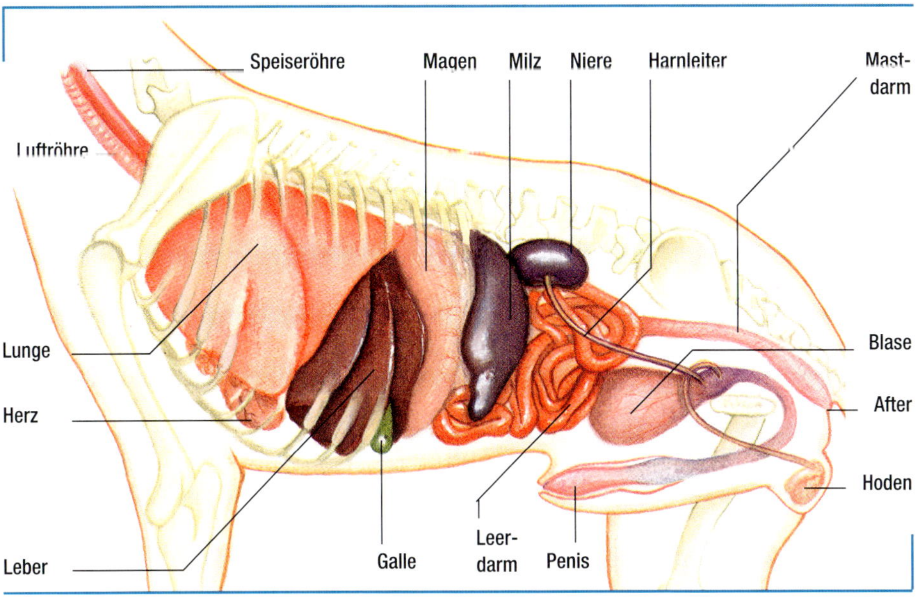

Ein Blick auf die inneren Organe des Hundes, diesmal von links: Die korrekte Lage des Magens ist gut zu erkennen (s. Magendrehung).

Diese Abbauprodukte reizen die Dickdarmschleimhaut und halten Wasser im Darm zurück. Die Folge davon ist weicher Kot oder Durchfall. Je nach Art der nichtverdauten Stoffe treten hierbei Geruchsabweichungen des Kotes auf: Unverdautes Eiweiß, z. B. *schwer verdauliches Eiweiß* aus tierischem Bindegewebe (Sehnen, Knorpel) oder zuviel pflanzliches Eiweiß hinterlassen einen fauligen Geruch.

Unverdaute Kohlenhydrate, das heißt nicht erhitzte und damit unaufgeschlossene, stärkehaltige Futtermittel (Haferflocken, Milchzucker) riechen säuerlich.

Zu wenig Ballaststoffe bei einer reinen Fleischfütterung, eine verlangsamte Darmpassage, aber auch Eiweißfäulnis im Dickdarm bewirken einen fauligen Geruch.

Bei der Fütterung von Knochen kommt es zu hartnäckigen Verstopfungen oder gar zu Darmverletzungen. Daher sollten Knochen nicht verfüttert werden.

Gelegentlich treten bei manchen Hunden allergische Reaktionen gegen Fleisch bestimmter Tierarten und andere Futterproteine auf. Die Folgen sind Darmkatarrh, Durchfall, Haarausfall und Nesselfieber.

Ursache – Futterverabreichung: Die Aufnahme von zu heißem Futter hat keine große praktische Bedeutung, da es nur von gierigen Fressern aufgenommen wird. Kaltes Futter dagegen, z. B. direkt aus dem Kühlschrank oder aus der Tiefkühltruhe, führt nach mehrmaliger Aufnahme zu länger andauernden Störungen des Magens (Gastritis).

Die Aufnahme zu großer Futtermengen, etwa wenn der Hund nur einmal am Tag gefüttert wird, kann zu ungenügender Verdauung und damit zu Verdauungsstörungen führen.

Außerdem besteht besonders bei großen Rassen hierbei auch eine erhöhte Gefahr für die lebensgefährliche → **Magendrehung**.

Ursache – Infektionen: Verschimmeltes oder verwesendes Fleisch enthält besonders viele Bakterien. Praktische Bedeutung haben hier vor allem die Salmonellen, besonders bei jüngeren Hunden. Sie werden ebenso bei der Verfütterung von rohem Fleisch und/oder bei unsauberem Geschirr übertragen. Auch die Übertragung von Darmparasiten mit rohen Futtermitteln ist möglich.

Bei Krankheiten des Verdauungstraktes und seiner Anhangdrüsen, besonders der Bauchspeicheldrüse, ist die Verdaubarkeit und Aufnahme bestimmter Nährstoffe im Dünndarmbereich mehr oder weniger stark beeinträchtigt. Aus diesem Grund ist auch bei länger anhaltenden Verdauungsstörungen (Erbrechen, Durchfall) die ausreichende Versorgung des Hundes mit den lebensnotwendigen Nährstoffen gefährdet.

Die Unterversorgung mit Energie führt bis zur starken Abmagerung; ein Mangel an Eiweiß, Mineralstoffen und Vitaminen zur Verminderung der Abwehrkraft gegen Infektionen und höhere Anfälligkeit für Parasiten. Auch Vitaminmangelsymptome können auftreten. Der Wasser- und Mineralstoffverlust bedingt Störungen des Stoffwechsels und beeinträchtigt verschiedene Organe und Systeme wie Nieren, Herz, Haut und Nervensystem unterschiedlich stark.

Darüberhinaus kann es zur vermehrten Aufnahme von giftigen Abbauprodukten der Mikroorganismen im Dickdarm kommen (Amine, Ammoniak, Toxine), die zu einer schweren Belastung des Organismus führen.

Magendrehung

Die Magendrehung ist beim Hund relativ häufig. Sie ist immer ein lebensbedrohendes Ereignis. In der Regel trifft es Hunde im Alter von sechs bis sieben Jahren, doch das ist ein Durchschnittswert. Auch jüngere und ältere Tiere sind davor nicht gefeit. Das Geschlecht des Hundes scheint keinen Einfluss auf die Häufigkeit der Magendrehung zu haben.

Prinzipiell kann es jeden Hund treffen, doch meist erkranken Hunde großer Rassen. Die Magendrehung geht immer mit einer Magenüberdehnung einher. Häufig ist der verdrehte Magen mit Futter gefüllt und auch hochgradig aufgebläht. Die Hunde haben Schmerzen und schlucken daher Luft. Der Mageneingang (Kardia) wirkt wie ein Ventil, er lässt die Luft rein, aber nicht mehr heraus. Der Magenausgang (Pylorus) ist durch die Drehung sowieso verschlossen. Bei fast allen Patienten ist der Magen so stark um seine Achse gedreht, dass der Magenausgang statt rechts oben nun links oben zu liegen kommt. Durch diese Drehung werden unter anderem große Blutgefäße und der Mageneingang abgeschnürt.

Wie kommt es zur Magendrehung: Ganz genau weiß bis heute keiner, warum sich der Magen um seine Achse dreht. Man ging bisher immer davon aus, dass sich nur ein erweiterter oder gefüllter Magen drehen kann. Weil der Magenausgang zugedreht ist, gast der Magen auf.

Doch bei Untersuchungen dieses Gases zeigte sich, dass seine Zusammensetzung der Raumluft entspricht. Daher muss man davon ausgehen, dass es sich hier nicht um Verdauungsgase handelt, sondern dass das Gas durch Luftschlucken in den Magen kommt.

Der so aufgepumpte Magen sitzt in der verdrehten Position nun endgültig fest. Doch es könnte auch umgekehrt sein: Es könnte sein, dass die Magendrehung schon vor der Fütterung bestand. Durch das Fressen wird den Hunden übel, sie schlucken Luft und gasen damit den Magen auf.

Daneben gibt es für das Luftschlucken auch andere Ursachen, wie beispielsweise Speiseröhrenerkrankungen. Da die Luft jedoch in diesen Fällen in Richtung Darm entweichen kann, bleibt das meist ohne Folgen.

Krankheitsbild: Der Besitzer kann fast immer die klassischen Symptome beobachten: Der Hund ist sehr unruhig, sein Bauch ist vor allem im vorderen Bereich aufgetrieben, er atmet schnell und flach. Außerdem versucht er zu brechen, er streckt den Hals vor und würgt, aber ohne Erfolg.

Je nachdem, wie stark der Magen überdehnt und um die Achse gedreht ist, kann sich der Zustand des Hundes ganz rapide verschlechtern: Der Hund schwebt in akuter Lebensgefahr. Bei einem so dramatischen Verlauf kann der Hund innerhalb von 30 bis 60 Minuten in einen tödlichen Schockzustand geraten.

Zum Schock kommt es dadurch, dass der gedrehte, überdehnte Magen große Blutgefäße mitdreht und abschnürt. Ist die große hintere Hohlvene (Vena cava caudalis) abgequetscht, kann ein großer Teil des Gesamtblutes nicht mehr zum Herzen zurückgelangen.

Es wird im hinteren Bereich des Körpers und in den Bauchraum zurückgestaut. Damit steht es dem Sauerstofftransport nicht mehr zur Verfügung, der für das Überleben des Körpergewebes erforderlich ist.

Darüber hinaus können weitere Komplikationen auftreten: Bei einer Magendrehung gelangen chemische Substanzen in das Blut, die zu gefährlichen Herzrhythmusstörungen führen können. Die Bauchspeicheldrüse scheint hierbei eine wichtige Rolle zu spielen. Je nach Schweregrad können die Herzrhythmusstörungen zum Tode führen, wenn sie nicht rechtzeitig behandelt werden.

Doch auch wenn der Hund überlebt, können Folgen zurückbleiben. Bei hochgradiger und länger bestehender Magendrehung können bestimmte Regionen der Magenwand absterben. Diese Regionen können und müssen, soweit dies zu vertreten ist, chirurgisch entfernt werden. Entfernt man die abgestorbenen Magenwandanteile nicht, kann es an dieser Stelle zum Magendurchbruch kommen. Das bedeutet meist den Tod des Tieres.

In sehr schweren, unbehandelten Fällen kann es durch den starken Gasüberdruck im Magen bereits sehr früh zum Magenwandriss kommen. Dies führt bei der Mehrzahl der Patienten zum Tode.

Behandlung: Bei den ersten Anzeichen muss man sofort mit dem Hund zum Tierarzt fahren. Jedes Zögern kann für den Hund tödliche Folgen haben. Der Hund sollte sich dabei so wenig wie möglich anstrengen, also z. B. nicht ins Auto springen oder Treppenlaufen.

Eine Magendrehung muss operiert werden. Nur so verspricht die Behandlung Erfolg und lässt danach eine gute Progose für das Weiterleben des Hundes zu.

Zunächst muss der Tierarzt jedoch die Diagnose stellen, also die Magendrehung erkennen und die nötigen Sofortmaßnahmen einleiten. Die Diagnose ist aufgrund des meist typischen Vorberichtes und der klassischen Symptome fast in allen Fällen leicht zu stellen. Um die Diagnose abzusichern, wird der Tierarzt den Hund auf die Seite legen und den Bauchraum röntgen.

Vor der Operation muss der Tierarzt den *Kreislauf* des Patienten *stabilisieren*, um die

Gefahr eines tödlichen Schocks abzuwenden. Der Hund bekommt deshalb Infusionen, um die Flüssigkeit jenseits des »Staudamms« aufzufüllen und so dem Schock entgegenzuwirken. Gleichzeitig wird der Tierarzt das Gas aus dem Magen ablassen (siehe unten). Diese so genannte Dekompression verhindert, dass der Magen platzt. Gleichzeitig hebt er so die Quetschung der hinteren Hohlvene auf.

Der aufgegaste Magen kann aufs Zwerchfell drücken und so zudem noch die Atmung behindern. Ohne diese Stabilisierung des Kreislaufes wäre eine Narkose für die anschließende Operation zu riskant. Zur erfolgreichen Schockbehandlung dient in erster Linie eine massive Flüssigkeitszufuhr direkt in die Venen. Massiv heißt hier wirklich literweise: Bei schwerem Schock sollte ein 50 Kilogramm schwerer Hund etwa vier bis sechs Liter Flüssigkeit innerhalb einer Stunde infundiert bekommen.

Magengas ablassen: In der Regel geschieht das durch Punktion. Dabei sticht der Tierarzt mit einer nicht zu großen Kanüle, also einer Injektionsnadel, durch die seitliche Bauchwand des Hundes direkt in den Magen. Manchmal gast der Magen bei der Vorbereitung des Hundes für die Operation erneut auf, weil Ein- und Ausgang durch die Drehung weiterhin blockiert sind. Dann muss der Tierarzt die Punktion wiederholen.

Selbstverständlich wird der Tierarzt vor der Operation weiterhin abklären, ob der Patient womöglich noch an anderen Krankheiten oder Problemen leidet. Wie schon erwähnt, kommt es leicht zu Herzarrhythmien. Deshalb wird der Tierarzt gleich während der ersten Untersuchung, unter anderem mit Hilfe eines EKGs, feststellen, wie es um das Herz steht.

Operation: Sind alle Vorbereitungen getroffen und ist der Kreislauf stabil, wird der Tierarzt sofort operieren. Dabei wird nach Eröffnung der Bauchhöhle zunächst der Magen vorsichtig in die richtige Position zurückgedreht und über eine Schlundsonde (Schlauch) entleert. Sodann wird die gesamte Bauchhöhle sorgfältig auf Veränderungen abgesucht.

Besonderes Augenmerk gilt dem Magen selbst. Der Tierarzt muss sichergehen, ob alle Bereiche der Magenwand lebensfähig sind. Notfalls muss ein Teil der Magenwand entfernt werden.

Bei etwa 20 Prozent der Hunde, die operiert werden, ist die Magenwand leider bereits in so weiten Bereichen geschädigt, dass ein teilweises Entfernen des Magens nicht mehr in Frage kommt. In solchen Fällen bleibt nur noch die Euthanasie. Das Ausmaß der Magenwandschädigung ist abhängig von Grad und Dauer der Magendrehung.

Am Ende der Operation wird der Magen normalerweise an der inneren rechten Bauchwand fest vernäht. Allerdings darf man sich das nicht so vorstellen, dass man den Magen jetzt großflächig an die Bauchwand näht. Der Magen muss sich weiterhin dehnen und kontrahieren können. Lediglich an einer Stelle, kurz vor dem Magenausgang, fixiert man den Magen. Diese Maßnahme soll verhindern, dass der Magen sich erneut um die eigene Achse drehen kann.

Prognose: In der Regel ist die Prognose gut bis sehr gut. Allerdings können einige Faktoren die Prognose verschlechtern: Zum einen, wenn nicht alle abgestorbenen Anteile der Magenwand entfernt wurden oder wenn der Magen nicht korrekt an der Bauchwand fixiert wurde. Zum anderen können unerkannte andere Erkrankungen Probleme bereiten, die bereits vor der Magendrehung bestanden haben und eventuell sogar zu dieser geführt haben.

So beobachtet man bei etwa 20 Prozent der operierten Hunde noch andere Probleme, wie beispielsweise Tumore von Milz oder Niere. Deshalb liegt der Verdacht nahe, dass solche Erkrankungen das Entstehen einer Magendrehung mitbeeinflussen bzw. begünstigen können.

Das Auftreten schwerer Herzrhythmusstörungen kann die Prognose ebenfalls verschlechtern. Lebensbedrohende Herzrhythmusstörungen können bis zu 72 Stunden nach dem Einsetzen der Symptome einer Magendrehung auftreten.

Aus diesem Grunde sollten alle Magendrehungs-Patienten bis zu diesem Zeitpunkt in der Tierklinik bleiben und täglich mehrfach einer EKG-Kontrolle unterzogen werden. Etwa 40 bis 50 Prozent aller Hunde mit Magendrehung entwickeln Herzarrhythmien. In vielen Fällen sind sie jedoch relativ harmlos und müssen nicht behandelt werden.

Vorsichtig füttern: Eine korrekte Fixierung des Magens kann verhindern, dass sich der Magen wieder verdreht. Sie kann jedoch nicht verhindern, dass er sich wieder überdehnt. Außerdem kann wiederholtes Überfüttern und damit eine wiederholte Überdehung des Magens eventuell dazu führen, dass sich die Fixierung des Magens löst. Das kann schon nach einigen Monaten, eventuell auch erst Jahre später passieren.

Aus diesen Gründen muss man den Hund für den Rest seines Lebens vorsichtig füttern, also das Futter auf mehrere kleine Portionen am Tag verteilen.

Man sollte außerdem darauf achten, ob ein Hund nach bestimmten Futterkomponenten eher dazu neigt, Magengas zu bilden. Das entsprechende Futter sollte man dann sicherheitshalber meiden.

Nach dem Füttern brauchen die Hunde mindestens eine Stunde Ruhe. Ein gemütlicher Spaziergang an der Leine schadet natürlich nicht. Wilde Spiele und Herumtoben darf der Hund nach der Fütterung jedoch auf keinen Fall.

Magengeschwür

→ Helicobacter

Magnetfeldtherapie

Die Wirkung von pulsierenden Magnetfeldern beruht auf der besseren Durchblutung des behandelten Gewebes und der Steigerung des Lymphabflusses. Beides fördert die Heilung. Meist dauert die Einzelbehandlung 10 bis 15 Minuten. Behandelt wird erst fünf Tage hintereinander, dann nur noch alle paar Tage bzw. einmal die Woche, bis die Erkrankung ausgeheilt ist.

Malassezien

Der Erreger Kommensale Malassezia pachydermatis zählt zu den Hefepilzen und befällt die vorgeschädigte Haut z. B. durch eine Allergie, Pyodermie oder hormonelle Erkrankungen.

Empfindliche/prädisponierte Rassen sind: West Highland White Terrier, Basset, Pudel, Cocker, Jack Russel Terrier.

Symptome: starker Juckreiz an Ohren, Lippenfalten, im Zwischenzehenbereich, Bauchseite des Körpers.

Therapie: Tabletten sowie äußerlich Anwendungen wie Bäder, Cremes bzw. Lotions.

Mammatumore

→ Gesäugetumore

Mandeln, vergrößerte

→ Angina

Massage

Beim Menschen unterscheidet man die aktive Massage oder Gymnastik und die passive Massage. Der Hund kann allenfalls Laufgymnastik machen: Man führt ihn dazu im Schritt an der Leine, damit er z. B. nach Beinoperationen das behandelte Bein wieder belastet.

Die passive Massage fördert die Durchblutung der behandelten Haut, aber auch die der darunter liegenden Organe. Man kann mit den Händen, einer Bürste oder auch einem Vibrator die Haut behandeln. Gleichzeitig kann man Medikamente in die Haut einmassieren.

Mastdarmvorfall

Darmentzündungen, Blähungen und vor allem längere Zeit bestehende Verstopfung können zu einer Schwäche des Schließmuskels führen. Das Ende oder mehrere Zentimeter des Mastdarms (Rectum) können vorfallen oder sich nach außen stülpen.

Krankheitsbild: Beim Vorfall des Endes erscheint der After bläulich verdickt. Sind längere Darmteile vorgefallen, erkennt man einen mehr oder weniger langen, rötlich geschwollenen, glänzenden Schleimhautzylinder – die innere Darmschleimhaut ist nach außen gestülpt. Die Hunde können in der Regel keinen Kot mehr absetzen.

Behandlung: Der Tierarzt wird den Hund lokal im Lendenwirbelkanal (Periduralraum) betäuben und dann den – eventuell vorbehandelten – Darm zurückverlegen. Eine spezielle, kreisförmig zugezogene Naht verhindert, dass sich der Mastdarmvorfall wiederholt. Sie wird für den Kotabsatz jeweils gelockert. Die Hunde erhalten während dieser Zeit eine leicht ver-

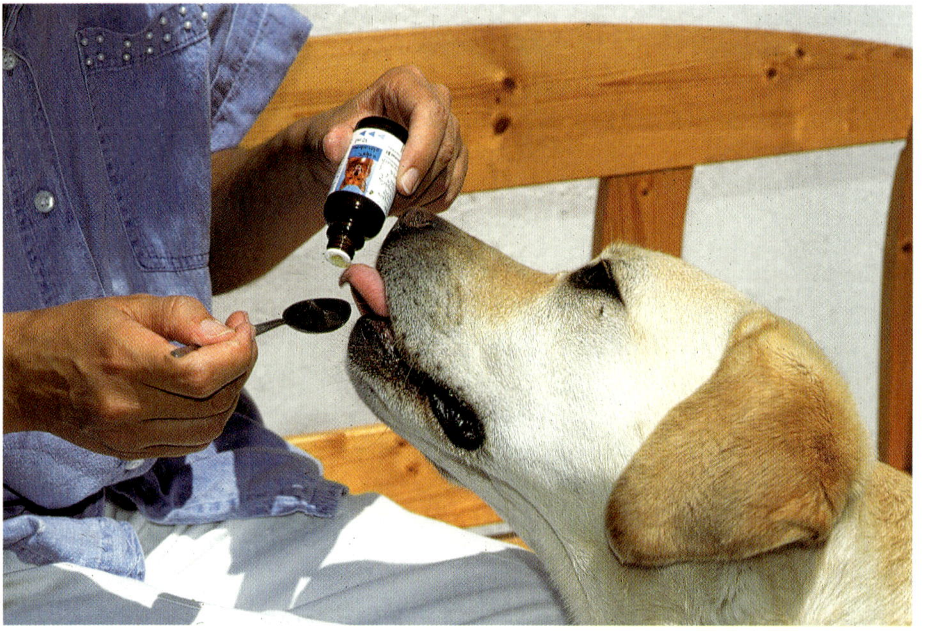

Diese Tropfen schmecken! Deshalb soll der Teelöffel eine Überdosierung verhindern.

dauliche Diät. Nach etwa acht Tagen kann der Tierarzt den Faden entfernen.

Maulsperre

→ Kieferprobleme

Medikamente, Eingabe von

Augensalbe

Man zieht das untere Augenlid leicht beiseite und drückt den Salbenstreifen in die entstanden Lücke, ohne das Auge zu berühren. Daraufhin schließt man die Lider mit zwei Fingern und massiert die Salbe vorsichtig über das Auge.

Ohrenlotion

Wichtig ist es, dass die Lotion handwarm ist, sonst empfindet der Hund die Prozedur als noch unangenehmer als sie schon ist. Außerdem sollte man flink vorgehen. Man streckt die eine Ohrmuschel, führt die Einführhülse etwas in den Trichter und drückt die Flüssigkeit hinein. Dann zieht man die Flasche sofort zurück. Mit einer Hand hält man den Kopf fest – der Hund soll sich noch nicht schütteln, und drückt mit der anderen Hand das Ohr zu. Anschließend massiert man es. Danach verfährt man genauso mit dem zweiten Ohr.

Tabletten

Am einfachsten ist es bei gefräßigen Hunden, sie nehmen die Tabletten einfach so oder zusammen mit etwas Essbarem. Bei heikleren Hunden kann man die Tablette eventuell zerkleinern und mit Leberwurst, Hackfleisch oder was er sonst gern mag, vermischt anbieten. Oft findet man jedoch später die Tablette oder Teile davon am Fußboden.

Die sicherste Methode ist daher folgende: Der Hund macht in einer Ecke (damit er nicht nach hinten entweichen kann) »sitz«, als Besitzer öffnet man beherzt den Fang, schiebt die Tablette möglichst weit in Richtung Rachen und massiert anschließend den Hals, das animiert zum Abschlucken.

Für heikle Helden verpackt man Tabletten besser in Streichwurst oder Käse.

Hunde mögen den Zwang dabei nicht, aber damit ist die Prozedur vorüber. Am besten übt man das ganze mit winzigen, intensiv duftenden Leckerli, Käsewürfeln oder Ähnlichem. Übt man dies ganz ohne Zwang, lässt sich der Hund die Prozedur relativ gerne gefallen.

Wurmpaste

Das Problem sind eigentlich nur Welpen, weil sie einfach nicht stillhalten wollen. Man sollte daher eine Hilfsperson zum Festhalten haben. Dann zieht man auf einer Seite die Lefze hoch und spritzt die Hälfte oder die ganze Menge Paste hinein. Dann hält man das Maul umschlossen und massiert den Hals, um das Abschlucken anzuregen.

Wenn es wirklich einmal daneben geht, sollte man abschätzen, wieviel es in etwa war und diese Menge nachgeben.

Medizinische Bäder

Bei → **Seborrhoe** sowie Hauterkrankungen durch Ektoparasiten (**Demodexmilben**) haben sich spezielle Bäder bewährt, teilweise auch bei allergischen Erkrankungen. Eine **Allergie** lässt sich zwar durch Bäder nicht behandeln, doch die keratolytischen Shampoos lindern offensichtlich den Juckreiz und das über drei bis vier Tage. Soweit es sich um eine → **Kontaktallergie** handelt, kann die mechanische Reinigung durch das Bad das auslösende Allergen entfernen. Da bei chronischen Allergien, deren Ursache man nicht eliminieren kann, oft Schuppen auf treten, sind auch hier Bäder angezeigt.

Bei schweren Hauterkrankungen sind Verkrustungen nicht selten. Hier helfen oft Handtuch-Umschläge mit lauwarmem Wasser, welche die Krusten aufweichen. Ein anschließendes Bad mit lösenden Substanzen erleichtert die Heilung.

Merle-Faktor

Weiß-gescheckte sowie weiße Hunde können den so genannten Merle-Faktor tragen. Dieser Name leitet sich vermutlich aus dem englischen »marbled« für marmoriert ab. Erbt ein Welpe von beiden Eltern den Merle-Faktor, leidet er immer an Augen- und Ohrenanomalien wie die Taubblindheit der Weißtiger. Trägt ein Hund den Merle-Faktor nur einfach, führt dieser zur Pigmentaufhellung, der erwünschten Tigerung (→ **Hörtest**).

Weiße Beine machen noch keinen *Merle-Hund.*

Metastasen

Tochtergeschwülste, die dadurch entstehen, dass Tumorzellen über Blut- oder Lymphbahnen im Körper verbreitet werden. Metastasen können in unmittelbare Nähe des Ausgangstumors, aber auch an anderen Stellen des Körpers entstehen.

Mikrochip

Die winzigen Chips werden mit einer Injektionsnadel unter die Haut gespritzt und verbleiben dort lebenslang. Sie enthalten einen Zifferncode, der mit speziellen Lesegeräten einen Hund zweifelsfrei identifizieren kann. Die Implantation des Chips erfolgt durch den Tierarzt. In der Regel sollte dies keine Schmerzen bereiten; einige Hunde zeigen jedoch eine Schmerzreaktion. Falls der Hund, z. B. zum HD-Röntgen oder für die Kastration in Narkose gelegt wird, sollte man den Chip während der Narkose setzen. Eventuell kann man bei empfindlichen Hunden die Hautstelle vorher vereisen. Der Chip verursacht keine Fremdkörperreaktion.

Mikrosporie

Der Pilz *Microsporum canis* ruft beim Hund etwa 50 Prozent der Hautpilz-Erkrankungen (Dermatomykosen) hervor. Selten kommen Infektionen mit verschiedenen

M

Trichophyten vor. Normalerweise schützt das Abwehrsystem vor einer Pilzinfektion. Wenn die Haut verletzt ist oder aus irgendeinem Grund die Körperabwehr des Hundes geschwächt ist, kann es jedoch zur Erkrankung kommen.

Krankheitsbild: Nach Tagen oder Wochen entstehen kreisrunde Stellen. Die Haare brechen kurz über der Haut ab und zeigen graue Beläge. An den befallenen Stellen, die rasch größer werden, kann sich die Haut röten. Die Hunde leiden häufig, aber nicht immer unter Juckreiz.

Therapie: Hat der Tierarzt die Diagnose abgesichert, wird er den Hund scheren, da die Pilzsporen überall im Fell verteilt sind. Zur Therapie verwendet man äußerlich Spezialbäder und, falls nötig, Antimykotika als Salben und/oder Tabletten.

Die Prognose ist günstig, es empfiehlt sich jedoch, Familienmitglieder bzw. die Tiere des Haushalts genau zu untersuchen und gegebenenfalls mitzubehandeln.

Anthropozoonose: Mit Hautpilzen können sich Mensch und Tier (Katze, Hund, Pferd usw.) gegenseitig anstecken. Daher sollte man vorsichtig sein. Die Pilzinfektion kann nicht nur vom Tier selbst, sondern auch durch Zubehör wie Kämme, Bürsten und Decken verbreitet werden. Sicherheitshalber sollte man den Hund mit Einmalhandschuhen baden.

Die Infektion erfolgt meist durch engen Kontakt von erkrankten oder latent, also unmerklich infizierten Tieren, meist sind es Katzen. Neben dieser direkten Übertragung können auch Flöhe, Läuse, Milben und Fliegen indirekt für die Verbreitung von *Microsporus canis* sorgen.

Mineralstoffe

Sie machen beim Hund insgesamt nur etwa 0,7 Prozent des Körpergewichtes aus. Dennoch erfüllen sie eine ganze Reihe lebenswichtiger Funktionen. Man unterscheidet Mengen- und Spurenelemente.

Die Spurenelemente Eisen, Zink, Kupfer, Mangan, Jod und Selen kommen im Gegensatz zu den Mengenelementen nur in sehr geringen Anteilen im Körper vor. Die Nahrung muss ebenfalls nur Spuren im Teil-pro-Million-Bereich enthalten. In der Regel sind sie Bestandteile von Enzymen und kontrollieren so eine Vielzahl biochemischer Vorgänge. Beispielsweise ist Jod ein Bestandteil des Schilddrüsenhormons und Eisen ein Bestandteil des roten Blutfarbstoffs, der die Sauerstoffbindung ermöglicht.

Zu den Mengenelementen zählen → **Kalzium**, Phosphor, Kalium, Natrium und Magnesium. Sie sind verantwortlich für das Säure-Basen-Gleichgewicht, den osmotischen Druck und damit für die Regulation des Wasserhaushaltes sowie für die Festigkeit der Körperstrukturen (z. B. Skelett).

Außerdem sorgt ihre elektrische Ladung für die Potenziale an den Zellmembranen, die unter anderem Voraussetzung für die Impulsleitung von Nerven- und Muskelfasern sind.

Bedarf an Mineralstoffen

Die folgenden Angaben (in mg) geben den täglichen Bedarf des Hundes an Mineralstoffen pro Kilogramm Körpergewicht an. Das bedeutet, man muss die einzelnen Werte mit dem Körpergewicht des Hundes (in kg) multiplizieren, um die nötige Tagesmenge zu errechnen.
Wachsende Hunde sowie tragende bzw. säugende Hündinnen haben in der Regel einen erhöhten Bedarf (Spalten 2 bis 6).

	Erhaltung	Trächtigkeit	Säugen	Wachstum		
				3.+4.	5.+6. Monat	7.–12.
Mengenelemente:						
Kalzium	100	160	300	350	250	180
Phosphor	85	140	260	200	150	120
Magnesium	10	15	25	25	20	15
Natrium	80	105	130	120	110	90
Kalium	80	95	140	120	110	90
Chlor	120	150	200	150	140	140
Spurenelemente:						
Eisen	1,2	2,6	2,2	2,0		
Kupfer	0,1	0,15	0,7	0,25		
Zink	1,0	1,4	2,5	2,5		
Mangan	0,1	0,2	0,2	0,2		
Jod	0,035	0,04	0,05	0,07		
Selen	0,002	0,005	0,005	0,005		

Mischling

Hunde, deren Eltern unterschiedlichen Rassen oder eben keiner Rasse angehören, gelten als Mischlinge. Allerdings sagt dieser Umstand über die Gesundheit des Tieres nichts aus. Genauso wie nicht jeder Rassenhund krank und degeneriert ist, so ist natürlich auch nicht jeder Mischling , allein deshalb, weil er ein Mischling ist, besonders gesund.

Mittelohrentzündung

(Otitis media)

Meist entwickelt die Entzündung sich aus einer Entzündung des äußeren Gehörganges oder des Rachens. Wandert die Entzündung weiter ins Innenohr, können Dauerschäden wie beispielsweise eine schiefe Kopfhaltung oder Taubheit zurückbleiben.

Als Komplikation der Entzündung des äußeren Gehörganges kann das Trommel-

M

fell durchbrechen. Die Entzündung erreicht auf diesem Wege das Mittelohr. Die betroffenen Hunde zeigen Krampfanfälle, Gleichgewichtsstörungen oder halten den Kopf schief – ein Zeichen, dass das Gleichgewichtsorgan in Mitleidenschaft gezogen worden ist.

Häufiger entwickelt sich jedoch aus einer Rachenentzündung eine Otitis media, also eine Mittelohrentzündung. Meist bemerkt der Besitzer diese gar nicht, allenfalls dann, wenn das Trommelfell platzt und das Entzündungssekret aus dem Ohr tropft.

Der Tierarzt wird dann die Eustachische Röhre freispülen und den Hund mit Antibiotika behandeln. In der Regel heilt das Trommelfell innerhalb von ein bis zwei Wochen wieder zu.

Morbus Cushing

→ Cushing Syndrom

Müde

→ **Bewegungsunlust, Schilddrüsenunterfunktion**

Multiscope

Dieses Gerät besteht aus einem Bildschirm, einer Kaltlichtquelle und einem Farbvideoprinter. Man kann damit das Äußere des Hundes genau ansehen, wie z. B. Haut und Haar oder den Gehörgang. Als Besitzer kann man die Untersuchung am Bildschirm in mehrfacher Vergrößerung mitverfolgen. Per Drucker kann man das Bild aufzeichnen.

Mit Zusatzgeräten wie einem Endoskop, einem feinen Schlauch mit Optik, kann man dem Hund dann – in der Regel unter Narkose – wirklich fast bis auf den Grund sehen, in die Nasenhöhle, bis in die Bronchien, in den Darm oder in die Harnwege.

Mundgeruch

Die häufigste Ursache für üblen Mundgeruch ist bei Hunden → **Zahnstein** bzw. daraus entstehende Zahnentzündungen. Diese Erkrankung tritt speziell bei kleinen Hunderassen und Zwergrassen wie Dackel, Pudel, Spitz, Yorkshire Terrier, Pinscher und Chihuahua auf.

Die meisten bakteriell bedingten Zahnbeläge werden erst durch spezielle Anfärbungen sichtbar: Außer zu Mundgeruch führen sie auch zu Zahnfleischschwund (Parodontose) und zur Lockerung der Zähne. Um die Zähne zu erhalten, sollten Zahnsteinbeläge rechtzeitig – möglichst mit dem gründlich und zahnschonend arbeitenden Ultraschallgerät – entfernt werden.

Andere Ursachen für schlechten Geruch aus dem Maul können → **Nierenerkrankungen** oder Mandelentzündungen (→ **Angina**) sein, sowie Fremdkörper oder Tumore in der Mundhöhle. Auch wenn Hunde nichts gefressen haben, können sie magenbedingten Mundgeruch haben.

Ein Mangel an Magensäure kann zu einer schlechteren Verdauung und damit auch zu Mundgeruch führen. Man sollte also auf jeden Fall das Tier untersuchen lassen, da in der Regel eine Krankheit oder

M

zumindest eine Störung hinter dem Mundgeruch steckt. Findet der Tierarzt keinen Auslöser, kann man es mit verstärkter Mundhygiene (→ **Zähneputzen**) und Pfefferminz- oder Petersilienblättern versuchen, falls der Hund diese frisst. Inwieweit Geruchsminderer wie Chlorophyll- oder Aminosäuren-Tabletten den schlechten Geruch aus dem Fang bessern, muss man ausprobieren.

Musiktherapie

Depression, Aggression oder Teilnahmslosigkeit können bei Hunden ganz verschiedene Ursachen haben. Beispielsweise können ein Besitzerwechsel, ein Umzug oder ein neues Familienmitglied (Tier oder Mensch) einen Hund aus der Fassung bringen. In vielen Fällen vermag eine geeignete Musiktherapie dem Patienten zu helfen.

Der inzwischen verstorbene italienische Tierarzt Andrea Roberto Diotallevi, hat seine Erfahrungen mit rund 2000 Patienten zusammengetragen. Hunde, die trauern oder sich fürchten, kann man mit Musik beruhigen: Volksmusik eignet sich für apathische Tiere, alleingelassene Hunde lassen sich mit Beethoven trösten.

Besonders Minirassen leiden bei Aufregung unter Herzrhythmusstörungen. Dann kann Marschmusik das Herz beruhigen. Diese Heilmelodien wurden mit Hilfe der Hunde in einer Kleinstadt bei Rom rein empirisch gefunden. In der Schweiz läuft dazu ein wissenschaftliches Projekt. Grundsätzlich liegt der Erfolg jeder Verhaltenstherapie letztendlich darin, dass man

Alleingelassen tröstet den kleinen Rex nur Mozart, doch im Radio kommt nur Katzenmusik.

die Ursache der Verhaltensänderung herausfindet und möglichst beseitigt oder mildert. Die Musik kann helfen. Es ist dabei wichtig, die Musik leise zu stellen. Hunde hören viel besser als Menschen. Reagiert ein Hund unruhig, winselt oder versucht er, davonzulaufen, sollte man die Therapie sofort abbrechen.

Beruhigende Melodien für Hundepatienten

nach Schock:	Weihnachtslieder, (Gregorianische) Choräle
nach Verlust:	Klassik, melodische Schlager
bei Stress:	Opernarien (Männer), Klassik
bei Depression:	Kinderlieder, Pfeif und Flötenkonzerte

Muttertier-Impfung

Die Hündin gibt während der Trächtigkeit sowie über die Muttermilch körpereigene Abwehrstoffe an die Welpen weiter. Man kann diesen mütterlichen Schutz noch verbessern, indem man die Hündin impft – z. B. gegen Parvovirose, Zwingerhusten, und gegen das canine Herpesvirus, den Erreger des infektiösen Welpensterbens. Allerdings sind nicht alle Impfstoffe für die Impfung der trächtigen Hündin zugelassen, daher sollte man die Hündin vor dem Decken impfen.

Myasthenia gravis

Dabei handelt es sich um eine Autoimmunkrankheit, bei der einzelne Muskelgruppen stark ermüden.

Krankheitsbild: Schon nach kurzer Beanspruchung sind die Hunde unsicher auf den Beinen oder sacken in sich zusammen. Die Gliedmaßen wirken steif, der Rücken ist aufgekrümmt, die Hunde zeigen oft Muskelzittern. Nach einigen Minuten Ruhe verschwinden die Symptome. Vor allem junge Hunde großer Rassen erkranken.

Komplikation: Die Hälfte der Patienten leidet zusätzlich an einer Speiseröhrenlähmung und/oder einem Thymus-Tumor.

Diagnose: Der Tierarzt injiziert das fehlende Enzym (Cholinesterasehemmer) intravenös, die muskulare Schwäche verschwindet dadurch vorübergehend.

Therapie: Man kann Cholinesterasehemmer, Glukokortikoide oder Immunsuppressiva geben. Wenn die Hunde auf das Medikament gut ansprechen, ist die Prognose nicht schlecht. Heilbar ist die Erkrankung jedoch nicht.

Myotomie

(= Muskeldurchtrennung): Vorwiegend bei der Hüftgelenksdysplasie wendet man diese Entspannungs-Operation an. Man durchtrennt den Muskel bzw. dessen Sehne, der an dem geschädigten Knochen ansetzt, oder man entfernt ihn ganz. Dadurch wird der Druck im betroffenen Gelenk vermindert und der geschädigte Knorpel entlastet. Die Bewegungen werden nun von den verbleibenden Muskeln ausgeführt, die an gesunden Knorpelteilen ansetzen. Diese Operation dient in erster Linie der Schmerzminderung.

N

Nabel- und Leistenbruch

Manche Welpen kommen mit einer kleinen Lücke in der Bauchwand zur Welt. Das heißt, dass die Muskelschicht fehlt, und direkt unter der äußeren Haut liegt das Bauchfell. Relativ häufig ist der Nabelbruch in der Bauchmitte sowie der Leistenbruch in der Leistengegend. Die Gefahr ist, dass Darmschlingen durch die Bruchpforte vorfallen, beim Leistenbruch auch Blase oder Gebärmutter. Der Tierarzt entscheidet im Einzelfall nach Lage und Größe des Bruches, ob man die Bruchpforte chirurgisch verschließen sollte oder ob das nicht nötig ist.

Nachtblindheit

→ Erblinden (progressive Retinaatrophie)

Nackte Beine

Wenn ein Hund an bestimmten Körperstellen, wie z. B. den Beinen, die Haare verliert, sollte man ihn auf jeden Fall vom Tierarzt untersuchen lassen. Es kommen vor allem zwei sehr unterschiedliche Ursachen in Betracht, die dieses Krankheitsbild verursachen können. So können Störungen im Hormonhaushalt zu symmetrischem Haarausfall führen, meist sind dann besonders die Innenschenkel und zusätzlich der Unterbauch betroffen (→ **Haarausfall**). Aber auch Parasitenbefall kann Haarausfall zur Folge haben. In diesem Fall zeigt der Hund fast immer auch Juckreiz, er kratzt sich also sehr häufig. Ob der Haarausfall durch die Parasiten oder erst durch das Kratzen entstanden ist, kann nur eine Untersuchung klären.

Diagnose: Der Tierarzt wird erst eine Allgemeinuntersuchung durchführen. So kann er abklären, ob die Erkrankung sich wirklich auf die Haut beschränkt oder ob neben der Haut noch ein anderes Organ erkrankt ist. Spezielle Hauttests, eventuell noch eine Haar-, eine Haut- und eine Blutprobe für die Laboruntersuchung können die Diagnose sichern.

Therapie: Die Therapie richtet sich nach der Diagnose. Bei hormonell bedingtem Haarausfall ist die Prognose allerdings nicht allzu gut, dass die Haare nachwachsen. Die Kahlstellen sind dann jedoch nur ein Schönheitsfehler. Man sollte keine Salben, Tinkturen und Hausmittel ausprobieren, sondern gleich zum Tierarzt gehen. Gerade bei der Haut kann eine Vorbehandlung das Krankheitsbild so verändern, dass man die Ursache nicht mehr erkennen kann.

Narkose

Die Narkose sorgt durch Zufuhr von Narkotika für einen reversiblen Bewusstseinsverlust, einen Zustand ohne Schmerzen und Abwehrreaktionen. Sie dient also auch dazu, einem Hund Stress zu ersparen. Sehr nervöse Tiere sollten daher selbst für eine harmlose Aktion – wie das Zahnsteinentfernen mit dem Ultraschallgerät – zumin-

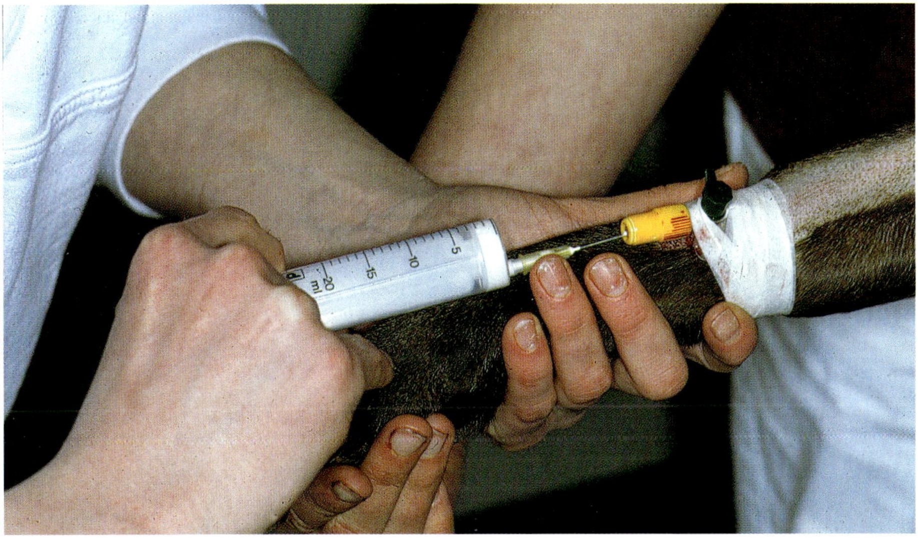

Über einen Venenverweilkatheter erhält der Hund z. B. Narkotika, Infusionen oder Antibiotika.

dest eine leichte Narkose erhalten. Bei richtigen Operationen, wie einer Kastration oder einer Hüftkorrektur, muss die Narkose tiefer sein, da auch die Muskelreflexe ausfallen sollen.

Vor jeder Narkose, auch beim Notfallpatienten, wird der Tierarzt den Herz-Kreislauf überprüfen und eine Allgemeinuntersuchung durchführen. Dann erst kann er entscheiden, wie er die Narkose ansetzen wird. So können Medikamente vor den eigentlichen Narkotika spätere Nebenwirkungen wie unerwünschte Reflexe oder starkes Speicheln verhindern.

Dauer und Tiefe der Narkose kann man schon sehr genau wählen. Dem Tierarzt stehen heute viele Narkotika zur Verfügung und er wird je nach Alter und Allgemeinbefinden des Patienten und der Art des Eingriffs das schonendste Narkotikum und die beste Narkoseart einsetzen. Moderne Narkosegeräte sowie die Herzüberwachung am Monitor bzw. per Ton verringern das Narkoserisiko zusätzlich.

Doch ein Restrisiko bleibt immer, das muss man einfach wissen. Deshalb sollte man vorher alles ansprechen, was man wissen möchte oder was einen bedrückt. Der behandelnde Tierarzt wird alle Fragen über Risiken und Nebenwirkungen gerne beantworten.

Wie bereitet man seinen Hund für die Narkose vor: Vor der Narkose sollte der Hund 12 bis 18 Stunden keine Nahrung und keine Getränke aufnehmen. Lediglich Wasser ist bis drei Stunden vor der Operation erlaubt.

Vor dem Tierarzttermin sollte man noch einmal in Ruhe mit dem Hund spazierengehen, damit er Blase und Darm entleeren kann. Viele Hunde sind so gut erzogen, dass sie sich in der Box nicht trauen, auch wenn sie dringend müssen.

Der Patient sollte nach dem Eingriff in der Praxis/Klinik bleiben und frühestens am Abend entlassen werden. Viele Kliniken behalten das Tier noch zur Beobachtung über Nacht, auch wenn sonst keine spezielle Weiterbehandlung nötig ist. Dieses Angebot sollte man gerne annehmen. Nichts ist bedrohlicher als wenn der Hund nachts plötzlich anders atmet oder Aufregung zeigt.

Nasenbluten

Nasenbluten ist meist die Folge von traumatischen Einflüssen, also beispielsweise einer Stoßverletzung. Doch auch, wenn ein Fremdkörper in der Nase steckt, oder wenn sich Geschwüre oder Tumore in der Nase gebildet haben, kann ein Hund unter Nasenbluten leiden. Hat der Hund heftigen Schnupfen, kann – wie beim Menschen auch – durch die starke Reizung die Nase anfangen zu bluten.

Leidet ein Hund nur hin und wieder an Nasenbluten, kann man davon ausgehen, dass er sich die Nase angestoßen hat. In diesem Fall genügt es oft schon, wenn der Hund sich einige Minuten nicht bewegt, sondern ruhig sitzt. So kommt die Blutung am schnellsten zum Stillstand.

Eventuell kann man auch aus einem Papiertaschentuch Tampons drehen, in die Nasenlöckher stecken und so den Blutfluss mindern. Kühle Umschläge sorgen dafür, dass sich die Gefäße zusammenziehen und unterstützen dadurch die Besserung. Blutet ein Hund trotz Ruhe nach einer Viertelstunde immer noch sehr stark, sollte man mit ihm zum Tierarzt fahren.

Nase, entzündete

→ Collie nose, Demodexmilben, Dermatomyositis, Ekzem

Nase (Schnauze), warme

Hunde besitzen im Gegensatz zum Menschen nur wenige Schweißdrüsen am Körper. Sie haben für ihre Temperatur-Regulation keine Bedeutung.

Die Drüsen am Sohlenballen dienen in erster Linie dazu, das Laufen rutschfrei zu machen. Hunde kühlen den Körper dadurch ab, dass sie → hecheln. Der Hund atmet dabei über die Nase ein und über das Maul wieder aus. Die Verdunstung erfolgt in erster Linie über die Nasenschleimhaut. Durch diese Verdunstungskälte fühlt sich die Hundenase kalt und feucht an.

Hat ein Hund Fieber, also erhöhte Körperinnentemperatur, kann dies auf zwei Wegen entstanden sein: Entweder erhöht sich die körpereigene Wärmeproduktion, ohne dass die Wärmeabgabe gesteigert wird, oder die Wärmeabgabe wird eingestellt. Hält dies an, pendelt sich die Körpertemperatur nach ein bis zwei Stunden auf einem ein bis zu drei Grad höheren Wert ein.

Die Hundenase fühlt sich – wie der ganze Hund – warm an. Bei der Gesundung wird der Sollwert wieder auf Normaltemperatur gestellt.

Neben dieser krankheitsbedingten Erwärmung können auch verstärkte Aktivitäten wie Laufen und Spielen sowie Hitzeeinwirkung, beispielsweise beim Sonnenbad, vorübergehend zu einer warmen Nase führen. Sowie der Hund sich jedoch ausgeruht hat oder wieder im Schatten ist, kühlt auch seine Nase wieder ab. Solange ein Hund einen munteren Eindruck macht, spielt und frisst, braucht man sich wegen einer wärmeren Nasentemperatur keine Sorgen machen.

Typischer gelber Labrador: Die erst schwarze Nasenspitze wird immer mehr rosa.

Nase verfärbt sich

Nicht nur bei hellen Labrador Retrievern, sondern auch bei anderen gold- bzw. cremefarbenen Hunden tritt das Chamäleon-Phänomen auf: Die vormals lackschwarze Nase wird plötzlich rosa. Da die Ursache dieser Depigmentation unbekannt ist, kann man sie auch nicht gezielt behandeln.

Bei manchen Hunden wechselt die Nasenfarbe mit den Jahreszeiten zwischen schwarz und rosa, bei den anderen bleibt sie nach dem Entfärben für immer hell. Auch dafür ist die Ursache unklar und bis heute wurde keine effektive Therapie gefunden. Manche Patienten kehren spontan wieder zur Ausgangsfarbe zurück, bei anderen Tieren verändert sich der Grad der Depigmentation, manchmal auch saisonal.

Eventuell hängt dieses Phänomen mit dem Wohnungshund-Dasein zusammen. Bei diesen Hunden bleibt der saisonale Fellwechsel meist aus und auch die Pigment(nach)bildung in der Nase kann im gleichen Zuge fehlen.

Sicherheitshalber kann man den Hormonspiegel sowie die Leber- und Nierenwerte eines »Bleichgesichts« bestimmen lassen. In USA kennt man dieses Syndrom als »dudly-nose« bei Rottweiler und Dobermann. Im Prinzip ist diese Depigmentation ein Schönheitsfehler, den man tolerieren sollte – eventuell braucht die Nase zusätzlich etwas Sonnencreme. Viele Labrador-Besitzer finden die rosafarbene Nase sogar einfach süß.

Manchmal kommt es auch in der Mitte der Pfotenballen zu rosa Aufhellungen. Ob das Folgen für die Belastbarkeit beim Laufen hat, ist unbekannt und auch eher unwahrscheinlich.

Naturheilkunde und Alternativmedizin

Naturheilkunde ist streng genommen die Lehre vom Einsatz der Heilmittel, die aus der natürlichen Umwelt entnommen und naturbelassen sind: physikalische Reize wie Licht, Luft, Kälte-Wärme, Bewegung-Ruhe; Ernährung sowie pflanzliche-natürliche Arzneimittelstoffe sowie Verhaltensberatung.

Gemeinhin versteht man darunter oft auch all die auf Heilung zielenden Methoden, die nicht zu den klassischen, an den Universitäten gelehrten Heilmethoden der Schulmedizin zählen. Daher die etwas unglückliche Bezeichnung Alternativmedizin. Es handelt sich dabei nicht um alternative, sondern um sich von Fall zu Fall ergänzende Heilmethoden.

→ **Akupressur, Akupunktur, Hydrotherapie, Licht, Magnetfeldtherapie, Massage, Phythotherapie, Ultraschallapplikation, Wärme, Zelltherapie**

Nebennieren (Glandula suprarenalis)

Die paarigen Drüsen liegen dem oberen Pol der Nieren auf und produzieren mehrere Hormone:

- Adrenalin, das »Stresshormon« wird im Nebennierenmark gebildet, es erhöht die Pulsfrequenz und den Blutzuckerspiegel.
- Aldosteron stammt aus der Nebennierenrinde und reguliert das Gleichgewicht zwischen den Elektrolyten Kalium und Natrium.
- Kortikosteron wird ebenfalls in der Nebennierenrinde gebildet und senkt den Kalzium-Spiegel, erhöht den Blutzucker-Spiegel und hemmt entzündliche Prozesse.

Die Nebennierenrinde wird vom Gehirn aus, von Hypothalamus und Hypophyse, gesteuert.

Die häufigste Störung der Nebennierenrinde ist beim Hund die Überfunktion, das → **Cushing-Syndrom**. In seltenen Fällen kann eine Nebennierenrinden-Insuffizienz auftreten, die Ursachen einer Erkrankung bleiben meist unbekannt.

Krankheitsbild: Die Symptome setzen schleichend ein: Die Hunde erbrechen häufig, leiden an Durchfall und magern ab. Sie ermüden schnell und sind allgemein apathisch.

Therapie: Steht die Diagnose fest, bekommt der Hund anfangs hochdosiert Kortison. Ist der Mangel an körpereigenem Kortison ausgeglichen, kann man die Tagesdosis langsam senken. Diese Erhaltungsdosis müssen die Hunde jedoch lebenslänglich bekommen.

Nebenschilddrüsen, Erkrankung der

→ Störung der Knochenbildung

Neotrombicula autumnalis

→ Herbstgrasmilben

Neurologische Untersuchung

Wenn das Zentrale Nervensystem (periphere Nerven, Rückenmark und Gehirn) erkrankt, kann man es nicht wie ein Organ abtasten oder seine Funktion durch eine Blutuntersuchung prüfen. Daher versucht man über spezielle Tests herauszufinden, ob und in welchem Teil des ZNS es zu Ausfällen kommt. Bei Tumoren beispielsweise kann eine Untersuchung mit dem Computer-Tomographen helfen. Im Idealfall kann man klären, warum die Störungen auftreten.

Auch wenn es für den Besitzer etwas ungewöhnlich aussieht, wenn der Tierarzt die Pfoten umknickt, um zu sehen, ob der Hund diese wieder richtig hinsetzt, oder den Hund mit den Pfoten an der Tischkante anstoßen lässt (Stellreflex), wenn er die Hinterbeine nimmt und mit dem Hund Schubkarren fährt (Koordinationreaktion): diese Untersuchungen sind notwendig.

Neben einer peniblen Allgemeinuntersuchung überprüft der Tierarzt nach einem feststehenden Schema insbesondere die Augen (z.B. Pupillarreaktion, Droh- und Orbita- Lidschlussreflex, Hornhautreflex), Kopf und Wirbelsäule sowie die Motorik (Körperhaltung, Bewegungsabläufe und Störungen).

Neurose

Diesen Begriff verwendet man für eine psychische Störung. Beim Menschen entsteht sie durch einen verdrängten Konflikt in der Entwicklung und führt zu Erlebnisstörungen. Beispiele sind Angstneurose oder Zwangsneurose, die auch bei Hunden vorkommen. Bei der Zwangsneurose werden bestimmte Handlungen wie unter Zwang durchgeführt – wie bei manchen Menschen das zwanghafte, ständige Händewaschen. Kann die Handlung nicht ausgeführt werden, führt dies zu Angst. Neben sozialen Problemen kann dies auch zu Hautschädigungen führen. Ähnlich zeigt sich das Leckekzem der Hunde, wenngleich hier die Entstehung auch physische Ursachen haben kann (→ Pfotenlecken).

Nickhautvorfall

Beim Nickhautvorfall tritt der nichtpigmentierte Teil des dritten Augenlides im Augenwinkel sichtbar hervor.

Die Auslöser sind vielfältig. Der Augapfel kann verkleinert sein, oder etwa bei Schmerz- und Krampfzuständen (Tetanus), bei einer Vergrößerung des Augapfel-umgebenden Gewebes infolge einer Entzündung oder Zubildung, oder als Zeichen einer Innervationsstörung oder einer All-

N

gemeinstörung. Kann die auslösende Ursache behandelt werden, verschwindet auch die Nickhaut wieder. Andernfalls bleibt der Vorfall bestehen.

Nieren und Harnwege, Erkrankungen der

Der Harnapparat setzt sich aus den harnbildenden Nieren und den harnableitenden Wegen zusammen. Die Harnleiter führen von den Nieren zum Sammelbecken, der Harnblase. Deren Entleerung über die Harnröhre erfolgt beim gesunden Tier willkürlich. Ganz unterschiedliche Krankheitsursachen, wie Infektionskrankheiten, Erkältungen, Liegen auf kaltem Untergrund, Unfälle mit Blutungen in Nieren oder Blase, zu stark gewürztes Futter, unausgewogene Ernährung mit sehr viel Eiweiß, schädigen sehr schnell die Nieren oder Harnwege.

Die Nieren haben die Aufgabe, Schadstoffe aus dem Blut herauszufiltern und die Konzentration wichtiger Stoffe, wie der Elektrolyte, im Blut konstant aufrechtzuerhalten. Dementsprechend sind die Nieren kompliziert aufgebaut und daher auch anfällig. Wird z. B. die Giftstoffausscheidung be- oder verhindert (beispielsweise durch Schock, Blutverlust oder Blutvergiftung) kann sich dies schnell tödlich auswirken.Im gesamten Harnapparat kommt es beim Hund leicht zur Bildung von Harnsteinen. Kleine Steine verstopfen den Harnabfluss und bewirken Rückstauungen. Diese sind nicht nur schmerzhaft, sondern auch sehr gefährlich.

Krankheitsbild: Eine Vielzahl an Symptomen kann auf Erkrankungen des Harnapparates hinweisen: Auffallender Durst, Unvermögen, den Harn zu halten, große Harnmengen oder häufiger Absatz kleiner Mengen oder das vergebliche Bemühen, Harn abzusetzen; Schmerzäußerungen beim Harnabsetzen, Farbveränderungen oder Trübungen des Harns sowie Blutbeimengungen; schmerzhafter und steifbeiniger Gang, »aufgezogener« Rücken, stumpfes und glanzloses Fell, Abmagerung oder auch Harngeruch aus dem Fang.

Therapie: Sie richtet sich nach der ursächlichen Erkrankung. Harnwegserkrankungen beim Hund sollten unbedingt vom Tierarzt behandelt werden, da sie ohne Behandlung oft chronisch und sogar unheilbar werden.

Akute Nierenentzündungen: Sie äußern sich vor allem durch Fieber und Mattigkeit, eventuell Unsicherheit in den Hinterbeinen. Berührt man die Nierengegend, zeigen die Hunde Schmerzen. Leider werden solche akuten Entzündungen nicht selten mit Mitteln aus der Hausapotheke behandelt. Einige Nierenpräparate sind aber in diesem Fall regelrecht giftig. Sie behindern Abfluss und Ausscheiden des Harns und bewirken so eher das Gegenteil. Sie verschlechtern den Zustand des Hundes.

Chronische Nierenentzündungen: Sie sind meist nicht auffallend schmerzhaft. Die Hunde zeigen allenfalls vermehrten Durst, weil sie aufgrund des Nierenproblems sehr viel Harn absetzen. Mit dem vermehrt abgegebenen Harn werden Mineralstoffe aus dem Körper geschwemmt, sie führen zu weiterem Durst und zur Verdünnung der Mineralstoffkonzentration im Körper.

Degenerationen der Nieren: Sie führen zur Abmagerung des Hundes, gleichzeitig nimmt jedoch der Bauchumfang zu (Bauchwassersucht). Im Allgemeinen führt die Degeneration der Nieren zum Nierenversagen. Ohne Behandlung tritt der Tod durch Urämie ein, das heißt, die harnpflichtigen Stoffe werden nicht mehr ausgeschieden und bleiben im Blut. Die Urämie kann auch als Folge eines Unfalls mit Nierenverletzung und/oder Nierenblutung vorkommen oder als Folge eines Harnsteins, der den Harnabfluss behindert.

Nierenbeckenentzündungen: Sie sind sehr schmerzhaft und treten meist nach einer Nierenentzündung oder nach Blasenentzündungen auf. Bei so erkrankten Hunden fällt oft der gekrümmte Rücken und der steife oder taumelnde Gang auf.

Nierenpatienten brauchen Bettwärme und Ruhe!

Nieren-Transplantation

In Forschungseinrichtungen wird diese Operation vereinzelt durchgeführt, z. B. an der Tierärztlichen Hochschule Hannover. Sinnvoll ist dieser Eingriff bei jungen Hunden, die an einer unheilbaren, lebensbedrohlichen Nierenerkrankung leiden und keine anderen Erkrankungen haben.

Doch wie in der Humanmedizin stehen nicht immer geeignete Spenderorgane von Unfallhunden zur Verfügung. Ausschlaggebend ist, dass die großen Versorgungsgefäße bei Empfänger und Spender im Durchmesser weitgehend übereinstimmen. Ein weiteres Problem sind die Kosten – die Operation selbst kostet in etwa so viel wie eine Hüftoperation; außerdem muss der operierte Hund zeitlebens Tabletten (Immunsuppressiva) einnehmen und zwar pünktlich, damit sein Körper die Spenderniere nicht abstößt. Zur Zeit hat man für einen mittelgroßen Hund etwa 100,– bis 150,– Euro Tablettenkosten im Monat.

Nystagmus

→ Augenzittern

N

Normalgewicht der Hunderassen (erwachsene Tiere)

Rasse	*Richtwert in Kilogramm*
Afghane	23–27
Airedale Terrier	23
Alaskan Malamute	34–39
Australian Silky Terrier	4,5
Barsoi	34–48
Basenji	10–12
Basset Hound	11–25
Beagle	8–14
Bedlington Terrier	10–11
Belgischer Griffon	3,5–5,5
Belgischer Schäferhund	27
Berner Sennenhund	30–40
Bernhardiner	68–82
Bobtail	34–40
Bordeaux Dogge	mind. 55
Border Collie	bis 30
Border Terrier	5–7
Boston Terrier	6–11
Bouvier des Flandres	32
Boxer	32
Briard	32
Bulldog	18–23
Bullmastiff	45–59
Bullterrier	23
Cairn Terrier	6–6,5
Cav. King Charles Spaniel	8
Chihuahua	1–3
Chow-Chow	27
Cocker Spaniel (engl.)	12–15
Collie	23–34
Dackel	9
Dalmatiner	21

Rasse	*Richtwert in Kilogramm*
Deerhound	34–50
Deutsche Dogge	52–66
Deutscher Jagdterrier	10
Deutsch Kurzhaar	21–32
Deutscher Schäferhund	27–39
Dobermann	bis 26
Englische Bulldogge	25
English Setter	30
Eurasier	23–32
Foxterrier	7–8
Französische Bulldogge	8–13
Golden Retriever	27–34
Gordon Setter	21–36
Greyhound	27–32
Großpudel	20–25
Irish Setter	27–32
Irish Terrier	11–12
Irischer Wolfshund	48–61
Kerry Blue Terrier	15–18
Kleiner Münsterländer	17
Komondor	34–48
Kurzhaardackel	8
Kuvasz	34–55
Labrador Retriever	25–34
Langhaardackel	8,5
Lhasa Apso	6,8
Löwchen	7
Malteser	2–3
Mastiff	77–89
Mastino Napoletano	90
Mittelschnauzer	16
Mops	6–8

N

Rasse	*Richtwert in Kilogramm*
Neufundländer	50–68
Papillon	5
Pekinese	über 4
Podengo Potuges medio	20
Pointer	20–30
PON	17
Puli	16
Riesenschnauzer	34
Rottweiler	32–45
Saluki	27
Samojede	25
Sarplaninac	55
Scottish Terrier	8–10
Shar Pei	29
Sheltie	7,3
Shih Tzu	5,5–7
Sibirian Husky	16–27
Skye Terrier	11,5
Soft Coated Wheaten Terrier	21
Spitz	7,3
Staffordshire Bullterrier	17
Tibet Dogge	um 65
Tibet Spaniel	8
Welsh Corgi	8–11
Welsh Terrier	9,5
West Highland White Terrier	8–10
Whippet	5–12
Yorkshire Terrier	bis 3,5
Zwergdackel	3,5
Zwergpudel	5
Zwergschnauzer	8
Zwergspitz	2–3

O

Ohrenentzündung

Eine Entzündung des äußeren Gehörganges, eine so genannte Otitis externa, kann verschiedene Ursachen haben.

Ein gesunder äußerer Gehörgang reinigt sich von selbst und ist gut belüftet. Durch die züchterisch veränderte Ohrform klappt diese Selbstreinigung oft nicht. Hunde neigen also schon allein wegen ihrer anatomischen Besonderheit mehr zu Ohrenentzündungen als andere Tiere. Sie haben alle einen sehr langen Gehörgang, der eine deutliche Knickung aufweist.

Dazu kommen Rasseprobleme. So ist der Gehörgang beispielsweise bei Pudel, Drahthaar- und Bedlington Terrier sowie bei Schnauzer und Vorstehhund zudem stark behaart. Laufhunde, Basset und Irish Setter besitzen ausgeprägte Hängeohren – beim Cocker Spaniel sind die Behänge tief angesetzt.

All dies prädestiniert Hunde für Ohrentzündungen, denn sowohl Schlappohren als auch dichter Behang behindern die natürliche Belüftung des Ohres und den Abtransport des Sekretes. Genauso ungünstig wirken sich auch die dicken Knorpelfalten bei Terrier, Neufundländer, Münsterländer, Sennenhunden und Bernhardiner aus. Schäferhunde und der Akitu Inu haben oft einen sehr stark ausgeprägten Tragus-Knorpel, so dass es dadurch zu Engstellen im Gehörgang kommen kann.

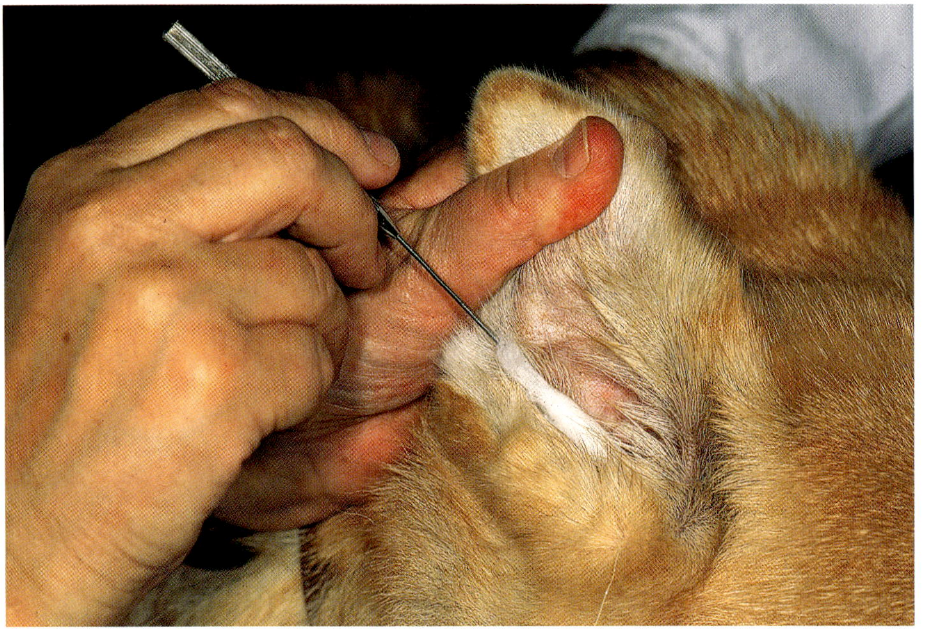

Der Tierarzt kann das Ohr mit speziellen Watteträgern reinigen. Zuhause sind Wattestäbchen wegen der Verletzungsgefahr tabu.

Kann sich das Ohr nicht selbstständig reinigen, wird es anfälliger für infektiöse Erkrankungen. Es können sich Bakterien, Milben, Hefen und Pilze ansiedeln.

Auch andere Ursachen können zu einer Ohrentzündung führen: Fremdkörper wie beispielsweise Getreidegrannen, eingedrungenes Wasser; Verletzungen oder Allergien. Werden Fremdkörper oder andere Verletzungen nicht entdeckt, kommt es zur Besiedlung mit Keimen. Aufgrund der Entzündung wird vermehrt Sekret gebildet und die Haut des Gehörganges verdickt sich zunehmend. Etwa ein Viertel aller Ohrpatienten leidet an einer Otitis externa, der Entzündung des äußeren Gehörganges.

Die Entzündung kann verschieden schwer verlaufen – von einer leichten Rötung bis hin zur Bildung von Geschwüren im Gehörgang.

Symptome: Als Zeichen der beginnenden Ohrentzündung schüttelt der Hund ständig den Kopf und kratzt sich an den Ohren. Wird die Erkrankung sehr schmerzhaft, verhalten sich die Hunde oft ruhiger, was man aber nicht als Besserung missverstehen sollte.

Mit dem beleuchteten Otoskop kann der Tierarzt das Ohr bis zum Trommelfell untersuchen.

Diagnose: Wichtig ist, die Ursache und die Erreger festzustellen. Wird eine Otitits schon über einen längeren Zeitraum behandelt, besteht die Gefahr, dass die Bakterien bereits resistent, das heißt unempfindlich gegen das verwendete Präparat geworden sind.

Nicht nur in sehr hartnäckigen, chronischen Fällen sollte man das Sekret mittels einer Tupferprobe untersuchen lassen: Ob eventuell Parasiten vorhanden sind, welche Hefen, Pilzen oder Bakterien beteiligt sind und auf welches Medikament diese ansprechen. Durch diese Laboruntersuchung kann gezielt das Medikament bestimmt werden, das in diesem Krankheitsfall hilft.

Behandlung: Als erstes muss der Tierarzt Ohrenschmalz, Eiter und Haare entfernen. Langgeplagte Ohrenpatienten brauchen eventuell ein Beruhigungsmittel, damit man die schmerzenden Ohren überhaupt noch anfassen kann. Häufig spült man das Ohr unter Otoskopkontrolle frei, um das Sekret nicht – wie es mit dem Wattestab leicht geschieht – in die Tiefe zu schieben oder den Gehörgang zu verletzen. Dazu verwendet man Kombinationslösungen, die sowohl reinigende, als auch antibakterielle und fungizide Komponenten enthalten.

Der Besitzer muss dann bis zur Heilung in der Regel zweimal täglich Ohrentropfen oder -salben verabreichen.

Man muss die Behandlung konsequent solange fortführen, bis die Entzündung vollständig abgeklungen ist. Eine einmalige Behandlung reicht auf keinen Fall aus. Daher sollte man die Ohren jede Woche vom Tierarzt kontrollieren lassen. Hilft das angewandte Medikament nicht in erwünschtem Maße, wird er ein anderes auswählen.

Operative Eingriffe/Öffnung des Gehörganges: Lässt sich die Entzündung nicht in den Griff kriegen, sollte man den Gehörgang durch eine Operation öffnen lassen. Dabei wird z.B. ein dreieckiges Knorpelstück entfernt, so dass nach der Operation eine V-förmige Lüftungsöffnung zurückbleibt. Da Haare bzw. Hängeohren darüber liegen, sieht man von der Operation bald nicht mehr viel. Auch tumorartige Wucherungen oder Geschwüre muss man operativ entfernen.

Manche Fremdkörper sitzen so tief oder haben sich so fest in den Gehörgang eingespießt, dass man sie nur chirurgisch entfernen kann.

Wenn die Therapie nichts hilft: Wenn alle Standard-Therapieversuche erfolglos bleiben, sollte man an Krankheitsursachen denken, die primär nichts mit dem Ohr zu tun haben:

- Ohrenentzündungen können auch Ausdruck einer Allergie sein, wie Kontaktekzem, Futtermittelallergie oder Atopie.
- Hormonstörungen wie eine Schilddrüsenunterfunktion können mitverantwortlich am → **Ohrenzwang** sein.
- Zu proteinreiche Fütterung kann eine Entzündung fördern. Es empfiehlt sich daher, Hunde mit bestehenden Ohrproblemen eiweißarm zu füttern – ergänzend zur eigentlichen Ohrbehandlung und unter Anleitung des behandelnden Tierarztes. Man reduziert den Eiweißgehalt der Ration um ein Drittel, hilft das nichts, auf die Hälfte.

Ohrenzwang

Das ist die volkstümliche Bezeichnung für eine Otits externa (→ **Ohrenentzündung**).

Nicht jeder Hund, dessen Rasse zu Ohrenzwang neigt, muss deshalb auch daran erkranken. Lediglich die Wahrscheinlichkeit ist eben höher. Gute Pflege und regelmäßige Ohrenkontrolle können das Risiko einigermaßen gering halten. Wenn jedoch mehrere Hunde einer Zucht ernsthafte Ohrenprobleme haben, sollte man es sich gut überlegen, ob man mit dem Patienten wirklich züchten will.

Im Jahr 1996 wurde eine Studie veröffentlicht, nach der das Kittharz der Bienen (Propolis) bei Ohrenzwang gute Heilwirkung hat. Propolis besitzt nachweislich antibakterielle und antimykotische sowie immunstimulierende Wirkung. Die Zusammensetzung des Harzes variiert, so dass Resistenzen keine Rolle spielen.

Da es genügt, die Lösung einmal täglich in die Ohren zu tropfen, ist es auch in der Anwendung angenehm. Das einzige Problem besteht darin, einen Tierarzt oder Apotheker zu finden, der ein richtig konzentriertes Gemisch (zehnprozentiges Propolis-Glyzerol) herstellt. Das in Imkereien erhältliche 50-Prozent-Propolis eignet sich nicht, es führt zu Ohrenreizungen.

Bevor man es anwendet, sollte man vom Tierarzt die Ohren untersuchen lassen. Die Diagnose Otitis externa muss zweifelsfrei feststehen.

Ohrpflege

Kontrollieren Sie die Ohren Ihres Hundes möglichst regelmäßig. Bei manchen Hunden sollte man das beinahe täglich tun, bei Tieren mit geringer Sekretproduktion genügen größere Abstände. Bei einigen Rassen sollte man die Ohren relativ häufig reinigen, um so Ohrerkrankungen vorzubeugen: Pudel mit starkem Haarwachstum im Ohrkanal, Cocker Spaniel und andere Rassen mit Neigung zur Seborrhoe sowie bei Hunden, die gerne wühlen und daher Sand und Erde in die Ohren bringen.

Bei diesen Hunden sollte man ein Leben lang die Ohren fast täglich kontrollieren

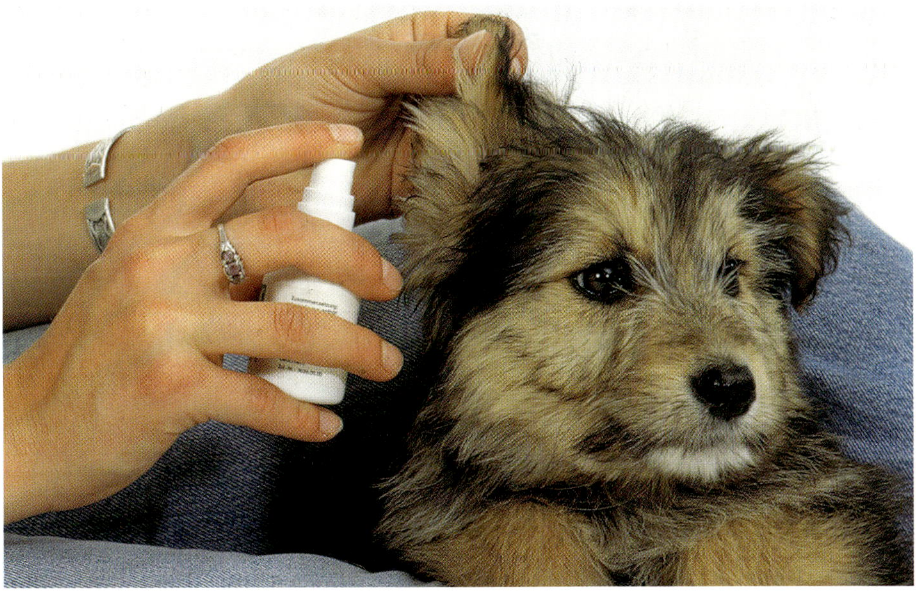

Es gibt eine Vielzahl von Ohrreinigungsmitteln, die man in den äußeren Gehörgang tropft oder spritzt. Vor allem Hunde mit dicht behaartem Ohrkanal brauchen diesen Service regelmäßig.

und nach Bedarf reinigen, aber nicht mit Wattestäbchen. Dadurch schiebt man das Sekret nur zu einem Pfropf zusammen und verschlimmert das Problem auch noch.

Am besten gewöhnt man einen Welpen von Kleinauf daran, dass er Manipulationen wie Ohren und Zähne anschauen, geduldig über sich ergehen lässt. Er wird dann auch im Krankheitsfall die Untersuchung durch den Tierarzt sowie die nötige Behandlung leichter nehmen.

Bei der Kontrolle bemerkt man Veränderungen, wie abweichenden Geruch, Hautbeläge, vermehrtes Ohrenschmalz oder schwarze Pünktchen so früh, dass eine Behandlung noch ohne Schwierigkeiten möglich ist.

Haare entfernen: Dicht behaarte Ohren sollte man ausrasieren oder, wenn nur wenige Haare stören, mit der Pinzette auszupfen. Allein diese Belüftungsmaßnahme kann bei vielen Hunden, wie beispielsweise dem Cocker Spaniel, eine Erkrankung verhindern.

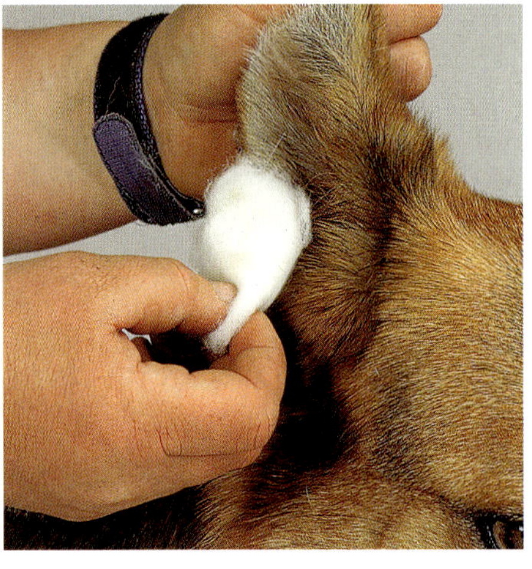

Den Wattebausch steckt man ins Ohr und massiert den Schmutz in die Watte.

Reinigen der Ohren: Falls das bei einem Hund nötig ist, kann man die Ohren regelmäßig reinigen. Zum täglichen Ritual – wie bei Kindern – gehört die Ohrenwäsche jedoch nicht.

Ziehen Sie das Ohr hoch, um den (äußeren) Gehörgang zu strecken. Geben Sie die handwarme Reinigungslotion schnell hinein und massieren Sie sofort – bevor der Hund die Lotion wieder herausschüttelt – den Ohrgrund beidseits mit kreisenden Bewegungen behutsam durch.

Entweder man lässt den Hund die Flüssigkeit anschließend herausschütteln oder man verwendet einen nicht zu kleinen Wattebausch.

Man steckt ihn in die gestreckte Ohrmuschel und massiert die Flüssigkeit von unten nach oben in die Watte. Man wiederholt diesen Vorgang solange, bis der letzte Wattebausch sauber ist.

Man sollte diese Prozedur ohne Gewalt, eher wie eine Massage oder ein Kraulen durchführen. Da die Ohren oft sehr jucken, genießen die meisten Tiere diese Massage. In das saubere Ohr wird nun das entsprechende Medikament gegeben. Ist die Entzündung ausgeheilt, genügt einmal pro Woche eine vorbeugende Reinigung.

PS: Man kann am Wattebausch erkennen, ob das Ohr sich erneut entzündet. An

O

der Verfärbung des Wattebausches erkennt man auch, dass eine Entzündung (gelbgrünlich) oder Ohrmilben (tiefschwarz) im Anmarsch sind.

Ohrräude

Die Ohrräude ist eine spezielle Form der Ohrentzündung, Otitis externa. Sie kommt jedoch viel seltener vor. Auch wenn die Ohrmilben zu starkem Juckreiz führen, sind die Veränderungen am Ohr meist nicht so gravierend.

Otodectes cynotis, der Erreger der Ohrräude, ist die häufigste Milbe des Hundes. Die Milbe entwickelt sich über ein Larven- und zwei Nymphenstadien innerhalb von drei Wochen zur erwachsenen Milbe. Die Befruchtung der Weibchen erfolgt schon unmittelbar vor der letzten Häutung.

Milbenbefall: Sie befallen in der Regel nur die innere Ohrmuschel und den äußeren Gehörgang. Besonders häufig erkranken junge Hunde, da ihr Immunsystem noch nicht so gut trainiert ist. Die Milben ernähren sich von oberflächlichen Hautzellen sowie von Blut und Zellflüssigkeit.

Das führt erst zu einer mechanischen Reizung im Ohr, kann in der Folge aber auch eine allergische Reaktion hervorrufen.

Bevorzugt werden Rassen mit halbaufgestellten Ohren von diesen Milben befallen. Weit weniger oft infizieren sich Hunde mit Hängeohren. Rassen bzw. Mischlinge mit Stehohren trifft diese Parasitose nur selten. In den befallenen Ohren bildet sich vermehrt Ohrensekret, die Hunde schütteln den Kopf und kratzen sich an den Ohren. Die Ansteckung erfolgt von Tier zu Tier, wobei sich nicht selten auch Hund und Katze gegenseitig anstecken.

Symptome: Der Milbenbefall führt zu Juckreiz. Daher schütteln die betroffenen Hunde den Kopf heftig und sorgen so dafür, dass die Milben gleichmäßig in die Umgebung verteilt werden. Auch das Schwanzwedeln erfüllt diesen Zweck: Beim Liegen berühren zusammengerollte Hunde mit der Schwanzspitze das Ohr. Das ist die Gelegenheit für Milben, neues Terrain zu erobern. In der Umwelt halten sich Milben auch ohne Wirt zwei bis drei Monate.

Daher können sich Tiere auch ohne direkten Kontakt untereinander anstecken.

Komplikationen: Beim Kratzen reizen die Hunde das entzündete Ohr noch mehr: Die oberste Hautschicht, die Epidermis, verdickt sich, Talg- und Zeruminaldrüsen produzieren mehr Sekret.

In der Folge kann sich die Räude-Otitis wie eine nicht parasitär verursachte Entzündung weiterentwickeln. Bakterien können sekundär die Entzündung verstärken, es können sich Geschwüre und tumorartige Wucherungen bilden.

- Als Komplikation kann das Trommelfell durchbrechen. Die Entzündung erreicht auf diesem Wege das Mittelohr. (→ **Mittelohrentzündung**).
- Außerdem kann sich in seltenen Fällen aus der Ohrräude eine generalisierte Form entwickeln. Sie ist jedoch sehr selten und kommt beispielsweise bei Hun-

O

den vor, deren Haut durch eine Allergie oder eine Kortisonbehandlung vorgeschädigt ist.

Behandlung der Ohren: Man verwendet Ohrlotionen, die Hexachlorcyclohexan und Benzylbenzoat enthalten. Zuvor sollte man das Ohr jedoch gründlich reinigen: Die Ohrmuschel strecken und die Reinigungslotion eintropfen, dann das Ohr durchkneten.

Anschließend gibt man einen Wattetupfer ins Ohr und massiert das gelöste Sekret in die Watte. Nun entfernt man den Wattebausch und gibt die antiparasitär wirkende Lotion ins Ohr; sie wirkt gleichzeitig entzündungshemmend. Seit einiger Zeit steht ein Spot-on-Präparat (Selamectin) zur Verfügung, das die Milben zuverlässig abtötet. Somit entfällt die Applikation eines Ohrenmedikamentes

Behandlung der Umgebung: Decken und Kissen aus dem Körbchen sollte man auskochen und drei Wochen lang nicht verwenden. Das Körbchen selbst kann man beispielsweise mit zweiprozentiger Neguvon-Lösung desinfizieren. Couch und Teppiche behandelt man am besten mit Parasitenspray.

Ohrrandgeschwür (Ohrspitzengeschwür)

Im Verlauf einer Ohrentzündung, nach Bissverletzungen am Ohr oder durch Parasitenbefall kann ein Ohrrand-Geschwür entstehen. Die Hunde schütteln dann ununterbrochen den Kopf. Die Läsion kann dadurch schlecht ausheilen.

Behandlung: Der Tierarzt wird immer den inneren und den äußeren Bereich der Ohren untersuchen. Eventuelle Entzündungen im Ohrinneren muss man immer mitbehandeln, sonst gibt es einen Teufelskreis: Weil das Ohr innen juckt, kratzt sich der Hund außen – innen kommt er nicht hin – und verhindert so die Heilung der Ohrränder.

Man behandelt die Ohrmuschel mit entzündungswidrigen und antiparasitären Lotionen. Der Tierarzt kann diesen Effekt durch die Injektion entsprechender Substanzen unterstützen. Und wenn alles nichts hilft, sollte man die Ohren mit einem Mullverband hochbinden. So kann der Hund sie weder schütteln noch blutig kratzen.

PS: Nach einem Aufenthalt in südlichen Ländern sollte man bei Ohrrandveränderungen immer auch an Leishmaniose denken.

Ohrverletzungen, Othämatom

Vor allem Hunde mit Schlappohren können sich die Ohren beim Toben z. B. an Tischkanten oder Türpfosten verletzen. Dabei reißt ein Gefäß und als Folge bildet sich rasch ein Bluterguss, das so genannte Othämatom.

Die Hunde benehmen sich sehr auffällig: Sie schütteln den Kopf ganz vorsichtig und sehr, sehr langsam. Man kann abwarten, bis sich die Sache von selber wieder gibt, doch meist hat das Ohr nachher nicht mehr das ursprüngliche Aussehen. Die

Ohrform verändert sich. Daher operiert man das Othämatom normalerweise und verhindert durch einen speziellen Druckverband ein Nachbluten.

Osteotomie

(griech. »Schneiden der Knochen«)

Bei diesem Eingriff (z. B. HD) wird die Position der Knochen verändert, beispielsweise entfernt der Chirurg einen kleinen Knochenkeil aus dem Oberschenkelknochen. Dadurch nimmt der Oberschenkel eine neue Position im Gelenk ein, was sofort die Schmerzen lindert.

Ein weiteres Ziel ist es, eine Verbesserung der Gelenksituation, die so genannte Remodullierung des Gelenkes zu erreichen.

Nach den bisherigen Erfahrungen kann diese Operation das Fortschreiten der Arthrose nicht aufhalten.

Otitis media

→ Mittelohrentzündung

P

Pankreasinsuffizienz

→ Bauchspeicheldrüse, Störungen der

Parasiten

Endoparasiten (z. B. Würmer) leben in, Ektoparasiten (z. B. Flöhe) auf einem anderen Tier und ernähren sich auf dessen Kosten.

Parvovirose

Vor allem im ersten Lebensjahr kann diese Infektion zu lebensbedrohlichen (Brech-) Durchfällen führen. Das Parvovirus wird durch Kontakt übertragen. Im Darmtrakt zerstört es tief die Zotten der Schleimhaut und führt daher zu blutigen Durchfällen. Nur eine Intensivtherapie mit Infusionen und eventuell künstlicher Ernährung kann die Welpen retten. Hat ein Welpe die schwere Krankheit überstanden, kann der Darm noch über längere Zeit anfällig bleiben für andere Infektionen.

Zwei Punkte sind daher außerordentlich wichtig, um eine Infektion möglichst zu vermeiden: die Impfung und die Hygiene.

1. Impfung:

Die pünktliche Grundimpfung zwei- oder auch dreimal gehört daher zum absoluten Muss (→ **Impfschema**). Weil die Infektionsgefahr so groß ist, frischen manche Tierärzte die Impfung bereits nach drei Monaten das erste Mal auf.

Impfproblem: Über die Muttermilch erhalten die Welpen für die ersten sechs bis acht Lebenswochen Antikörper gegen das Parvovirus. Es ist von Wurf zu Wurf unterschiedlich, wann genau dieser Antikörperspiegel im Blut absinkt.

Ist er bei der ersten Impfung hoch, fangen die Antikörper das Impfvirus ab und man erzielt keine Impfwirkung. Wartet man mit der Erstvakzinierung jedoch, bis der Spiegel abgesunken ist, bleibt der Welpe für kurze Zeit ungeschützt.

Für dieses Dilemma gibt es keine Patentlösung. Entweder man nahm bei der Hündin zur Zeit des Geburtstermins Blut ab, bestimmte den Antikörperspiegel und berechnete daraus den idealen Impftermin für die Welpen. Heute impft man die Hündin vor dem Decken oder in der Laktation noch einmal. Der mütterliche Antikörpertiter ist dann beim Zeitpunkt der Geburt bzw. während des Säugens besonders hoch, und die Welpen bleiben länger geschützt.

Wenn der Welpe gesund und entwurmt ist, bekommt er mit sechs (mit speziell für dieses Alter zugelassenem Impfstoff) bzw. acht Wochen die erste Impfung gegen Parvovirose, vier Wochen später – also mit zehn bzw. zwölf Wochen die zweite Injektion.

Fährt man mit dem Welpen auf eine Ausstellung oder besucht einen Züchter, der Probleme mit Parvovirose hat, sollte man zwei Wochen vor der Reise ein drittes Mal impfen. Dies geschieht für den Fall, dass die erste Impfung zu früh war. Sie wirkt dann entweder gar nicht oder nicht ausreichend. Der Welpe hätte also streng genommen nur eine Impfung, die noch keinen belastbaren Impfschutz bieten kann. Mit der dritten Impfung geht man auf Nummer sicher.

Passivimpfung: Sehr jungen Welpen kann man Serum geben, das bereits Antikörper enthält.

Aber: In der Regel schützt keine Impfung 100-prozentig vor einer Infektion. Bei sehr hohem Infektionsdruck kann auch ein korrekt geimpftes Tier erkranken, die Krankheit nimmt jedoch mit Sicherheit einen wesentlich milderen Verlauf.

2. Desinfektion:

Parvoviren sind extrem widerstandsfähig gegen die meisten Desinfektionsmittel und gegen Temperatureinflüsse. Selbst bei niedrigen Temperaturen wie 6 °C bleiben sie jahrelang ansteckungsfähig. Erst bei Temperaturen von mehr als 80 °C lassen sich Parvoviren abtöten.

Zur Desinfektion kann man Formaldehyd, Natriumhypochlorid oder starke Säuren und Laugen verwenden.

Tritt ein Parvo-Fall auf, muss man Textilien wie die Kleidung des Betreuers oder Hundedecken auskochen. Gegenstände wie z. B. ein Hundekorb, die weder Kochwäsche noch eine Desinfektion vertragen, sollte man hier besser wegwerfen.

Passivimpfung

Neben der Aktivimpfung, bei der ein Welpe selbst Antikörper auf den Impferreger bildet, kann man den Welpen, wenn er sofort Schutz braucht, auch passiv impfen. Er erhält dann Antikörper, die ein anderer Hund gebildet hat. Er ist sofort nach der Injektion geschützt, allerdings hält der Schutz nicht lange (ca. 3 Wochen) an.

Peitschenwurmbefall (Trichurose)

Der Befall mit Peitschen-, Spul- und Hakenwürmern zählt eigentlich zu den Junghunde-Krankheiten. Der Peitschwurm *(Trichuris vulpis)* befällt jedoch Hunde – sowie Füchse – aller Altersklassen, führt da aber selten zur Erkrankung. Aus den aufgenommenen Eiern entwickeln sich in 10 bis 15 Wochen geschlechtsreife Würmer, die sich dann im Kot nachweisen lassen. Die Würmer bohren sich in die Darmschleimhaut und saugen Blut. Erst starker Befall stört die Entwicklung der Welpen, führt zu Abmagerung, Anämie und Schwäche.

Breitbandanthelminthika wirken auch gegen Peitschenwurmbefall.

Pflanzenvergiftung

Ausgewachsene Hunde interessieren sich meist nicht mehr für Zimmer- oder Gartenpflanzen. Daher sind Pflanzenvergiftungen eher selten. Da es keine eigenen Untersuchungen über die Giftwirkung speziell bei Hunden gibt, gelten die Empfehlungen für den Menschen. Was für ihn giftig ist, sollte der Hund besser auch nicht aufnehmen.

Verbreitete Pflanzen mit giftigen Teilen:	
Azaleen	Maiglöckchen
Dieffenbachia	Mistel
langblättriger	bittersüßer
Efeu	Nachtschatten
Fingerhut	Oleander
Hortensien	Philodendron
Kalla	Rittersporn
Loorbeer	

Wer einen hundegerechten Garten anlegen will, kann sich vom Gärtner eine Liste mit Pflanzen geben lassen, die man nicht an Kinderspielplätzen einsetzen darf.

Je nach Inhaltsstoff kann die Wirkung sehr unterschiedlich sein, wie z. B. Durchfall und Erbrechen, aber auch Krämpfe, Bewusstseinstrübung, Herz- und Atemstillstand.

Daneben können auch ungiftige Pflanzen Probleme bereiten. Zyperngras beispielsweise hat sehr scharfe Halme und kann daher zu Schleimhautverletzungen im Verdauungstrakt führen.

Tipp: Wenn ein Hund gerne Grünes mag, kann man ihm selbstgezogene Kräuter und Katzengras anbieten. Dann muss er sich nicht an die Zimmerpalme halten. Manche Hunde mögen sogar Salat …

Pfotenlecken

Hunde waschen ihren Körper – wie Katzen auch – mit der Zunge. Meist beginnen sie das Putzritual an den Pfoten und arbeiten sich dann mit System in Richtung Hinterteil vor. Neben dem normalen Putzen kann vermehrtes Pfotenlecken auch auf Schmerzen, eine Hauterkrankung im Pfotenbereich oder eine Neurose hindeuten.

Leckekzem: Es gibt es auch eine regelrechte Putzneurose; dabei lecken die Hunde minuten- bis stundenlang die Vorderpfoten. Unter Umständen ist die Veranlagung dafür angeboren. Auf jeden Fall sind Nervosität und/oder Langweile der unmittelbare Auslöser. Die Folge ist ein so genanntes Leckekzem: Die überbeanspruchte, ständig feuchte Haut entzündet sich, juckt und wird nun noch mehr geleckt.

Behandlung:

1. Beschäftigung: Man kann – eventuell mit Hilfe eines auf Verhaltensprobleme spezialisierten Tierarztes – versuchen, die auslösenden Situationen zu vermeiden. Kauspielzeug oder z. B. eine enghalsige Flasche mit Trockenfutter, aus welcher der Hund nur mit Geschick das Futter herausschleudern kann, können den Hund beschäftigen, während er alleine ist. Gegen Nervosität hilft manchmal nur ein Gegenprogramm. Wenn der Hund sehr unruhig wird, ruft man ihn und lässt ihn abliegen. Nahezu alle Hunde beruhigen sich schnell, wenn man verhindert, dass sie sofort wieder aufspringen. Diese Liegezeit steigert man ganz langsam.

2. Behandlung der Haut: Die malträtierte Pfote (eine oder beide) schützt man wenn der Hund unbeaufsichtigt ist mit Wundpuder und alten Strümpfen. Notfalls hilft nur ein Halskragen (gibt es beim Tierarzt; aus einem Plastikeimer den Boden herausschneiden ist ein behelfsmäßiger Ersatz), damit das Leckekzem abheilen kann.

3. Medikamentöse Therapie: Darüber hinaus haben Untersuchungen gezeigt, dass hinter dem Pfotenlecken vermutlich eine Zwangsneurose steckt. Von Menschen mit einer Zwangsneurose weiß man, dass sie an einem Botenstoffmangel (Serotinin) leiden. Gleicht man bei Hunden diesen Botenstoffmangel aus, bessert sich das

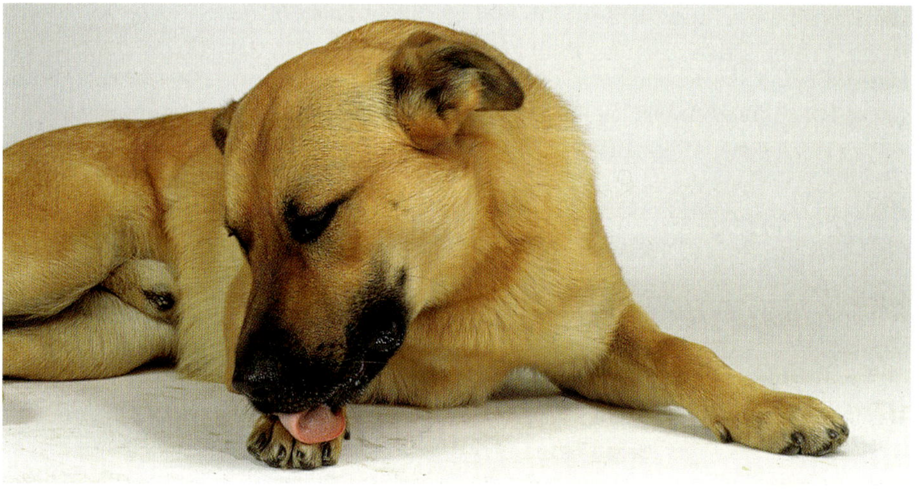

Zu viel Zungenwäsche schadet den Pfoten.

P

Leckverhalten innerhalb von drei Monaten deutlich. Das Medikament muss jedoch exakt nach Plan gegeben werden, man erhöht die Dosis langsam und lässt am Ende der Therapie ebenso langsam das Medikament wieder ausschleichen.

Betroffene Rassen:
Große Hunde, besonders Deutscher Schäferhund, Labrador Retriever.

Schmerzen:
Auch wenn Hunde an den Pfoten Schmerzen haben, z. B. eingetretener Dorn oder Schnittverletzung, lecken sie unaufhörlich. Die exakte Untersuchung von Ballen, Zwischenzehenspalt und Pfotenrücken ist Voraussetzung, um die Ursache zu finden und zu beseitigen oder zu behandeln.
→ Hauterkrankungen wie → **Atopie, Mallasezien, Milben, Pyodermie**

Pfotenverband

Die meisten Hunde brauchen im Laufe des Lebens einmal einen Verband für die verletzungsgefährdeten Pfoten. Sie treten in Glasscherben oder einen Nagel, sie reißen sich die Wolfskralle ab oder infizieren sich das Nagelbett. Wenn Sie noch nie einen Pfotenverband angelegt haben, lassen Sie sich dies erst einmal vom Tierarzt zeigen. Das A und O ist das richtige Polstern mit Wattetupfern oder Watteschläuchen: zwischen den Zehen sowie um den Ballen. Andernfalls entwickeln sich schwer heilende Druckstellen. Außen herum wickelt man mehrere Schichten Mullbinde. Soll der Verband einige Tage liegen bleiben, klebt man über die Lauffläche Heftpflaster. Muss der Verband täglich gewechselt werden, kann man dem Hund fürs Spazierengehen einen Gummischuh anziehen (gibt es im Zoofachgeschäft oder beim Tierarzt).

Phythotherapie

Heilpflanzen zählen zu den ältesten Arzneien. Neben milde wirkenden Pflanzenpräparaten, die sich gut für die Hausapotheke eignen, gibt es auch verschreibungspflichtige Medikamente wie beispielsweise Arzneien aus Fingerhut und Tollkirsche.

Pilzinfektion

Hunde leiden vor allem an Pilzinfektionen der Haut. Pilzsporen finden sich überall in der Umgebung, auch auf der Hundehaut. Erst wenn die Abwehr des Hundes geschwächt ist – durch chronische Erkrankungen, Mangelernährung, unzureichende Pflege oder Verletzungen – führen die Pilze auch zu einer Erkrankung (→ **Mikrosporie-Candida**).

Behandlung: Die Pilzinfektion selbst behandelt man mit antimykotischen Präparaten wie Salben, Puder oder auch generell (systemisch) mit Tabletten. Da nicht jedes Präparat gegen alle Pilzinfektionen wirkt, ist es wichtig, den Erreger zu identifizieren. Und das auch aus einem zweiten Grund: Einige Pilzinfektionen zählen zu den so genannten (Anthropo-)Zoonosen, das heißt, Mensch und Tier können sich gegenseitig anstecken. Daher sollte man in diesem Fall für die Behandlung grundsätzlich Handschuhe anziehen.

Zusätzlich sollte man die auslösenden Faktoren beseitigen, Fütterung und Pflege optimieren sowie das Immunsystem stärken.

Piroplasmose

→ Zecken

Pododermatitis

Eine Erkrankung der Pfoten nennt man Pododermatitis. Es kommen ganz unterschiedliche Ursachen infrage. Wenn sich nur eine Pfote entzündet, sind meist eingetretene Fremdkörper wie Dornen, Steinchen oder Splitter die Ursache. Genauso kann der Kontakt mit reizenden Chemikalien (z. B. Düngemitteln), aber auch mit Allergenen (äußerer Kontakt und Futtermittel) zu einer Entzündung führen, dann sind jedoch in der Regel alle Pfoten betroffen.

P

Man sollte auch daran denken, dass Pfoten eine Überanstrengung wie etwa das Laufen auf rauem Stein übelnehmen. Man muss die Haut langsam an solche Extrembelastungen wie Kletterpartien in den Bergen gewöhnen.

Die Hunde belecken die kranke(n) Pfote(n) ausgiebig, so dass man als Besitzer schnell merkt, dass etwas nicht stimmt. Oft schmerzen die entzündeten Pfoten auch und die Hunde laufen nur sehr ungern und vorsichtig.

Sind die Pfoten vorgeschädigt, kommt es leicht zu einer Infektion – selten mit Pilzen, meist mit Bakterien. Vor allem parasitäre Hautinfektionen können aber auch die Ursache der Pododermatitis sein, wie zum Beispiel die Demodikose (→ **Demodexmilbenbefall**).

Betroffene Rassen: Alle Hunde; die flache Pfotenform einiger Terrierrassen scheint eine Pododermatitis zu begünstigen.

Behandlung: Der Tierarzt wird die Pfoten als erstes reinigen und eventuell einen Fremdkörper sowie störende Haare entfernen. Die medikamentelle Behandlung richtet sich nach der Ursache. Gegebenenfalls werden dies spezielle Salben oder eine Antibiotikum-Injektion sein.

Als Besitzer kann man die Behandlung unterstützen und – in Absprache mit dem Tierarzt, manche Wunden müssen trocknen! – den Hund täglich ins Fußbad stellen, dem man unter Umständen Kamillenextrakt beifügt, bevor man die Salbe aufträgt.

Der abschließende Pfotenverband schützt die Pfoten und mildert die Schmerzen. Trotzdem sollten die Hunde möglichst wenig laufen. Ein paar Schritte sind wichtig, um die Durchblutung der Pfoten zu fördern.

Ponyhaare schneiden

Körper- und Gesichtshaare erfüllen eine wichtige Funktion. Doch Wölfe und die allermeisten Hunderassen leben ohne lange Stirnhaare und leiden deshalb auch nicht häufiger unter Augenerkrankungen als Bobtail oder Briard. Daher sollte man die von Züchtern als Argument angeführte Schutzfunktion vor Wind, Fremdkörpern und übermäßiger UV-Strahlung nicht überbewerten.

Die betroffenen Hunde sehen – nach dem Prinzip von Stores – gut, auch wenn wir ihre Augen nicht sehen können.

Allerdings haben andere Hunde Probleme, da sie Blick und Mimik des Zottelhundes nicht erkennen und daher nicht einschätzen können. Dies kann zu aggressiven Auseinandersetzungen führen, weshalb einige Hundebesitzer zur Schere greifen.

Präputialkatarrh

Rüden jeden Alters können an einem Präputialkatarrh, also an einer Entzündung der Schleimhaut des Präputiums (Vorhaut) leiden. Schwimmen bzw. der häufige Aufenthalt im Wasser scheint das Problem zu begünstigen.

Meist ist die Penisschleimhaut mitentzündet. Erstes Anzeichen: Der Rüde leckt ständig an der Präputialöffnung. Nach dem Urinsetzen sieht man einen gelblichen Sekrettropfen in der Öffnung. Mit der Zeit wird der eitrige Ausfluss stärker, der Hund hinterlässt eine regelrechte Spur grüngelblicher Eitertropfen. Je früher man den Katarrh bemerkt und behandelt, desto besser.

Behandlung: Bei einem leichten Katarrh genügen Spülungen mit einem milden, verdünnten antiseptischen Präparat wie Betaisodonna.

Reicht das nicht aus, wird der Tierarzt eine spezielle Antibiotikalösung aussuchen. Nach der Spülung versorgt man das Präputium zusätzlich mit einer Antibiotikasalbe. Manche Rüden leiden an chronischen Entzündungen. Man kann untersuchen lassen, welche Antibiotika wirksam sind (Antibiogramm).

Führt auch der Wechsel des Antibiotikums zu keinem dauerhaften Erfolg, und zeigt der Rüde beständig starken Ausfluss, ist eine Kastration anzuraten. Doch auch kastrierte Rüden sind vor Entzündungen nicht gänzlich gefeit.

Spülung: In der Regel lassen sich Hunde diese Prozedur gefallen, dennoch ist es angenehm, wenn eine zweite Person den Hund hält, der am besten auf der Seite liegen sollte. Es geht aber auch im Stehen. Man führt die Öffnung einer Plastikspritze in die Präputialöffnung ein. Damit die Spülung wirkt, darf die Flüssigkeit nicht sofort wieder herauslaufen. Man drückt mit der anderen Hand die Präputialöffnung leicht zu und entleert erst jetzt die Spüllösung in den Präputialbeutel. Nun legt man die Spritze zur Seite und massiert mit der freien Hand den Präputialsack und verteilt so die Lösung. Danach lässt man den Rest der Lösung herauslaufen – auf Küchenrolle oder Zeitung.

Man wiederholt die Spülung ein- bis zweimal täglich, bis der Hund beschwerdefrei ist.

Prießnitz-Umschläge

→ Hydrotherapie

Prolaktin

Das Hormon Prolaktin wird im Hypophysenvorderlappen gebildet. Es fördert das Wachstum der Brustdrüsen nach der Geburt und setzt die Milchproduktion mit in Gang. Umgekehrt kann man mit dem Prolaktin-Hemmer die Milchbildung verhindern.

Prostata-Probleme

Probleme mit der Prostata sind bei Rüden nicht selten. Die Drüse ist je nach Hundegröße haselnuss- bis walnussgroß und liegt dem Enddarm auf. Anders als beim Mann, dessen Prostata in die Harnröhre hineinragt und das Harnlassen behindert, vergrößert sich die Drüse beim Rüden auch nach »außen«. Das kann den Kotabsatz beeinträchtigen.

Wichtig: Infektionen der Prostata können lebensbedrohend werden, man sollte daher bei den ersten Anzeichen, wie Verstopfung, Fieber oder tröpfelndem Ausfluss sofort zum Tierarzt gehen.

Untersuchung: Der Tierarzt wird den Hund rektalisieren, das heißt, er geht mit einem Finger in den Enddarm des Hundes ein und tastet die Vorsteherdrüse ab. Das kann schmerzhaft sein. Ist die Drüse vergrößert und/oder verändert, kann eine Ultraschalluntersuchung, ersatzweise auch eine Röntgenaufnahme, näheren Aufschluss bringen

1. Entzündung der Prostata:

In der Regel handelt es sich um bakterielle Infektionen. Die Hunde können kurzfristig Fieber haben und deutlich krank sein. Oft bleibt die akute Phase auch unbemerkt. Bei der chronischen Entzündung verliert der Rüde – unabhängig vom Urinabsetzen – regelmäßig blutiges oder eitriges Sekret (→ **Präputialkatarrh**). Der Tierarzt wird ein wirksames Antibiotikum auswählen, mit dem man den Hund konsequent behandeln muss.

2. Zysten, Abszess:

Man weiß nicht, weshalb sich Prostatazysten bilden. Die Flüssigkeitsblase ist meist sehr groß. Da sich die Blase nach einer Entleerung (unter Narkose) erfahrungsgemäß immer wieder füllt, sollte man die Zyste chirurgisch behandeln lassen.

Auch ein Abszess, eine Eiteransammlung, kann die Prostata erheblich vergrößern. Die Rüden haben meist Fieber und sind sichtlich krank. In der Regel genügt eine Antibiotikum-Therapie nicht, der Abszess sollte chirurgisch behandelt werden.

3. Zubildungen:

Gerade ältere Rüden können, vermutlich wegen einer altersbedingten Hormonumstellung, an einer gutartigen Drüsenvergrößerung leiden. Oft ist das ein Zufallsbefund, wenn der Hund wegen einer anderen Sache gründlich untersucht wird. Nur selten wird die Drüse so groß, dass der Rüde Probleme mit dem Kotabsatz bekommt.

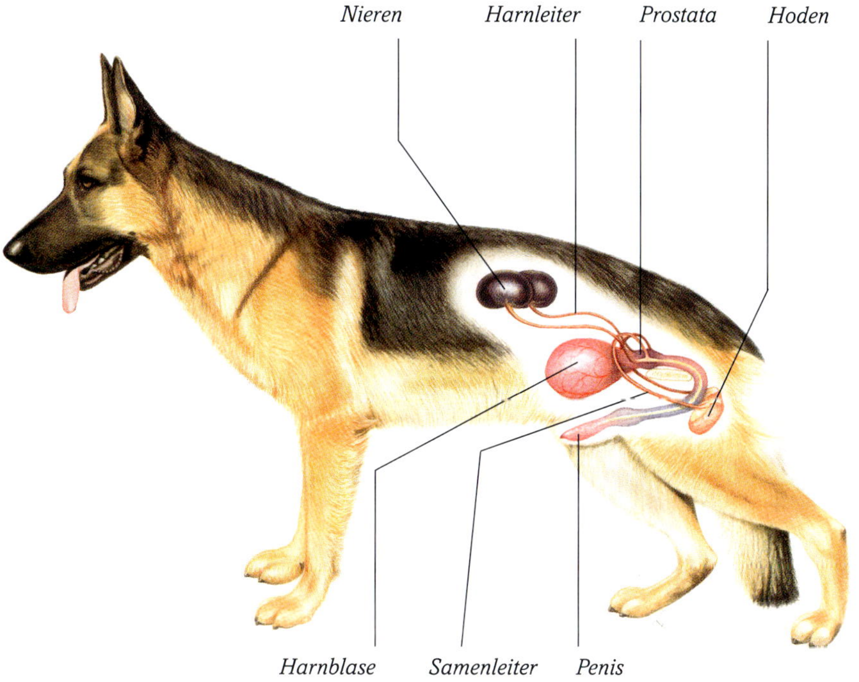

Der Tierarzt kann die Prostata (siehe Bild) vom Darm aus abtasten.

Trotzdem sollte man den Hund jetzt schon behandeln (siehe unten).

Daneben kommen bei Rüden, die meist älter als acht Jahre sind, auch bösartige Zubildungen vor. Die Prognose ist in der Regel nicht gut, denn man entdeckt den Tumor oft erst, wenn sich bereits Tochtergeschwülste in Lunge und Lymphknoten gebildet haben.

Behandlung: Der Tierarzt kann versuchen, eine vergrößerte Prostata mit weiblichen Sexualhormonen (Gestagenen) zu behandeln. Doch im Grunde sollte man den Hund kastrieren lassen. Es ist die einzig zuverlässige Therapie, außerdem verhindert nur die Kastration, dass es zu einer (erneuten) Entzündung oder einer bösartigen Veränderung kommt.

Pyodermie

Die betroffenen Hunde leiden an einem eitrigen Ausschlag, meist in Form von Pusteln, die durch Bakterien verursacht werden. Die Eitererreger kommen überall in der Umwelt vor, beispielsweise im Staub. Erst eine beispielsweise durch Austrocknung, eine Allergie oder Verletzung geschädigte Haut erkrankt. Einige Hunde neigen zu solchen Hautentzündungen, andere nicht.

Therapie: Der Tierarzt wird nach der eigentlichen Ursache suchen und diese, wenn möglich, therapieren. Die Pyodermie lässt sich systemisch mit Antibiotika-Tabletten oder -Injektionen behandeln. Das Antibiotikum muss mindestens drei Wochen gegeben werden, damit es in alle Hautschichten gelangen kann. Ergänzend bewähren sich antibakterielle Bäder. Bei schweren, tiefgehenden Pyodermien helfen auch antibakterielle Umschläge.

Bei wiederkehrenden Eiterausschlägen sollte man erneut nach der eigentlichen Ursache, wie einer Allergie oder einer Hormonstörung, suchen. Solange die Ursache unbekannt ist, kann man mit prophylaktischen Bädern alle ein bis zwei Wochen die Erkrankung lindern.

Pyometra

→ Gebärmuttervereiterung

Q

Quarantäne

Quarantäne heißt, dass ein Tier wegen Ansteckungsverdacht von Artverwandten oder von der gesamten Umwelt abgeschirmt wird. Ein Hund kommt dafür in einen Spezialzwinger (→ **Tollwut**, Seite 240). Quarantäne wird offiziell, also z. B. vom Amtstierarzt angeordnet, um das Ausbreiten von Seuchen zu verhindern. Für den Hund wird lediglich bei Verdacht auf Tollwut eine Quarantäne verhängt.

Im europäischen Ausland erkennt nur Großbritannien die Tollwutimpfung nicht an. Wenn Sie Ihren Hund also mit nach England nehmen wollen, müssen Sie sich für einen Zeitraum von über sechs Monaten von ihm trennen. Das macht natürlich niemand.

Allerdings hat die englische Regierung im Oktober 1997 angekündigt, dass sie diese Bestimmungen überdenken und eventuell abschaffen wolle. Das lässt hoffen, aber sicherlich noch nicht für die nächste Zukunft.

R

Räudemilben

Räudemilben sind in der Regel wirtsspezifische Hautparasiten. Dennoch verirrt sich die Hunde-Räudemilbe, *Sarcoptes canis*, vereinzelt auch einmal vorübergehend auf den Menschen. Da der Mensch ein Fehlwirt ist, verschwinden die Parasiten an ihm auch ohne Behandlung wieder sehr schnell.

Räudemilben sind hochgradig ansteckend. Man muss also betroffene Tiere von anderen Hunden fern halten, bis die Infektion ausgeheilt ist. Allerdings können zwischen Ansteckung und Auftreten der Symptome zwei bis sieben Wochen vergehen, so dass man die Ansteckungsquelle oft nicht mehr ausmachen kann.

Die Milben bohren in die Oberhaut Gänge und legen dort ihre Eier ab. Dadurch entsteht Juckreiz. Die Hunde kratzen und scheuern sich, die Haut wird dick. Es bilden sich Risse und Krusten, die von Bakterien infiziert werden können. Die Räude beginnt meist am Kopf – an Ohrrändern, am Nasenrücken und über den Augen – und breitet sich dann über den ganzen Körper aus. Man sollte dem zuvorkommen und bei Beginn des Juckreizes sofort zum Tierarzt gehen.

Behandlung der Sarcoptesräude: Der Tierarzt kann ein Präparat unter die Haut spritzen, und/oder man wendet äußerlich Spot-on-Präparate (Selamectin) an. Die Therapie muss dreimal wiederholt werden, je nach Präparat von zehn Tagen bis zu drei Wochen, um alle Milben-Stadien abzutöten. Zudem kann man bakterielle Sekundärinfektionen mit Antibiotika behandeln und mit Juckreiz mildernden Substanzen weitere Kratzverletzungen verhindern. Eventuell sollte man dem Hund vorübergehend einen Plastikhalskragen anlegen.

Rattengift

→ Vergiftungen

Raubmilbenbefall, Cheyletiella

Der Erreger dieser Hautparasitose ist die Raubmilbe, *Cheyletiella yasguri*, die auch Katzen befallen kann. Diese Milben leben von Hautschuppen; die gesamte Entwicklung vom Ei bis zur erwachsenen Milbe verläuft – anders als bei der Räude – außen auf der Haut. Dennoch führt ein massiver Befall zu den gleichen Hautveränderungen wie die Räude. Typisch sind die kleieähnlichen Schuppen am gesamten Rücken. Eine leichte Cheyletiellose bleibt in der Regel unbemerkt. Auch diese Milben können auf den Menschen übergehen und zu einer heftig juckenden Hautentzündung führen.

Diagnose: Der Tierarzt kann einen Tesa-Abdruck nehmen und unter dem Mikroskop untersuchen.

Behandlung: Da die Milben an der Hautoberfläche oder im Fell leben, ist die Therapie unkompliziert. Man stellt den Hund auf eine Zeitung (eventuell in der leeren Badewanne) und bürstet ihn gründlich aus. Anschließend behandelt man das gesamte Tier mit einem Spot-on-Präparat (Selamectin) oder der Tierarzt injiziert dem Hund ein Antiparasitikum. Die Zeitung verbrennt man oder knotet sie in einen Müllbeutel ein.

Reisekrankheit

Vor allem Hunde, die als Welpen nicht ans Autofahren gewöhnt wurden, leiden öfters an der so genannten Kinetose oder Reisekrankheit. Auslöser sind vermutlich die mehr oder weniger rhythmischen vertikalen Bewegung beim Autofahren. Sie irritieren den Gleichgewichtssinn, indem sie die Endolymphe, eine Flüssigkeit im Innenohr, in Schwingungen versetzen.

Dem Hund wird schwindlig und übel. Diese Wirkung wird optisch, durch die schnell vorübergleitende Landschaft, sowie durch den Geruch von Autoabgasen noch verstärkt. Das erklärt auch, warum Frischluft – anders als beim Menschen – nichts hilft.

Daneben können noch andere Faktoren wie Angst – aus mangelnder oder schlechter Erfahrung – eine Rolle spielen.

Therapie:

1. **Medikamente:** Es gibt eine Reihe von Mitteln und Medikamenten gegen Übelkeit und Brechreiz wie Ingwer, Petroleum D12 (Homöop.) oder Neurotransmitter. Beruhigungsmittel gibt man nur selten, man müsste sie in der Regel so hoch dosieren, dass der Hund den Rest des Tages schläft.

2. **Training:** Dafür benötigt man einige Wochen Zeit und Geduld. Soll der Hund sich an regelmäßiges Autofahren gewöhnen, muss dieser Gewöhnungsprozess langsam erfolgen. Medikamente – auch → **Bachblüten** oder → **homöopathische Mittel** haben sich bewährt – können dieses Training allenfalls unterstützen.

Hunde brauchen einen sicheren Platz im Auto. Das Gitter verhindert, dass ein Hund bei einem Unfall durch den ganzen Wagen geschleudert wird. Ideal ist eine Transportbox (Kennel).

R

Trainingsprinzip: Am besten sollte man das Training unter Anleitung eines Verhaltensspezialisten (→ **Adressen**) durchführen. Bevor man den Hund ans Autofahren gewöhnt, muss er sich mit dem Auto vertraut machen. Der Hund lernt, dass sich das Auto nicht bewegt und demzufolge kein Grund zur Aufregung besteht. Man weist dem Hund einen Platz zu, von dem er aus nicht heraussehen kann, z. B. den Fußraum des Beifahrersitzes. Außerdem sollte man ab sofort den Hund im Auto niemals mehr bedauern oder beruhigen. Damit verstärkt man nur das Problem, indem man den Hund unabsichtlich für sein aufgeregtes Verhalten mit Aufmerksamkeit belohnt

Für den Anfang sind kurze, aber regelmäßige Aufenthalte im Auto ideal. Der Besitzer sollte einen Weg wählen, der für ihn einfach im Alltag zu praktizieren ist. So wäscht man z. B. ein bis zwei Wochen eine Autoscheibe, während der Hund im Auto sitzt. Oder man hört nach dem Spazierengehen die Nachrichten im Auto, während der Hund auf seinem Platz liegt. Oder der Hund wird einmal am Tag im Auto gefüttert.

Sollte er winseln, bellen oder sich aufregen, weisen man ihn einmal kurz auf seinen Platz und missachtet ihn dann konsequent. Bleibt er ruhig, wird er mit Worten gelobt oder mit Futter belohnt.

Der nächste Schritt ist das Fahren selbst: Das sollte möglichst mit Hilfe einer Begleitperson, die fährt, durchgeführt werden, während man sich selbst um den Hund kümmert. Wie schnell der Gewöhnungsprozess vorgeht, hängt von den Nerven des Hundes ab. So kann man die Schritte unterteilen: Motor anlassen und wieder ausmachen, einige Meter im Schritt-Tempo fahren, den Hund (sofern er brav war) loben und ihn dann aussteigen lassen. Tempo und Strecke langsam steigern und später behutsam Kurven einbauen. Gefühlvolles Anfahren und Bremsen erleichtern das Training.

Jeder Schritt muss so oft wiederholt werden, bis der Hund ihn völlig ruhig akzeptiert. Regt sich der Hund bei einem neuen Schritt auch nur leicht auf – hechelt, bellt oder winselt er – wurde das Programm zu schnell durchgeführt, man sollte also wieder ein oder zwei Schritte zurückgehen.

Generell sollte ein Hund zwei bis drei Stunden vor einer größeren Fahrt bzw. vor dem Trainingsprogramm nichts fressen. Ausnahmslos muss er vorher seine Blase leeren, da ein plötzliches Bremsmanöver andernfalls zu einem Blasenriss führen könnte.

Rheuma

Die rheumatoide Polyarthritis ist eine nicht genau definierte, komplexe Gelenkerkrankung.

Es handelt sich dabei um eine chronisch entzündliche Erkrankung von Gelenken, Sehnen, Bindegewebe und Muskulatur, deren Ursachen noch ungeklärt sind. Meist sind mehrere Gelenke der Vorder- und Hintergliedmaßen entzündet, geschwollen und beim Anfassen deutlich warm sowie

R

eventuell druckschmerzempfindlich. Die Hunde haben Bewegungsstörungen und Fieber.

Vor allem erkranken junge Hunde, aber auch ältere Tiere können betroffen sein. Die Krankheit verläuft chronisch oder schubweise, das heißt, es treten immer wieder akute Schmerzphasen auf.

Diagnose: Bei Verdacht kann der Tierarzt Blut abnehmen, um die so genannten Rheumafaktoren im Serum nachweisen zu lassen. Das sind Autoantikörper gegen eigene Immunglobuline (→ **Autoimmunerkrankungen**).

Allerdings lassen sich nur bei etwa einem Viertel der rheumakranken Hunde wirklich Rheumafaktoren nachweisen. Diese können jedoch – trotz ihres Namens – auch bei anderen Erkrankungen, wie Gebärmuttervereiterung, Leishmaniose oder Herzwurmbefall, nachzuweisen sein. Die Diagnose kann daher nicht immer abgesichert werden, man muss sich mit dem Krankheitsbild und dem Ausschluss ähnlich verlaufender Erkrankungen begnügen.

Behandlung: Der Tierarzt kann lediglich die Symptome behandeln. Je nach Krankheitsverlauf erhält der Hund Kortison-Verwandte, eventuell Antibiotika, Schmerzmittel (Analgetika), Antirheumatika (Naproxen-haltige Präparate sind für Hunde nierentoxisch) oder Anabolika. Da Antirheumatika und Schmerzmittel wie das Aspirin auf Dauer nicht gut magenverträglich sind, sollte man den Hund zu regelmäßigen Kontrollen vorstellen. Falls der Hund erbricht, sollte man sofort mit dem Tierarzt Kontakt aufnehmen.

Rohe Knochen und rohes Fleisch

Grundsätzlich sollte man seinem Hund weder rohes Fleisch noch rohe Knochen anbieten. Besonders rohes Fleisch und ungekochte Schlachtabfälle stellen eine ernstzunehmende Infektionsgefahr dar. Hier einige Beispiele für Erkrankungen, die über rohes Fleisch übertragen werden:

1. Parasiten:

z. B. Bandwurmfinnen: Schlachttiere und einige jagdbare Wildtiere sind Zwischenwirte für den → **Bandwurm**, um ihren Endwirt Hund zu erreichen.

2. Virusinfektionen:

Durch das Verfüttern von rohem Schweinefleisch kann das Aujeszky-Virus, der Erreger der Pseudowut, übertragen werden. Diese Erkrankung führt in wenigen Tagen zum Tod der Hunde. Es gibt keine Therapie für erkrankte Hunde und keine vorbeugende Impfung.

Schweinen sieht man die Infektion nicht an: Sie können das Virus beherbergen, ohne selbst zu erkranken – die Infektion bleibt also verborgen.

Für den Menschen ist diese Virusinfektion nicht gefährlich.

Seit in Norwegen ein Hund an BSE-ähnlichen Symptomen starb, kann man nicht mehr ausschließen, dass auch durch Rindfleisch virusähnliche Strukturen übertragen werden. Allerdings bietet Kochen in diesem Fall keine Sicherheit. Nach heutigem Wissen kann nur Hocherhitzen diese Erreger abtöten.

3. Bakterien:

Die Erreger der Salmonellose werden durch rohes Fleisch und ungekochte Schlachtabfälle von Geflügel, Rind und Schwein auf den Hund übertragen. Zum Beispiel im Pansen können sich Salmonellen unter idealen Bedingungen vermehren.

Besonders bei jungen Hunden können Salmonellen zu akuten Darmerkrankungen und tödlich verlaufenden Allgemeinerkrankungen führen.

Erwachsene Tiere erkranken meist nicht mehr, es sei denn, ihr Immunsystem ist geschwächt. Die Hunde erscheinen gesund, scheiden jedoch mit dem Kot immer wieder Salmonellen aus.

Sie gefährden dadurch andere Hunde, weitere Tierarten sowie den Menschen. Speziell in einer Familie mit Kleinkindern sollte man daher übervorsichtig mit der Fütterung sein.

Vorbeugen: Viren und Bakterien lassen sich durch Kochen oder Kurzerhitzen (bei Fertigfutter) abtöten (mit Ausnahme von BSE-ähnlichen Erregern); in Gefriergut bleiben Erreger hingegen über Monate lebens- und ansteckungsfähig.

Rückenmarkserkrankungen

In den Rückenwirbeln ist ein Kanal ausgespart, in dem der Hauptnervenstrang, das Rückenmark, verläuft. Von diesem Strang gehen seitlich Nebenäste in die einzelnen Körperregionen ab.

Rückenmarksquetschung: Wird das Rückenmark beispielsweise durch eine Verletzung, einen Tumor oder einen Vorfall einer Zwischenwirbelscheibe (→ **Dackellähme**) gequetscht, fällt die Nervenfunktion in diesem Bereich teilweise oder vollständig aus. Es kommt zur Überempfindlichkeit oder zur Beeinträchtigung des Gefühls – für heiß-kalt, Schmerzen etc. – sowie zu Lähmungen.

Krankheitsbild: Bei einem Vorfall oder einer Verletzung zeigen die Hunde meist plötzlich Schmerzen oder Lähmungen. Sie müssen sofort zum Tierarzt, denn je länger das Rückenmark gequetscht ist, desto geringer wird die Chance, dass es sich wieder erholt.

Am Anfang stehen die Bewegungsstörungen, weil die Hunde Schmerzen haben. Sie ziehen den Rücken auf und lassen sich nur ungern anfassen.

Auf die Schmerzphase folgt dann allmählich eine Lähmung. Falls die Hinterhand gelähmt ist, nehmen die Hunde nicht selten die so genannte Fischotterstellung ein. Dabei besteht die Gefahr, dass die Hunde Schwierigkeiten beim Harn- und Kotabsatz bekommen, außerdem können sie sich aufliegen.

Therapie: Diese Erkrankung kann man behandeln, solange die Lähmung noch nicht allzuweit fortgeschritten ist. Bei der konservativen Therapie erhält der Hund entzündungshemmende Medikamente und Vitamin B12. Darüber hinaus kann man diese Behandlung durch Wärme, Kurzwellentherapie oder spezielle Krankengymnastik unterstützen. Es kann jedoch Wochen dauern, bis man eine Besserung erkennt.

In manchen Fällen ist eine Operation ratsam. Man kann beispielsweise den Kern der Zwischenwirbelscheibe entfernen, der beim Vorfall die Rückenmarksquetschung verursacht. Die Heilung erfolgt meist schneller als bei der konservativen Behandlung.

Welche Methode im Einzelfall besser geeignet ist, kann nur der behandelnde Arzt an Hand des Röntgenbildes und der klinischen Untersuchung des Hundes entscheiden. (→ Halswirbel-Dysplasie)

Rückenmarksdegeneration: Neben der Rückenmarksquetschung gibt es bei einigen Rassen auch eine erbliche Rückbildung, eine Degeneration des Rückenmarks.

Die akute Form tritt bereits bei Welpen auf. Oft kann man sie schon bemerken, bevor die Welpen zu ihrem endgültigen Besitzer wechseln. Die allmählich fortschreitende Form äußert sich erst nach Erreichen des siebten Lebensjahres. Die Tiere werden in der Hinterhand völlig lahm. Eine Therapie gibt es leider nicht.

Betroffene Rassen: Deutsche Schäferhunde, aber auch andere großwüchsigen Rassen können an der Altersform erkranken.

Rückwärtsniesen

Mit dem englischen Ausdruck »reverse sneezing« wird eine Eigenheit von Hunden beschrieben. Sie können nicht nur explosionsartig Luft ausstoßen, also Niesen, sie können ebenso heftig einatmen. Die dabei entstehenden röchelnden Geräusche empfindet der Besitzer als besorgniserregend. Da die Hunde normalerweise nicht in Atemnot geraten, sollte man sich daran gewöhnen. Einige Hunde schlucken jedoch nicht ab, dann geraten sie in Atemnot, sie strecken den Nacken, die Augen quellen hervor. In diesem Fall muss man den Hals im Kehlkopfbereich massieren, um den Schluckreflex auszulösen.

Früher hielt man dieses Rückwärtsniesen für einen krankhaften Vorgang. Mittlerweile geht man davon aus, dass dies ein normaler Vorgang ist, dessen Sinn wir noch nicht kennen. Einige Hunde zeigen das Verhalten regelmäßig, andere Tiere nur sehr sporadisch.

S

Sabbern

Spezielle Drüsen, vor allem die paarigen Ohrspeicheldrüsen, produzieren den Speichel. Er feuchtet die Nahrung an und fördert sozusagen als Gleitmittel den Futtertransport in Maul und Speiseröhre. Gleichzeitig besitzt Speichel eine antibakterielle

Wirkung und dient den Molekülen der Geschmacksrezeptoren als Lösungsmittel. Die Regulation des Speichelflusses erfolgt durch eine Nervenreizung des parasympathischen Nervensystems. Es ist ein Reflex, der nicht willentlich beeinflusst werden kann.

Wenn Hunde immer sabbern – z. B. viele Bernhardiner – hängt das mit der Lefzenform zusammen. Dagegen lässt sich nichts tun, allenfalls Züchter können sich pflegeleichtere Lippenformen zum künftigen Ziel setzen.

Hat ein Hund jedoch plötzlich Speichelfäden in den Mundwinkeln hängen, produziert er vermutlich mehr Speichel als sonst. Ein vermehrter Speichelfluss (Ptytalismus, Salivation) kann sehr verschiedene Ursachen haben. In der Regel sind krankhafte Veränderungen in der Maulhöhle, z. B. eine Mandelentzündung, Zahnfleischerkrankungen oder Reizungen durch in die Maulhöhle gelangte ätzende Substanzen, der Grund. Auch verschiedene Vergiftungen, etwa mit Insektiziden oder Säuren, oder auch eingeklemmte oder eingestochene Fremdkörper können zu einer starken Speichelbildung führen.

Wenn weder Sie selbst noch Ihr Tierarzt krankhafte Veränderungen oder Verletzungen feststellen konnten, sollte man an eine neurologische Ursache denken. Einige der eventuell notwendigen Untersuchungsmaßnahmen können in speziell ausgerüsteten tierärztlichen Kliniken vorgenommen werden.

Und schließlich gibt es erhöhten Speichelfluss unbekannter Ursache. Der Tierarzt kann in diesem Fall nur symptomatisch vorgehen und so den Speichelfluss dämmen. Dabei kommt z. B. Atropin, ein Wirkstoff der Tollkirsche, zum Einsatz. Die Wirkung des Atropins liegt unter anderem in der Hemmumg der Speicheldrüsensekretion. Eine zeitweilige Behandlung mit diesem Wirkstoff kann durchaus hilfreich sein und ist bei sehr starkem Speichelfluss auch anzuraten, wenn alle anderen Ursachen ausgeschlossen wurden.

Schäferhund-Keratitis

Der offizielle Name lautet Keratitis superficialis vasculosa pannosa chronica ÜBERREITER. Da diese Hornhautentzündung vornehmlich beim Deutschen Schäferhund vorkommt, hat sie den umgangssprachlichen Namen Schäferhund-Keratitis. Die Ursache ist bis heute nicht geklärt. Man vermutet eine Autoimmunerkrankung, die durch Faktoren, wie intensive UV-Bestrahlung, zum Ausbruch kommt. Meist erkranken Hunde im Alter zwischen drei und fünf Jahren.

Rassediposition: Deutscher Schäferhund; seltener: Terrier, Collie, Greyhound, Mischlinge.

Krankheitsbild: Von der Bindehaut aus greift die Entzündung auf die Hornhaut über. Im Verlauf bildet sich ein kirschrotes, undurchsichtiges Bläschen auf der Hornhaut. Mit der Zeit wird es grau. Die Bindehaut sowie das dritte Augenlid sind geschwollen, die Hunde leiden unter Augenausfluss. Die Lidspalte bleibt geöffnet, doch die erkrankten Hunde meiden helles Licht.

Ohne rechtzeitige Behandlung führt die Erkrankung zum Erblinden.

Therapie: Eine Behandlung ist erfolgversprechend, wenn sie früh genug begonnen wird. Führt man die Behandlung sorgfältig durch (anfangs alle vier Stunden) lässt sich ein Erblinden in vielen Fällen vermeiden. Eventuell kann man auch Teile der Hornhaut entfernen. Immer muss man die Bindehaut mitbehandeln, sonst geht der Prozess von vorne los.

Scheidenentzündung

Entzündungen der Scheide kommen bei jungen und trächtigen Hündinnen vor. Die Ursache ist meist eine Infektion mit unspezifischen Eitererregern wie Staphylokokken und Streptokokken sowie coliformen Keimen. Diese Keime kommen jedoch mehr oder weniger überall in unserer Umwelt vor.

Damit sie zu einer Erkrankung führen, muss die Hündin einem zusätzlichen Stress ausgesetzt sein. Dazu zählen andere Erkrankungen, ein Nährstoffmangel oder ungünstige Faktoren bei der Haltung. Eine Scheidenentzündung kann aber auch die Folge einer Gebärmutterentzündung sein.

Anzeichen: Die Schamlippen sind geschwollen und rot, da die Hündin sich ständig leckt. Aus der Scheide kommt tröpfchenweise gelblicher, schleimiger bis eitriger Ausfluss. Nicht selten heilen diese Entzündungen spontan, wenn die ungünstigen Faktoren beseitigt werden. Bei jungen Hündinnen verschwinden sie meist mit der ersten Läufigkeit. In hartnäckigen Fällen behandelt der Tierarzt die Scheide mit entzündungshemmenden, antibakteriellen Präparaten.

Wenn weder das Einsetzen der Läufigkeit, noch die Antibiotika-Therapie zu einer Heilung führen, sollte man an eine Entzündung der Gebärmutter, eine Endometritis, denken. Eine akute Gebärmuttervereiterung (→ **Pyometra**) führt meist zu Fieber und einer erheblichen Störung des Allgemeinbefindens. Bei Zuchthündinnen kann man eine konservative Therapie versuchen, in der Regel wird man die vereiterte Gebärmutter jedoch entfernen müssen.

Daneben gibt es aber auch chronisch verlaufende Entzündungen der Gebärmutter. Die Ursache sind hormonelle Entgleisungen. Die Hündinnen haben ebenfalls Ausfluss, der braunrot oder graugelb schleimig sein kann. Meist tritt der Ausfluss im Anschluss an eine normale Läufigkeit auf. Bei manchen Hündinnen ist das Allgemeinbefinden hochgradig gestört, andere erscheinen gesund.

Scheinträchtigkeit

Die Scheinträchtigkeit ist ein genialer Schachzug der Natur. Auch wenn sie uns auf den ersten Blick völlig überflüssig und darüber hinaus auch lästig vorkommt, erfüllt sie bei wildlebenden Hunden und dem

Wolf eine wichtige Funktion: Während die Leitwölfin ihren Rudelführer-Aufgaben nachgeht, kümmern sich rangniedrigere Weibchen um die Welpen. Sie passen auf, als wären es ihre eigenen Jungen, und sie säugen die Kleinen auch. Und das geht mit Hilfe eines biologischen Tricks: Die Hündinnen produzieren Milch, ohne selbst Welpen zu haben.

Das klappt deshalb, weil in einem Rudel normalerweise alle Weibchen ihren Zyklus synchronisieren, also gleichzeitig im Februar oder März läufig werden und neun Wochen später Milch geben. Diese Synchronisation läuft vermutlich über Hormonausscheidungen der Haut ab.

Wenn eine läufige Hündin gedeckt wurde, bleibt der Gelbkörper (er entsteht aus dem Eibläschen) bis zum Ende der Trächtigkeit erhalten, andernfalls bildet er sich zurück. Doch auch bei manchen nicht gedeckten Hündinnen kann er länger bestehen. Das ist die hormonelle Grundlage für die Scheinträchtigkeit.

Die Scheinträchtigkeit selbst bemerkt man als Besitzer nicht. Doch die Hündinnen machen auch die Hormonumstellung mit, die bei der Geburt vonstatten geht. Als Folge davon geben viele Hündinnen Milch. Daher auch der wissenschaftliche Name Lactatio falsa, »falsche Milchproduktion«.

Bei unseren Haushunden hat diese Scheinträchtigkeit ihren Sinn verloren. Man könnte einer scheinträchtigen Hündin verwaiste Hunde- oder Katzenwelpen unterschieben, aber das ist die Ausnahme.

Wie äußert sich die Scheinträchtigkeit? Von allen nicht kastrierten, nicht tragenden Hündinnen werden 15 und 50 Prozent scheinträchtig. Da sie dieses Verhalten aber nicht ausleben können (sie können weder Welpen säugen noch umsorgen) bedeutet das für viele Tiere ein wirkliches Problem, und dies sowohl physisch als auch psychisch.

Nicht genau zum »Geburtstermin« nach 63 Tagen, sondern so etwa vier bis neun Wochen nach der letzten Läufigkeit verändert sich die Hündin. Die Anzeichen ähneln einer wirklichen Trächtigkeit. Die Hündin verändert ganz auffällig ihr Verhalten. Sie ist leicht reizbar, sie baut sich ein Nest, schleppt Spielsachen umher und hütet zum Welpenersatz auserkorene Gegenstände. Das kann zwei bis drei Wochen, bisweilen aber auch deutlich länger dauern.

Auch das Gesäuge schwillt deutlich an und die Hündin gibt oft wirklich Milch. Allerdings sollte man nicht probieren, ob die Hündin tatsächlich Milch gibt, da dies die Milchsekretion noch zusätzlich stimuliert. Deshalb darf sich die Hündin auch nicht selbst besaugen oder von einem anderen Tier der Familie besaugen lassen. Es hätte den gleichen Effekt und die Hündin würde weiterhin Milch produzieren. Lässt man die Zitzen hingegen in Ruhe, bildet sich das Gesäuge innerhalb weniger Tage zurück und die Milchproduktion bleibt aus.

Was kann man tun? In leichten Fällen ist der Spuk nach zwei bis drei Wochen von selbst vorbei. Andernfalls sollte man die

Scheinträchtige Hündinnen benehmen sich wie diese richtige Hundemutter – sie sammeln nicht nur Steiftiere um sich, sie geben sogar Milch.

eingebildete Mutter ablenken. Wichtigster Punkt: alle Spielsachen wegnehmen, da sie Mutterverhalten auslösen. Darüber hinaus sollte man die Futterzeiten verändern, viel mit der Hündin spielen und sie bewegen.

Aber Vorsicht: Gibt die Hündin bereits Milch, können körperliche Aktivitäten – genauso wie Stress – die Milchsekretion fördern. Auch das hat seinen biologischen Sinn. Säugetierjunge, ob Welpe, Fohlen oder Kind, wollen in allen kritischen Situationen zu ihrer Mutter, um zu trinken. Saugen beruhigt, außerdem haben Tier- und Menschenmütter die Kleinen dabei unter ihren schützenden Fittichen.

Hilft Ablenken nichts oder ist das Gesäuge stark geschwollen, vielleicht sogar entzündet, sollte der Tierarzt mit Medikamenten eingreifen.

Medikamentelle Therapie: Eine Therapie besteht darin, das Gesäuge mit kühlenden Salben und Umschlägen zu behandeln.

Bei hochgradig scheinträchtigen Hündinnen kann man in den Hormonhaushalt eingreifen. Mit → **Prolaktin**-Hemmern kann die Milchproduktion gestoppt werden. Das bedeutet, die Hündin produziert erst gar keine Milch.

Präparate aus dieser Gruppe haben einen unangenehmen Nebeneffekt. Die behandelten Hündinnen neigen zum Erbrechen. Mittlerweile gibt es jedoch ein neueres Präparat, das Hündinnen besser vertragen. Manche Tiere sind anfangs etwas müde und haben weniger Appetit.

Normalerweise gibt man das Medikament über das Futter. Lehnt ein Tier dies ab, kann der Tierarzt das Medikament auch im Abstand von 48 Stunden injizieren.

Allerdings wirkt diese Therapie nicht sofort. Es dauert eine knappe Woche, bis die Milch ausbleibt, sich das Gesäuge zurückbildet und das Verhalten wieder normalisiert. In ganz hartnäckigen Fällen tendiert man dazu, die Hündin nach Abklingen der Symptome zu kastrieren.

Scheren

Bei einigen Rassehunden wird das Fell regelmäßig getrimmt oder geschoren. Doch auch andere Hunde wie Bobtails, Hirtenhunde und Mischlinge mit dicker Unterwolle kann man in einem heißen Sommer einmal scheren. Bei Hunden, deren längeres seidiges Fell eher zum Schutz der empfindlichen Haut dient, wäre eine solche Prozedur unangebracht. Unter Umständen würde das Haarkleid auch nicht mehr so schön nachwachsen.

Schilddrüse, Erkrankungen der

Die zweilappige zwei bis drei Zentimeter lange Schilddrüse liegt hinter dem Kehlkopf an der Luftröhre, am Eingang in den Brustbereich. Eine Vergrößerung des Organs, z. B. der Kropf (Struma) oder eine Entzündung der Drüse, können das Nachbargewebe einengen.

Demgegenüber stehen Störungen in der Hormonbildung und Hormonausschüttung

Die Schilddrüse bildet das Hormon Thyroxin, das den gesamten Stoffwechsel reguliert. Es erhöht den Grundumsatz des Organismus, steigert Wachstum und Entwicklung. Eine Störung trifft daher nahezu alle Organe und Organsysteme. Die Symptome einer Schilddrüsenerkrankung können deshalb sehr unterschiedlich ausfallen.

Die häufigste Hormonstörung ist bei Hunden die Schilddrüsen-Unterfunktion, die → **Hypothyreose**.

Unterfunktion der Schilddrüse (Hypothyreose)

Die Hypothyreose ist eine häufige Hormonstörung des Hundes. Meist wird sie im Laufe des Lebens erworben und betrifft vorwiegend großwüchsige Hunde. Dem Besitzer fällt meist auf, dass die Hunde träger geworden sind und Haut und Haar sich verändert haben. Typisch ist auch ein »trauriger Gesichtsausdruck«.

Es gibt verschiedene Ursachen: Am häufigsten eine Entzündung der Schilddrüse (→ **Autoimmunerkrankung**), eine Rückbildung des Schilddrüsengewebes (Atrophie) und in ca.fünf Prozent der Fälle liegt die Ursache außerhalb der Schilddrüse: eine Neoplasie der Hypophyse vermindert die Produktion des TSH (= Hormon, das die Produktion von Schilddrüsenhormon anregt). Seit die Hunde hochwertiges kommerzielles Futter erhalten, hat Jodmangel keine Bedeutung mehr.

Krankheitsbild: *Entwickelt sich die Hypothyreose erst beim erwachsenen Hund, kann das eine ganze Reihe von Veränderungen zur Folge haben Der Stoffwechsel verlangsamt sich. Der Hund ist müde, bewegt sich ungern, reagiert auch langsamer und zeigt kaum noch Emotionen. Sie zeigen einen »tragischen« Gesichtsausdruck. Die Tiere würden am liebsten den ganzen Tag schlafen. Weil die Nahrung nicht mehr so gut umgesetzt wird und weil sich Wasser im Gewebe ansammelt, nimmt der Hund zu und friert leicht. Einige Hunde fressen und trinken mehr als früher.

Neben der Verfettung stechen die Veränderungen an Haut und Fell ins Auge. Die Haut ist trocken und meist schuppig, das Fell ist stumpf und struppig. Bei zehn Prozent der erkrankten Hunde fallen die Haare beidseits symmetrisch aus. Zuerst am Nasenrücken und am Schwanzansatz – es sieht aus wie ein »Rattenschwanz«. Die Haut entwickelt einen unangenehmen Geruch, neigt zu Entzündungen und verfärbt sich oft dunkel.

Hündinnen zeigen oft Zyklusstörungen, Rüden Verlust der Libido; der Herzschlag kann langsamer werden und zudem können die erkrankten Hunde an chronischer Verstopfung leiden.

*Bei der angeborenen Hypothyreose werden oft einige tote oder lebensschwache Tiere geboren. Die Welpen kommen mit einem Kropf auf die Welt, ihre Haut ist verdickt, faltig mit schütteren Haaren.

*Tritt die Schilddrüsenunterfunktion erst beim Junghund auf, dann verzögert sich das Wachstum der Hunde. Das Skelett entwickelt sich nur unzureichend, die Proportionen stimmen nicht, so sind Wirbelsäule, Hirnschädel und Extremitäten verkürzt. Die Hunde leiden an Muskelschwäche und haben einen ataktischen, langsamen Gang. Sie erreichen erst spät die Pubertät.

Diagnose: Wenn der Tierarzt den Verdacht hat, dass ein Hund an einer Funktionsstörung der Schilddrüse leidet, wird er spezielle Blutparameter bestimmen lassen. (Der aussagekräftigere Stimulations-Test ist momentan als Routinetest nicht erhältlich. Dazu wird dem Hund ein Schilddrüsen stimulierendes Hormon (TSH) injiziert und der Anstieg eines Schilddrüsenhormonspaltproduktes (T4) nach vier Stunden in einer 2. Blutprobe gemessen.)

Therapie: Man kann dem Hund das mangelnde Schilddrüsenhormon per Tabletten – zweimal täglich – eingeben, für jeden Hund muss die richtige Hormondosis individuell gefunden werden. Die Hormongabe muss jedoch ein Leben lang erfolgen. Deutliche Anzeichen einer Besserung zeigen sich nach ca. vier Wochen, das Nachwachsen der Haare erkennt man nach sechs bis acht Wochen.

Kranke Elterntiere sollte man besser aus der Zucht nehmen.

Kropf (Struma):
Der Kropf ist eine nichtentzündliche Vergrößerung der Schilddrüse. In der Regel ist nur einer der beiden Drüsenlappen verändert. Ursache ist eine unzureichende Hormonproduktion, die der Körper auszugleichen versucht, indem die Drüse sich vergrößert. Dazu wird Schilddrüsen-stimulierendes Hormon (thyreotropes Hormon = TSH) ausgeschüttet, die Drüse wächst und die Hormonproduktion steigt.

Diese Zusatzproduktion kann ausreichen, wenn nicht, kommt es zu hormonellen (endokrinen) Störungen.

Wie beim Menschen auch war Jodmangel, z. B. in Berggegenden, ein häufiger Auslöser, denn Jod wird zur Produktion des Schilddrüsenhormons benötigt. In der Zeit des Fertigfutters hat der Jodmangel jedoch an Bedeutung verloren. Allerdings können selbstgekochte Rationen, wie z. B. Reis-Rindfleisch, nach wie vor zu einem Jodmangel und damit zum Kropf führen.

Krankheitsbild: Die vergrößerte Schilddrüse kann auf die Speiseröhre und die Luftröhre drücken. Die Hunde haben dadurch Schluckbeschwerden, Atemprobleme und Husten. Außerdem können Venen gestaut werden, die Durchblutung ist gestört.

Diagnose: In schlimmen Fällen kann man die Vergrößerung sehen, in der Regel wird sie der Tierarzt ertasten. Mit einer Ultraschalluntersuchung kann man ein genaues Bild über die Vergrößerung und die Gewebeveränderung der Schilddrüse gewinnen.

Mit einer Blutuntersuchung kann man feststellen, ob eine hormonelle Störung vorliegt.

Therapie: Sie richtet sich je nach den Symptomen. Der Tierarzt wird entscheiden, ob eine medikamentöse oder chirurgische Therapie sinnvoll ist.

Schilddrüsen-Tumore (Neoplasien):
In diesem Fall entarten in der Regel Epithelzellen und führen zu einem Adenom oder Karzinom; letztere haben die Neigung, in das umliegende Gewebe hineinzuwachsen und zudem Tochtergeschwülste in anderen Organen (z. B. Lunge, Leber, Milz) hervorzurufen.

Es betrifft meist ältere Hunde, die Prognose ist bei einem Karzinom – das sind 90 Prozent der diagnostizierten Fälle – schlecht, bei Adenomen hingegen gut.

Krankheitsbild: Die Vergrößerung führt zu ähnlichen Symptomen wie der Kropf, also zu Schluck- und Atembeschwerden. Außerdem können die Tumorzellen Hormone produzieren - bei etwa zehn Prozent der Patienten – und damit eine Schilddrüsenüberfunktion, den Hyperthyreodismus, hervorrufen.

Diagnose: Man entnimmt eine Gewebeprobe, eine so genannte Feinnadelbiopsie, und untersucht die Zellen.

Überfunktion der Schilddrüse (Hyperthyreose = Hyperthyreoidismus)
Die Überfunktion kommt beim Hund weit seltener vor als eine Unterfunktion. Ursa-

S

che sind bösartige (maligne) Tumoren der Schilddrüse

Krankheitsbild: Die Hunde sind psychisch verändert, übererregbar und schreckhaft.

Aufgrund des gesteigerten Stoffwechselgeschehens sind Herz- und Atemfrequenz erhöht, die Hunde sind oft mager. Eventuell treten die Augäpfel etwas stärker hervor.

Diagnose: Besteht aufgrund des klinischen Bildes der Verdacht auf eine Hyperthyreose, dann wird man entsprechende Blutwerte bestimmen (z. B. Cholesterol, T4-Konzentration), um die Diagnose abzusichern. Röntgen wegen Metastasen, Biopsie unter Ultraschallkontrolle

Therapie: Prinzipiell gibt es mehrere Möglichkeiten, um eine Hyperthyreose zu behandeln. Wenn sich noch keine Metastasen gebildet haben, entfernt man die Schilddrüse und schließt eine Chemotherapie an; bei invasiv wachsenden Tumoren ist die Prognose hingegen sehr schlecht.

Schlaganfall

Ein Schlaganfall ist beim Menschen das häufigste Herzkreislaufproblem. Er ist die Folge von einer generalisierten Arterienverkalkung in Verbindung mit Bluthochdruck. Hunde hingegen bekommen keinen Schlaganfall, da Bluthochdruck und Arterienverkalkung, jedes für sich genommen, sehr seltene Erkrankungen sind. Die Kombination von beidem ist folglich extrem unwahrscheinlich.

Wenn ein Hund einseitige Ausfallserscheinungen zeigt, die den Folgen eines Schlaganfalls ähneln, könnten Hirnschäden (Unfall, Blutungen, Entzündungen), eventuell auch eine Mittelohrentzündung dahinterstecken. Der Tierarzt muss den Hund genau untersuchen. Nicht immer gelingt es jedoch, eine genaue Diagnose zu stellen. Nach dieser richtet sich jedoch die Prognose.

Nur sehr selten wird – bei Sektionen – ein Hirninfarkt festgestellt, der ebenfalls zu Ausfallserscheinungen führt.

Schlittenfahren

Die Hunde sitzen auf dem Hinterteil, die Hinterbeine nach vorne gestreckt und rutschen auf dem Fußboden nach vorne. Die Haltung ähnelt einem Menschen, der auf dem Rodelschlitten sitzt.

Hunde benehmen sich immer dann so, wenn die Anusgegend juckt. Dies ist der Fall, wenn sie → **Probleme mit den Analbeuteln** haben, wenn sie unter Wurmbefall leiden oder wenn bei langhaarigen Hunden das Fell den Anus verklebt. Das kann bis zu einer schweren → **Verstopfung** führen, bei der die Hunde fiebern und erbrechen.

Schluckauf

Vor allem nach dem Fressen können Hunde bisweilen Schluckauf zeigen. Dies ist die Folge einer schnellen Zwerchfellkontraktion. Normalerweise ist das – wie beim Menschen auch – völlig belanglos. Wenn junge Hunde unabhängig von der Fütte-

S

rung ziemlich regelmäßig Schluckauf haben, kann jedoch ein Befall mit Spul- oder Hakenwürmern dahinterstecken. Lassen Sie vom Tierarzt eine Kotprobe des Tieres untersuchen und gegebenenfalls den Hund entwurmen.

Schlucken, Probleme beim

→ **Angina, Aujeszky-Infektion, Insektenstich,** Schilddrüse: **Kropf, Tetanus, Tollwut**

Schmerz

Schmerz ist eine komplexe Sinneswahrnehmung, die beispielsweise über Erregung der Schmerzrezeptoren zustande kommt. Schmerz ist ein lebenswichtiges Symptom, um Störungen des Wohlbefindens und Abweichungen vom Gesundsein bewusst zu machen.

Hunde können spontane Schmerzen durch Aufschreien oder Stöhnen äußern, sie können sich an der betroffenen Stelle lecken oder kratzen, sie können aber auch ihr ganzes Verhalten ändern. Und da ist es für einen Menschen nicht immer leicht, den Hund zu verstehen.

Ein Beispiel: Zahnschmerzen oder Zahnfleischentzündungen schmerzen beim Fressen besonders. Nicht selten übertragen Hunde das und bellen das Futter an. Oder sie nehmen einen Bissen und lassen das Futter dann stehen. Man könnte daher leicht denken, das Futter schmeckt nicht. Oder ein Hund, der bisher sehr gerne auf langen Wanderungen mitgelaufen ist, zeigt nun nach einer halben Stunde Unlust. Hier kann z. B. ein Gelenkproblem wie die Hüftgelenksdysplasie dahinterstecken, aber auch eine Herzerkrankung oder eine chronische Infektion.

Schmerztherapie: An erster Stelle steht die Behandlung der Grunderkrankung. Zum Glück stehen uns heute sehr gutverträgliche Schmerzmedikamente zur Verfügung, die auch z. B. nach einer Operation eingesetzt werden sollten.

Schnauze, warme

→ **Nase, warme**

Schnupfen

Schnupfen ist die volkstümliche Bezeichnung für eine infektiös bedingte Entzündung der Nasenschleimhaut (Rhinitis). Typisches Kennzeichen ist mehr oder weniger starker Nasenausfluss.

Der Nasenkatarrh kann ein Symptom von Infektionskrankheiten wie Staupe oder H.c.c. sein, aber auch die Antwort auf chemische und physikalische Reize sein wie z. B. Rauch, Staub, Desinfektionsmittel und Fremdkörper, aber auch Allergien, Zahnfisteln oder Tumore können einen Schnupfen auslösen.

Die Hunde niesen, reiben sich die Nase und können auch Atemprobleme haben. Im Laufe des Schnupfens verkrusten die Nasenlöcher, der anfangs wässrige Ausfluss kann zäheitrig werden. Starker Ausfluss kann beispielsweise Nasen- und Nasennebenhöhlenerkrankungen begleiten, die für den Hund äußerst unangenehm sind.

Diagnose: Den Verdacht auf Bakterien, Viren oder Pilze kann man labordiagnostisch absichern. Fremdkörpererkrankungen treten in der Regel nur einseitig auf, so dass auch nur aus dem Nasenloch der betroffenen Seite Sekret austritt.

Therapie: Der Tierarzt wird das Grundleiden mit entsprechenden Medikamenten behandeln bzw. die reizende Ursache beseitigen. Als Besitzer kann man die Nase pflegen, die Krusten mit warmem Wasser aufweichen und die abgetrocknete Nase mit Vaseline eincremen.

Falls der Hund mitspielt, kann man ihn auch inhalieren lassen. Mit welchen Dämpfen (z. B. Kamillentee, Salzlösung oder ätherische Öle), das sollte man unbedingt beim behandelnden Tierarzt erfragen.

Wenn eine medikamentöse Schnupfentherapie nichts hilft, liegt die Diagnose eines chronischen Schnupfens nahe. Eine definitive Krankheitsursache lässt sich in vielen Fällen nicht feststellen. Während oder auch nach einer Behandlung kommt es oft zu Rückfällen. Dabei ist es schwierig festzustellen, ob noch immer die Erstinfektion das Krankheitsbild prägt oder ob eine Neuinfektion stattgefunden hat.

Chronischer Schnupfen

Die Ursachen entsprechen dem akuten Schnupfen, also beispielsweise Infektionen mit Bakterien, Viren oder Pilzen, aber natürlich können auch Fremdkörper, die in die Nasengänge eindringen, Schuld haben. Von außen können sich z. B. Grannen oder Grashalme einspießen und festsetzen. Von der Maulhöhle aus können auch Nahrungsreste in den Nasenrachengang geraten.

Man sollte auch an Erkrankungen der Zähne des Oberkiefers, vornehmlich der Backenzähne denken. Es können sich Fisteln bilden, die eine Verbindung zwischen Maulhöhle und Nase schaffen. Außerdem besteht gerade in diesem Kopfgebiet die Möglichkeit von Neubildungen und Tumoren.

Bis zu 70 Prozent der Fälle von chronischem Schnupfen können durch bösartige Tumore bedingt sein. Es ist kaum möglich, diese operativ zu entfernen, ohne anderweitigen großen Schaden in Kauf zu nehmen. Tumore lassen sich röntgenologisch feststellen.

Schock

Ganz allgemein bedeutet Schock ernste Lebensgefahr und muss daher sofort und gezielt behandelt werden. Es handelt sich um ein akut einsetzendes, fortschreitendes Kreislaufversagen. Die Ursachen sind vielgestaltig:

- Flüssigkeitsverlust z. B. durch Blutungen (nach innen oder außen), durch schweren Brechdurchfall oder durch Verbrennungen.
- Akute Herzstörungen wie Arrhythmien, Herzklappeninsuffizienz, aber auch eine Lungenembolie.

- Endokrine Störungen wie Koma bei Diabetes mellitus oder Schilddrüsenüber- und unterfunktion.
- Toxischer Schock bei Vergiftungen durch Harnstoff, im Endstadium von Organerkrankungen, bei einer Blutvergiftung.
- Anaphylaktischer Schock als Folge einer akuten Unverträglichkeit.

Schokolade und Süßigkeiten

Süßigkeiten sind für Hunde genauso ungesund wie für Menschen. Der Verzehr von Schokolade ist sogar regelrecht gefährlich. Sie enthält Theobromin, das für Hunde giftig ist, da sie es wesentlich langsamer ausscheiden als der Mensch.

Kochschokolade enthält die zehnfache Menge an Theobromin von Milchschokolade und ist daher besonders gefährlich.

Erwischt ein zehn Kilogramm schwerer Hund zwei Riegel Kochschokolade (60 g) oder einen großen Nikolaus bzw. Osterhasen aus Bitterschokolade, kann es zu lebensbedrohenden Vergiftungserscheinungen kommen.

Erbrechen, Mattigkeit, vermehrte Harnproduktion, Muskelzittern und Durchfall sind die Folgen. Alkoholhaltige Pralinen führen bei regelmäßigem Verzehr auch bei Hunden zu Leberschäden.

Schulterprobleme

Schulterprobleme, wie das Auskugeln (Luxation), spielen beim Hund keine Rolle. Auch die Schultergelenkdysplasie kommt im Gegensatz zur Ellbogendysplasie sehr selten vor und wenn, dann bei den kleinwüchsigen Rassen. Bis zu fünf Prozent der Dackel leiden unter einer Dysplasie der Schulter, die das Pendant zur Hüftgelenksdysplasie darstellt.

Dysplasie bedeutet, dass sich die Knochen eines Gelenkes fehlerhaft entwickelt haben. Die sowieso schon flache Gelenkmulde der Schulterbeine ist beim Dackel noch flacher. Als Folge bildet sich eine Arthrose in der Schulter und die Hunde lahmen. Die Anlage zu diesem Problem ist erblich.

Therapie: Der Tierarzt kann die Schmerzen lindern und gegebenenfalls das Gelenk versteifen. In der Regel ist diese Operation jedoch nicht nötig. Man sollte mit den betroffenen Tieren nicht züchten.

Schuppen

→ Seborrhoe

Schwanzdrüse – fetter Schwanz

Jeder Hund hat auf der Oberseite des Schwanzes im Bereich des fünften bis siebten Schwanzwirbels eine ovale, unter der Haut gelegene Drüse, die ähnlich gebaut ist wie die Talgdrüsen des Menschen. Nur bei etwa fünf Prozent aller gesunden Rüden ist diese Drüse noch aktiv – im Gegensatz zu Wildcaniden.

Es gibt aber auch Rüden, bei denen die Schwanzdrüse erst dann übermäßig viel Sekret produziert, wenn der Hormonhaushalt gestört ist. Ursachen können Hodentumore, eine Überfunktion der Testosteronproduktion (männliches Sexualhormon) oder Veränderungen der Analdrüsen, wie z. B. Adenome oder Karzinome sein.

Bild: Bei langhaarigen Rassen ist das Fell an dieser Stelle häufig fettig, schuppig oder die Haare gehen nahezu kreisrund aus. Bei kurzhaarigen Hunden wird diese Haarlosigkeit schnell zu einem kosmetischen Problem.

Diagnose: Der Tierarzt kann zur Absicherung seiner klinischen Diagnose eine kleine Hautstanze aus der Region der Schwanzdrüse entnehmen und diese histologisch, das heißt durch einen Gewebeschnitt, untersuchen lassen. Nach Erhalt des Labor-Befundes wird er die entsprechende Therapie einleiten.

Therapie: Zur Rutenpflege kann man fettlösende, aber nicht fettentziehende Präparate einsetzen. Tumore muss man meist operieren. Bei langrutigen Tieren kann bei chronischen, sekundär infizierten Drüsen eine Schwanzamputation nötig werden.

Seborrhoe

Bei der Seborrhoe kommen zwei Faktoren zusammen: vermehrte Talgproduktion und eine Verhornungsstörung (Keratinisierung), die zur Bildung von sichtbaren Hautschuppen führt. Normalerweise brauchen Hautzellen drei Wochen, bis sie sich als Schuppen lösen. Bei vielen Hauterkrankungen teilen sich die Hautzellen schneller und werden auch rascher abgestoßen, oft schon nach einer Woche. Es fallen mehr Hautschuppen an und das sieht man. Einige Hunde haben nur am Ohrrand oder am Rücken Schuppen, andere am ganzen Körper.

Die Verhornungsstörung der äußeren Hautschichten führt nicht nur zur verstärkten Schuppenbildung, die Veränderungen der Hautoberfläche lösen zudem oft einen starken Juckreiz aus. Das Kratzen verschlimmert den Zustand, so dass es zu Hautverletzungen und einer Besiedlung mit Bakterien kommen kann.

Wenn die Talgdrüsen gleichzeitig mehr Sekret produzieren, entsteht eine fettige Seborrhoe-Form (Seborrhoea oleosa). Sind die Talgdrüsen nicht beteiligt, entsteht die trockene Form (Seborrhoea sicca). Zu den sichtbaren Hautveränderungen kommt dann ein weiteres Problem. Aufgrund der vermehrten Talgbildung riechen manche Hunde etwas ranzig.

Die Ursachen können sehr vielfältig sein – beispielsweise Stoffwechsel- und hormonale Störungen, Leber- und Nierenerkrankungen. Bevor man sich also versuchsweise mit Shampoos und Hautpräparaten an die Behandlung macht, sollte der (Haut-)Tierarzt unbedingt erst eine Diagnose stellen.

Gerade bei Hauterkrankungen ist es von Bedeutung, anhand einer genauen Krankheitsgeschichte zu versuchen, die Krankheitsursache festzustellen. Dazu gehören Fragen nach der Ernährung, den Lebensgewohnheiten, Hormonstörungen und einer eventuellen Vorbehandlung.

Therapie: Kann der Tierarzt bei seinen Untersuchungen zu einer Diagnose kommen, wird er eine gezielte Behandlung einleiten. Oft kann der Patient nur rein symptomatisch behandelt werden. Idiopathische Hauterkrankungen, das sind Erkrankungen, deren Ursachen nicht erkennbar oder nachweisbar sind, erlauben nur diese Therapieform.

Dabei ist eine gute Zusammenarbeit zwischen Tierbesitzer und Tierarzt erforderlich. Erfolge sieht man nur, wenn man Futterumstellungen und Bäder mit wechselnden Shampoos über längere Zeit durchführt. Mit kurzfristigen Maßnahmen lassen sich gerade generalisierte Hauterkrankungen nicht dauerhaft bessern.

Um den normalen Stoffwechsel der Haut zu gewährleisten, ist es sinnvoll, den Tieren essenzielle Fettsäuren zuzuführen. Hochwertige Pflanzenöle und verschiedene Margarinesorten enthalten essenzielle Fettsäuren, aber weitgehend in einer biologisch inaktiven chemischen Form. Es ist daher besser, bei Problemen auf Fettsäurepräparate zurückzugreifen.

Auch die äußerliche Behandlung der Haut muss auf den jeweiligen Fall abgestimmt werden. Die Medizinalshampoos gegen Seborrhoe wirken keratolytisch und enthalten meist Teer-, Schwefel- oder Selenverbindungen.

Wichtig ist es, dass man die Hunde nach dem Bad nicht fest abfrottiert, sondern vorsichtig trockentupft. Bei der trockenen Seborrhoe muss man rückfettende Shampoos einsetzen und eventuell nach dem Bad ölige Emulsionen in die Haut einmassieren.

Einige Rassen entwickeln sogar typische Seborrhoeformen, wie Cocker und Springer Spaniel sowie der West Highland White Terrier. Dackel, Deutscher Schäferhund, Dobermann, Labrador Retriever und der Irish Setter sind besonders anfällig für eine trockene Seborrhoe. Der Shar Pei hingegen neigt zur öligen Form. Solche Hunde brauchen lebenslang spezielle Pflege, also Diät und Bäder.

Kommen die Schuppen immer wieder, ohne dass man die Ursache kennt, sollte man den Hund lebenslang mit medizinischen Shampoos baden. In der Regel wird man den Hund über sechs Wochen lang zwei Mal wöchentlich einshampoonieren. Später kann man den Abstand zwischen den Bädern auf fünf bis zehn Tage ausdehnen.

Der Hund sollte regelmäßig vom Tierarzt kontrolliert werden. Nicht selten muss man zwischendurch das Shampoo wechseln, um die Linderungswirkung aufrechtzuerhalten. (→ **Wenn der Hund stinkt**)

Seifefressen

Allotriophagie ist der medizinische Ausdruck für den Appetit auf Nicht-Essbares bei scheinbarer Gesundheit. In Wirklichkeit liegt diesem abartigen Appetit eine krankhafte Veränderung zugrunde. Organisch handelt es sich meist um eine Störung des Säure-Basen-Haushalts im Organismus, z. B. eine Überproduktion an Magensäure. Diese Übersäuerung des Magens lässt sich vorübergehend durch ein alkalisches Reinigungsmittel abpuffern, daher der instinktive Appetit auf Seife.

Durch die vielen anderen, die Magenschleimhaut reizenden Zusätze eignet sich aber ein Waschmittel nicht als Mittel gegen Übersäuerung. Der Magen reagiert auf diesen Reiz mit einer Entleerung, so dass das Tier erbricht.

Neben einer Übersäuerung können auch Wurmbefall, Fäulnis- und Gärungsvorgänge im Darm oder, was aber selten ist, eine Erkrankung des Gehirns, zu ungewöhnlichen Gelüsten führen. Man sollte aber auch die Möglichkeit einer *Verhaltensstörung* in seine Überlegungen mit einbeziehen. Gerade Hunde mit Jagdhundblut, wie Spaniel und Retriever, brauchen viel Bewegung und Beschäftigung. Aus Langeweile entstehen häufig Unarten, die dann zur Gewohnheit werden. Auch provoziert der Mensch Unarten, indem er das erste Auftreten beim Welpen mit Lachen belohnt. Um dem Menschen zu gefallen, kultiviert der Hund das Ganze. Nicht zuletzt besteht die Möglichkeit, dass sich der Hund, ähnlich wie durch Grasfressen, das Erbrechen erleichtern will.

S

Eine Mangelernährung zeigt sich in der Regel nicht durch Fressen von Waschmitteln. Trotzdem sollte vor allem die Mineralstoff-, Spurenelement- und Vitaminversorgung überprüft werden. (Siehe auch Kotfressen Seite 153)

Sommerhitze, Problem mit der

Fell und Körperbau entscheiden darüber, wie sommertauglich ein Hund ist. Ein junger Podenco wird mit Hitze leichter fertig als ein Siberian Husky, ein Neufundländer oder andere Hunde, die langes Fell und vor allem dichte Unterwolle haben.

Auch ältere, übergewichtige oder kranke Tiere leiden bei größerer Hitze. Tiere, die bereits ein Herzleiden haben, reagieren ganz besonders empfindlich. Auch hochtragende Hündinnen brauchen es aus diesem Grunde kühl. Kleinere Welpen sollten nur vorsichtig der Sonne und Hitze ausgesetzt werden, da sie zu schnell austrocknen.

In den Ruhephasen sollte ein Hund selber entscheiden, ob er sich im Schatten oder in der Sonne aufhalten will. Allerdings können Hunde beim Sonnen auch wegdösen; man sollte sie dann in den Schatten rufen.

Der kritische Punkt sind mehr die Spaziergänge. An heißen Tagen sollte man dazu die kühleren Morgen- und Abendstunden wählen oder in den Wald gehen.

Ein Ausflug, der länger als eine Stunde dauert, ohne dass der Hund eine Möglichkeit zum Trinken hat, bedeutet für das Tier eine Quälerei. Bei Hitze müssen die Hunde stark hecheln und das verbraucht viel Flüssigkeit. Für längere Radtouren sollte die Temperatur unter 20 °C liegen.

Trinkwasser auch unterwegs: Gerade im Sommer vermehren sich Keime im

Ein Sonnenschirm ist besser als nichts, doch lange hält ein Hund das Hitzehecheln nicht aus.

Wasser stark und können zu Magen-Darm-Infektionen führen. Daher sollten Hunde nicht aus Pfützen und stehenden Gewässern trinken. Wenn man kein Leitungswasser mitgenommen hat, kauft man dem Hund am besten ein stilles, kohlensäurearmes Mineralwasser, das ungekühlt sein sollte. Wichtig ist dabei die Menge, nicht der Elektrolytgehalt: der Hund sollte unbegrenzt trinken können. Elektrolytdrinks für Sportler sind überflüssig. Hunde schwitzen kaum, daher verlieren sie auch nicht nennenswert Elektrolyte über den Schweiß.

Scheren: Bei langhaarigen Hunden können in Ausnahmefällen auch Trimmen und Haareausdünnen für Erleichterung sorgen. An den Beinen und über den Knochenerhebungen sollte man die Haare als Polster stehen lassen. Das sieht ein bisschen ungewohnt aus, verhindert aber Liegeschwielen.

Man darf Hunde jedoch nicht am ganzen Körper scheren. Sie sind anfälliger gegen

Sonnenbestrahlung und Verletzungen, daher sollte man diese drastische Maßnahme nur bei bestimmten Hauterkrankungen vom Tierarzt durchführen lassen. Zur Kühlung ist ein Haarschnitt nicht zu empfehlen. Seidiges Fell nimmt manchmal auch kleinere Kürzungen übel und wächst nicht mehr ganz so schön nach.

Baden: Da Hunde nur über das Hecheln für einen Temperaturausgleich sorgen können, nehmen viele gern ein erfrischendes (Fuß-)Bad. Bei älteren oder kranken Tieren sollte man eine abrupte Abkühlung vermeiden – sie belastet nur unnötig den Kreislauf.

Weil Hunde kaum schwitzen können, droht ihnen durchaus Gefahr durch einen Hitzestau. Deshalb sorgen sie von sich aus für eine effektive Kühlung. Sie legen sich, wo es geht, mit dem Bauch auf einen kalten Boden oder stellen sich bis zum Bauch in seichtes Wasser. Man sollte seinen Hund gewähren lassen, es ist das beste Mittel, um einen Hitzestau zu verhindern.

PS: Nach dem Bad im Meer muss man dem Hund das Salz aus dem Fell waschen und ganz besonders sorgfältig Salz und Sand zwischen den Zehen entfernen.

Sonnenbrand

Zu viel Sonne führt auch bei Hunden zu Verbrennungen der un- oder nur leicht behaarten Haut. Besonders sonnenbrandgefährdet sind hellhäutige Hundegesichter,

Die Gartenbrause sorgt für Abkühlung. Bitte keine Schockdusche, sondern immer Pfote für Pfote.

S

vor allem die Nasen. In den Bergen ist die Strahlung nicht nur im Sommer, sondern durch die Reflexion des Schnees auch im Winter besonders stark zu spüren. Genauso kann eine Bootsfahrt bei kühleren Temperaturen durch die Wasserreflexion der UV-Strahlen zu Verbrennungen führen.

Mit Sonnencreme für Babies kann man die empfindlichen Stellen schützen. Man sollte den Hund dennoch nicht zu großer Sonnenbestrahlung aussetzen.

Sonnenstich

Beim Sonnenstich kommt es durch die direkte Sonneneinstrahlung zu einem Kreislaufversagen. Der Hund zittert, erbricht oder wird sogar kurzzeitig bewusstlos. Durch den Hitzestau beim Sonnenstich kann ein Hitzschlag entstehen.

Vor allem Hunde, die bei praller Sonne im Auto eingesperrt werden, erleiden einen Hitzschlag. Dies gilt auch für den Fall, dass sie nur ganz kurze Zeit alleingelassen werden. Dabei kommt es zur völligen Bewusstlosigkeit mit Krämpfen und Atemnot, danach folgt meist der Herztod.

Im Grunde sollte man einen Hund keine Minute allein im geschlossenen, besonnten Auto lassen, da man bei Besorgungen immer länger brauchen kann als ursprünglich geplant.

Weil die Sonne wandert, kann ein Schattenparkplatz schnell zur Hitzefalle werden.

Erste Hilfe: Wird ein Hund in der Sonne sehr müde oder beginnt zu taumeln, dann sollte man ihn sofort in den Schatten bringen. Man bietet ihm, sofern möglich, etwas zu trinken an, oder fächelt seinem Kopf zumindest frische Luft zu. Bessert sich der Zustand innerhalb einer Viertelstunde, ist die Gefahr wahrscheinlich vorüber.

Wenn ein Hund allerdings kollabiert und unter Krämpfen und Atemnot leidet, besteht akute Lebensgefahr. Auf dem Weg zum Tierarzt sollte man dem Hund kalte Kompressen auflegen und ihn vorsichtig mit etwas Wasser berieseln – nicht zu viel kaltes Wasser auf einmal, das wäre gefährlich. Außerdem muss für Luftzirkulation gesorgt werden.

Handeln Sie entschlossen, der Hund muss bei einem Kollaps so schnell wie möglich zum Tierarzt!

Fütterung bei Hitze: Schwäche kann aber auch einen recht banalen Grund haben. Während Menschen bei Hitze oft kaum etwas essen, haben Hunde meist nicht nur Riesendurst, sondern auch großen Appetit. Bei höheren Temperaturen steigt nicht nur der Flüssigkeits- sondern auch der Energiebedarf (bis auf das 1,2fache).

Achten Sie auch bei Hunden auf leichte Kost. Man kann z. B. mageres Muskelfleisch oder gutes Fertigfutter nehmen. Gerade im Sommer sollten keine Reste stehen bleiben, da sie schnell verderben würden. Die Tagesration kann man auf mehrere kleine Mahlzeiten verteilten, um den Kreislauf nicht unnötig zu belasten.

Auch im Sommer sollte das Futter nicht eisgekühlt sein, sondern Zimmertemperatur haben. Nehmen Sie im Kühlschrank aufbewahrtes Futter eine halbe Stunde bis Stunde vor dem Füttern heraus.

Sonographie

→ Ultraschall-Diagnostik

Speicheln (Sabbern)

Speicheln ist die Folge einer vermehrten Tätigkeit der Ohrspeicheldrüsen. Häufigster Auslöser sind Anblick oder Geruch von Futter. Speicheln kann jedoch auch auf zwei Probleme hindeuten: Manche Hunde speicheln, bevor sie sich erbrechen. Meist lecken sie sich auffallend intensiv die Schnauze, hecheln stark und strecken den Kopf nach vorne bzw. unten. Auch Erkrankungen in der Maulhöhle lösen verstärktes Speicheln aus.

Spulwurm (Toxocara canis)

Spulwurmbefall haben meist nur Welpen und Junghunde. Mit acht bis zwölf Monaten endet die Infektionskette durch Selbstreinigung. Bis zu 90 Prozent der Hundewelpen haben Spulwürmer. Mit *Toxocara canis* infizieren sich die Welpen in der Regel schon vor der Geburt oder später dann über die Milch. Der Zeitpunkt hängt davon ab, wann sich die Mutterhündin angesteckt hat.

Bei älteren Tieren, wie den Hündinnen, entwickeln sich die Spulwürmer nur unvollständig. Die Hündin nimmt die infektiösen Eier mit dem Futter auf. Daraus schlüpfen die Larven und bohren sich über die Darmwand in die Blutgefäße. So gelangen sie in die Leber und von da in den Kreislauf. Normalerweise können sie sich dann nicht mehr weiter entwickeln und bleiben als so genanntes Ruhestadium in der Muskulatur. Ist die Hündin trächtig, werden die Larven wieder aktiv. Sie wandern zurück in die Blutbahn und gelangen über die Nabelvene in die Foeten. In ihnen vollenden sie ihre Leber-Lungen-Wanderung.

Wenn die Welpen nach der Geburt husten, befördern sie die Larven über die Luftröhre nach oben und schlucken sie sofort wieder ab. Im Darm entwickeln sie sich dann weiter. Nicht alle Parasiten bleiben im Darm hängen und werden dann mit dem Kot ausgeschieden. Da die Hündin das Darmpech aufleckt, kann sie sich so über ihre eigenen Welpen selbst wieder infizieren.

Nach drei bis vier Wochen kommen im Darm aus den Eiern Larven, die über Venen bzw. den Gallengang in die Leber, weiter in die Lunge und dann in die Luftröhre wandern. Sie werden abgeschluckt und landen erneut im Darm, wo sie sich zu geschlechtsreifen Würmern entwickeln. Anhand der über den Kot ausgeschiedenen Eier kann man die Infektion jetzt auch nachweisen.

Krankheitsbild: Die Darmstadien behindern die Passage des Nahrungsbreis, entziehen ihm Nährstoffe und sie scheiden giftige Stoffwechselprodukte aus. Letztere

S

können allergische Hauterkrankungen sowie nervöse Erscheinungen zur Folge haben. Zudem können die Larven eine Körperwanderung unternehmen. Bei der Lungenwanderung entstehen Bohrstellen, die sich infizieren können. Die betroffenen Hunde husten und haben Nasenausfluss. Bei massiver Verwurmung kann es zu Todesfällen kommen.

Befallene Welpen leiden zeitweise an Appetitmangel, sie erbrechen nach dem Fressen, haben Durchfall und magern bei gleichzeitig aufgetriebenem Trommelbauch stark ab. Als Folge des Nährstoffentzugs entstehen rachitische Fehlstellungen der Gliedmaßen.

Prophylaxe und Therapie: Ziel einer Therapie ist es, die Entwicklung geschlechtsreifer Spulwürmer bei der Hündin und auch bei den Saugwelpen zu verhindern.

Saugwelpen sollte man das erste Mal im Alter von 14 Tagen behandeln, noch bevor sich geschlechtsreife Würmer entwickeln konnten. Da sich die Welpen während der gesamten Säugezeit immer wieder neu infizieren, muss man die Entwurmung alle zwei Wochen wiederholen. Nach dem Absetzen sollte man noch zweimal entwurmen. Die Hündin behandelt man jeweils mit, da sie sich über den Welpenkot infizieren kann.

Desinfektionsmaßnahmen wirken nicht so effektiv, da schon eine geringgradige Infektion zu hoher Eiausscheidung führt und die Eier in der Umwelt sehr widerstandsfähig sind. Daher sollte man unbedingt den Kot der infizierten Hunde in Plastiktüten beseitigen, um die Infektionskette zu unterbrechen.

Staupe

Staupe ist eine Viruserkrankung, die weltweit vorkommt und an der alle Hundeartigen (Fuchs, Wolf, Schakal, Koyote und Dingo) sowie alle Marder- und Waschbärartigen erkranken können. Seit Anfang der neunziger Jahre weiß man, dass auch Großkatzen nicht vor der Staupe gefeit sind: Die Löwen im Serengeti-Nationalpark hatten Staupe.

Erreger ist ein Morbillivirus und damit ein Verwandter des Masernvirus des Menschen. In der Umwelt hält sich das Virus nicht lange. Das bedeutet, die Ansteckung erfolgt per Tröpfcheninfektion von Hund zu Hund. Auch wenn Welpen und Junghunde generell anfälliger für Infektionskrankheiten sind – ihr Immunsystem ist noch untrainiert – Staupe kann ungeimpfte Hunde jeden Alters befallen.

Sie erkranken immer nur dann, wenn zwei Voraussetzungen erfüllt sind:

1. Die Hunde werden gar nicht oder nicht regelmäßig gegen Staupe geimpft
2. Es gibt eine Ansteckungsquelle.

So beobachtete man Ende der achtziger Jahre beispielsweise in Berlin vermehrt Staupefälle. Vermutlich bestand hier ein Zusammenhang mit staupekranken Füchsen und Mardern. In den neunziger Jahren scheinen auch ungeimpfte »Hunde aus

S

dem Osten« als Ansteckungsquelle in Frage zu kommen.

Krankheitsverlauf: Die Staupe kann hintereinander verschiedene Stadien durchlaufen, sie kann aber auch unterschiedliche Gesichter zeigen:

1. Katarrhalische Form

Die Schleimhäute von Augen, Nase, Rachen sowie eventuell des Magen-Darm-Traktes sind entzündet. Wenige Tage nach der Infektion haben die Hunde kurzzeitig hohes Fieber (bis 41 °C), was jedoch meist unbemerkt bleibt.

Beim zweiten Fieberschub haben die Hunde dann schon (eitrigen) Nasenausfluss und eventuell eine Bindehautentzündung. Es können Magen-Darm-Probleme folgen.

Durch eine zusätzliche Bakterieninfektion ist ein leichteres Fieber, unter 40 °C, möglich. Die Bakterien können die Symptome verschlimmern. Es kann sich aus der Bindehautentzündung eine Bindehaut-Hornhaut-Entzündung entwickeln.

2. Zentralnervöse Form

Entweder tritt sie vier Wochen nach der Infektion auf, ohne dass der Hund krank wirkte, oder sie entwickelt sich im Anschluss an die katarrhalische Staupe.

Dann treten drei Wochen nach einer scheinbaren Genesung Bewegungs- und Koordinationsstörungen, Krämpfe, Lähmungen, Nackensteife sowie Augenveränderungen (z.B. Augenzittern) auf. In diesem nervösen Stadium ist eine Therapie nur noch selten aussichtsreich, die Hunde sterben meist. Überlebende Hunde zeigen häufig den »Staupe-Tick«, das sind ruckartige Muskelzuckungen (Myoklonien).

3. Hard Pad Disease

Es kann nach einigen Wochen zur übermäßigen Verhornung der Fußsohlen kommen, daher der Name Hartballenkrankheit.

4. Old Dog Encephalitis

Sie soll eine Spätfolge der Staupeinfektion sein und kommt bei Hunden mittleren bis hohen Alters vor. Heute sieht man sie nur noch sehr selten. Die Hunde erleiden einen Intelligenzverlust und zeigen fortschreitende motorische Störungen. Sie sterben an den Folgen der Erkrankung.

Bei Welpen, die in der Zeit des Zahnwechsels erkranken, kann es zu Schmelzdefekten im bleibenden Gebiss kommen, daher der Name Staupe-Gebiss.

Prophylaxe und Therapie: Eine Therapie ist nur im katarrhalischen Stadium erfolgreich und bekämpft die Symptome. Daher ist die Prophylaxe das A und O: Jeder Hund sollte regelmäßig geimpft werden.

In jüngster Zeit wurden neue Staupeviren entdeckt. Die Unterschiede zwischen den altbekannten und neueren Virusstämmen sind jedoch so gering, dass die Impfstoffe auch vor diesen neuen Stämmen schützen.

Sterilisation der Hündin

→ Kastration der Hündin

Wenn der Hund stinkt

Nasse Hunde riechen stärker als trockene, das ist ganz normal. Nach dem Abfrottieren ist das »Hundeln« in der Regel deutlich besser.

Seborrhea oleosa: Wenn der Hund seinen Geruch unabhängig vom Wetter auffallend verändert, kann es sich auch um eine Störung der Talgdrüsenproduktion handeln, eine so genannte Seborrhea oleosa, den Talgfluss.

Die Talgdrüsen liegen an den Haarwurzeln. Am Rücken und um den Schwanzansatz findet in der Regel die stärkste Sekretproduktion statt, so dass es hier auch zu den stärksten Symptomen kommt. Ein glänzend-fettiges Fell mit Schuppenbildung kann auf eine Seborrhea oleosa hinweisen. Die talgverklebten Schuppen haften als gelblich bräunliche Partikel an Haaren und Haut.

Nasse Hunde riechen stärker als trockene, das ist ganz normal.

Der typische ranzige Geruch fällt dabei deutlich auf. Die Ursache für diesen Geruch, der dem Tierarzt schon beim Betreten des Patienten in den Untersuchungsraum auffällt, ist die bakterielle Zersetzung der Talgdrüsenfette, die normalerweise den oberflächlichen Hautfettfilm bilden. Das führt zu einer eitrigen Hautentzündung und erschwert die ursprüngliche Erkrankung.

Häufig löst Zinkmangel diese krankhafte Talgproduktion aus. Mit einer Bestimmung des Zinkspiegels im Blut lässt sich dies feststellen und gegebenfalls mit Zinktabletten behandeln.

Therapie: Die Therapie richtet sich nach der Ursache. Zusätzlich oder, wenn eine ursächliche Behandlung nicht möglich ist, führt man eine symptomatische Behandlung durch. Man versucht, die aufgetretenenVeränderungen zu beseitigen. Z. B. durch Waschen des Patienten mit verschiedenen, vom Tierarzt ausgewählten Shampoos. Die meisten Bäder enthalten Stoffe wie Selendisulfit, Schwefel, Salicylsäure, Steinkohlenteer oder Benzylperoxid.

Sie haben eine reinigende Wirkung, lösen also abgestoßene Hautschichten ab und unterstützen gleichzeitig den neuen Aufbau der äußeren Hautschichten. Die meisten Bäder sollten 10 bis 15 Minuten auf die Haut einwirken, bevor sie gründlich wieder ausgewaschen werden.

Anfangs muss der Patient unter Umständen zwei- bis dreimal wöchentlich gewaschen werden. Später genügt es, das Shampoonieren in wöchentlichen oder mehrwöchentlichen Abständen durchzuführen.

Häufig liegt zusätzlich ein Fütterungsfehler oder eine Unverträglichkeit bestimmter Anteile des Futters vor. Der erkrankte Hund darf nicht zu eiweißreich gefüttert werden; er soll vor allem keine Essensreste und Knochen bekommen.

Störung im Hormonhaushalt: Wenn die Beschwerden bei einem Rüden mit der Geschlechtsreife auftreten, kann eine Störung im Sexualhaushalt vermutet werden. Sollte diese sich aufgrund von Laboruntersuchungen bestätigen, kann unter Umständen eine Kastration, also die operative Entfernung der Hoden, dauerhaft Abhilfe schaffen.

Stoffwechselerkrankungen: Aber auch eine Organerkrankung, z. B. eine Funktionsstörung der Leber oder Nieren, kann zu einem veränderten Körpergeruch führen. Die betroffenen Hunde riechen dann aber nicht ranzig, sondern z. B. scharf nach Harnstoff. Dies kann durch eine Blut- und Harnuntersuchung geklärt werden. Die Therapie richtet sich nach dem Grundleiden. Ist es zu behandeln, verschwindet auch der Geruch.

→ **Demodexmilben, Schilddrüse (Hypothyreose)**

Strahlentherapie

Die therapeutische Anwendung ionisierender Strahlen erlangt in der Tiermedizin neue Bedeutung. Sie wird zur Behandlung maligner Tumore eingesetzt, die man chirurgisch nicht erreichen kann, z. B. am Kopf. Die Wirkung der Strahlen beruht darauf, dass sie die genetische Substanz (DNS) der Tumorzellen in deren Teilungsphase zerstören. Schnell wachsende Tumore sprechen daher besonders rasch auf diese Therapie an.

Ziel ist es, das Tumorgewebe maximal zu schädigen und das umgebende Körpergewebe maximal zu schonen. Daher kann man die Strahlendosis nicht unbeschränkt erhöhen. Dieses Problem löst man, indem man mehrmals geringere Dosen verabreicht. Da sich gesundes Gewebe besser regeneriert als Tumorgewebe, erreicht man so den erwünschten Effekt.

Ablauf der Therapie: Die Therapie dauert drei bis vier Wochen, in denen 10 bis 14 Sitzungen stattfinden. Die Bestrahlung findet unter Narkose statt, da die Tiere absolut stillhalten müssen.

Symptom

Alle krankheitsbedingten Veränderungen, die man bemerkt, bezeichnet man als Symptom. Dies können vermehrter Durst, Durchfall und Nasenausfluss sein.

Bei manchen Krankheiten gibt es ein besonders typisches Symptom, anhand dessen man die Krankheit erkennen kann. Dieses Symptom nennt man pathognomonisch.

T

Tagblindheit

→ Erblinden (Progressive Retinaatrophie)

Tätowieren

Unter Narkose wird einem Hund eine vierstellige Zahl, sowie teilweise auch das Kürzel des Tierarztes und eventuell die Kennung des Landkreises eintätowiert.

Die mit der Tätowierzange eingestanzten Minilöcher bestreicht man mit einem Farbstoff, der in die Haut eindringt. So ist der Hund gekennzeichnet.

Bei dunkelhäutigen Hunden kann man die Ziffern oft nicht gut erkennen, außerdem kann man durch Nachtätowieren Zahlen verfälschen. Daher werden wertvolle Tiere, wie z. B. Behindertenbegleithunde, heutzutage gechippt (→ **Mikrochip**).

Taubheit → Hörtest

Manche Welpen kommen bereits taub auf die Welt. Meist tritt diese angeborene Störung in Zusammenhang mit der Haut- und Fellfarbe Weiß auf. Am besten lässt sich dieser Erbfehler durch einen Hörtest feststellen. Mit diesen Hunden sollte man auf keinen Fall weiterzüchten.

Betroffene Rassen: Dalmatiner, Bobtail, Collie, Mischlinge mit weißen Flecken im Ohr-Augen-Bereich.

Auch bestimmte Erkrankungen können zur Taubheit führen. So kann eine nicht behandelte Ohrenentzündung das Innenohr in Mitleidenschaft ziehen oder eine Verletzung durch einen Stoß oder Schlag das Gehör beeinträchtigen. Ist der Gehörnerv einmal geschädigt, lässt sich dies nicht wieder rückgängig machen. Der Hund bleibt taub oder schwerhörig.

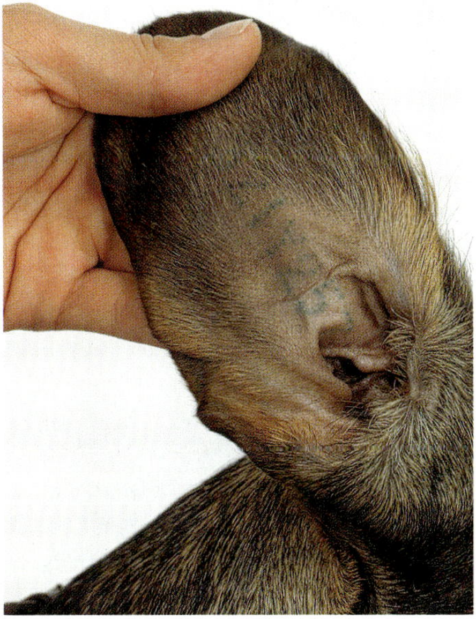

Tätowierungen werden auf der inneren Ohrseite angebracht.

Es gibt auch vorübergehende Hörstörungen, wenn z. B. eingetrocknetes Ohrensekret das Trommelfeld in seiner Funktion behindert. Der Tierarzt kann den Gehörgang – unter Umständen unter Narkose – freispülen und damit das Problem beseitigen. Vorbeugend sollte man dann regelmäßig die Ohren säubern (→ **Ohrenpflege**).

Erziehung eines tauben Hundes: Einen tauben Welpen erzieht man mit Sichtzeichen. In unmittelbarer Nähe kann man den Hund auch durch Erschütterung, etwa das Aufstampfen mit dem Fuß, auf sich aufmerksam machen. Bei größeren Entfernungen kann man einen Ball oder eine Wurfkette zuhilfe nehmen. Man muss den Hund daran gewöhnen, in ganz kurzen Abständen den Blickkontakt zum Besitzer zu suchen und ihn sicherheitshalber an die lange Leine nehmen.

Falls Sie Hilfe brauchen, kann Ihnen Ihr Tierarzt in der Regel einen einfühlsamen Hundeerzieher empfehlen. Für einen mit der Zeit taub gewordenen Hund gilt grundsätzlich das Gleiche. Man sollte ihn auf Sichtzeichen umstellen und an ständigen Blickkontakt mit dem Begleiter gewöhnen. Auch wenn der Hund sehr gut folgt, muss man ihn im Straßenverkehr anleinen.

Teebaumöl

In Australien gehört das Teebaumöl zu den altbewährten Hausmitteln. Seit einiger Zeit gibt es das Öl auch hier in den Apotheken. Es wird vor allem zur Wundbehandlung und zur Bekämpfung von Hautparasiten empfohlen. Allerdings fehlen wissenschaftliche Untersuchungen zu seiner Wirkung. Als Prophylaxe gegen Zecken und Flöhe reicht es vermutlich nicht alleine aus. Anders als bei der Katze sind aber beim Hund auch keine unerwünschten Nebenwirkungen bekannt.

Tetanus

Hin und wieder treten beim Hund Fälle von Wundstarrkrampf (Tetanus) auf. Die Infektion mit den Bakterien *(Clostridium tetani)* erfolgt beispielsweise beim Zahnwechsel, über offene Verletzungen oder auch bei Operationen.

Die Zeit zwischen Ansteckung und Auftreten der Symptome (= Inkubationszeit) beträgt beim Hund zwischen fünf Tagen und zwei bis drei Wochen. Das Tetanustoxin schädigt das Rückenmark und führt zu krampfhaften Anspannungen der Muskulatur. Auslöser für einen Tetanuskrampf können Geräusche, Berührungen, Veränderungen der Lage des Hundes oder auch Lichteinfall sein. Typisch sind Veränderungen der Ohrenstellung sowie des Gesichtsausdruckes durch Krämpfe der Gesichtsmuskulatur. Ebenso kann der Hund Lähmungen zeigen. Die Symptome ähneln dem Krankheitsbild der nervösen Staupe.

Therapie: Bei rechtzeitiger Intensivtherapie an einem ruhigen, abgedunkelten Ort bestehen gute Heilungschancen. Die Tetanus-Impfung gehört bei Hunden nicht zum Standard, ist aber zu empfehlen.

Tierkohle

→ Kohle

Tollwut

Die Tollwut wird von einem Virus hervorgerufen, das dazu in eine offene Wunde gelangen muss. Es kann nahezu alle Säugetiere, also auch den Menschen, sowie

Vögel krank machen. Das Virus (*Rhabdovirus*, Genus *Lyssavirus*) kommt weltweit vor, lediglich einige Inseln wie Japan, Australien, Großbritannien, Irland, Malta, Zypern und auch Skandinavien sind tollwutfrei.

Infektion: Wenn ein Hund von einem infizierten Tier gebissen wird, gelangt virushaltiger Speichel in die frische Wunde. Auch äußerlich gesund erscheinende Tiere können bereits das Virus übertragen. Auf dem Weg über die verzweigten Nervenbahnen und das Rückenmark erreicht das Virus das Zentralnervensystem. Von hier aus werden dann die Speicheldrüsen infiziert, so dass die Weitergabe des Virus gesichert ist. Doch nicht jeder Hund, der von einem anderen tollwütigen Hund, einem Marder oder Fuchs gebissen wird, erkrankt auch. Man geht davon aus, dass es nur in jedem fünften Fall wirklich zu einer Erkrankung kommt. Die Symptome können bereits zehn Tage nach dem Biss, aber auch erst Monate später auftreten.

Je weiter die Bisswunde vom Gehirn entfernt ist, desto länger braucht das Virus, bis es zum Kopf gewandert ist und dann zu Krankheitsanzeichen führt.

Krankheitsbild: Am Anfang sind die Hunde eher gedämpft, dann erst folgt das so genannte Exzitationsstadium mit Unruhe, Speicheln, Aggressionsanfällen und Krämpfen. Früher galt die vermeintliche Angst vor Wasser (Hydrophobie) als typisches Tollwutkennzeichen. In Wirklichkeit führen allerdings schmerzhafte Krämpfe der Schlundmuskulatur dazu, dass der Hund Wasser nicht mehr abschlucken kann. Doch nicht alle Hunde zeigen dieses Symptom.

Wenn die Krankheit erst einmal ausgebrochen ist, tritt innerhalb von wenigen Tagen der Tod ein. Bei dem geringsten Verdacht auf Tollwut, sollte man das betroffene Tier sofort isolieren und sich mit dem Tierarzt in Verbindung setzen.

Diagnose: Normalerweise kann man bei Infektionskrankheiten den Erreger bzw. die spezifischen körpereigenen Abwehrstoffe im Blut nachweisen. Doch das Tollwutvirus wandert entlang der Nervenbahnen. Es ist daher weder dem Immunsystem zugänglich, noch lässt es sich nachweisen. Bei Tollwutverdacht wird nach dem Tod das Gehirn von bestimmten Untersuchungsämtern untersucht. Nur auf diesem Wege ist eine sichere Diagnose möglich.

Therapie: Weil die Tollwut immer tödlich verläuft, kommt jede Therapie zu spät. Wird ein Mensch gebissen, kann man ihn sofort nach dem Biss impfen und ihn dadurch retten. Beim Tier ist diese Notimpfung verboten, es sei denn, es besteht bereits ein Impfschutz (siehe unten).

Impfung: Daher sollte ausnahmslos jeder Hund gegen Tollwut geimpft werden – und zwar pünktlich alle zwölf Monate. Wer leicht Termine vergisst, kann sich von seinem Tierarzt auf Wunsch auch per Postkarte erinnern lassen.

Tollwut-Verdacht: Die Tollwut ist eine anzeigepflichtige Krankheit. Besteht bei einem Haus- oder Wildtier Verdacht auf Tollwut, muss der örtliche Amtstierarzt umgehend verständigt werden – auch an Sonn- und Feiertagen. Sie können auch Ihren Tierarzt oder die Polizei beauftragen, den Amtstierarzt zu verständigen. Bei Verdacht auf Tollwut muss das betroffene Tier getötet und von einem staatlichen Untersuchungsamt untersucht werden.

Bei einem Hund kann der Amtstierarzt auch einer mehrwöchigen Quarantäne zustimmen, falls das örtliche Tierheim oder der Besitzer den strengen Quarantäneauflagen entsprechen kann: kein Körperkontakt zum Menschen und zu anderen Tieren!

Die einzige Rettung ist eine gültige Tollwutimpfung, die maximal 365 Tage zurückliegen darf. Bereits am 366. Tag gilt der Hund als ungeimpft. Innerhalb der 365 Tage darf ein gebissener Hund nach dem Gebissenwerden geimpft werden, um den Schutz zu verbessern. Ab dem 366. Tag ist dies nach dem Bundestierseuchengesetz verboten (siehe oben). Ist das Tier Tollwut-positiv, kann der Fundort zum Tollwut-Gebiet erklärt werden. In der Regel herrscht dann Leinenzwang für alle Hunde.

Die Tollwut ist unheilbar, am lebenden Tier nicht zu diagnostizieren, und sie stellt eine tödliche Bedrohung für den Menschen dar. Deshalb sind die Bestimmungen so streng. Doch mit der regelmäßigen Impfung lässt sich diese Gefahr vermeiden.

Tollwutverordnung

In der Tollwutverordnung ist geregelt, dass nur gegen Tollwut geimpfte Hunde die Landesgrenze überschreiten dürfen.

Anforderungen an einen Quarantänezwinger

Für die Tollwut-Quarantäne braucht man einen Zwinger mit zwei Abteilungen. Nur so kann man das ansteckungsverdächtige Tier füttern und tränken sowie den Zwinger sauber machen, ohne mit ihm in Berührung zu kommen.
Auch nach außen muss der Zwinger besonders gesichert sein. Ein gedoppelter, wildtiersicherer Zaun verhindert, dass der Hund ausbrechen oder Besuch bekommen kann. Auch wenn die Besitzer eines tollwutverdächtigen Hundes im ersten Moment alle Hebel in Bewegung setzen wollen, um die Quarantäne durchzusetzen, sollte man eines nicht vergessen: Für den Hund, der an die Familie gewöhnt ist, kann die Quarantäne zur Qual werden. Eine Studie über Quarantänehunde in Berlin von Dr. Eva Heidenberger zeigt jedoch, dass Hunde bis zu 70 Tage Einzelhaft ohne bleibenden psychischen Schaden durchleben können. Allerdings hatten die Berliner Hunde wenigstens fernmündliche Zuwendung.

Toxoplasmose

Hunde können sich bei der Katze mit der Toxoplasmose infizieren, ohne jedoch deshalb zu erkranken. Nur in Ausnahmefällen kommt es zu Krankheitsfällen (siehe unten).

Wie der Mensch auch, sind Hunde Endwirte und geben den Erreger, *Toxoplasma gondii*, nicht weiter. Während Katzen den Menschen infizieren können, was speziell für ungeborene Babies gefährlich werden kann, spielt die Toxoplasmose des Hundes auch für schwangere Frauen keine Rolle.

Die Einzeller bilden Dauerformen in der Muskulatur, in den Eingeweiden oder dem Zentralnervensystem, die normalerweise keine Krankheitsanzeichen hervorrufen. Lediglich sehr junge oder immungeschwächte Hunde können an der Toxoplasmose erkranken – der Schweregrad hängt von der Verfassung des Tieres ab. Nach bisherigen Erfahrungen, tritt die Toxoplasmose oft zusammen mit der Staupe auf.

Man unterscheidet zwei Formen: die Eingeweideform und die Erkrankung des peripheren sowie des zentralen Nervensystems. Die betroffenen Hunde sind apathisch, magern ab, haben eventuell leicht erhöhte Temperatur und relativ häufig Atembeschwerden.

Daneben treten Magen-Darm-Störungen, in schweren Fällen Gelbsucht und Herzerkrankungen auf. Zusätzlich können sich noch zentralnervöse Symptome entwickeln wie Zittern, Lähmungen, speziell der Hinterbeine, Koordinations-Störungen oder Anfälle.

Diagnose: Das Krankheitsbild ist zu unspezifisch. Man sollte bei Verdacht serologische Untersuchungen, am besten den Sabin-Feldmann-Test aus der Humanmedizin, durchführen lassen.

Dieser Test reagiert sechs bis zehn Tage nach der Infektion positiv und erreicht nach 10 bis 20 Tagen seinen maximalen Wert. Er fällt dann wieder etwas ab, und das Serum bleibt über Jahre positiv. Deshalb ist der Verlauf des Titers diagnostisch wichtig. Nur ein Anstieg innerhalb ein bis zwei Wochen oder ein Abfall im Test nach zehn Wochen deutet auf eine frische Infektion hin.

Behandlung: spezielle Antibiotika (z. B. Clindamycin)

Trächtigkeit, Dauer der

Eine Hündin trägt zwischen 60 und 63 Tagen, also etwa neun Wochen.

Trächtigkeitsabbruch

Wenn eine Hündin fehlgedeckt wurde, also gegen den Willen ihres Besitzers, kann man eine unerwünschte Trächtigkeit verhindern.

Östrogene: Es bedarf mehrerer Injektionen, wobei die erste Injektion spätestens am dritten Tag nach dem Decken erfolgen muss. Wie bei jeder Hormonbehandlung können Nebenwirkungen auftreten. Das Östrogen kann die bestehende Läufigkeit verlängern und den Zyklus der Hündin auf lange Zeit durcheinanderbringen. Außerdem kann die Injektion eine Gebärmutterentzündung begünstigen. Nach einer Untersuchung entwickelt jede siebte Hündin nach dieser Behandlung eine Gebärmuttervereiterung.

Bei Zuchthündinnen oder älteren Tieren sollte man daher auf eine Hormonbehandlung verzichten, und die Jungen besser austragen lassen. Dies ist die schonendste Methode für die Hündin, man sollte die neun Wochen nützen, um gute Plätze für die Welpen zu suchen.

Ovariohysterektomie: Bis zur dritten

Trächtigkeitswoche kann man auch Eierstöcke und Gebärmutter entfernen, ohne das Leben der Hündin zu gefährden.

Progesteronantagonist: Die Nebenwirkungen sind gering, die Behandlung erfolgt 6 bis 16 Tage nach der Belegung, jeweils zwei Injektionen im Abstand von 24 Stunden.

Besteht nur der Verdacht, dass die Hündin gedeckt worden ist, sollte man lieber abwarten. Nach vier Wochen kann der Tierarzt dann genau diagnostizieren: die Hündin trägt oder nicht.

Trächtigkeitsdiagnose

Es gibt verschiedene Methoden zur Trächtigkeitsuntersuchung. Eine sichere Diagnose ist frühestens in der vierten Trächtigkeitswoche möglich.

Die folgenden Tagesangaben beziehen sich immer auf den Decktermin als Tag eins:

- Ab dem 24. Trächtigkeitstag kann man den Hormontest (Relaxin-Bestimmung im Blut) durchführen; falls er negativ ist, kann man ihn nach einer Woche wiederholen.

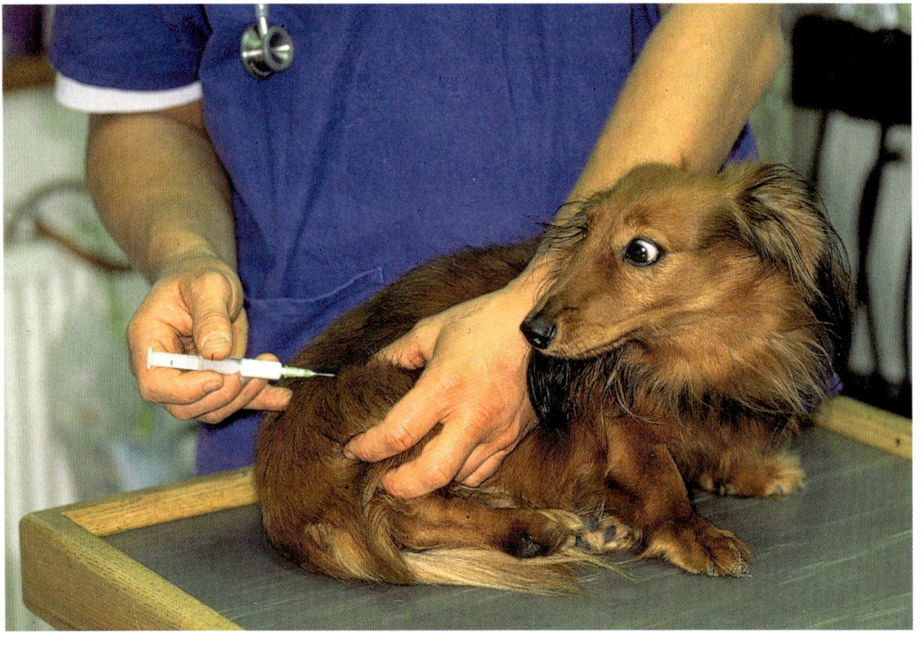

Mit Östrogeninjektionen kann man eine Trächtigkeit verhindern, die erste Injektion muss jedoch spätestens am dritten Tag nach dem Decken erfolgen.

- 21. bis 35. Tag: Der Tierarzt kann die Welpenbläschen (Ampullen) im Bauchraum tasten.
- ab dem 29. Tag: Man kann die Welpen jetzt mit dem Ultraschallgerät erkennen. Auch die Anzahl lässt sich meist ermitteln.
- ab dem (42.) 55. Tag: Die Röntgenaufnahme zeigt, ob und wie viele Welpen die Hündin hat. Schädelknochen, Wirbelsäule und Rippen beginnen zu verknöchern und zeichnen sich jetzt ab.
- ab dem 50. Tag: Der Tierarzt kann die Köpfe der Welpen tasten.
- ab dem 57. Tag: Mit dem Stethoskop kann man die Herztöne der Welpen hören.

Auch der Besitzer kann Veränderungen an seiner Hündin feststellen. Um den 45. Tag der Trächtigkeit beginnt sich das Gesäuge anzubilden. Es wird größer und die Zitzen stehen leicht ab.

Gleichzeitig nimmt die Hündin deutlich zu und wird entsprechend ruhiger. Das kann jedoch auch der Beginn einer → **Scheinträchtigkeit** sein. In diesem Fall bereiten die Hormone die Hündin sozusagen im Leerlauf auf eine Säugeperiode vor.

Fütterung während der Trächtigkeit: Während man eine scheinträchtige Hündin zurückhaltend füttern soll, erhält die wirklich trächtige Hündin ab der sechsten Woche – bitte nicht vorher! – spezielles Futter. Entweder man kauft Fertigfutter für Wachstum und Laktation, das ist eine bequeme und sichere Möglichkeit. Oder man

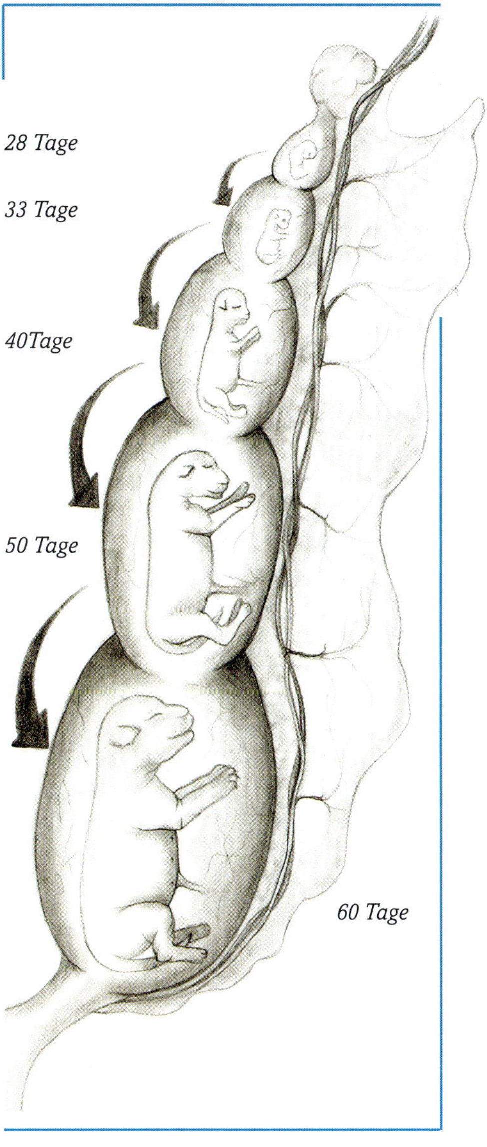

Wachstum des ungeborenen Welpen. Etwa die Hälfte aller Welpen kommen mit dem Kopf vorwärts zur Welt.

füttert ab der sechsten Woche zusätzlich zur normalen Ration noch eine Portion Eiweiß. Diese kann aus Quark, Hüttenkäse, gekochtem Muskelfleisch oder einmal in der Woche auch aus Fisch bestehen.

Ab der sechsten Woche sollte man die Ration mit einem speziellen Vitamin-Mineralstoff-Präparat ergänzen, da die Welpen nun anfangen, stark zu wachsen. Lassen Sie sich von Ihrem Tierarzt beraten, denn die kommerziellen Mischungen passen in ihrer Zusammensetzung nicht immer zur individuellen Rationsgestaltung (→ **Eiweiß- und Kalorienbedarf der trächtigen Hündin**).

Von der sechsten Woche bis zur Geburt nehmen Hündinnen 15 bis 25 Prozent ihres Normalgewichtes zu. Dementsprechend braucht sie auch mehr Futter, das auf mindestens zwei, besser drei Mahlzeiten verteilt werden sollte.

Da die Welpen zunehmend mehr Raum fordern, kann der Magen einer trächtigen Hündin nicht mehr so viel auf einmal fassen. Dabei soll die Hündin nicht fett werden. Sie sollte bis zum Schluss viel Bewegung haben und braucht keine besondere Schonung.

Trächtigkeitsprobleme

Hat die Hündin nur einen Welpen, sollte man sich auf einen Kaiserschnitt einstellen. Einzelwelpen sind für den natürlichen Geburtsweg fast immer zu groß.

Die Trächtigkeit verläuft normalerweise ohne Probleme. Geht es der Hündin nicht gut, frisst sie nicht oder hat sie Schmerzen, sollte man sofort mit ihr zum Tierarzt gehen.

Folgende Probleme könnten auftreten: Bei großen Rassen kann sich die Gebärmutter verdrehen. Außerdem können die Welpen absterben – entweder, weil die Gebärmutter sich entzündet hat, oder weil die Welpen missgebildet sind.

Auch gesunde Welpen können Probleme bereiten, wenn die Anzahl sehr groß oder sehr klein und der Einzelwelpe daher relativ zu groß ist. Wenn eine trächtige Hündin erkrankt, sollte man sie aus diesem Grund immer röntgen oder mit einem Ultraschallgerät untersuchen.

Sind die Welpen nicht in Ordnung, kann die Hündin sie verlieren. Man nennt dies verwerfen. Oft merkt der Besitzer das gar nicht, weil die Hündin die Früchte sofort auffrisst.

Tränenfluss, starker

Der Tränenapparat besteht aus den tränenproduzierenden Drüsen und den ableitenden Gängen. Die Tränenflüssigkeit verhindert, dass Bindehaut und Hornhaut austrocknen. Außerdem spült sie den vorderen Augapfel und reinigt ihn auf diese Weise. Schließlich sorgt sie mit für den Schutzfilm, der vor der Hornhaut liegt.

Starker Tränenfluss hat beim Hund oft mehrere Ursachen. Entweder wird bei unbehindertem Abfluss zu viel Tränenflüssigkeit gebildet oder, bei normaler Tränenproduktion, ist der Abfluss gestört. Beides

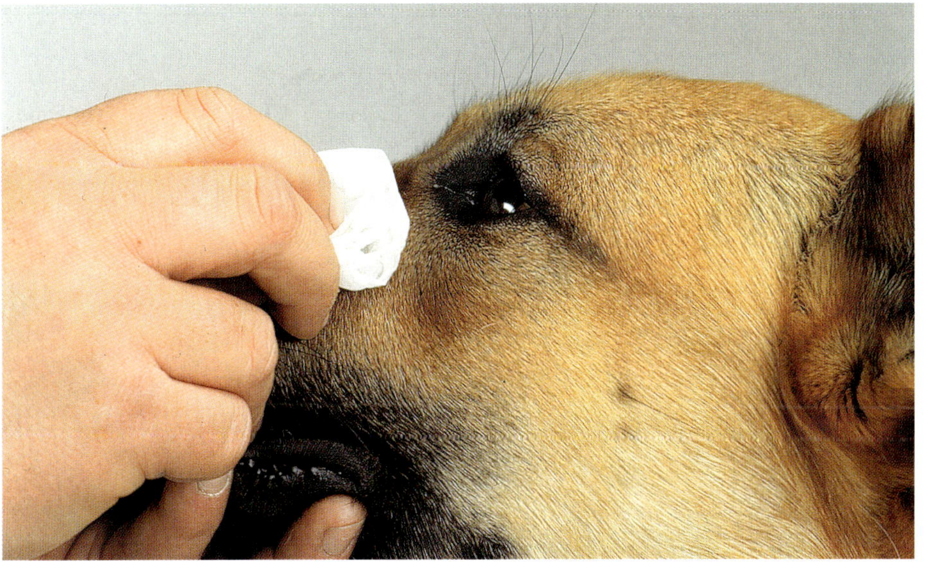

Mit einem angefeuchteten Gazetupfter oder fusselfreier Baumwolle reinigt man den Augenwinkel.

führt zu den für den Hund sehr unangenehmen Reaktionen am Auge: Dauernder Reiz und eine chronische Entzündung sind die Folge. Es ist wichtig, die Ursache des Tränenflusses abzuklären. Dazu muss der Augentierarzt die Augen eingehend untersuchen.

Doch nicht nur physische Reize können die Ursache sein. Beim Hund ist allerdings auch beschrieben, dass psychische Erregung zu Tränen führen kann.

Verstärkte Tränenproduktion: Eine verstärkte Tränenproduktion der Tränendrüsen ist häufig die Reaktion auf mechanische Reizung, die Folge einer Entzündung oder eines allergischen Geschehens. Dauertränen ist also keine Lappalie, sondern sollte behandelt werden.

Die Therapie richtet sich nach der Ursache.

Ist jedoch eine der Tränendrüsen zu stark ausgebildet, dann hilft nur eine chirurgische Korrektur.

Eine Tränendrüse darf allerdings nie vollständig entfernt werden, denn sonst würde das Auge austrocknen. Dies wäre viel unangenehmer als ein tränendes Auge. Mittels geeigneter Verfahren kann das Ausmaß der Überproduktion genau festgestellt werden.

Mit modernen mikro-kryo-chirurgischen Verfahren (mit Gefrierkälte) kann man die

T

Sekretion der Tränendrüse so korrigieren, dass sie Tränenflüssigkeit in normalem Umfang produziert. Dieses Verfahren ist jedoch Spezialisten vorbehalten.

Störung des Tränenabflusses: Fremdkörper oder anders verursachte Verengungen (z. B. ein Tumor) der tränenableitenden Gänge führen zum Überlaufen der Augen.

Der Tierarzt wird versuchen, den Tränennasengang unter Lokalanästhesie durchzuspülen. Bei manchen Rassen, wie Bedlington Terrier, Sealyham Terrier, Malteser und Pudel fehlt hin und wieder von Geburt an eines der beiden Tränenpünktchen. Die Korrektur befriedigt nicht ganz.

Transport

→ Erste Hilfe, Reisekrankheit

Trinkwasser

Ein Hund braucht zwischen 40 und 70 Milliliter pro Kilogramm Körpergewicht. Ein Dackel mit einem Gewicht von zehn

Beim Trinken benützt ein Hund seine Zunge als Schöpflöffel. Ein bisschen geht immer daneben.

Kilogramm sollte also 400 bis 700 Milliliter Flüssigkeit zu sich nehmen.

Da Feuchtfutter zwischen 70 und 80 Prozent Wasser enthält, ist die Trinkmenge dementsprechend geringer. Bei sehr heißem Wetter sowie nach Bewegung trinken Hunde oft größere Mengen, weil sie durch das Hecheln viel Flüssigkeit verloren haben.

Trinkt ein Hund jedoch generell auffallend mehr (über 100 ml/kg), so ist er vermutlich nicht in Ordnung. Der Tierarzt sollte ihn durchchecken. Das Gleiche gilt, wenn ein Hund überhaupt nichts mehr trinkt.

Allerdings gibt es Spezialisten, die Leitungswasser fast ausnahmslos verschmähen. Solche Hunde würden am liebsten aus der Toilette trinken. Alternativ findet nur abgestandenes Wasser, z. B. in der Blumengießkanne, Gnade.

Vielen Hunden schmeckt Wasser aus Pfützen und Teichen besser als das frische Leitungswasser. Grund ist oft, dass das Teichwasser abgestorbene Kleinstlebewesen enthält. Dies kommt der Geschmacksrichtung eines Aasfressers näher. Bei jungen Hunden können diese jedoch zu Durchfall führen (→ **Giardien**). Es wäre also besser, den Hund an (abgestandenes) Trinkwasser oder kohlensäurefreies Mineralwasser zu gewöhnen.

Leitungswasser enthält bisweilen Zusätze, die Hunde ablehnen. Manche Hunde erinnern sich auch daran, dass sie Medikamente über das Wasser erhalten haben und verweigern es dann längere Zeit.

Tipp: Mit etwas Geschmack kann man das Leitungswasser wieder interessant machen. Wie, das hängt von den individuellen Vorlieben ab, also z. B. Elektrolytlösung für Kinder, Hundezahnpasta mit Rind- oder Hühnchenaroma oder eine Prise Instantbrühpulver. Trinkt der Hund, lässt man den Zusatz allmählich wieder weg.

Tumor

Mit zunehmendem Alter steigt das Tumorrisiko. Da die Hunde dank guter Pflege und tierärztlicher Versorgung weit über zehn Jahre alt werden können, gewinnt die Tumortherapie auch in der Tiermedizin an Bedeutung.

Der Begriff Tumor oder Geschwulst bezeichnet eine örtlich begrenzte Zunahme von Körpergewebe.

Mediziner teilen Tumore nach dem Ausgangsgewebe ein, daher die vielen unterschiedlichen Namen wie z. B. Adenom, Fibrom, Lipom und Sarkom.

Die wichtigste Einteilung für den Hundebesitzer ist: gutartig (benigne) – bösartig (maligne). Sie richtet sich danach, wie schnell eine Geschwulst wächst, inwieweit sie das umliegende Gewebe in Mitleidenschaft zieht (infiltratives Wachstum) und ob sie die Neigung hat, Tochtergeschwülste (Metastasen), z. B. in der Lunge, zu bilden.

Je schneller und rücksichtsloser eine Geschwulst wächst, desto schlimmer sind die Folgen in der Regel für den Hund.

T

Für den Hundebesitzer sind zwei Fragen wichtig: Woran erkenne ich einen Tumor und kann man den Hund behandeln.

Diagnose: Besitzer: Weil Tumore aus jedem Gewebe und in jedem Organ entstehen können, gibt es keine typischen Tumor-Symptome. Am einfachsten sind äußerliche Zubildungen, die man sieht oder beim Bürsten beispielsweise ertastet, wie die harmlose Fettgeschwulst (Lipom) der Haut oder Gesäugetumore. Meist erkranken die zuständigen Lymphknoten mit, werden größer und können dem Besitzer dadurch auffallen.

Ansonsten hängen die Symptome davon ab, welches Organ durch den Tumor eingeengt wird. Oft zeigen die Hunde unspezifische Symptome wie Gewichtsverlust, sind müde und haben nicht selten auch Schmerzen.

Röntgenaufnahme: Um Tochtergeschwülste zu finden oder auszuschließen, macht der Tierarzt eine Röntgenaufnahme des Brustraums. Damit fällt meist auch die Entscheidung für oder gegen einen Therapieversuch. Sind bereits Metastasen in der Lunge, sollte man dem Hund die verbleibende Zeit so gut als möglich gestalten.

Mit Röntgen- und Ultraschalluntersuchung kann man eine veränderte Geweberegion erfassen. Um die endgültige Diagnose zu stellen, ob es ein Tumor, vielleicht sogar ein bösartiger ist, muss eine histologische Gewebeuntersuchung erfolgen.

Therapie: Es gibt grundsätzlich drei Therapieformen, die jede für sich oder als Kombinationstherapie durchführbar sind und von dem behandelnden Tierarzt große Erfahrung verlangen:

1. Die medikamentelle Chemotherapie

Nur die sich teilenden Zellen eines Tumors kann man mit Zytostatika erreichen. Kleine Tumore sprechen daher besser auf die Therapie an als große. Außerdem wirken nicht alle Medikamente im Einzelfall gleich gut (Resistenzen) oder sie haben sehr starke Nebenwirkungen.

Daher ist man dazu übergegangen, mehrere Medikamente nach einem festen, erprobten Protokoll zu verabreichen. Das Ziel der Chemotherapie kann sein, eine Operation durch Tumorreduktion vorzubereiten oder nach einer Operation das Wiederkehren zu verhindern.

Ein anderer Ansatz der Chemotherapie ist es, den Tumor zu zerstören. Dann ist der Einsatz besonders toxischer Substanzen gerechtfertigt.

Nebenwirkungen: Die möglichen Nebenwirkungen hängen von den Medikamenten und der individuellen Empfindlichkeit des Hundes ab. In erster Linie gibt es zwei Probleme: Es kann zu Knochenmarksschädigungen kommen, was sich im Mangel an Blutzellen wiederspiegelt. Eine regelmäßige Blutkontrolle ist unabdingbar.

Daneben können die Medikamente Verdauungsstörungen (Durchfall, Erbrechen) hervorrufen, die sich jedoch symptomatisch relativ gut behandeln lassen. Spezielle Medikamente können noch eine Reihe zusätzlicher Effekte, wie blutige Blasenentzündung oder Augenprobleme, hervorrufen. Der behandelnde Tierarzt wird aber ausführlich mit dem Besitzer Vorteile und eventuelle Komplikationen der Chemotherapie besprechen, so dass man darauf vorbereitet ist, was passieren könnte und was dann zu tun ist.

Therapie-Protokoll: Die Therapie geht über drei bis vier Monate, in denen der Hund einmal wöchentlich die Medikamente per Infusion erhält. Im Laufe der Therapie werden freie Wochen eingelegt, z. B. könnten das die 5., 10., 12., 14. oder die 16. Woche sein.

Man führt die Therapie dann im Zwei-Wochen-Rhythmus weiter; eventuell kann man für eine gewisse Zeit mit der Therapie aussetzen.

2. Das chirurgische Entfernen des Tumors

Wenn der Tumor dies zulässt, kann man ihn ganz entfernen (kurativer Eingriff). Oft müssen dabei ganze Organe oder große Gewebeverbände herausgenommen werden, was eine Belastung für den Patienten bedeutet.

In anderen Fällen kann man nur Teile des tumorösen Gewebes entfernen und damit die umgebenden Gewebe entlasten (palliativer Eingriff), z. B., wenn der Tumor die Darmpassage stört. Metastasen werden in der Tiermedizin nicht entfernt.

Hier bietet sich die Kombination mit einer weiteren Therapieform an.

3. Die Strahlentherapie

Insgesamt hat die Therapie das Ziel, die Lebensqualität zu verbessern und das Leben zu verlängern. Man muss im Einzelfall klären, wie dieses Ziel am besten und schonendsten zu verwirklichen ist.

Schmerztherapie: Tumorerkrankungen oder die erforderlichen chirurgischen Eingriffe können einem Hund dauerhaft Schmerzen bereiten. Gering- und mittelgradige Schmerzen lassen sich mit Tabletten, die strikt nach Plan gegeben werden, unterdrücken. Eine lang andauernde Behandlung bei starken Schmerzen (sie müsste per Injektion in den Rückenmarkskanal oder in den Tumorbereich erfolgen) ist aus Gründen der Humanität oft nicht mehr zu vertreten. Man sollte den Hund dann einschläfern lassen.

U

Übererregbarkeit

Die emotionale Übererregbarkeit zeigt sich bei eher scheuen Hunden in Furcht und Nervosität. Die Hunde zittern leicht, wollen sich verkriechen oder flüchten, sie hecheln viel, sie winseln und setzen unter Stress eventuell Kot oder Harn ab. Die Veranlagung zu Übererregbarkeit oder Furchtsamkeit kann vererbt werden, sie kann aber auch auf schlechten Erfahrungen beruhen. Man hat festgestellt, dass unterentwickelte Welpen als erwachsene Hunde oft sehr furchtsam sind. Auch kann eine Hündin die eigene Nervosität auf ihre Welpen übertragen und sie für deren späteres Leben prägen. Und schließlich neigen Hunde, die als Welpen in der so genannten Sozialisierungsphase in einer beziehungsarmen und reizarmen Umwelt aufgewachsen sind, später zu ängstlichem und nervösen Verhalten.

Auch impulsive Hunde zeigen ihre Erregung durch Unruhe, gesteigerte Aufmerksamkeit, Bellen oder Jaulen, durch auffallend häufigen Kot- oder Harnabsatz oder zunehmende Anhänglichkeit, das heißt, der Hund folgt seinem Besitzer auf Schritt und Tritt.

Dieser Hundetyp ist ruhelos und überaktiv. Selbst körperliche Anstrengungen wie lange Spaziergänge lassen den Hund nicht ermüden. Meist können diese Hunde große Mengen an Nahrung zu sich nehmen, ohne dick zu werden. Auch dieses Temperament ist erblich oder durch entsprechende Erfahrungen bedingt. Mit zunehmendem Alter wird der Hund dennoch ruhiger.

Man sollte den Hund sorgfältig beobachten und so die Reize herauszufinden, die diese Übererregbarkeit auslösen. Dann kann man versuchen, für den Hund eine reizarme Umgebung zu schaffen.

Übergewicht

Übergewicht (Fettsucht = Adipositas) ist auch beim Hund die augenscheinliche Folge einer falschen Ernährung bzw. Fütterung. Mehr als ein Drittel unserer Hunde sind davon betroffen.

Schon im Welpenalter wird der Grundstein für lebenslanges Übergewicht gelegt. Neben der Futterration spielt die Veranlagung eine wichtige Rolle. Das Abnehmen zum gesunden Normalgewicht fällt leider mit zunehmendem Alter schwerer, da die Hunde nicht mehr so aktiv sind.

Bevor man einen adipösen Hund behandelt und auf Diät setzt, sollte man sich erst einmal über das Ausmaß der Erkrankung Klarheit verschaffen. Anders als beim Menschen sind Gewichtstabellen bei Hunden nur ein sehr ungefährer Anhaltspunkt, da die Gewichtsspanne innerhalb einer Rasse stark schwanken kann.

Zehn Prozent über dem Rassestandard – für Rüde und Hündin unterscheiden sich die Angaben – weisen auf den Beginn der Adipositas hin. Eindeutig zu viel sind allerdings 20 Prozent Übergewicht.

Ältere Hunde dürfen entgegen der landläufigen Meinung nicht mehr wiegen als jüngere. Im Alter nimmt der Energiebedarf sogar um 20 Prozent ab, so dass dann eher weniger gefüttert werden sollte.

Dieser Rückgang des Kalorienbedarfs tritt etwa im Alter von sieben Jahren auf. Bei Hunden dieser Altersgruppe sollte man deshalb besonders auf das Gewicht achten und die Futterration reduzieren.

Da der Rassestandard für zierliche Hunde oft zu hohe, für kräftige Tiere zu niedrige Werte nennt, nimmt man das individuelle Startgewicht zu Hilfe, das ein Hund mit etwa einem Jahr zeigt. Allerdings können sich auch schon Welpen und Junghunde zu viel Speck anfuttern. Hier sollte man das Geburtsgewicht der Wurfgeschwister mitberücksichtigen.

Kennt man deren Gewicht nicht, beurteilt man den Fettansatz des Hundes: Kann man die Rippen deutlich sehen, ist der Hund zu mager. Bei kurzhaarigen Hunden sollte der Rippenbogen zu sehen sein, bei langhaarigen kann man die Rippen normalerweise unter einer feinen Fettschicht gut fühlen. Bei sehr fetten Hunden hat man damit Schwierigkeiten.

Der Tierarzt kann bei dieser Palpation auch andere Ursachen ertasten, die zu einer Umfangsvermehrung führen können, wie Trächtigkeit, Bauchwassersucht oder Gebärmuttervereiterung.

Normalfigur: Von oben betrachtet sollte ein Hund in etwa sanduhrförmig aussehen. Hat der Rücken eine rechteckige Form oder ragt der Bauch seitlich vor, mag der Hund nur ungern laufen und ermüdet er schnell, ist er ebenfalls zu schwer. Adipöse Hunde verlieren nicht nur an Schönheit, sondern auch an Lebensqualität. Sie haben an den Folgeschäden ihres Übergewichts zu leiden.

Übergewicht – starkes Untergewicht genauso – verkürzt das Leben und begünstigt Krankheiten. Dicke Hunde leiden häufig an Herz-Kreislauf-Erkrankungen, beispielsweise an Herzerweiterung, dem so genannten Cor pulmonale, an venöser

Diese Wiegemethode eignet sich nur für handliche Hunde.

Stauung, Ödemen und Bauchwassersucht. Auch die Atmung wird behindert, da das Körperfett in der Brusthöhle zu viel Raum einnimmt. Als Folge kommt es zur Sauerstoffunterversorgung und die Hunde ermüden schnell. Es treten Störungen des Bewegungsapparates auf, z.B. Arthritis, Bandscheibenschäden, Kreuzbandriss, aber auch Hautkrankheiten oder Erkrankungen an den Genitalorganen. Diabetes mellitus wird eindeutig durch Übergewicht begünstigt.

Warum frisst ein Hund zu viel? Wann ein Hund satt ist, hängt mit einer ganzen Reihe Faktoren zusammen: Die Füllung des Magens, die Konzentration von Nahrungsstoffen in den Körperflüssigkeiten, aber auch Anblick und Geruch des Futters. Frisst ein Hund, sorgt eine Signalkette von der Mundhöhle bis zur Leber mit speziellen Fühlern für das Sättigungsgefühl.

Der Magen sendet sogar zwei Botschaften aus, erstens über seine Dehnung und zweitens über den Nährstoffgehalt. Man kann ihn deshalb auch nicht mit kalorienarmem Füllfutter überlisten.

Als Hunger- bzw. Satt-Nachricht gelangen bestimmte Eiweißstoffe ins Gehirn. Es gibt jedoch Tiere, deren Rezeptoren wenig empfindlich auf die Satt-Eiweißstoffe ansprechen. Solche Tiere fressen deshalb maßlos. Einige Hormonerkrankungen wie Schilddrüsenunter- oder Nebennierenüberfunktion führen ebenfalls dazu, dass die Sättigungskontrolle unterlaufen wird.

Aus zwei Gründen fressen gesunde Hunde mehr, als sie eigentlich wollen: Der eine Grund ist Futterneid: Wenn zwei oder mehrere Hunde zusammen gefüttert werden, fressen sie immer mehr, als wenn sie einzeln fressen können.

Während der Diät muss der Patient auf jeden Fall allein seine Ration bekommen, da man sonst keine Kontrolle über die Energiezufuhr hat. Aber auch später empfiehlt sich die getrennte Fütterung, um einem erneuten Übergewicht vorzubeugen.

Der zweite Grund besteht darin, dem Besitzer zu gefallen: Wenn man Hunde nach dem Fressen lobt und streichelt, weil sie so schön aufgefressen haben, oder erst mit ihnen spazierengeht »wenn sie mit dem Essen fertig sind«, dann erzieht man sich einen Vielfraß. Den gleichen Effekt hat der wohlgemeinte Versuch, alle Futtersorten durchzuprobieren, um das schmackhafteste zu finden. Denn je mehr Fett ein Futter enthält, desto herrlicher schmeckt es. Deshalb bedienen sich Hunde auch so gerne am fettreichen Katzenfutter.

Fett ist leicht verdaulich und wird ökonomischer verbraucht als Kohlenhydrate oder Eiweiß. Folglich führt dieses Futter schneller zum Fettansatz als eines mit dem gleichen Energiegehalt, das jedoch eiweiß- oder kohlenhydratreicher ist.

Ähnliches gilt für den Zuckergehalt. Der Körper kann Zucker besser verwerten als Stärke, außerdem mögen die meisten Hunde zuckerhaltige Marken sehr gerne. Bei Hunden, die zur Adipositas neigen, sollte man daher fettarme und zuckerfreie Futtersorten wählen.

Fast immer handelt es sich bei Übergewicht also um eine Überfütterung. Nur in weniger als fünf Prozent der Fälle sind hormonale Störungen, wie z. B. → **Unterfunktion der Schilddrüse** oder Überfunktion der Nebennierenrinde dafür verantwortlich. Da hormonell bedingtes Übergewicht anders zu behandeln ist als Fettsucht durch Überfütterung, sollte der Hund zuerst vom Tierarzt untersucht werden.

Diät bei Übergewicht: FdH (Füttere die Hälfte) ist eine Möglichkeit, abzunehmen. Man kann aber auch Diätfutter anbieten, das weniger Kalorien enthält. Dann braucht man das Futter nicht zu reduzieren. Nulldiät sollte nur unter Aufsicht des Tierarztes durchgeführt werden, vor allem bei extrem fetten Hunden.

Wie oft und wieviel füttert man? Normalerweise reicht es, einen erwachsenen Hund einmal am Tag zu füttern. Ein übergewichtiges Tier hingegen sollte dreimal täglich eine kleinere Portion Futter erhalten, damit sich kein Löwenappetit entwickelt.

Tipps zum Abnehmen

- Belohnungen darf der Hund bei Bedarf erhalten, sie müssen jedoch von der normalen Tagesration des Diätfutters abgezweigt werden.
- Wiegen Sie Ihren Hund einmal wöchentlich – am besten gleich morgens. Notieren Sie das Gewicht und verbinden Sie die Wochenwerte zu einer Kurve.
- Stellen Sie den Fasten-Patienten alle zwei bis drei Wochen dem Haustierarzt vor. Ideal ist es, wenn pro Woche zwei bis vier Prozent des Körpergewichts verloren gehen.

Insgesamt sollte der Hund während der Diät nur 60 Prozent seiner normalen Kalorienration erhalten. Wenn einem das zu hart erscheint, kann man 70 bis 80 Prozent des normalen Tagesbedarfs geben. Die Diät dauert dann etwas länger.

Bezugsgröße für die 60, 70 oder 80 Prozent ist hier nicht die Futtermenge, die der Hund bisher bekommen hat, sondern diejenige, die für einen normalgewichtigen Hund seiner Größe angemessen ist. Man startet schrittweise in die Diät. Die Tagesration wird solange um 10 Prozent der Energie gekürzt, bis man die gewünschte Diätration erreicht. Auf diesem Level füttert man weiter, bis der Erfolg sich einstellt.

Diätfutter: Man kann kalorienarme »Magenfüller« wie Rohkostsalate, Futterzellulose oder Kleie unter das normale Futter mischen. In käuflichem Diätfutter sind solche Füllstoffe bereits enthalten. Wer selber kocht, sollte energiearme Futtermittel, wie z. B. mageres Fleisch, Magerquark und Gemüse verwenden.

Für erwachsene Hunde ohne besondere Anforderungen sind etwa 25 Prozent Eiweiß (in der Trockenmasse) notwendig. Kohlenhydrate braucht der Hund nicht unbedingt, ihr Anteil sollte also nicht über 40 Prozent liegen. Bei Fett reichen zwei bis drei Prozent, aber es sollte Linolsäure enthalten. Ballaststoffe sollten etwa zu zwei bis fünf Prozent dabei sein, in Diätfutter mindestens 15 Prozent oder mehr.

Eine andere Möglichkeit sind industrielle Fertigdiäten, die es als Trockenfutter oder als Dosen gibt. Sie erlauben die Verminderung der Kalorienmenge und sichern gleichzeitig die Zufuhr aller lebensnotwendiger Nährstoffe. In der Regel sind sie jedoch nur beim Tierarzt erhältlich. Sie sind teurer als normales Futter. Erkundigen Sie sich am besten vor Diätbeginn beim Tierarzt nach dem Preis der einzelnen Diätmarken und nach der Qualität. Es gibt Diätfutter, das mehr Kalorien enthält als Normalfutter.

Vitamine muss man nur dann zusätzlich geben, wenn der Hund einer Nulldiät oder einer eventuell hausgemachten Diät unterzogen wird. Bei Fertigfutter ist dies überflüssig.

Der Hund sollte grundsätzlich immer frisches Wasser zur freien Aufnahme haben.

Am Ende der Diät sollte man die Nahrungszufuhr pro Woche um etwa zehn Prozent erhöhen und den Hund jede Woche wiegen. Bleibt sein Gewicht konstant, sollte man diese Tagesration beibehalten – meist wird sie bei 70 bis 80 Prozent des Erhaltungsbedarfes liegen.

Bewegung: Natürlich erleichtern Spazierengehen und Spielen während der Diät die Sache. In dieser Zeit verbraucht der Hund nicht nur Kalorien, er wird von seinem (knurrenden) Magen abgelenkt. Mit einem gesunden Hund sollte man zweimal täglich mindestens eine viertel Stunde spazierengehen. Langsames Gehen verdoppelt den Energieverbrauch im Vergleich zum Ruhestoffwechsel, flottes Gehen verdreifacht ihn. Sobald der Hund Gewicht verliert, muss man das Pensum immer weiter erhöhen.

Bei kranken Tieren richtet sich die Bewegungsdauer nach ihrem Vermögen. Eine leichte Steigerung sollte man trotzdem anstreben.

Ultraschallapplikation

Ultraschall kann nicht nur zur Diagnose, sondern auch zur Therapie eingesetzt werden. In höherer Dosierung massieren Ultraschallwellen die Haut, bei schwacher Dosierung erwärmen sie auch tiefere Gewebeschichten.

Ultraschall-Diagnostik

Das Sonographie-Gerät schickt über den Schallkopf gleichfrequente Schallwellen in das darunter liegende Körpergewebe. Das Gewebe reflektiert die Schallwellen proportional zur Tiefenlage.

Der Schallkopf fängt die unterschiedlichen Echowellen auf, sie werden in elektrische Impulse umgewandelt und am Bildschirm in entsprechenden Grautönen dargestellt. So kann man Organe und Strukturen erkennen, da sie sich in Tiefe und Gewebedichte unterscheiden.

Daneben gibt es auch das Dauerschallverfahren, bei dem kontinuierlich Schallwellen ausgesandt und reflektiert werden. Man wendet dieses Verfahren z. B. für die Trächtigkeitsdiagnose an, indem man so die Welpen-Herztöne nachweist.

Man kann mit einem Ultraschallgerät auch kontrollierte Gewebeproben oder sogar sterilen Harn aus der Blase entnehmen.

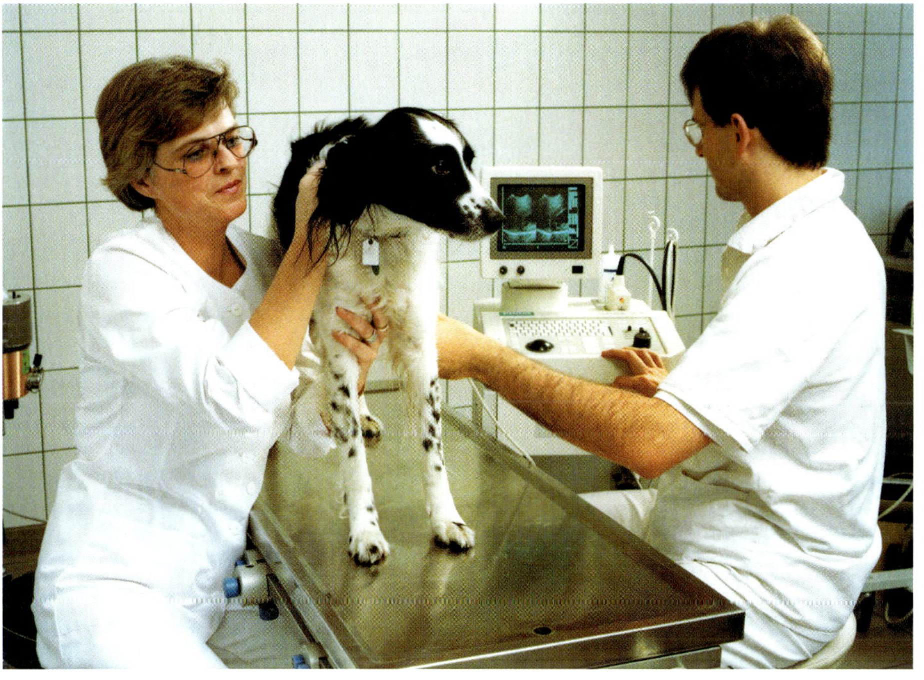

Mittels Ultraschall-Gerät kann der Tierarzt den Hund auf Herz und Nieren prüfen.

Unfallgefahren im Haushalt

Neugier und Langeweile sind sehr häufig die Triebfeder für Haushaltsunfälle. Manchmal ist es aber auch einfach nur Pech.

Fremdkörper: Vor allem junge Hunde, aber auch manche sehr gefräßigen erwachsenen Tiere, wie z. B. viele Labrador Retriever, können überraschende Dinge verschlucken. Heikle Hunde sind weit weniger gefährdet.

Hier nur wenige Beispiele, was beim Röntgen oder durch Ultraschall in Hunden entdeckt wurde: Reste einer Christbaumkugel mit Metallsternen, eine Fonduegabel, Tischtennisball, eine acht Zentimeter große Spielzeugmaus, eine Kreditkarte und sogar Stücke des Fußbodenbelages. Gerade hier gilt: Neben der Neugier junger Hunde kann auch Langeweile dazu führen, dass Hunde anfangen, die Wohnung aufzufressen. Sinnvolle Beschäftigung ist die beste Prophylaxe.

Krankheitsbild: Manchmal sehen die Besitzer, was ihr Welpe gefressen hat, und kommen zum Tierarzt, bevor der Hund überhaupt Probleme bekommt. Andere Hunde haben plötzlich keinen Appetit, sind unpässlich oder können keinen Kot mehr absetzen, weil der Ball, die Steine, der Sektkorken oder ein Knochenstück die Nahrungspassage blockieren.

Kleinere Fremdkörper wie Ringe oder Nüsse können harmlos sein, größere hingegen führen zu einer Magenverstimmung oder sogar zu einem Darmverschluss.

Das Verschlucken von ungeeigneten Dingen kann schon zu Problemen führen, bevor der Gegenstand überhaupt den Magen erreicht. Bleibt er im Rachen oder in der Speiseröhre stecken, kann er die Atmung behindern. Wenn ein Hund beispielsweise einen Ball verschluckt, der nun in der Kehlgegend hängt, sollte man versuchen, ihn sofort mit der Hand zu entfernen, ohne dabei gebissen zu werden.

Kann man den Fremdkörper nicht greifen und ist der Hund nicht allzu schwer, kann man ihn an den Hinterbeinen hoch nehmen und schütteln. Bei großen Hunden kann man versuchen, den Bauch zusammenzudrücken.

Durch den plötzlichen Druck wölbt es das Zwerchfell vor, mit etwas Glück katapultiert es den Fremdkörper in Richtung Maul. Bekommt der Hund noch einigermaßen Luft, fährt man am besten sofort mit ihm zum Tierarzt.

Man sollte schon beim Welpen anfangen, ihm die Nagerallüren abzuerziehen bzw. auf halbwegs geeignete Objekte zu lenken.

Verbrennungen: Verbrennungen ziehen sich Hunde häufiger zu, wenn der Besitzer im Haus ist. Sie erforschen unbemerkt Herd und Backrohr oder sie liegen in der Küche und versehentlich schüttet man heiße Flüssigkeit auf sie. Auch elektrische Schläge – beim Durchbeißen eines Kabels oder dem Inspizieren einer Steckdose – sowie Chemikalien können zu Verbrennungen führen.

Die Hundehaut reagiert genauso wie die menschliche Haut mit Rötung und Brandblasen. Beißen Hunde ein Stromkabel durch, zeigen sie an beiden Lefzenwinkeln Verbrennungen. Im Vergleich zum lebensgefährlichen Stromschlag ist das noch glimpflich.

Da der Hund sich aufjaulend bemerkbar machen wird, kann man die verbrannte Haut sofort kühlen. Dies darf nur mit kaltem Leitungswasser erfolgen, keine Brandsalben oder -gels auftragen! Am besten bringt man den Hund sofort zum Tierarzt und überlässt ihm alles weitere.

Bei größeren Verbrennungen kann der Hund unter Schock stehen und braucht eine Intensivbehandlung, vor allem Flüssigkeit über den Tropf.

Einfache Maßnahmen, wie kindersichere Steckdosen und eine verschlossene Küchentür, helfen Unfälle vermeiden. Das gilt genauso für eine verschlossene Badezimmertür. Denn auch Abflussreiniger, Antipilzspray oder Entkalker sind hochwirksame Säuren oder Laugen, die auf der Haut und, viel schlimmer noch, an der

Schleimhaut von Schlund und Speiseröhre zu Verätzungen – im Grunde entsprechen sie einer Verbrennung – führen können. Hat der Hund eine Chemikalie aufgenommen, kann allenfalls der stechende Geruch aus dem Maul darauf hinweisen, was mit dem Tier los ist.

In der Regel trinken Hunde natürlich keine Putzmittel, es sei denn sie haben beispielsweise Pfirsichduft. Hunde stoßen Flaschen mit stark riechenden Chemikalien nur um – aus Versehen oder aus Neugier. Da sie sich anschließend mit der Zunge Fell und Pfoten säubern, nehmen sie auf diesem Wege auch eine gewisse Menge Putzmittel auf.

Man sollte die Chemikalie zum Tierarzt mitnehmen, falls man weiß, was der Hund erwischt hat, oder man kann die Giftzentrale anrufen. Die Nummer kann man als Vorsorgemaßnahme bei der Auskunft erfragen und in der Hausapotheke oder neben dem Telefon anbringen.

PS: Die meisten Hunde verabscheuen Zitronenduft. Man kann dann solche (oder noch besser: unparfümierte) Reinigungsmittel kaufen.

Vergiftungen (siehe auch dort): Seife, Shampoo, Wasch- oder Putzmittel müssen nicht gleich zu Verätzungen führen. Der im Maul entstehende Schaum irritiert die Hunde. Schlucken sie ihn herunter, kann das – je nach Mittel – zur Schädigung der Schlund- und Magenschleimhaut führen.

Die Vergiftungssymptome sind je nach auslösender Substanz: Magen-Darm-Probleme, Kreislaufversagen oder zentralnervöse Störungen.

Ein außer Hundereichweite angebrachtes Schränkchen für Putzmittel kann das verhindern. Hat man den Verdacht, dass der Hund etwas Putzmittel aufgenommen hat, sollte man unverzüglich mit Hund und Putzmittel direkt zum Tierarzt fahren.

Neben den Unfallhunden gibt es auch Tiere mit ungewöhnlichen Futtervorlieben, wie Zeitung, Papiertaschentücher oder eben Seife (→ **Seifefressen**). Der Tierarzt sollte überprüfen, ob ein physisches Problem – Störung der Bauchspeicheldrüse oder ein Mineralstoffmangel – das Verhalten auslöst oder ob es sich um eine Untugend handelt.

Schnittwunden: Die Küche hat große Anziehungskraft auf Hunde. Herumliegende Messer, geöffnete Konservendosen oder auch der Inhalt des Mülleimers können zu Schnittverletzungen (→ **Erste Hilfe**) führen.

Andere Verletzungen: Kleine Hunde bleiben auch immer wieder mit der zu lang gewordenen Innenzehe hängen, z.B. in Flauschteppichen, und reißen sie ein bzw. ab. Gerade Minirassen brechen sich im Haushalt auch relativ leicht ein Bein. Manchmal kann es genügen, wenn sie vom Stuhl oder dem Schoß springen. Dabei trifft es in der Regel Elle und Speiche, die dann vom Tierarzt chirurgisch versorgt werden müssen.

Darüber hinaus bietet der Haushalt unerschöpfliche Möglichkeiten, wie sich in der Praxis immer wieder zeigt: Beim Schnüffeln spießen sich Hunde Stecknadeln oder Kakteenstacheln in die Nase oder Wollfusseln geraten in ein Ohr oder hinter das dritte Augenlid und müssen vom Tierarzt wieder hervorgeholt werden.

Röhrenknochen: Erwischen Hunde Suppenknochen, also in Scheiben gehackte Röhrenknochen, bleibt nicht selten einer als Ring um den Unterkiefer hängen. In diesem Fall muss der Tierarzt den Hund in Narkose legen und den Suppenknochenring entfernen.

Genussmittel: Auch Alkohol sollte man nicht unterschätzen. Erwischt ein Yorkshire Terrier eine 300-Gramm-Packung Weinbrandkirschen, zeigt er deutliche Symptome eines Alkoholabusus. Und tafelweise Bitterschokolade kann einem Hund ebenfalls gefährlich werden.

Das Genussmittel Zigarette, in Hundemanier verspeist, kann zu einer bedrohlichen Nikotinvergiftung führen. Das Passivrauchen schädigt Hunde nach eigens durchgeführten Untersuchungen eher stärker als den Menschen.

Untergewicht

Auch unter Hunden gibt es zierlichere und stabilere Tiere. Solange ein Hund gesund und munter wirkt, kann man es tolerieren, wenn er etwas dünner ist. Gerade sehr lebhafte Hunde mit viel Auslauf haben einen entsprechend hohen Energieverbrauch. Beunruhigend ist es dann, wenn der Hund viel frisst und immer dünner wird oder wenn er einen kranken Eindruck macht. Oder wenn ein bisher normalgewichtiger Hund plötzlich dünner wird.

Mögliche Ursachen für ein geringes Gewicht können ein andauernder Durchfall, Hormonstörungen (Schilddrüse) eine Stoffwechselkrankheit (Bauchspeicheldrüse), aber auch ein Tumor sein.

Ein anderes Problem ist es, wenn der Hund ein schlechter Esser ist. Man sollte dann prüfen, inwieweit der Hund sich andernorts satt frisst: Kann sich der Hund z. B. bei Nachbarn oder in der Küche eine Zwischenmahlzeit holen? Entgegen der landläufigen Meinung sollte man den Hund nicht hungern lassen. Wenn er wirklich ein schlechter Esser ist, hat er wenig Reserven und wird auch nach einem Fasttag keinen Heißhunger entwickeln.

Um das Gewicht des Hundes zu kontrollieren, sollte man ihn einmal die Woche wiegen. Bei kleineren Hunden stellt man sich erst allein auf die Personenwaage, dann nimmt man den Hund auf den Arm und wiegt sich gemeinsam. Die Differenz entspricht dem Hundegewicht. Außerdem sollte man den vollen und den teilweise geleerten Futternapf wiegen. Nur so weiß man, was der Hund wirklich frisst. Die Wiegeergebnisse zeigen, ob der Hund wirklich kaum etwas nimmt. Auf jeden Fall sollte man ihn sicherheitshalber vom Tierarzt untersuchen lassen, ob er wirklich ganz gesund ist. Erst danach kann man eine »Mastkur« versuchen.

Nur selten fressen Welpen schlecht. Das

Problem tritt also später auf, z. B. in der Ferienpension oder nach einer Krankheit. Wenn der Hund eine besondere Futtersorte oder einfach Trockenfutter, Dosenfutter oder Selbstgekochtes vorzieht, sollte man das möglichst respektieren.

Gerade bei schlechten Fressern empfiehlt es sich, die Tagesration auf drei Mahlzeiten zu verteilen. Wärmt man das Futter etwas an, dann riecht es stärker und fördert so den Appetit. Fett ist der beste Geschmacksträger, man kann daher versuchsweise etwas fetteres Futter, z. B. Katzenfutter, untermischen.

Urlaubs-Krankheiten

In den Mittelmeerländern, in den Tropen und Subtropen gibt es Infektionserkrankungen, mit denen Hunde (und auch Tierärzte) in Deutschland kaum in Berührung kommen. Da es oft Wochen dauern kann, bis eine Infektion zur Krankheit führt, sollte man seinen Tierarzt auch auf länger zurückliegende Auslandsreisen hinweisen.

Vor Auslandsreisen sollte man sich beim Tierarzt über mögliche Infektionen informieren.

Oft zeigen die betroffenen Hunde keine typischen Symptome. Sie sind abgeschlagen, haben Magen-Darm-Probleme oder auch Fieber. Erst spezielle Untersuchungen bringen die Diagnose an den Tag.

Diese Erkrankungen treten relativ selten auf, wenn man unterwegs entsprechend auf Hygiene achtet, wie mitgebrachtes Futter, abgekochtes Wasser und Insektenschutz.

Auch Hunde, die von Tierhilfen nach Deutschland gebracht und hier vermittelt werden, sollte man sicherheitshalber untersuchen lassen, so leidet auf Teneriffa nahezu jeder vierte Hund an Herzwurmbefall, der Dirofilariose.

In folgenden Ländern besteht Ansteckungsrisiko:

USA: Ehrlichiose, Leishmaniose, Dirofilariose (Herzwurm), Babesiose, Haemorbartonellose

Portugal, Spaniel, Frankreich, Italien, Griechenland, Türkei: Ehrlichiose, Leishmaniose, Dirofilariose (Herzwurm), Babesiose, Haemorbartonellose

Ungarn: Babesiose, Haemorbartonellose, Dirofilaria repens, Leishmaniose

Die Babesiose wird durch Zeckenbisse übertragen. Die Blutparasiten verursachen eine Blutarmut, führen zu Mattigkeit und Fieber.

Die Leishmaniose wird durch einen Mückenstich (Sandmücke) weitergegeben. Sie führt ebenfalls zu einer Blutarmut, zu Hautveränderungen und schwächt die Erkrankten stark.

Die Dirofiliariose (Herzwurmbefall) wird durch Stechmücken übertragen. Die Würmer leben im Blutgefäßsystem, die erwachsenen Würmer siedeln sich bevorzugt in der rechten Herzkammer an und gelangen von da in die Lunge. Die Hunde zeigen Atemnot und chronischen Husten.

Die Giardiose kommt zum Teil auch in deutschsprachigen Ländern vor. Die Infektion erfolgt von Tier zu Tier oder auch über Gewässer. Die Hunde erkranken an Durchfall.

Die Rickettsiose (Afrika, Südosteuropa) wird von Zecken verbreitet und führt zu hohem Fieber und zu Magen-Darm-Erkrankungen.

Die Tularämie (Russland, Japan, Nordamerika) kann von stechenden Insekten sowie von Zecken übertragen werden. Die Hunde können an der Hautform mit Wunden, Abszessen und Geschwüren erkranken oder an einer staupeähnlichen Allgemeininfektion. Wenn solche Infektionen unerkannt bleiben oder zu spät entdeckt werden, können die Hunde lebensbedrohlich erkranken.

Allerdings denkt man bei Durchfall normalerweise an herkömmliche Erreger. Der Hinweis auf die Urlaubsreise ist daher besonders wichtig.

Prophylaxe: Schutz vor Zecken und Sandfliegen mit Spot-on-Präparaten, Zeckenhalsband; eine Woche vor Reisebeginn anwenden sowie nach vier Wochen wiederholen. Gegen Herzwurmbefall gibt man zusätzlich Tabletten.

V

Vaterschaftstest

Die Fehlabstammungsrate liegt bei vielen Rassen etwa bei zehn Prozent. Besteht der Verdacht, dass ein Stammbaum gefälscht wurde oder dass eine Hündin auf Abwege geraten ist, kann man mit Hilfe der Blutgruppenbestimmung die Abstammung klären. Auch wenn eine sehr kostbare Hündin nachweislich von mehreren Rüden gedeckt wurde, kann es für die Welpen-Papiere notwendig sein, den tatsächlichen Vater zu ermitteln.

Dazu müssen Blutproben der Welpen, der Mutter sowie der möglichen Väter in ein veterinärmedizinisches Labor geschickt werden. Dort kann durch Vergleich der Blutgruppen – wichtig sind die Gruppen A1, A2, B, C, D, E, F und J – der Vater festgestellt werden. Genügt es, einen Rüden als Vater auszuschließen, kann man mit einem wesentlich einfacheren Test bestimmte Serumproteine vergleichen.

Neben der Blutgruppenbestimmung kann man auch den genetischen Fingerabdruck (DNA-Fingerprinting) bestimmen. Jeder Hund hat 78 Chromosomen, die aus den einzelnen Erbinformationen, den Genen, bestehen. Jede Erbinformation ist doppelt: ein Allel von der Hündin, eines vom Rüden.

Die Gen-Moleküle (DNA) unterscheiden sich nur in der Reihenfolge ihrer Bausteine. Zur Analyse schneidet man mit Sonden kleine Abschnitte heraus. Im Bereich GTG5 beispielsweise kann man davon ausgehen, dass sich in ganz Deutschland keine zwei Hunde finden lassen, deren Protein-Muster sich an dieser DNA-Stelle gleichen. Es sei denn, es handelt sich um eineiige Zwillinge. Die Testsicherheit liegt bei über 99,9 Prozent.

Allerdings führt man Dreiviertel der Nachweise durch, um den Genotyp von Deckrüden zu registrieren. So lassen sich gleichzeitig der Inzuchtgrad, die Verwandtschaft zweier Rassen und mögliche Erbdefekte ermitteln.

Vererbung

Die Voraussetzung jeder Zucht sind *Mutationen*: In einem Lebewesen verändern sich stets einzelne Gene, so heißen die Träger der Erbinformation. Verschiedene natürliche und künstliche Einflüsse können Mutationen auslösen: Medikamente, Chemikalien, Schadstoffe, Viren, Bakterien, Strahlen oder Temperaturveränderungen. Solche Spontanmutationen laufen beständig ab und bringen Unordnung ins Zuchtkonzept.

Über acht- bis zehntausend Generationen Hundezucht entstanden auf diesem Weg genauso positive Änderungen, die bestimmte Hunde dem vom Menschen erdachten Zuchtziel näher brachten, als auch negative, die der Gesundheit des Hundes oder den Vorstellungen des Menschen zuwiderliefen.

Doch die Vielfalt der Rassen beruht nicht allein auf Mutationen. Züchter bedienen sich eines anderen Mittels, der Kreuzung.

Rund 70 Prozent unserer modernen Hunderassen sind auf diese Weise entstanden. Dabei kann sich ein Züchter nur nach dem Äußeren des Hundes, dem so genannten Phänotyp richten. In der Vergangenheit paarte man oft sehr unterschiedlich aussehende Hunde miteinander.

Das Ergebnis sind eigentlich Rassekombinationen. Wenn genügend Hunde nach dem gleichen Schema gekreuzt werden, stabilisiert sich eine solche Kombination. Schließlich wird das Kreuzungsprodukt zu einer neuen Rasse. Voraussetzung, alle Nachkommen ähneln sich in den wesentlichen Merkmalen.

Nicht alle Rassen entsprechen diesem Kriterium, in ihnen kommen regelmäßig andersfarbige oder in der Größe abweichende Welpen zur Welt. Um ein sicheres Zuchtergebnis zu erzielen, müsste man jedoch den Genotyp kennen: die Information sämtlicher Erbmerkmale. Grundsätzlich kann man heute Genkarten für Hunde erstellen. Doch wegen der enormen Kosten beschränkt man sich auf die Erforschung schwerer Erbkrankheiten.

Jedes Merkmal ist doppelt vorhanden – eine Ausgabe vom Rüden, die andere von der Hündin. Für jedes Merkmal gibt es verschiedene Versionen. Ein gutes Beispiel sind die verschiedenen Fellfarben, deren Durchsetzungskraft unterschiedlich ist. Stark vereinfacht bedeutet das: Die dominanten Merkmale kommen immer zum Tragen, die rezessiven haben das Nachsehen und kommen nur zum Zug, wenn sie in doppelter genetischer Ausführung vorliegen. Das heißt, das rezessiv vererbte Merkmal sieht man dem Hund nun in diesem Fall auch wirklich an.

Steuern beide Eltern die gleiche Version bei, gibt es bei der Weiterzucht keine Überraschungen. Ist das elterliche Erbe jedoch gemischterbig, was sehr wahrscheinlich ist, bleiben alle rezessiven Gene verborgen.

Heimtückisch wird das dann, wenn Erbkrankheiten auf diese Weise unbemerkt über viele Generationen weitergegeben werden. Erst, wenn zwei Träger des rezessiven Defekts gepaart werden, tritt die Erbkrankheit auf. Das bedeutet, bei sehr seltenen → **Erbkrankheiten** ist es nahezu unmöglich, ohne Genanalyse den »schuldigen« Vorfahren zu finden.

Verfärbung des Fells

→ **Haarfarbe**

Vergiftung

Vergiftungen sind bei erwachsenen Hunden eher selten. Noch am häufigsten nehmen Hunde Rattengift bzw. Schädlingsbekämpfungsmittel wie Schneckenkorn oder Insektizide auf.

Bei Vergiftungen sollte man grundsätzlich nicht versuchen, dem Hund Flüssigkeit einzugeben oder Erbrechen auszulösen. Gehen Sie stattdessen möglichst mit der Packung oder einer Probe der aufgenommenen Substanz sofort zum Tierarzt. Die

Chancen sind viel besser, wenn man beobachtet hat, was der Hund aufgenommen hat und der Tierarzt sofort das Gift entfernen oder ein Gegenmittel verbreichen kann.

Gifte sind Substanzen, die in den Stoffwechsel bestimmter Körperzellen eingreifen und sie dadurch schädigen. Als Folge kommt es zu schweren Stoffwechselstörungen, schlimmstenfalls mit tödlichem Ausgang. Typische Vertreter aus dem Alltag sind z. B. Ungezieferbekämpfungsmittel oder Pflanzenschutzpräparate.

Ein Hund kann giftige Substanten fressen, einatmen (Rauch, Pflanzenschutzspray) oder über die Haut aufnehmen. Meist nehmen Hunde Gift über den Magen-Darm-Trakt auf.

Rattengift: Die Symptome variieren je nach aufgenommener Substanz.

So enthält Rattengift Cumarin, dessen Wirkung auf kleine Nager wesentlich stärker ist als auf einen großen Hund. Dieses Gift verhindert die Blutgerinnung. Selbst minimale Blutungen hören unter der Wirkung von Cumarin nicht mehr auf. Hunde können einen Köder fressen, ohne zu erkranken. Nur wenn sie mehrmals in kurzen Abständen Rattengift erwischen, kommt es zu Gerinnungsstörungen und Blutungen. Der Hund kann anfangs unverändert wirken. Er kann Blut über Kot, Urin, über kleine Verletzungen oder über Lunge und Nase verlieren.

Die betroffenen Hunde sind geschwächt und atmen intensiv. Die Schleimhäute im Maul, in der Nase und an den Augen werden weiß. Gehen Sie mit dem Hund sofort zum Tierarzt, wenn Sie diese Symptome bemerken. Kann man die Cumarinvergiftung rechtzeitig behandelt, ist der Hund zu heilen.

Schneckenkorn: Hierbei handelt es sich um ein recht gut schmeckenden Metaldehyd. Daher ist es wichtig, bestreute Flächen hundesicher einzuzäunen.

Die Krankheitszeichen sind unspezifisch. Ganz ähnliche Symptome kommen auch bei anderen Krankheiten vor: Zittern, Taumeln und Schwanken, Speicheln, Überempfindlichkeit der Haut und Unruhe. Oft zeigen die Hunde Nystagmus, dabei bewegen sich die Augen ununterbrochen in seitlicher Richtung langsam hin und her. Die Tiere können schließlich Muskelkrämpfe haben und schlimmstenfalls sogar sterben.

Man sollte mit dem Hund sofort zum Tierarzt gehen, dann kann er die Vergiftung noch gut behandeln.

E 605: Es zählt zu den organischen Phosphaten und wird auch als Pflanzenschutzmittel im Obst- und Weinbau eingesetzt. Wenn Hunde den Giftnebel einatmen, kommt es zu Muskelkrämpfen, starkem Speicheln, Atembeschwerden, Verlangsamung des Herzschlags, Engstellung der Pupillen, oft auch zu Durchfall.

Auch hier sollte man möglichst schnell zum Tierarzt gehen.

Organische Phosphate sind übrigens in geringer Dosis auch in Antiparasitika wie Flohhalsbändern enthalten.

Phenole: Phenole sind in manchen Erdölprodukten und auch in Arzneimitteln enthalten. Sie können bei Kontakt auch über die Haut aufgenommen werden. Die Hunde speicheln, erbrechen, sie sind apathisch, zeigen Krämpfe und Zuckungen, Lähmungen sowie Untertemperatur. Ohne Behandlung tritt der Tod ein.

Der Tierarzt wird versuchen, das Gift möglichst schnell aus dem Körper zu entfernen und die Symptome medikamentell zu behandeln, da es kein Gegenmittel gibt.

Ethylenglykol: → Frostschutzmittel

Thallium: Früher wurde es als Rattengift verwendet, heute sind Thalliumvergiftungen hingegen äußerst selten.

Die ersten Vergiftungserscheinungen treten erst am zweiten Tag nach der Giftaufnahme auf und sind zudem wenig typisch: Erbrechen, erhöhter Durst, später Durchfall, dann Darmträgheit, Taumeln und Apathie. Manchmal entzündet sich auch die Haut, besonders an den Ballen. Das bekannteste Symptom, der Haarausfall, tritt erst in der zweiten Woche auf, falls der Patient überhaupt solange lebt.

Abhängig von der Giftmenge kann die Vergiftung wenige Tage, aber auch bis zu 14 Tagen dauern, ehe der Tod eintritt. Ein Gegengift gibt es nicht. Der Tierarzt kann nur versuchen, das lang im Körper verbleibende Thallium möglichst schnell zu entfernen.

Im Notfall kann man sich auch an die Giftzentrale wenden, allerdings erhält man dort nur Informationen zur Spezies Mensch; nur in Ausnahmefällen wissen die Ärzte über Hunde Bescheid.

Mögliche Vergiftungsquellen im Haushalt:

Abbeizmittel
Autopolitur
Badezusätze
Chromreinigungsmittel
Desodorantien
Düngemittel
Entfroster
Entkalker
Fleckenentferner
Fußbodenpflegemittel
Geschirrspülmittel
Kerzen
Kugelschreiberminen
Möbelpolitur
Mottenkugeln
Nagellack
Photoentwickler
Rostschutzmittel
Scheibenputzmittel
Trockenbrennstoff
Trockenshampoo

Ernährung des Patienten: Man versucht über die Ernährung die durch das Gift entstandenen Schäden auszugleichen. Daher sollte man diesen Punkt unbedingt genau mit dem Tierarzt besprechen.

Bei Blutverlust kann man beispielsweise gekochte Leber oder Milz zufüttern. Ist die Leber des Hundes geschädigt, dann füttert man fettarme Kost mit leicht verdaulichem Eiweiß, wie Hüttenkäse und Magerquark, und dazu gut verdauliche

Kohlenhydrate in Form von Traubenzucker oder Honig.

Bei Nierenschädigungen hingegen brauchen die Hunde reichlich Wasser, um die Niere nicht durch zu viele Abbauprodukten zu belasten. Außerdem leichte Kost wie Quark und Milchprodukte zusammen mit Fertignahrung, Geflügelfleisch, magerem Fleisch oder eventuell Sojamehl.

Im Gegensatz dazu muss bei Hirn- oder Lungenödemen die Wasserzufuhr exakt nach den Angaben des behandelnden Tierarztes reduziert werden. Das Futter muss nicht nur leicht, sondern auch salzarm sein.

Verhaltensprobleme

Grundsätzlich sind Verhaltensprobleme oft Probleme, die der Mensch mit ganz normalem Hundeverhalten hat. Daneben gibt es natürlich auch Abweichungen vom Normalverhalten, die wirklichen Verhaltensstörungen.

Bei Hunden machen Aggressions- und Dominanzfragen 64 Prozent aller Verhaltensprobleme aus, gefolgt von der Angst vor dem Alleinebleiben. Bei Verhaltensproblemen wenden sich 70 Prozent der Hundebesitzer an den Tierarzt, das durchschnittliche Beratungsgespräch dauert 17 Minuten. Dies fand die Tierärztin Gabi Umhöfer in einer Umfrage heraus. Über die Funktion von Hundeschulen sind die Meinungen geteilt.

→ **Angst vor dem Alleinebleiben, Cocker Wut, Dominanzaggression, Hypersexualität, Pfotenlecken, Seifefressen**

Verkindlichung

Generell bleiben Haustiere im Prinzip Kind und sind bis ins hohe Alter spielbereit. Das hängt jedoch mit der Domestikation und der Zuchtauswahl auf freundliche, wenig aggressive bzw. durchsetzungsstarke Tiere zusammenzusammen und kann durch die Frühkastration noch verstärkt werden.

Verschluckte Gegenstände

→ **Fremdkörper, Unfallgefahren im Haushalt**

Verstopfung (Obstipation)

Es kommt häufiger vor, dass ein Hund einen Tag keinen Kot absetzt. Kann der Hund auch am zweiten Tag noch keinen Kot absetzen, kann man ausnahmsweise rohes Rindfleisch oder etwas rohe Rinderleber füttern. Vorübergehend bietet man statt des Trinkwassers Milch an oder gibt Milchzucker (Lactulose).

Zusätzlich kann man etwas Paraffinöl über das Futter geben, jedoch niemals Rizinusöl. Im Unterschied zu diesem, wird Paraffinöl nicht resorbiert und macht den Kot gleitfähiger. Man nimmt etwa zehn Milliliter Paraffinöl für einen fünf Kilogramm schweren Hund, bei größeren Tieren entsprechend mehr.

Bei weiter andauernder Verstopfung, vor allem, wenn der Hund Unwohlsein zeigt, sollte man den Tierarzt aufsuchen (→ **Schlittenfahren**). Er wird den Hund untersuchen, eventuell röntgen und dann

z. B. den Enddarm freispülen oder einen Einlauf geben.

Tiere, die zu Verstopfung neigen, sollten grundsätzlich keine Knochen fressen. Besser sind hier Büffelhautknochen für die Zähne.

Vitamine

Vitamine steuern als Enzyme oder Coenzyme eine Vielzahl von Körpervorgängen. Man teilt die Vitamine in zwei Gruppen, die wasserlöslichen und die fettlöslichen.

Da die Fertigfutter genügend vitaminisiert sind, spielen Vitaminmangelerkrankungen heute keine große Rolle mehr. Nur in Ausnahmefällen, wie bei Nieren- oder Durchfallerkrankungen sowie bei Antibiotika-Einnahme, kann ein erhöhter Bedarf an wasserlöslichen Vitaminen bestehen.

Die Hunde leiden eher unter einer Überversorgung (→ **Hypervitaminose**), da Vitamintabletten sehr unkritisch nach dem Motto: »Vitamine sind immer gut« verabreicht werden.

Bedarf an Vitaminen

Der Bedarf an Vitaminen schwankt etwas. Die Tabelle unten enthält Empfehlungen für die tägliche Versorgung des Hundes mit Vitaminen, die Angaben verstehen sich pro Kilogramm Körpergewicht. µg steht für Mikrogramm.

Da es spezielle Futter für das Wachstum gibt, bedarf es keiner zusätzlichen Vitamingaben. (Werdende) Hundemütter hingegen benötigen spezielle Vitaminpräparate.

Hypervitaminose: Vitamine sind im Prin-

	Erhaltung	Trächtigkeit u. Säugen	Wachstum
Vit. A (IE)	100–150	1000–2000	1000–1500
Vit. D (IE)	10	20	20
Vit. E (mg)	1,5	2	4
Vit. B1 (µg)	20	40	200
Vit. B2 (µg)	40	100–250	100–250
Vit. B6 (µg)	25	50	50
Vit. B12 (µg)	0,5	1	1
Pantothensäure (µg)	200	400	400
Nicotinsäure (µg)	200	400	400
Biotin (µg)	2	4	4
Folsäure (µg)	4	8	8

zip wichtig und gesund, aber nur, wenn sie im richtigen Maß gegeben werden.

Eine Überdosierung kann bei einigen Vitaminen zu Krankheitserscheinungen führen. Daher sollte man berücksichtigen, dass Fertigfutter immer Vitaminzusätze enthalten, die in der Regel eher zu großzügig bemessen sind. Mit einem zusätzlichen Präparat kann es zur Hypervitaminose kommen.

Am ehesten kommt es zur A-Hypervitaminose: Der betroffene Hund bekommt ein struppiges Fell, verliert an Gewicht und wirkt müde. Bei weiter erhöhter Zufuhr kann er Zuckungen bekommen und sogar bewusstlos werden.

W

Wälzen

Das Wälzen in einer frisch mit Jauche gedüngten Wiese ist normalerweise für Hunde ungefährlich. Falls sie sich nachher das Fell lecken sollten, was nicht die Regel ist, besteht die Möglichkeit, dass sie sich unter Umständen mit Bakterien, Pilzen, Viren oder Parasiten infizieren.

Zudem wäre es dann interessant, ob es sich bei der Jauche um Rinder- oder Schweinedung handelt. Das gleiche gilt natürlich für das Wälzen in den Hinterlassenschaften von anderen Tieren bzw. in

Wälzender Hund in der Wiese: Ich rieche was, was Du nicht riechst.

Mäuse- oder Fisch-Kadavern u. Ä. Auch wenn das für uns unverständlich ist, gehört diese Parfümierung zum Normalverhalten eines Hundes.

Man kann es dem Hund mit Konsequenz weitgehend aberziehen. Im gleichen Zug sollte man seinen Hund mit Gerüchen verschonen, die das Wälzen auslösen, allen voran parfümiertes Shampoo. Wenn Hunde sich in Wiesen mit Kunstdünger wälzen, kann es jedoch zu Unverträglichkeits-Reaktionen kommen.

Man sollte nicht vergessen, dass für einen Hund Kot interessant riecht. Vor allem frisch gebadete Hunde lieben es, den Geruch der Seife möglichst schnell wieder loszuwerden, indem sie sich in »besser Riechendem« wälzen. Nur ständiges Wälzen, meist verbunden mit Kratzen, deutet auf Juckreiz hin.

Wärme

Man kann einen Körperteil auf verschiedene Weise erwärmen: Bäder, Umschläge, Rotlicht, Heizkissen oder Kurz- und Ultraschallwellen. Wärme führt unabhängig von der Wärmequelle zu einer starken Durchblutung. Die Tiefenwirkung ist leider sehr gering, da das Fett gut isoliert. Bei Wunden oder Abszessen und bei Entzündungen – beispielsweise von Ohren oder Analbeuteln – kann eine Wärmeanwendung die Heilung unterstützen.

Die Hochfrequenwärmetherapie mit Kurzwellenstrom hingegen hat Tiefenwirkung.

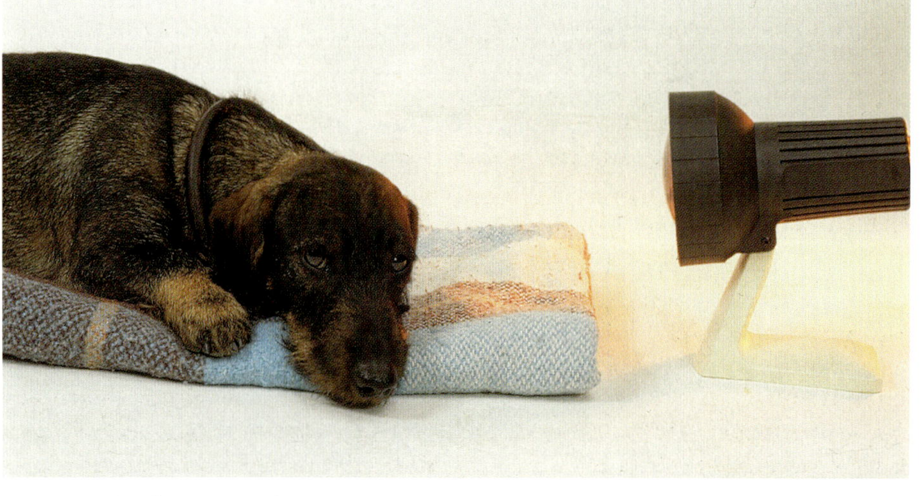

Hunde lieben ein Wärmebad. Allerdings sollte man keinen Hund zu seinem Glück zwingen. Ein Raumthermometer neben dem Hund hilft, den richtigen Abstand für das Rotlicht zu finden.

Waisen-Welpen

Während verlassene Katzenwelpen sehr häufig gefunden werden, sind mutterlose Hundewelpen glücklicherweise die Ausnahme. Bei großen Würfen kann es jedoch sein, dass die Milch der Hündin nicht ausreicht, dann muss man Instantmilch zufüttern. Auch schwache Welpen, die von ihren schwereren Geschwistern weggedrängt werden, kann man mit Erfolg hochpäppeln, wenn sie gesund sind.

Säugen: Spezielle Aufzuchtmilch für Hundewelpen mit einer geeigneten Saugflasche kann man beim Tierarzt oder im Zoofachhandel kaufen. Man sollte zum Anrühren abgekochtes Wasser verwenden und die Milch vor dem Tränken mit einem Haushaltsthermometer prüfen: 36 bis 37 °C sind ideal. Die dem Produkt beiliegende Gebrauchsanweisung ist in der Regel sehr ausführlich mit exaktem Tränkeplan für verschieden Hundegrößen, denn die Tagesmenge (10 bis 70 Gramm) hängt von der Rasse ab. Tagsüber erhalten die Welpen alle zwei bis drei, nachts alle vier bis sechs Stunden eine Mahlzeit.

Harn- und Kotabsatz: Während der Mahlzeit sollte der Welpe mit den Vorderpfoten etwas höher liegen, um treteln zu können. Anschließend massiert man mit einem kleinen Schwamm Bauch und Analgegend, damit der Welpe sich lösen kann. Um den zehnten Tag herum klappt es dann auch ohne Massage.

Wärme: Wirklich mutterlose Welpen brauchen Wärme, die man exakt einstellen muss. Das obligatorische Aufhängen der Wärmelampe ist viel zu ungenau, die Welpen könnten frieren oder bei zu großer Hitze austrocknen. Die erste Woche benötigen sie 30 bis 32 °C, in der zweiten Woche 28 bis 30 °C, in der dritten Woche 26 bis 28 °C und danach eine Zimmertemperatur von 24 bis 26 °C.

Wiegen: Man muss die Welpen eventuell kennzeichnen und jeden Tag wiegen. Verdoppeln sie ihr Geburtsgewicht nicht innerhalb einer Woche, sollte man sofort zum Tierarzt gehen.

Absetzen: In der vierten Lebenswoche bekommen die Welpen schon etwas Zusatzfutter. Am einfachsten ist Welpen-Trockenfutter, man kann es den ganzen Tag stehen lassen und die Welpen können spielerisch ihre Erfahrungen mit der festen Nahrung machen. Bis zur siebten Woche sollten die Welpen so viel fressen, dass man die Milch weglassen kann.

Warzen

Warzen oder Papillome, wie sie wissenschaftlich genannt werden, gehören zu den gutartigen Tumoren. Die kleinen, blumenkohlartigen Zubildungen sind also nicht gefährlich. Neigt ein Hund zur Warzenbildung, werden es wahrscheinlich im Lauf der Zeit immer mehr Warzen.

Der Tierarzt kann die Warzen kautherisieren (wegbrennen). Dies geschieht unter örtlicher Betäubung und tut dem Hund nicht weh. Außerdem kann man den Hund mit einer → **Autovakzine** behandeln.

Es ist für den Laien nicht immer ganz einfach, eine Warze von einer Zecke zu unterscheiden. Gehen Sie deshalb in Zweifelsfällen zum Tierarzt.

Wasserbedarf

→ Trinkwasser

Weizen-Unverträglichkeit

→ Gluten-Allergie

Welpenkrankheiten

Wenn man sich einen Welpen mit zehn Wochen kauft, hat er die Kleinkind-Krankheiten schon hinter sich. Bei der Geburt ist das körpereigene Abwehrsystem noch nicht voll entwickelt. Die entsprechenden Abwehrmechanismen muss er erst durch Kontakt mit Krankheitserregern entwickeln. In der Zwischenzeit erhält ein Welpe über die Muttermilch die nötigen Antikörper. Die ersten drei bis vier Wochen saugen Welpen ausschließlich bei der Mutter, dann nehmen sie mehr und mehr auch feste Nahrung auf. Mit zehn bis zwölf Wochen versiegt die Milchquelle und die Welpen müssen auf eigenen Füßen stehen.

Neugeborenenkrankheiten: Die Mutterhündin sollte nicht nur geimpft, sondern auch entwurmt sein. Sonst können Spulwurmlarven während der Trächtigkeit oder durchs Stillen auf die Welpen übertragen werden. Der Befall führt zu Durchfällen. Eine Kotuntersuchung sichert die Diagnose.

Direkt nach der Geburt, nachdem der Nabel durchtrennt ist, können Bakterien wie *Streptococcus canis*, *Pseudomonas*, *Escherichia coli* und *Staphylococcus aureus* über die Nabelwunde in den Körper gelangen. Zwölf Stunden danach erkranken die Welpen an Blutvergiftung, der Septikämie. Sie trinken nicht mehr. Meist erkrankt der ganze Wurf. Da sich die Hündin um schwache Welpen nicht mehr kümmert, sterben sie nach drei bis vier Tagen.

Lassen Sie die Hündin unbedingt vom Tierarzt untersuchen und speziell einen Scheidenabstrich durchführen, damit Sie nicht den nächsten Wurf auch noch verlieren.

Wenn die Hündin an einer Gesäuge-Entzündung leidet, können sich die Welpen über die Milch infizieren. Bakterien wie z. B. *Streptokokken*, *Staphylokokken* und *Escherichia coli* führen zu schweren Durchfällen.

Hündin und Welpen müssen möglichst schnell in tierärztliche Behandlung. Die Welpen muss man solange mit Ersatzmilch füttern, bis die Mutter wieder gesund ist.

Auch durch den Kontakt zum Menschen können sich Welpen eine Infektion holen. Daher sollte man die junge Familie in den ersten Tagen in Ruhe lassen. Legen Sie die Wurfkiste vor sowie nach der Geburt mit frisch ausgekochten Tüchern aus. Vorsicht: Vorsorglich aufgehängte Wärmelampen können Welpen zum Verhängnis werden. Die zarten Geschöpfe können austrocknen bzw. am Hitzestau sterben. Wenn der Wurfraum wirklich sehr kühl ist, legt man besser eine Wärmflasche unter die Laken.

Die drei Labrador-Welpen sind putzmunter, doch ihr Immunsystem muss erst in Fahrt kommen.

Immunologische Lücke: Ist die Mutterhündin geimpft, sind auch die Welpen in den ersten Wochen mitgeschützt. Doch danach kann eine immunologische Lücke entstehen. Gegen Ende der Saugzeit enthält die Milch weniger Antikörper, die Welpen können jedoch noch nicht geimpft werden.

Vor allem Staupe und Parvovirose können den Welpen in dieser Zeit gefährlich werden. Das ist mit ein Grund, weshalb man Welpen nicht mit sechs Wochen abgeben sollte.

Missbildungen: Neben Infektionen führen auch angeborene Missbildungen dazu, dass Welpen sterben. Die Ursache kann im Erbgut liegen, aber auch Infektionen, Stoffwechselstörungen sowie Unfälle während der Trächtigkeit können die Welpen schädigen. Wenn der gesamte Wurf betroffen ist, spricht das für eine Schädigung durch Umwelteinflüsse, doch mit Sicherheit lässt sich das nicht sagen. Genausowenig wie ein einzelner Welpe mit Gaumenspalte zwingend an einem Erbdefekt leiden muss. Daher sollte man immer, wenn ein Welpe missgebildet ist, Ahnenforschung betreiben, eventuell mit Hilfe eines Genetikers. Man kann sich um Rat an den Tierarzt sowie den Zuchtwart wenden.

Die Hündin hat zu wenig Milch: Wenn gesunde Welpen unruhig sind und wimmern, haben sie vermutlich Hunger. Überprüfen Sie, ob die Hündin genügend Milch für alle Welpen hat. Am besten kontrolliert man das Gewicht der Kleinen mit der Briefwaage. Die Leichtgewichte muss man mit der Flasche zufüttern.

Das geschieht in der ersten Woche alle zwei Stunden rund um die Uhr, dann können die Pausen allmählich länger werden. Nach dem Trinken massiert man den Bauch und die Analgegend des Welpen, um Kot- und Harnabsatz auszulösen. Aus diesem Grund leckt die Hündin jeden Welpen ausgiebig (→ **Waisen-Welpen**).

Die Welpen-Handaufzucht ist extrem anstrengend und für die Welpen auch nicht ideal. Wenn irgendmöglich, sollte man sich nach einer Amme umsehen, also nach einer Hündin mit nur wenigen Welpen oder einer scheinträchtigen Hündin. Man kann sich an den Zuchtverband wenden oder z. B. über einen lokalen Radiosender einen Suchruf starten.

Wenn man seinen Hund mit zehn bis zwölf Wochen beim Züchter kauft, ist er bereits grundimmunisiert. Doch Besitzerwechsel und Futterumstellung bedeuten für die jungen Hunde Stress und damit ein erhöhtes Infektionsrisiko.

Lassen Sie sich für die ersten Wochen vom Züchter das gewohnte Futter mitgeben. Während der ersten vier Wochen sollte man dem kleinen Hund vier Mahlzeiten am Tag geben. In der zwölften Woche werden übrigens die zweiten Impfungen für die Grundimmunisierung fällig. Es ist sinnvoll, die Termine gleich im Kalender zu notieren.

Welpensterben

Durch das canine Herpesvirus wird das infektiöse Welpensterben hervorgerufen. Inzwischen gibt es einen Impfstoff für die Mutterhündin.

Welpen- und Junghundefütterung

Am besten verwendet man spezielles Welpen- und anschließend Junghundefutter. Der Wechsel zum Junghundefutter erfolgt bei großwüchsigen Hunden früher, da sie langsam wachsen sollen.

Mittlerweile bieten viele Hersteller spezielle Welpen- und Junghundefutter für kleine, mittelgroße und große Hunde an, die dem Rechnung tragen. Das allerwichtigste ist, dass man zu Alleinfuttermitteln nichts zusätzlich füttert, vor allem keine Mineralstoffe. Kalzium und Phosphor spielen für die Entwicklung des Skeletts natürlich eine wichtige Rolle. Trotzdem sind Kalzium und Phosphor nicht an allen Knochenwachstumsstörungen schuld.

Der häufigste Fütterungsfehler ist das Zuviel, das Überfüttern der wachsenden Welpen. Besonders gefährdet sind immer die großen Hunderassen.

Mit drei Wochen interessieren sich Welpen schon für Neues, wie hier für Welpentrockenfutter.

Das Problem dabei: man sieht es den Welpen nicht an. Sie werden nicht dick, sondern schießen nur zu schnell in die Höhe. Doch die wachsenden Knochen können der starken Belastung durch die schnelle Gewichtszunahme nicht standhalten. Das kann zu Schäden führen und erbliche Dispositionen wie die Hüftgelenksdysplasie verstärken.

Um das zu vermeiden, sollte man den Welpen regelmäßig wiegen. Für die Dogge als den Prototyp einer schnell wachsenden Rasse gibt es Empfehlungen (siehe Tabelle), für Welpen anderer Rassen muss man sich an den Zuchtverband oder an die ernährungswissenschaftlichen Institute der tiermedizinischen Universitäten wenden.

Was eine Dogge in kg wiegen darf (nach MEYER und ZENTEK)

2. Monat	8 kg
3. Monat	15 kg
4. Monat	23 kg
5. Monat	29 kg
6. Monat	35 kg

W

Wiegt ein Welpe oder Junghund mehr als er sollte, muss man die Futtermenge reduzieren. Ein magerer Welpe lebt gesünder, Fohlen und Kälber sind in diesem Alter auch schlacksig. Die endgültige Größe erreicht ein Hund mit Sicherheit trotzdem, sie ist genetisch vorprogrammiert.

Neben den fütterungsbedingten Ursachen gibt es noch viele andere Faktoren, die sich auf die Skelettgesundheit auswirken. So brauchen Hunde ausreichend Bewegung in spielerischer Form. Man sollte wachsende Hunde jedoch keinesfalls überanstrengen, indem sie beispielsweise schon neben dem Fahrrad herlaufen.

Wiederholungsimpfung

Die Wiederholungsimpfung Staupe-Hepatits-Leptospirose-Parvovirose und Tollwut erfolgt in der Regel alle zwölf Monate. Die Parvovirose-Impfung kann bei Bedarf auch in kürzeren Abständen wiederholt werden. Manche Impfstoffe haben die Zulassung für eine Auffrischungsimpfung erst nach zwei Jahren (Staupe, Hepatitis).

Wimpernanomalien

Falsch stehende Wimpern sind angeboren und lassen sich, falls sie das Auge reizen, korrigieren.

Distichiasis: Darunter versteht man eine zweite Wimpernreihe. Im Nasenbereich legen sich die feinen Härchen vom Lidrand an die Hornhaut und reizen dadurch das Auge. Diese Härchen wirken wie ein Fremdkörper im Auge. Das führt zur starken Tränenproduktion und zur Entzündung von Hornhaut und Bindehaut. Bei weißen Hunden sieht man die bräunlichen Tränenspuren deutlich beidseits der Nase. Der rote Cocker Spaniel dagegen scheint eine Veranlagung für die Distichiasis zu besitzen.

Therapie: Der Tierarzt könnte die Härchen entfernen, doch sie würden wieder nachwachsen. Daher sollte man die Haarwurzeln mit einer Elektrode unter Lokalanästhesie epilieren oder mit Kälte veröden.

Trichiasis: Hierbei stehen die normalen Wimpern nach innen, z. B. durch eine Narbe im Lidrand oder vorübergehend, wenn die Wimpern sekretverkrustet sind. Klein- und Zwergpudel sowie Cocker Spaniels neigen zu einer leichten Trichiasis. In den meisten Fällen genügt es, die Wimpern mit einer eingefetteten Fingerspitze nach außen zu streichen.

Wolfskrallen

→ Afterkrallen

Wurmbefall

Die Wurmbehandlung ist für die meisten Züchter und viele Hundebesitzer eine Selbstverständlichkeit. Doch nur wenige wissen, dass man erwachsene Hunde in der Regel nur gegen → **Bandwürmer** behandeln muss. Der Befall mit → **Spul-, Haken- und Peitschenwürmern** zählt eigentlich zu den Junghunde-Krankheiten.

Z

Zähne – Gebiss

Das Milchgebiss bricht bei Hunden – je nach Rasse – zwischen der vierten und achten Lebenswoche durch. Zuerst kommen die Fangzähne (Caninus) und kurz darauf die Schneidezähne (Incisivus) – im Unterkiefer früher als im Oberkiefer.

Im vierten Monat beginnt dann der *Zahnwechsel*, große Rassen wechseln eher als kleine. Beim Junghund kann man anhand des Zahnwechsels auch grob das Alter bestimmen (→ **Altersbestimung**).

Mit sieben Monaten sollte ein Hund sein endgültiges Gebiss haben.

Erste Zahnprobleme: Gerade bei Toy-Rassen fallen die Milchzähne häufig nicht von selber aus. Sie müssen vom Tierarzt gezogen werden. Genauso verfährt man mit falsch stehenden Zähnen, die einen korrekten Biss verhindern. Heute kann man im Einzelfall auch beim Hund Zahnkorrekturen durchführen, beispielsweise mit einer Spange. Gebrochene oder stark von Karies befallene Zähne muss man bisweilen ebenfalls ziehen. Man versucht jedoch, selbst stark beschädigte Zähne mit konservativen Maßnahmen zu erhalten. Es gibt Wurzelbehandlung, Füllungen und Kronen auch für Hunde. Der Erfolg ist bei Hunden sogar höher als beim Menschen, da die Immunabwehr belastbarer ist.

Zahntierarzt: Als erstes erfasst der Zahntierarzt das gesamte Gebiss und dokumentiert es in einem Zahnschema. Er untersucht dabei auch die Maulhöhle und das Kiefergelenk routinemäßig mit. Bei einigen Rassen fehlen bei bis zu 30 Prozent aller Hunde ein oder mehrere Backenzähne, Prämolare genannt. Nur in einer Röntgenaufnahme kann man sehen, ob wirklich die Zahnanlage fehlt. Ist der Zahn vorhanden, aber nicht durchgebrochen, kann man ihn bei jungen Hunden noch freilegen.

Manche Hunde besitzen auch überzählige Zähne, die man von bleibenden Milchzähnen unterscheiden muss. Bei einigen Rassen, wie beispielsweise der Bulldogge, können aus einer Zahnanlage auch Zwillingszähne wachsen. Falls sie den Zahnschluss stören, muss der Tierarzt diese überzähligen Zähne ziehen.

Unter- und Überbiss: Diese Zahn- und Kieferfehlstellungen lassen sich korrigieren. Beim Unter- bzw. Überbiss wachsen Ober- und Unterkiefer nicht harmonisch im gleichen Tempo, dadurch kommt es zu diesen Fehlstellungen. Mit aufzementierten Führungsflächen versucht der Zahntierarzt, den wachsenden Unterkiefer in die richtige Bahn zu lenken, also die Wachstumszonen zu aktivieren.

Diese Fehlstellung ist erblich, man sollte mit diesem Tier auf keinen Fall züchten.

Zahnfehlstellung: Einzelne Zähne können auch dann falsch stehen, wenn der Kieferknochen korrekt gewachsen ist. Manchmal kann man den betroffenen Zahn einfach in Form schleifen, bei den

Schneidezähnen (Incisivi) jedoch muss man mit einer speziellen Apparatur die Zahnstellung korrigieren. Dieser Eingriff hat allerdings nicht immer Erfolg. Wenn die unteren Canini so steil stehen, dass sie sich in die Schleimhaut des Oberkiefers bohren, kann man das relativ gut regulieren. Der Zahntierarzt setzt eine Dehnschraube zwischen die beiden Canini ein, so lassen sich die Spitzen zur Seite bewegen. Sie haben danach bleibend die normale Stellung.

Verletzungen: Verkehrsunfälle, Beißereien oder auch wilde Spiele können mit abgebrochenen, losen (luxierten) oder fehlenden Zähnen enden. Aber auch dann, wenn Hunde vor dem zweiten Lebensjahr schwerere Gegenstände apportieren, können Zähne abbrechen. Das Dentin, das Zahnbein, ist beim Junghund einfach noch sehr dünn. Meist trifft es die herausragenden Fangzähne (Canini).

Lockere Zähne versucht man heute zu retten: Man fixiert sie mit einer Schiene, damit sie wieder einheilen können. Bei einer frischen Verletzung und dann, wenn das Zahnfach, die Alveole, nicht stark verletzt ist, liegen die Erfolge bei 50 Prozent.

Gehen die Canini bei einem Unfall aus oder müssen gezogen werden, bildet sich leicht eine so genannte oronasale Fistel, also ein Verbindungskanal vom Maul zur Nase. Probleme gibt das dann, wenn Futterreste in die Nasenhöhle gelangen. Die Fistel muss daher durch eine Operation geschlossen werden.

Nicht nur deshalb sollte man den Hund nach einem Zahnverlust immer vom Tierarzt untersuchen lassen.

Frühzeitige Abnutzung: Auch bestimmte Angewohnheiten, wie Steine apportieren oder exzessives Fellknabbern, können die Zahnkronen abraspeln. In schweren Fällen kann auch die Zahnpulpa eröffnet sein. Der Tierarzt muss dann unbedingt eine Wurzelkanalbehandlung durchführen.

Abgebrochene bzw. erkrankte Zähne kann man mit Stahlkronen versorgen, fehlende Zähne durch Prothesen ersetzen. Ist man sich beim Kauf eines Hundes unsicher, ob er eine Prothese trägt, kann man dies in einer Röntgenaufnahme nachweisen, so dass nicht mit eigentlich zahnlosen Hunden weitergezüchtet wird.

Zahnbettprobleme: Weit häufiger als Zahnprobleme haben Hunde Zahnbett-Erkrankungen. Um Zahnfleischentzündungen zu vermeiden, sollte man regelmäßig den Zahnstein fachgerecht entfernen lassen. Der Tierbesitzer muss dem Hund zwei- bis dreimal die Woche die Zähne putzen. Nur wenn man das gewissenhaft macht, hat die zahntierärztliche Sanierung des Zahnbetts Erfolg. Paradontale Erkrankungen heilen nur bei entsprechender Mundhygiene.

Als Folge von Zahnstein kann das Zahnfleisch tiefe Taschen bilden, die der Tierarzt operieren muss. Neben Zahnfleischschwund und Taschenbildung können Reizungen auch zu starken Verdickungen führen oder zu regelrechten Zahnfleischwucherungen, den Epuliden. Hierbei spielen auch Rassedispositionen eine Rolle: Ganz besonders häufig erkranken Boxer. Der Tierarzt wird die Wucherungen entfernen, doch sie neigen zu Rezidiven, das heißt, sie kommen immer wieder.

Bei chronischen Parodontalerkrankungen kann der Knochen geschädigt werden, die Knochensubstanz bildet sich zurück und die Zähne verlieren ihren Halt.

An Karies leiden nur sechs Prozent der Hunde. Ursache ist, wie beim Menschen auch, die falsche Ernährung, meist Süßigkeiten und Leckerbissen zwischendurch. Dadurch bleibt zwischen den Mahlzeiten nicht mehr genügend Zeit für die Selbstreinigung der Zähne.

Zähneputzen

Am besten fängt man schon beim Welpen mit dem Zähneputzen an. In den Welpenspielgruppen übt man sowieso Maulöffnen und Zähnekontrollieren. Da ist der nächste Schritt nicht mehr groß, mit dem Finger oder einem Tuch die Zahnflächen abzufahren.

Akzeptiert der Welpe das, kann man zur Zahnbürste übergehen. Das kommerzielle Sortiment an Zahnputzutensilien für den Hund ist in letzter Zeit deutlich angewachsen. Zahnpasta gibt es als Pulver, in der Tube oder Dose. Letztere ist nicht so ganz hygienisch, es sei denn, man verwendet jedesmal ein frisches Tuch statt einer Bürste. Wie bei Kinderzahnpasta auch, versucht man die Pasten mit gutem Aroma attraktiv für Hunde zu gestalten: beispielsweise Sorten mit Hühnchen-, Rindfleisch- oder Biskuit-Geschmack. Falls der Hund die Paste gerne frisst und die Putzprozedur daran scheitert, sollte man zu einer geschmacksneutralen Sorte wechseln. Auch unterschiedliche Zahnbürsten, teilweise mit ersetzbarem Kopf, stehen zur Auswahl. Das muss man einfach ausprobieren.

Beginnt man bei einem ausgewachsenen Hund mit der Zahnpflege, macht man es im Prinzip genauso. Als erstes probiert man die Bürste aus. Wehrt er sich, nimmt man statt der Bürste vorerst einen Frotteewaschhandschuh. Er hat den Vorteil, dass man ihn problemlos nach jedem Putzen

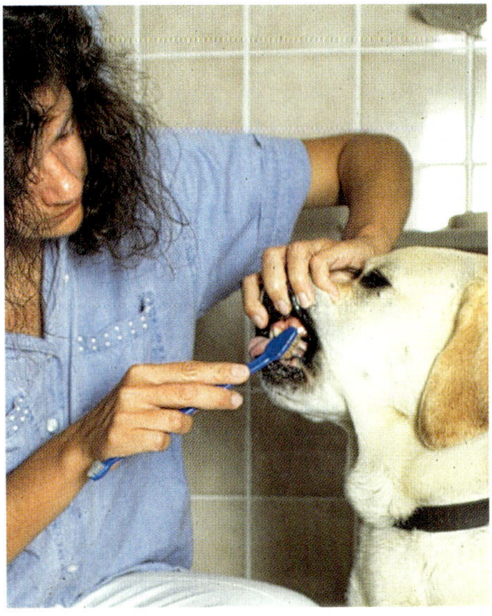

Alles Gewöhnungssache – eine gutschmeckende Zahnpasta macht die Putzprozedur attraktiv.

Z

auskochen kann. Beim Tierarzt kann man alternativ eine Paste mit desinfizierender Wirkung kaufen. Jeweils nach der letzten Fütterung am Tag streicht man die Zahnpasta mit dem Finger oder einer aufgesteckten Pipette auf das Zahnfleisch und massiert sie mit dem Finger ein. Die Paste haftet am Gebiss und wirkt so über 24 Stunden der Zahnsteinbildung entgegen.

Wenn sich ein Hund mit Zahnbürsten und Zahnpflegeprodukten nicht anfreunden mag, kann man ihm Zahnputzfutter geben. Das ist ein Trockenfutter mit einer ganz besonderen Faserstruktur. Die Pelletfasern wischen beim Zubeißen über den Zahn und säubern auf diese Weise die Zahnoberfläche. Reine Zahnputzfutter gibt es beim Tierarzt, Trockenfutter mit Zahnputzzusatz erhält man im Zoohandel.

Zahnformeln

Milchgebiss mit 28 Zähnen:

Oberkiefer:	**3 Id 1 Cd 3 Pd**
Unterkiefer:	**3 Id 1 Cd 3 Pd**

Erwachsenengebiss mit 42 Zähnen:

Oberkiefer:	**3 I 1 C 4 P 2 M**
Unterkiefer:	**3 I 1 C 4 P 3 M**

I = Incisivus (Schneidezahn)
C = Caninus (Fang- oder Hakenzahn)
P = Prämolar (vorderer Backenzahn)
M = Molar (Backenzahn)
d = decidui, lateinisch für weichend

Zahnstein

Nahezu alle Hunde leiden heute in unterschiedlichem Grad an Plaquebefall, Zahnstein und Zahnfleischentzündung, was zu üblem Mundgeruch führt. Plaques nennt man die weichen Beläge, die sich abwischen lassen. Wenn sich Mineralstoffe aus dem Speichel einlagern und verhärten, entsteht der Zahnstein. Die bräunlichen Ablagerungen findet man erst an den seitlichen Flächen der Backenzähne, an den großen Eckzähnen und den Fangzähnen. Der Zahnstein schiebt sich zwischen Zahn und Zahnfleisch. Dadurch lockern sich die Zähne und fallen aus. Besonders kleine Rassen wie der Pudel sind anfällig für Zahnstein.

Prophylaxe: Man kann dem jedoch durch Zahnpflege vorbeugen, das heißt zwei- bis dreimal die Woche Zähneputzen.

Neben der Veranlagung spielt auch die Ernährung eine Rolle. In der Regel ist die Fütterung in mehreren Portionen ratsam, doch sie stört die natürliche Zahnreinigung. Durch Zungenbewegungen und beim Hecheln durch Lefzenbewegungen werden die Zähne mechanisch geputzt. Es funktioniert aber nicht, wenn zwischen den Mahlzeiten nur wenige Stunden vergehen. Laufen unterstützt hingegen die Mundhygiene, weil dabei Zunge und Lefzen intensiv bewegt werden.

Zahnstein irritiert die Schleimhaut, das Zahnfleisch entzündet sich, es wird hochrot und schwillt an. Am Zahnhalssaum kommt es leicht zu Zahnfleischbluten, beispielsweise während des Fressens. Es können das gesamte Gebiss oder nur einzelne Gebissabschnitte erkranken.

Behandlung: Die Entfernung des Zahnsteins ist für den Tierarzt kein Problem. Entweder reicht schon eine spezielle Zange aus, um den Zahstein zu entfernen, oder er wird mittels eines Ultraschallgerätes vom Zahn abgesprengt. Diese Behandlung rauht die Zahnoberfläche auf. Daher versiegelt man die Zähne anschließend, so bildet sich nicht sofort wieder Zahnstein. Dies ist eine für das Tier völlig schmerzlose Behandlung, die oft ohne eine leichte Beruhigung ambulant durchgeführt werden kann.

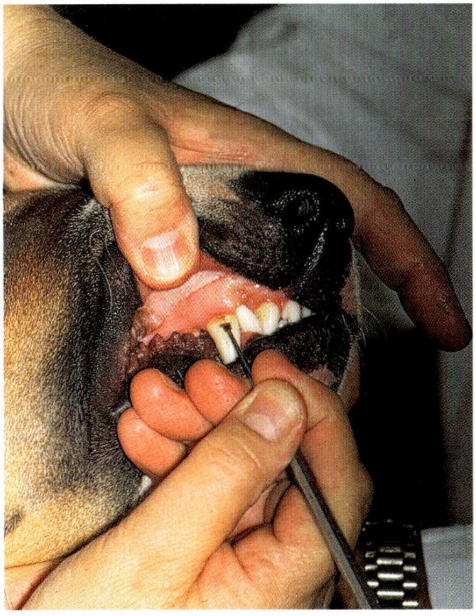

Grobe Plaques entfernt der Tierarzt manuell, danach wird der Zahnstein mit einem Ultraschallgerät bis in die Taschen entfernt.

Beim Entfernen des Zahnsteins werden Krankheitserreger durch die Luft gewirbelt, die der Hundepatient – und der behandelnde Tierarzt – wieder einatmen. Das kann erneut zu einer Zahnfleischentzündung führen. An der Universität Wien haben Tierärzte deshalb die Hälfte der Zahnsteinpatienten fünf Tage lang mit einem Breitspektrumantibiotikum behandelt, bevor sie mit dem Ultraschallgerät den Zahnstein entfern haben. Bei der Kontrollgruppe wurden nur die Plaques entfernt. Das Ergebnis war, dass die Keimzahl bei den vorbehandelten Hunden auf 25 Prozent reduziert werden konnte.

Der Tierbesitzer kann dem Zahnstein vorbeugen, indem das Tier nicht nur weiches Futter bekommt, sondern auch festes Trockenfutter. Bei Hunden sind das Hundekuchen oder Knochen, auf denen sie kauen können. Auch im Handel erhältliche »Büffelhautknochen« erfüllen einen guten Zweck.

Zecken

Wenn Hunde Zecken haben, handelt es sich fast immer um den Holzbock, *Ixodes ricinus*. Aber hin und wieder haben Hunde auch andere Zecken wie *Ixodes hexagonus*, *Haemaphysalis concinna*, *Dermacentor marginatus* und *Dermacentor pictus*.

In manchen Gebieten kommt zudem die rote Hundszecke, *Rhipicephalus sanguineus*, vor, die eigentlich in den Mittelmeerländern beheimatet ist. Urlaubshunde bringen sie regelmäßig nach Deutschland mit. Die rote Hundszecke kann die *Piroplasmose* übertragen. Erreger sind Protozoen, die zur Zerstörung der roten Blutkörperchen führen. In Frankreich kann man Hunde durch eine Impfung vor dieser Erkrankung schützen.

Einige wenige Zecken schaden dem Hund nicht. Es sei denn, sie sind Überträger von Infektionskrankheiten. So können sie die Erreger von → **Borreliose** und → **Gehirnentzündung** übertragen, genauso wie die Erreger der → **Babesiose**, die zu massiven Leberschäden, zur Milzvergrößerung, zu auffälliger Mattigkeit bis zur Apathie führen kann, sowie die Erreger der → **Ehrlichiose**, die mit Fieberschüben beginnt.

Jagdmethode des Holzbocks: Hunde holen sich die Zecken auf ihren Streifzügen durchs Unterholz von Mischwäldern, aber auch in Parks und Gärten, soweit dort entsprechende Büsche und Sträucher wie beispielsweise Ginster stehen: Holzböcke leben bevorzugt in dichtem Unterholz in der Nähe von Lichtungen. Während die Larven nur knapp über dem Boden auf Gräsern sitzen, warten die Nymphen und Erwachsenen bis zu eineinhalb Meter hoch über dem Boden. Sie erkennen ihre Wirtstiere an deren Körperwärme sowie am Geruch und lassen sich dann blitzschnell herabfallen.

Zecken-Zyklus: Die Holzböcke entwickeln sich vom Ei, über je ein Larven- und ein Nymphenstadium zur erwachsenen Zecke. Dabei besucht jedes Stadium einmal einen Wirbeltier-Wirt für eine mehrtägige Blutmahlzeit. Larve und Nymphe lassen sich anschließend zur Häutung fallen. Das erwachsene Weibchen trinkt bis zur Eiablage vom Blut des Wirtes und wird währenddessen vom Männchen begattet, das selbst nicht saugt. Nach zwei bis drei Jahren hat sich aus dem Ei eine erwachsene Zecke entwickelt.

Zeckenprophylaxe: Währen der Hauptzeckenzeit (März–September) sollte man die Hunde alle vier Wochen mit einem Spot-on-Präparat behandeln. Die ölige Flüssigkeit muss direkt auf die Haut aufgetragen werden, deshalb sollte man die Haare an dieser Stelle scheiteln. Binnen 24 Stunden wird das Präparat vom Unterhautgewebe aufgenommen. Besonders in den ersten Stunden den Hund an der Auftragsstelle nicht anfassen. In Haushalten mit Kindern trägt man das Präparat daher besser abends auf.

Zecken entfernen

Frisch eingefangene Zecken, die noch kein Blut gesaugt haben, kann man leicht mit den Fingernägeln oder einer speziellen Zeckenzange entfernen. Man erkennt sie daran, dass sie noch dünn und beige-blass sind.

Seit Kurzem gibt es auch eine simple Plastikspange. Nach dem Prinzip des Nadeleinfädlers spannt man den Zeckenkopf ein und kann ihn so, ohne ihn zu quetschen, leicht herausziehen. Hat die Zecke schon getrunken oder ist noch dabei, muss man sehr vorsichtig vorgehen.

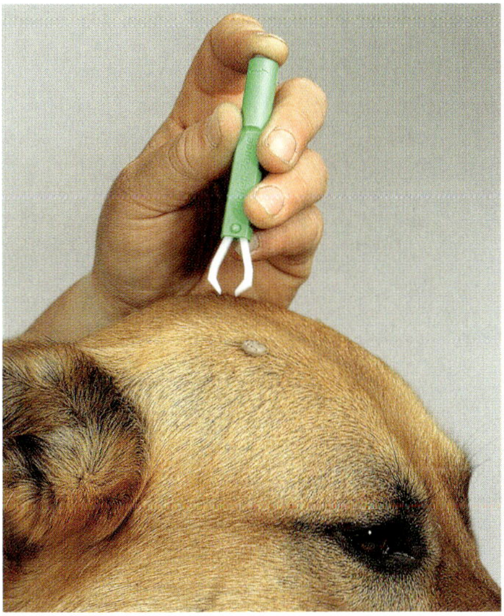

Pinzette, Zeckenzange oder -haken – es gibt verschiedene Instrumente zum Entfernen von Zecken.

Die Zecke dringt mit einem speziellen Stechorgan, das mit Widerhaken ausgestattet ist, in die Haut ein. Mit dem Speichel können auch Krankheitserreger in die Wunde gelangen. Dies geschieht besonders dann, wenn man die Zecke in Stress versetzt. Daher ist es falsch, die Zecken mit Alkohol, (Gewehr-)Öl, Klebstoff o. Ä. zu beträufeln. Als Abwehrreaktion auf diese Manipulation hakt sich eine Zecke nur noch fester in der Haut ein und gibt ihren eventuell infektiösen Verdauungssaft vorzeitig ab.

Ebenso falsch ist der Versuch, die Zecke herauszudrehen. Stattdessen sollte man die Zecke vorsichtig hin und her bewegen – man kann sich das Stechorgan wie einen Wanddübel vorstellen-, bis sich die Widerhaken gelöst haben. Dann kann man die Zecke ohne Widerstand herausziehen. Klappt das einmal nicht, sollte man besser warten, bis die Zecke satt ist und von selbst herabfällt.

Bleibt der Kopf in der Wunde oder zerquetscht man die Zecke, führt das mit Sicherheit zur Entzündung der Bisswunde. Nur bei massivem Zeckenbefall wird ein Hund in seinem Wohlbefinden gestört, und man sollte mit ihm zum Tierarzt gehen. Denn in diesem Fall macht sich auch der Blutverlust bemerkbar.

Zeckenenzephalitis

Auch Hunde können an der von Zecken übertragenen Frühsommergehirnhautentzundung (FSME) erkranken. In Europa wurde diese Diagnose bisher nur bei sehr wenigen Tieren gestellt, zum Beispiel in der Schweiz und in Deutschland. Bekannte FSME-Gebiete sind zum Beispiel die Region um den Bodensee sowie das Oberrheingebiet.

Krankheitsbild: Die betroffenen Tiere zeigen neurologische Symptome wie Bewegungsstörungen, Anfälle, Krämpfe oder auch Fieber.

Die Zeckenenzephalitis führt zu so schweren Veränderungen, dass die Hunde in der Regel euthanasiert werden. Im deutschsprachigen Raum überlebte bisher erst ein einziger Hund – nach monatelanger Intensivtherapie an der Münchner Unitierklinik.

Prophylaxe: Vor der Zeckenenzephalitis kann man seinen Hund nicht schützen. Man kann jedoch die Zecken weitgehend fern halten oder gefährdete Gebiete meiden. In der Regel genügt es, dem Hund den Sommer über ein Zeckenhalsband umzulegen.

In Radolfzell hat man versucht, Hunde mit der Humanvakzine zu impfen. Die geimpften Hunde entwickelten einen hohen Antikörperspiegel gegen das Virusantigen. Nebenwirkungen traten bei diesen Patienten nicht auf.

Vermutlich könnte man seinen Hund mit dieser Impfung vor der Enzephalitis schützen; allerdings ist der Impfstoff für Hunde bisher nicht zugelassen. Zur Zeit laufen Untersuchungen mit dem beim Menschen besser verträglichen Baby-Impfstoff.

Zeckenhalsband und -prophylaxe

Bei der Auswahl des Zeckenhalsbandes sollte man sich von seinem Tierarzt beraten lassen, denn es bestehen zwischen den verschiedenen Halsbändern durchaus Unterschiede, vor allem in der Wirksamkeit.

Dabei richtet sich die Wahl des Halsbandes danach, wie sehr ein Hund zeckengefährdet ist. So wählt man beispielsweise für jagdlich geführte Hunde in der Regel ein sehr stark wirksames Produkt, das man jedoch nicht für einen Familienhund nehmen würde.

Zudem reagieren einige Hunde relativ empfindlich auf Antiparasitika. Viele der Zeckenhalsbänder sind aus diesen Gründen von vornherein verschreibungspflichtig.

Das Prinzip ist immer gleich, lediglich die Wirkstoffe unterscheiden sich. Das Plastikband enthält den Wirkstoffpuder. Wenn der Hund sich bewegt, erwärmt sich das Halsband.

Dadurch werden die Poren des Plastiks größer und es kann etwas Puder austreten. Dieser Puder vermischt sich mit dem Körperfettfilm und verteilt sich dadurch gleichmäßig über den ganzen Hund

Wer seinem Hund kein Zeckenhalsband umlegen will, kann auch eine gegen Zecken wirksame Flüssigkeit äußerlich anwenden, die so genannten Spot-on-Präparate. Man trägt sie im Nacken des Hundes auf, damit er das Medikament nicht abschlecken kann. Je nach Präparat wiederholt man diese Behandlung alle zwei bis drei Tage oder in größeren Abständen.

Die Wirkung eines speziellen Sprays, mit dem der ganze Hund eingesprüht wird, hält vier Wochen vor. Und schließlich gibt es auch noch Tabletten, die gegen Flöhe und Zecken wirken (z. B. den Wirkstoff Cythiat).

Zelltherapie

Per Injektion oder als Tropfen erhält der Patienten industriell bearbeitete Zellen (meist von ungeborenen Lämmern) unterschiedlicher Gewebe und Organe. Ziel dieser Therapie ist es, die Funktion von Organen wie Leber und Nieren zu unterstützen.

Zerbeißen von Gegenständen

Von neugierigen, zahnenden Junghunden abgesehen gibt es grundsätzlich zwei Motivationen, Gegenstände zu zerbeißen.

Entweder sie besitzen eine besondere Anziehungskraft für den Hund – vor allem Holz und Korbgeflecht – und werden nur deshalb mehr oder weniger aufgefressen. Man weiß, dass 80 Prozent der Hunde aus reiner Sympathie ihre Körbe kaputtknabbern.

Oder die Hunde sind frustriert, beispielsweise wenn sie ungern alleine bleiben oder sich schlicht langweilen, und reagieren sich an ihrer Umgebung ab. In diesem Fall muss man sich Gedanken machen, weshalb die Hunde dieses Verhalten zeigen und möglichst die auslösende Situation meiden bzw. den Hund langsam daran gewöhnen.

Zittern

Zittern, genauer Muskelzittern, betrifft meist den ganzen Körper, ist aber an den Beinen besonders auffällig. Ursachen dafür sind Kälte, Schwäche, beispielsweise nach körperlicher Anstrengung oder → **Übererregbarkeit**. Bei einigen Rassen wie Windhunden oder auch Rauhhaardackeln kommt es gehäuft vor.

Holz besitzt eine besondere Anziehungskraft für Hunde. In der Regel kein Grund zur Besorgnis.

Zoonose

→ Anthropozoonose

Zuckerkrankheit

→ Diabetes mellitus

Zwingerhusten

Die infektiöse Tracheobronchitis wird meist Zwingerhusten oder Kennel cough genannt. Diese Mischinfektion der Atemwege ist sehr ansteckend, wenngleich nicht lebensbedrohlich. Sie tritt meist im Herbst auf. Drei bis zehn Tage nach der Ansteckung – zum Beispiel bei einem Hundetreffen – fangen die Hunde an zu husten.

In der Regel erkranken Hunde, die nicht ganz gesund sind, die in Tierheimen, Kliniken oder im Zwinger einem hohen Infektionsdruck (Kindergarten-Phänomen) ausgesetzt sind oder unter ungünstigen Bedingungen gehalten werden. Nässe und Zugluft begünstigen eine Infektion.

Beteiligt sind meist das Hunde-Parainfluenzavirus, das Laryngotrachitisvirus (Entzündung von Kehlkopf und Luftröhre) sowie bakterielle Erreger wie *Bordetella bronchiseptica*. Dazu können im Einzelfall noch andere Errger stoßen, wie etwa das Staupevirus.

Krankheitsbild: Die Hunde plagt ein heftiger, trockener Husten. Sie würgen und bisweilen müssen sie sogar erbrechen. Die Erkrankung dauert eine bis drei Wochen.

Im Einzelfall kann sich nach einem anfänglich milden Verlauf eine Lungenentzündung entwickeln.

Sind die Hunde nicht geimpft, können sie das ganze Jahr über erkranken.

Zum typischen Husten können noch weitere Symptome wie Augen- und Nasenausfluss, Mandelentzündung sowie Fieber hinzukommen. Die Hunde haben beim Husten sichtlich Schmerzen und betroffene Welpen werden appetitlos und apathisch.

Therapie: Der Tierarzt kann die bakterielle Infektion mit Antibiotika behandeln sowie die Körperabwehr stimulieren. Außerdem kann er symptomatisch vorgehen, den Schleim lösen, das Abhusten erleichtern usw.

Um dem Hund die Atmung zu erleichtern, sollte man die Atemluft befeuchten. Je kleiner die Teilchen des Zerstäubernebels, desto größer ist der Effekt.

Zwitter

Die Geschlechtsdifferenzierung des ungeborenen Welpen ist nicht nur vom Vorhandensein des zweiten X-Chromosoms (Hündin) oder des Y-Chromosoms (Rüde) abhängig, sondern auch von Geschlechtshormonen.

Kommt es während der Trächtigkeit zu Hormonstörungen, können sich vielfältig missgebildete Welpen entwickeln, z. B. mehr oder weniger ausgeprägte Zwitter.

Die äußeren Geschlechtsorgane unterscheiden sich dann von den inneren Keimdrüsen. So kann ein Welpe Hoden, aber keinen ausgeprägten Penis besitzen, umgekehrt kann ein Welpe mit Eierstöcken eine penisähnliche Vorwölbung zeigen.

In der Regel wird man die Tiere kastrieren, um einer tumorösen Entartung der Keimdrüsen sowie Hormonstörungen vorzubeugen. Bei schweren Missbildungen, z. B. wenn der Harnabsatz unmöglich ist, sollte man den Welpen einschläfern.

Zyklus der Hündin

→ Läufigkeit

Husten darf man nicht auf die leichte Schulter nehmen.

Erste Hilfe

Die Kunst der Improvisation

Glücklicherweise kommt man in der Regel nicht in die schwierige Lage, Erste Hilfe auf Leben oder Tod leisten zu müssen. Als Laie fühlt man sich dabei natürlich überfordert, noch dazu, wenn es um den eigenen Hund geht. Amerikanische Tierärzte empfehlen daher sinnigerweise: »The first pulse to take is your own!« (Fühlen Sie als erstes Ihren eigenen Puls).

Weit häufiger sind es ganz andere, wenig dramatische Problemsituationen, die ein sofortiges Handeln erfordern und daher in den Erste-Hilfe-Anhang aufgenommen wurden. Hierbei kann es sich beispielsweise um eine fehlgedeckte Hündin oder einfach Nasenbluten handeln. Doch auch in solchen Situationen heißt es, Ruhe zu bewahren.

Daher kann man nur jedem interessierten Hundebesitzer empfehlen, einen Erste-Hilfe-Kurs für Hundefreunde zu besuchen, der bereits von einigen Hundeverbänden angeboten wird. So erlangt man die notwendige Sicherheit und ist für den Ernstfall bestens gerüstet. Daneben lernt man aber auch alltägliche Dinge wie das Verabreichen von Tabletten oder Augen- und Nasentropfen, wie man einen Pfotenverband korrekt polstert oder beispielsweise eine Operationsnarbe mit einem alten Kinder-T-Shirt sichert.

In wirklichen Notfällen sollte man den Hund fast ausnahmslos auf dem schnellsten Wege zum Tierarzt bringen, ohne das Tier vorab zu behandeln. Nur in wenigen Städten gibt es eine mobile Ambulanz, die zum Unfallort bzw. nach Hause kommt.

Denken Sie bei einem Verkehrsunfall daran, die Unfallstelle zu sichern!

Erstaunlicherweise überstehen Hunde leichtere Zusammenstöße mit Autos nicht selten unbeschadet. Sie überschlagen sich, bleiben einen Moment benommen liegen und stehen dann auf, als wäre nichts passiert. Doch besteht immer die Gefahr innerer Verletzungen! Sicherheitshalber sollte man ihn daher vom Tierarzt untersuchen lassen.

Hundebesitzer quält dabei häufig die Frage: »Was mache ich, wenn ich keinen Tierarzt erreichen kann?« Hier kann beruhigend angemerkt werden, dass Sie, solange Sie sich in der Zivilisation aufhalten, jederzeit einen Tierarzt erreichen können (siehe Kasten Tierärztlicher Notdienst). Im schlimmsten Fall müssen Sie etwas warten, bis ein anderer Notfall-Patient versorgt ist.

Auf Ausflügen hingegen könnte man schon einmal auf sich selbst gestellt sein. Daher versuchen die folgende Beispiele zu zeigen, wie man in kritischen Situationen vorgehen kann. Dies soll nur Ihre Kreativität und Ihr Selbstvertrauen in den gesunden Menschenverstand anregen, eine wirkliche Gebrauchsanweisung für Notfälle kann es nicht geben.

Auch bei Unfällen, in die Tiere verwickelt sind, ist das oberste Prinzip, einen kühlen Kopf zu bewahren und die Unfallstelle abzusichern.

Denn jeder Fall liegt ein bisschen anders, zum einen medizinisch, aber vor allem auch, was die äußeren Umstände anbelangt.

Eines muss man ganz klar sehen: Es besteht immer die Möglichkeit, dass Sie in bestem Bemühen doch etwas falsch machen.

Aber wenn wirklich kein Tierarzt oder medizinisch Geschulter zu erreichen ist, sollten Sie es versuchen. Aber eben nur dann!

Tipps zur Benutzung

- Bei Stichworten, die im Buch ausführlicher behandelt werden, finden Sie einen Verweis auf die entsprechende Seite.
- Nicht immer wird Ihnen das fettgedruckte Stichwort naheliegend erscheinen. Nehmen Sie daher einen Farbstift und markieren Sie im Text die Stichworte, nach denen Sie im Ernstfall als erstes suchen würden.

Tierärztlicher Notdienst

Meist wechseln sich benachbarte Tierärzte reihum im Nacht- und Wochenenddienst ab. Ihr Haustierarzt wird die Nummer des diensthabenden Kollegen auf den Anrufbeantworter sprechen, so dass Sie die Nummer jederzeit abfragen können. Dennoch ist es empfehlenswert, sich von seinem Haustierarzt vorsorglich eine Liste aller am Notdienst beteiligten Tierärzte mit Adressen und Telefonnummern (Handy/Natel) geben zu lassen. In großen Städten gibt es eine mobile Tierrettung.

Um ganz sicher zu gehen, überprüfen Sie rechtzeitig, ob Sie alle Adressen im Notfall finden würden. Andernfalls sollten Sie die Tierärzte im Stadtplan einzeichnen oder bei Gelegenheit einmal vorbeifahren. Außerdem sollte man die Adresse der nächsten Tierklinik parat haben, falls spezielle Untersuchungen oder eine Intensivtherapie notwendig sein sollten. Die Adressen der Universitätskliniken finden Sie im Anhang auf den Seiten 310 bis 312.

Gleiches gilt für den Urlaub. Auch am Ferienort sollte man sich sofort nach den Tierärzten vor Ort und deren Sprechzeiten erkundigen. Wenn möglich, erfragen Sie auch, welcher Tierarzt sich auf Kleintiere spezialisiert hat.

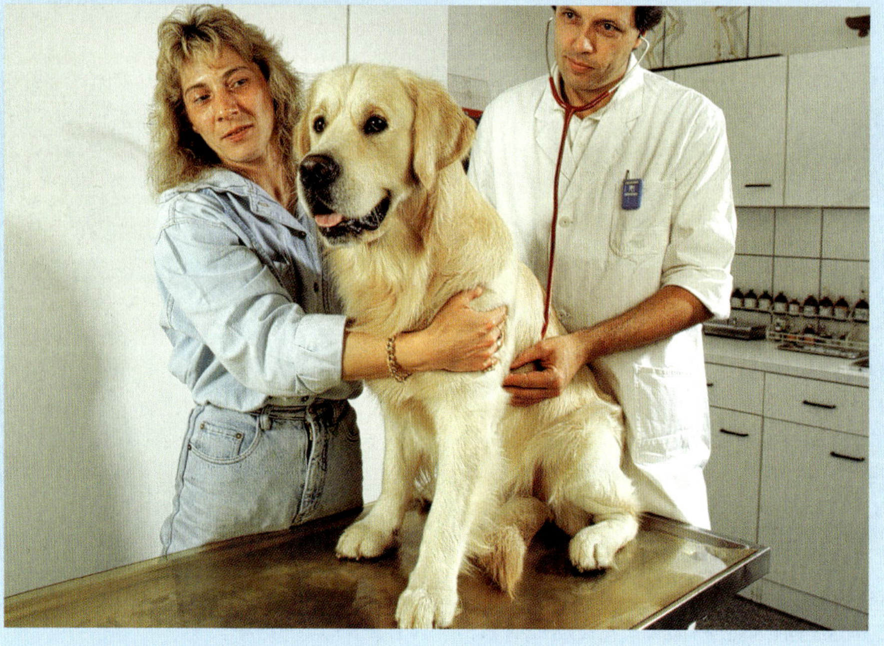

Transport

Die wichtigste und durchaus schwierige Aufgabe besteht darin, den Hund schnell und vorsichtig in die nächste Tierarztpraxis zu bringen. Entscheidend dabei ist, wie man einen Hund anfasst und ins Auto bringt, ohne dass Mensch oder Hund zusätzlich Schaden nehmen.

Transport eines kranken Hundes

- **Leichtere Verletzungen, Vergiftung etc.:** Wenn der Hund sich beispielsweise eine Pfote verletzt oder etwas Gefährliches gefressen hat, kann man ihn ganz normal anfassen und, falls er nicht mehr laufen kann, ins Auto tragen.
- **Autounfall:** Wird ein Hund angefahren, ist die Situation schwieriger. Nicht selten laufen auch verletzte Hunde weg, da sie unter Schock keine Schmerzen spüren. Daher sollte ein Unfallhund immer sofort vom Tierarzt untersucht werden, auch wenn man ihm äußerlich gar nichts ansieht.

Verletzte Hunde sind oft nicht bei Bewusstsein oder stehen unter Schock. Das bedeutet, dass selbst der eigene, gutmütige Hund anders reagiert und eventuell zuschnappen kann. Man sollte also extrem vorsichtig sein und dem Hund eventuell die Schnauze zubinden. Wenn Sie sich einem verletzten Tier nähern, gehen Sie am besten wie folgt vor:

Halten Sie beim Transport des verletzten Tieres die beiden unten liegenden Beine fest.

Nur kleine Hunde können auf diese Art transportiert werden. Bei größeren Rassen ist eine feste Transportunterlage unerlässlich.

1. Sprechen Sie beruhigend auf das Tier ein, während Sie sich ihm nähern. Meist kann man schon aus der Entfernung sehen, ob das Tier größere Verletzungen hat oder in einer ungewöhnlichen Körperhaltung liegt oder steht.

2. Kommt man an den Hund heran, bindet man entweder die Schnauze zu oder fasst ihn an der Nackenhaut. Kleinere Hunde kann man auch in eine Decke einwickeln, damit sie nicht zubeißen können. Denn oberstes Gebot ist, dass die Helfer nicht auch noch verletzt werden und dass der Zustand des Hundes nicht verschlechtert wird.

3. Große Hunde sollte man nie alleine tragen, das geht meist nicht gut. Da man in der Regel nicht weiß, was dem Tier fehlt, empfiehlt sich eine feste Transportunterlage, z. B. ein Pappkarton (falls Läden in der Nähe sind) oder die Kofferraumabdeckung des Autos. Notfalls eignet sich auch eine mehrfach gefaltete Decke.

Man bildet Hautfalten im Nacken und über der Kruppe und zieht den Hund dann mit beiden Händen in Seitenlage auf diese provisorische Bahre. So kann man ihn ins Auto tragen.

Er darf während der Fahrt nicht ins Rutschen geraten, daher muss man ihn gut mit Kleidungsstücken abpolstern. Vorsichtig fahren!

Maul-Zubinden

1. Formen Sie aus einer Mull- oder elastischen Binde eine Schlinge und ziehen Sie diese nicht ganz zu. Die Hundeschnauze soll mindestens zweimal hineinpassen.

2. Stellen Sie sich vor, neben bzw. hinter den Hund und streifen Sie ihm die Schlin-

Tipp

Bei einem verletzten Hund sollte das Maul nicht zulange zugebunden bleiben, da dies die Atmung behindern kann.

Die Schleife lässt sich mit einem Ruck aufziehen und die Binde über die Nase abziehen.

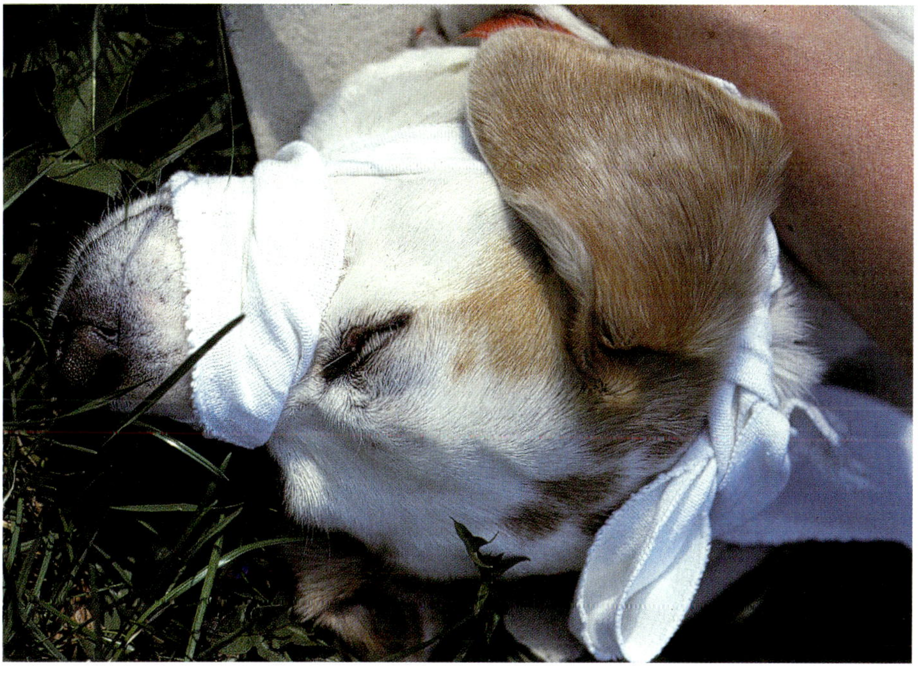

Um eine Verletzungsgefahr für die Helfer auszuschließen, sollte das Maul mit einer Mullbinde zugebunden werden. Die Binde wird mit einer Schleife, die sich schnell wieder öffnen lässt, im Nacken befestigt.

ge über die Schnauze. Ziehen Sie diese mit einem Ruck fest zu.

3. Dann führen Sie die Mullenden unter den Ohren in den Nacken und machen dort eine feste Schleife.

Lebloser Patient

Wirkt ein Hund völlig leblos, ist als erstes zu überprüfen, ob er noch Lebenszeichen von sich gibt:

1. Atmung: Beobachten Sie den Brustkorb. Bewegt er sich, lebt der Hund noch. Sind Sie sich unsicher, so halten Sie einen Spiegel vor die Nasenlöcher. Beschlägt der Spiegel, atmet der Hund.

2. Puls: Anders als beim Menschen fühlt man beim Hund den Puls an der Oberschenkelarterie, die man an der Innenseite der Oberschenkel ertasten kann. Den Herzschlag kann man spüren, wenn man die flache Hand links auf den Brustkorb legt.

3. Pupillenreflex: Leuchtet man dem Hund mit der Taschenlampe ins Auge, so verengen sich die Pupillen normalerweise. Bleiben sie weit geöffnet, lebt der Hund wahrscheinlich nicht mehr.

Verlieren Sie keine Zeit. Bewegt sich der Hund nicht mehr oder ist bewusstlos, muss er sofort zum nächsten Tierarzt gebracht werden.

Sind die Pupillen hingegen enggestellt bzw. verengen sich, sollte man sofort mit den Wiederbelebungsmaßnahmen beginnen – sofern man dies in einem Erste-Hilfe-Kurs gelernt hat.

Bewegt sich der Hund nicht mehr oder ist bewusstlos, sollte man ihn direkt zum Tierarzt bringen. Der Hund muss dringend Infusionen sowie lebensrettende Medikamente erhalten.

Allenfalls eine lebensbedrohlich stark blutende Wunde sollte man vor Ort versorgen. Im Übrigen geht es am Unfallort in erster Linie darum, keine unnötige Zeit zu verlieren.

Augenverletzung

Bei Augenverletzungen ist es besonders wichtig, Berührungen des Auges, wenn es irgendwie geht zu vermeiden. Fahren Sie mit dem verletzten Tier sofort zum nächsten Tierarzt!

Befinden sich Fremdkörper wie z. B. Grannen oder Schmutz im Auge, kann man versuchen, das Auge mit lauwarmem Wasser auszuspülen.

Hat der Augapfel bei einem Augapfelvorfall keinen Halt mehr, schützt man ihn auf dem Transport mit einem nassen, sauberen Tuch, das man wie eine Augenklappe verwendet.

Bissverletzung

Bei Bissverletzungen spielt es eine Rolle, ob Hunde richtig raufen. Solange sie in Rage sind, ist ihr Schmerzempfinden vermindert. Erst nach dem Kampf kommen die Schmerzen. Bei diesen Verletzungen besteht immer Infektionsgefahr – kein Hundegebiss ist keimfrei – und sie müssen daher vom Tierarzt versorgt werden. Auf den ersten Blick sieht man oft nur einen Zahnabdruck, es gibt jedoch immer einen Gegenbiss, den man suchen sollte.

Blutet die Wunde anfangs stark, ist das besser, als wenn alle Keime darin bleiben. Normalerweise spült man allenfalls mit sauberem Wasser den Straßenschmutz ab und lässt den Hund möglichst bald vom Tierarzt fachgerecht versorgen.

Hundegebisse sind nie keimfrei, daher besteht nach Raufereien die Gefahr einer Infektion.

Versorgung eines Bruches

Denken Sie daran: (Bein-)Brüche sind ausgesprochen schmerzhaft. Meist pendeln die gebrochene Pfote oder der Unterschenkel wie bei einer Marionettenfigur. Manchmal fällt auch nur die unnatürliche Haltung auf.

Für den Transport kann man das verletzte Bein auf ein Daunenkissen oder eine Decke legen, um es zu stützen. Dann erst hebt man den Hund hoch.

Oberschenkelbrüche werden durch die Muskulatur stabilisiert, der Schenkel ist geschwollen und wird beim Gehen nicht belastet.

Ungewollter Deckakt

Egal, ob Sie den ungewollten Deckakt beobachtet haben oder ob Ihre läufige Hündin ohne Aufsicht spazieren war: Gehen Sie sofort mit ihr zum Tierarzt. Er wird die Hündin untersuchen und Sie dann in aller Ruhe beraten.

Wenn Sie keine guten Plätze für – je nach Rasse und Größe der Hündin – bis zu einem Dutzend Welpen wissen, kann der Tierarzt die Trächtigkeit noch abblocken.

Beginnt er innerhalb der ersten drei Tage eine Hormonbehandlung mit Östrogen, lässt sich die Einnistung des befruchteten Eis und damit die Trächtigkeit verhindern.

Aber auch wenn der Ferienhundesitter erst bei Ihrer Heimkehr mit einiger Verspätung berichtet, dass Ihre Hündin Herrenbesuch hatte, kann der Tierarzt noch etwas tun. Mit Prostaglandin-Injektionen lässt sich der Gelbkörper auflösen und damit eine beginnende Trächtigkeit abbrechen.

Elektrischer Schlag

Hin und wieder beißen Welpen Kabel durch. Häufig kommen sie mit → **Verbrennungen** im Maulbereich davon. Zuckt der Hund jedoch oder liegt bewusstlos da, gehen Sie wie folgt vor:

1. Unbedingt als erstes den Stromkreis unterbrechen (Sicherung herausdrehen, Kabelstecker ziehen).
2. Erst dann den Hund berühren.
3. Schlägt das Herz noch, bringen Sie den Hund sofort zum Tierarzt. Schlägt das Herz nicht mehr, können Sie eine → **Wiederbelebung** nach dem ABC der Ersten Hilfe versuchen.

Epileptiforme Anfälle

Krampfanfälle kommen gar nicht so selten vor und wirken auf den Betrachter ausgesprochen beängstigend. In der Regel dauern sie Sekunden oder wenige Minuten, in denen man unbedingt beim Hund bleiben sollte.

Wenn er noch ansprechbar ist, kann man beruhigend auf ihn einreden. Wenn er es mag, kann man ihn sogar streicheln. Ist der Hund nicht mehr ansprechbar, sollte man darauf achten, dass er sich während des Anfalls nicht selbst verletzt.

Anschließend sind die Hunde völlig erschöpft, manchmal auch hungrig und/ oder durstig. Sie sollten jedoch erst etwas zu sich nehmen, wenn sie wieder voll bei Bewusstsein sind.

Behalten Sie den Hund weiter im Auge, wenn Sie nun den Tierarzt anrufen. Er wird Ihnen sagen, ob Sie gleich vorbeikommen sollen oder erst dann, wenn der Hund sich erholt hat.

Erfrierungen

Kurzhaarigen Rassen können sich bei strengem Frost Erfrierugen an den Körperspitzen (Ohren, Rute, Hodensack oder Pfotenballen) zuziehen. Bei hellen Tieren erscheinen die betroffenen Regionen blass, da sich die Blutgefäße hier völlig schließen. Oft schlecken die Hunde auch ausgiebig die gefühllos gewordenen Stellen. Ebenfalls ein Anzeichen dafür, dass etwas nicht in Ordnung ist. Durch Massage oder ein warmes Bad kann man die Durchblutung vor Ort fördern und damit bleibende Schäden verhindern. Vom bisweilen empfohlenen Haarföhn rate ich ab, es besteht die Gefahr einer Verbrennung.

Bei Erfrierungserscheinungen hilft eine Massage oder ein warmes Bad.

Ertrinken

Vor allem geländeunerfahrene Hunde können absichtlich oder durch Fall in gefährliche Gewässer geraten. Hier gilt es für den Hundebesitzer, einen kühlen Kopf zu bewahren. **Man hat keine Chance, den Hund zu retten, indem man sich selbst in die Fluten stürzt. Schon viele hilfsbereite Rettungswillige sind selbst ertrunken.**

Oft kommt jede Hilfe zu spät. Sollte es ein Hund mit oder ohne fremde Hilfe bis ans Ufer schaffen, gehen Sie wie folgt vor:

1. Heben Sie den Hund hinten an, damit das Wasser aus den Lungen ablaufen kann. Atmet der Hund und ist bei Bewusstsein, verfahren Sie wie in Punkt 3 beschrieben.

2. Atmet der Hund nicht mehr, kann man eine → **Wiederbelebung** nach dem ABC der Ersten Hilfe versuchen: Mund-zu-Mund-Beatmung und Herzmassage.

3. Rubbeln Sie den Hund trocken und halten Sie ihn anschließend mit allem warm, was verfügbar ist. Er leidet mit Sicherheit an Unterkühlung.

4. Der Hund braucht nun möglichst schnell eine Schockbehandlung, also Infusionen und eventuell Kortison.

Wenn möglich, sollte der Hund nicht laufen. Holen Sie also besser Hilfe zum Unfallort. Kleine Hunde kann man auch tragen, allerdings dürfen die Atemwege dabei nicht eingeengt werden.

Wenn kein Tierarzt zu erreichen ist, kann jeder medizinisch Ausgebildete – wie z. B. die Bergwacht – dem Hund eine Infusionsflüssigkeit zumindestens unter die Haut spritzen. Das wirkt zwar nicht so schnell wie eine Infusion in die Vene, aber besser als nichts ist es auf jeden Fall.

Zusätzlich können Sie den Ohrgrund des Hundes mit kreisenden Bewegungen massieren. Hier liegen Reflexpunkte für das Atem- und Kreislaufzentrum.

Fremdkörper

(→ auch Seite 85)
Hat der Hund etwas verschluckt, was im Kehlbereich steckt und die Atmung behindert – beispielsweise einen Ball – sollte man sofort versuchen, den Gegenstand mit der Hand herauszuziehen.

Dabei kann man eventuell mit einem Holzklotz den Kiefer aufsperren. Gelingt es nicht, den Gegenstand auf diese Weise aus dem Kehlbereich zu entfernen, nehmen Sie die Hinterbeine des Hundes hoch. Vielleicht rutscht der Gegenstand dabei zurück in die Maulhöhle. Mehr kann man in einer solchen Situation nicht tun. Suchen Sie sofort den Tierarzt auf.

Insektenstich

(siehe auch Seite 134)
Wenn Hunde im Spiel nach Bienen oder Wespen schnappen, können sie in die Maulschleimhaut oder in die Zunge gestochen werden. Das empfindliche Gewebe schwillt sehr schnell an, so dass der Hund Atem- und Schluckbeschwerden bekommen kann.

Schon beim alleinigen Verdacht, dass der Hund von einer Biene oder Wespe ins Maul gestochen worden sein könnte, sollte man mit ihm schleunigst zum Tierarzt gehen.

Befinden Sie sich fernab der Zivilisation, können Sie versuchen, durch Eis oder eiskaltes Wasser die Schwellung etwas abzumildern. Das kann ein Stangerleis vom Kiosk oder ein Stück Naturgletscher sein, Hauptsache der Hund lutscht es.

Auch ein kortisonhaltiges Asthmatikerspray kann helfen, falls einer in Ihrer Familie ein solches immer mit sich führt. Denken Sie daran: Erste Hilfe ist letztendlich auch die Kunst der Improvisation.

In allen anderen Fällen genügt ein kalter Umschlag auf die Stichstelle. Bisweilen sind die Stiche recht schmerzhaft. Man kann versuchen, den Stachel vorsichtig herauzuziehen. Eine Insektenstichallergie ist bei Hunden extrem selten (siehe auch Schwächeanfall).

Nasenbluten

(→ auch Seite 186)
Hat sich der Hund die Nase nur angestoßen, genügt es oft schon, wenn er sich einige Minuten nicht bewegt, sondern ruhig sitzt. So kommt die Blutung am schnellsten zum Stillstand.

Eventuell kann man auch aus einem Papiertaschentuch Tampons drehen, in die Nasenlöcher stecken und so den Blutfluss mindern.

Kühle Umschläge im Nacken sorgen dafür, dass sich die Gefäße zusammenziehen und unterstützen dadurch die Besserung.

Blutet ein Hund trotz Ruhe nach einer Viertelstunde immer noch sehr stark, sollte man mit ihm zum Tierarzt fahren.

Ohrverletzungen

Vor allem Hunde mit schweren Hängeohren, wie z. B. Cocker Spaniels, neigen zu Ohrverletzungen. Bei kleineren Wunden klebt man einfach ein Pflaster darüber, am besten mitten über den Ohrrand.

Der Hund wird versuchen den Kopf zu schütteln, das ist ganz normal, verhindert aber den Stillstand einer etwaigen Blutung. Versuchen Sie daher, den Hund abzulenken.

Blutet ein Ohr stark, bleibt nichts anderes übrig, als den ganzen Kopf einzuwickeln. Meist genügt ein Handtuch. Dauert der Transport zum Tierarzt jedoch länger, muss man einen richtigen Verband anlegen. Dazu unterpolstert man die Ohren mit Watte und schlägt sie dann in Richtung Scheitel hoch. Anschließend wird der Kopf mit einer Binde umwickelt.

Hierfür braucht man allerdings Hilfe. Allein sollte man es erst gar nicht versuchen. Auf der Fahrt zum Tierarzt muss man dafür sorgen, dass der Hund den Verband nicht sofort wieder entfernt.

Pfotenverband

(→ auch Seite 205)
Eine offene Wunde deckt man mit einem Tupfer, Gaze oder notfalls mit einem sauberen Baumwolltaschentuch ab. Wichtig ist es, zwischen die Zehen Watte zu polstern, da es sonst zu Druckschäden kommt.

Erst dann umwickelt man die verletzte Pfote mit einer elastischen Binde – nicht zu fest, die Pfote kann noch anschwellen.

Fragen Sie Ihren Tierarzt nach der Tetanusimpfung. Nicht nur in der Nähe von Pferdeställen kann sich ein Hund über offene Wunden infizieren.

Röcheln – Rückwärtsniesen – Atemnot

(Rückwärtsniesen, → Seite 216)
Röchelnde Geräusche führen normalerweise nicht zu Atemnot. Einige Hunde schlucken jedoch nicht ab und bekommen dann keine Luft mehr. Sie strecken den Nacken und die Augen quellen hervor. In diesem Fall muss man den Hals im Kehlkopfbereich massieren, um den Schluckreflex auszulösen.

Schnittverletzungen

Schnittverletzungen ziehen Hunde sich vorwiegend im Freien zu, meist an Ballen und Pfoten, aber auch an der Schnauze. Sie laufen durch Glasscherben, über die Verschlüsse von Aludosen oder schnüffeln daran.

Viele Schnittverletzungen bluten stark und sollten daher genäht werden. Der Schmerz ist bei Schnittwunden am Anfang relativ gering, es sei denn, die Wunde wurde gleichzeitig gequetscht. Da Schnauze und Pfoten aber besonders schmerzempfindlich sind, können die Hunde schon eine deutliche Reaktion zeigen.

Eine stark verdreckte Wunde säubert man, indem man kaltes Wasser darüber schüttet. Anschließend drückt man ein Tempotaschentuch (Innenseite auf die Wunde) oder einen sterilen Tupfer aus der Haus- oder Autoapotheke auf den Schnitt. Stecken Glasscherben, ein Nagel oder ein Holzstück in der Wunde, sollte man sie nicht herausziehen. Das überlässt man besser dem Tierarzt.

Blutende Wunden verbindet man provisorisch mit sterilem Verbandsmaterial oder beispielsweise mit frischen, nicht fusselnden Handtüchern.

Im günstigsten Fall kann eine Wunde innerhalb von einer knappen Woche heilen. Das tut sie jedoch nicht, wenn die Wundränder nicht aneinander liegen, wenn sie geschädigt sind oder wenn die Wunde infiziert ist. Die Heilung braucht dann länger.

Die Wunde sollte man ruhigstellen, ein Verband schützt sie vor weiteren Schädigungen. Nach drei bis fünf Tagen wechselt der Tierarzt in der Regel das erste Mal den Verband. Salben verwendet man meist erst in einem späteren Heilungsstadium, Antibiotika gegen die Infektion mit Schmutzkeimen verabreicht der Tierarzt fast immer per Injektion.

Verletzte Schlagader

Wenn die Wunde fontänenartig im Pulsschlag blutet, muss man ein Bein notfalls kurz abbinden. Man legt hierzu die Binde körperwärts direkt über der Wunde an.

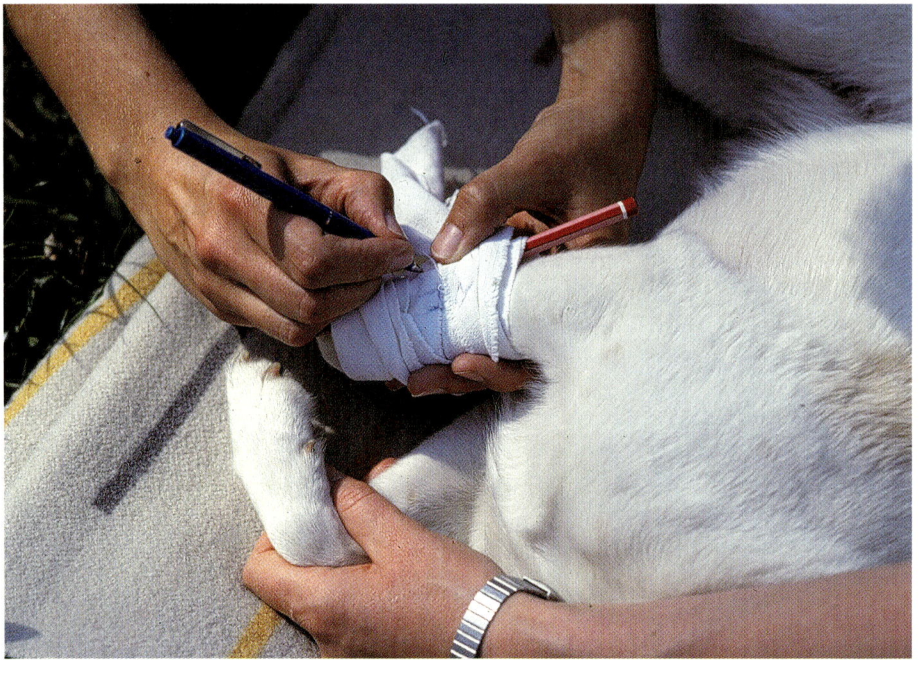

Rechts: Muss das Bein wegen starker Blutungen abgebunden werden, notieren Sie den Zeitpunkt, an dem der Verband angelegt wurde.

Dieser Verband darf maximal 15 Minuten liegen bleiben, sonst kommt es zur bleibenden Schädigung des nicht mehr durchbluteten Gewebes. Daher sollte man die Startzeit immer mit einem wasserfesten Stift auf den Verband schreiben.

Weniger gefährlich ist ein Druckverband. Wenn man keine Kompressen dabei hat, kann man stattdessen auch Hand- und Taschentücher oder andere Textilien wie Hemd oder Bluse verwenden.

Schlangenbiss

Giftschlangenbisse sind sehr selten. Infrage kommen bei uns die Kreuzotter (Vipera berus), eventuell noch die Aspisviper (Vipera aspis). In europäischen Nachbarländern leben weitere Vipernarten. Die Giftzusammensetzung der Vipern ist ähnlich und für Hunde in der Regel nicht tödlich.

Wenn man als Besitzer den Biss sieht, wird man schnellstmöglich zum Tierarzt fahren, ohne selbst irgendetwas zu tun. Also weder die Wunde aussaugen noch das Bein abbinden!

Innerhalb der ersten 10 Stunden kann der Tierarzt polivalentes Antiserum spritzen.

Im Übrigen wird er eine Schockbehandlung durchführen und den Hund antibiotisch versorgen. Mindestens für die ersten drei Stunden sollte der Hund unter tierärztlicher Überwachung bleiben, da Kreislaufprobleme auftreten können.

Der Hund sollte ruhig liegen, das betroffene Bein kühlt man mit Umschlägen.

Allerdings weiß man als Besitzer oft nicht, was passiert ist, und geht erst zum Tierarzt, wenn sich die Wunde massiv entzündet hat.

Dann ist die Prognose mit Vorsicht zu stellen. Wenn Hunde an einem Schlangenbiss sterben, dann meist nicht wegen des Giftes, sondern wegen der Wundinfektion.

Schwanzverletzungen

Verletzungen der Rute sind gar nicht so selten. Sie kann von der Auto- oder Zimmertür eingeklemmt werden, der Hund wedelt mit Schwung gegen eine Tischkante oder er gerät in eine Rauferei.

Sollte es stark bluten, kann man die Rute bis zu einer halben Stunde abbinden. Dabei muss die Stelle besonders gut gepolstert werden, um Gefäße und Nerven möglichst nicht zu quetschen (Uhrzeit notieren).

Schwächeanfall – Schock – Kollaps

Im Gegensatz zu einem dramatischen Autounfall oder einer Vergiftung, wo man als Besitzer wenig machen kann, muss man beispielsweise bei bewusstlosen Hunden wirklich Erste Hilfe leisten, es sei denn, der Tierarzt wohnt um die Ecke.

Anschließend wird man den Hund auf schnellstem Wege in die Praxis bringen, damit der Tierarzt ihn weiterversorgen kann. Auch hier sollte man darauf achten, selbst nicht gebissen zu werden und den Zustand des Hundes nicht zu verschlechtern.

Der Hund kann nicht mehr stehen oder gehen. Er atmet schwer, manchmal nur noch stoßweise. Sein Bewusstsein ist reduziert, er hört nichts und ist nicht mehr ansprechbar. Dann sollte man sofort Erste Hilfe leisten – nach dem ABC der ersten Hilfe (Seite 305).

Verschiedene Probleme können einen Schwächeanfall des Hundes verursachen. Im Sommer kann Hitze (→ **Sonnenstich**) zu einem Kreislaufkollaps führen. Auch infolge einer Herzerkrankung oder durch Unterzuckerung bei Diabetes kann ein Hund einen Schwächeanfall, bei einer Allergie eventuell auch einen Schock erleiden.

Sonnenstich

Direkte Sonneneinstrahlung führt zu einem Kreislaufversagen. Der Hund zittert, erbricht oder wird sogar bewusstlos. Kommt es zusätzlich zum Hitzestau (Hund im Auto), erleidet er einen Hitzschlag. Der Hund verliert das Bewusstsein, hat Krämpfe und Atemnot.

In diesem Fall bringt man den Hund sofort in den Schatten. Auf kühlem Boden kann er zudem über die Haut Wärme abgeben.
Ist er bei Bewusstsein, bietet man ihm Wasser zu trinken an.

Ist er hingegen nicht mehr bei Bewusstsein oder krampft, besteht akute Lebensgefahr. Der Hund muss auf schnellstem Wege zum Tierarzt gebracht werden.

Auf der Fahrt sollte man alle Fenster aufreißen und dem Hund Luft zufächeln. Befindet sich Trinkbares im Auto, kann man mit Papiertaschentüchern kalte Kompressen für Stirn und Nacken machen.

Zur Abkühlung fächelt man dem Kopf frische Luft zu und macht kalte Umschläge um die Beine. Auch nasse Tücher auf der Stirn und im Nacken helfen. Beruhigt sich die Atmung, wirkt der Hund lebhafter. Es besteht nun wahrscheinlich keine akute Gefahr mehr.

Bekommt der Hund hingegen Krämpfe und verschlimmert sich die Atemnot, besteht akute Lebensgefahr. Der Hund muss so schnell wie möglich zum Tierarzt.

Stichverletzungen

Messer, Glas und Draht können beispielsweise sowohl Schnitt- als auch Stichwunden verursachen.

Während Schnitte stark bluten und daher kaum zu übersehen sind, bleiben Stichverletzungen dem Besitzer nicht selten verborgen. Zumindest anfänglich gelangen Keime in die Stichwunde, die Wunde bricht wieder auf und eitert.

Geht der Stich so tief, dass darunter liegende Organe verletzt wurden, kann dies zu inneren Blutungen oder Verklebungen führen. Deshalb sollte man, wenn eine solche Verletzung bemerkt wird, immer vom Tierarzt die Tiefe und damit das Ausmaß der Verletzung überprüfen lassen.

Unterzucker – Diabetes mellitus

(→ auch Seite 58)

Wenn der Diabetes-Hund plötzlich unsicher wird und schwankend geht, müssen Sie sofort versuchen, ihm in irgendeiner Form Zucker einzuflößen.

Als erstes bieten Sie ihm Futter an. Nimmt er nichts an, dann geben Sie ihm konzentriert Süßes. Hier bietet sich Traubenzuckerlösung oder Honig an, welches Sie ihm vorsichtig mit einem Teelöffel oder in einer Plastikspritze verabreichen. Verweigert der Hund auch dies, müssen Sie ihn sofort zum Tierarzt bringen. Nimmt er die Traubenzuckerlösung oder den Honig an, rufen Sie den Tierarzt an und berichten Sie ihm von der Unterzuckerattacke. Er wird alles Weitere mit Ihnen besprechen.

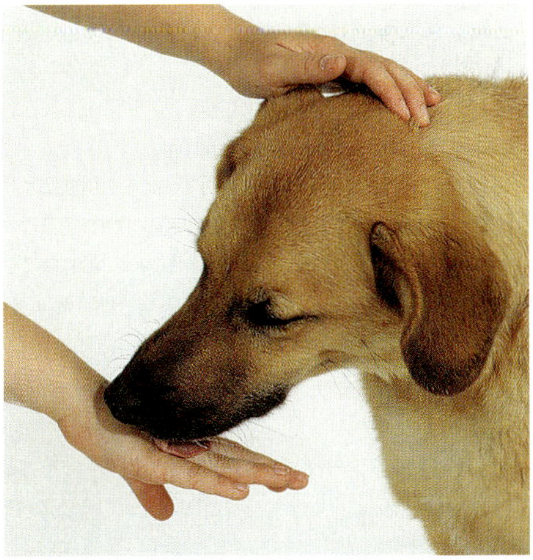

Alternativ kann man den Honig (Zucker) auch zum Ablecken auf die Hand geben.

Verbrennungen und Verätzungen

Verbrennungen:

Die Hundehaut reagiert mit Rötung und Brandblasen. Beißen Hunde ein Stromkabel durch, zeigen sie an beiden Lefzenwinkeln Verbrennungen.

1. Kühlen der verbrannten Haut – nur mit kaltem Leitungswasser, keine Brandsalben oder -gels auftragen.

2. Sofort zum Tierarzt, ihm überlässt man alles weitere. Bei größeren Verbrennungen kann der Hund unter Schock stehen und braucht eine Intensivbehandlung, vor allem Flüssigkeit über den Tropf.

Verätzungen:

Verätzungen durch Aufnahme giftiger Substanzen entsprechen in ihrer Wirkung einer Verbrennung.

1. Maul mit Leitungswasser spülen, Trinkwasser anbieten, um das aufgenommene Gift zu verdünnen.

2. Den Tierarzt anrufen.

3. Sofort mit dem Hund zum Tierarzt. Vergessen Sie nicht, etwas von der aufgenommenen giftigen Chemikalie mitzunehmen, um es dem Tierarzt zu zeigen.

Vergiftungen

(→ auch Seite 264)

Vergiftungen sind bei Hunden selten. Wenn man jedoch beobachtet hat, dass der Hund etwas Giftiges gefressen oder sich darin gewälzt hat, sollte man sofort mit dem Hund zum Tierarzt fahren. Kündigen Sie den Hund telefonisch an, damit der Tierarzt alles vorbereiten und eventuell einen Giftspezialisten anrufen kann. Außerdem wird er Ihnen sagen, ob Sie vor Ort schon etwas tun können.

Haben Sie beobachtet, dass Ihr Hund eine giftige Substanz aufgenommen hat, verfahren Sie wie folgt:

1. Giftaufnahme beenden! Man entfernt das Gift oder zieht den Hund zur Seite.

2. Gift mit Wasser verdünnen: Eventuell kann man die Lefzen und die Maulhöhle mit lauwarmem Wasser spülen, bei schäumenden Substanzen wie Putzmitteln ist das nicht ratsam!

3. Keine Milch! Sie kann die Giftwirkung verstärken. Ihr Fettgehalt kann dazu führen, dass die Gifte besser vom Körper aufgenommen werden. Wenn der Hund trinken möchte, kann er Wasser haben. Sonst nichts!

4. Rufen Sie den Tierarzt an.

5. Fahren Sie mit Hund und Giftprobe zur Praxis

Wiederbelebung: ABC der Ersten Hilfe

A für Atemwege frei machen

1. Die Zunge möglichst weit aus dem Maul herausziehen. Hat der Hund sich erbrochen, reinigt man die Maulhöhle.

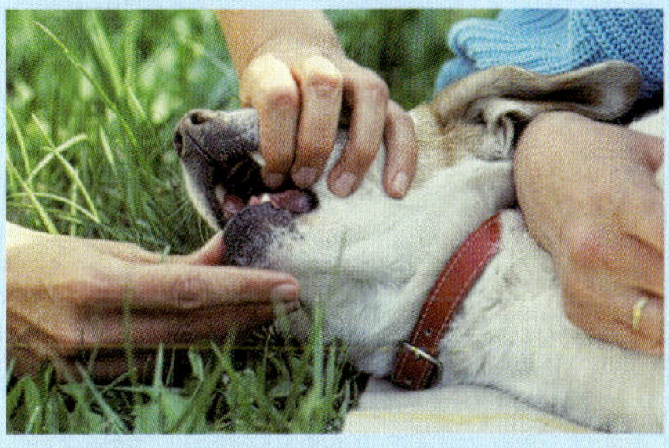

2. Den Hund in Seitenlage lagern. Der Kopf sollte dabei etwas tiefer zu liegen kommen als der Rumpf. So wird das Gehirn besser durchblutet.

B für Beatmung

Wenn der Hund aufhört zu atmen, kann man eine Mund-zu-Mund-Beatmung durchführen. Tief einatmen, und dem Hund die Ausatmungsluft in die Nasenlöcher pusten.

C für Circulation (= Kreislauf)

Schlägt das Herz nicht mehr, kann man eine Herzmassage anwenden. Dazu drückt man kurz und rhythmisch in der Herzgegend auf den Brustkorb: Drücken – Pause – Drücken – Pause.

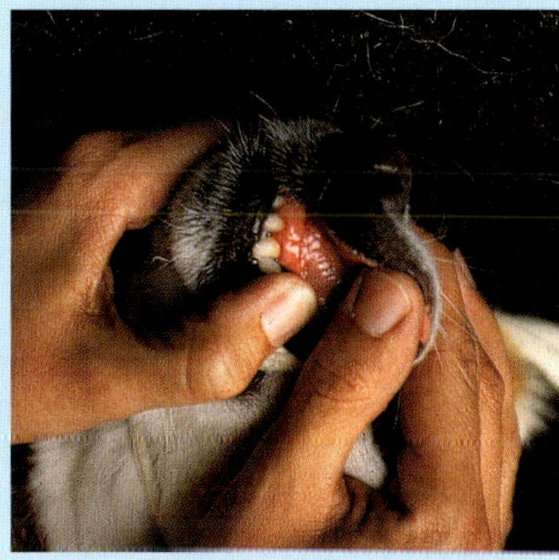

Schockprobe: Drücken Sie fest auf das Zahnfleisch. Wenn sich die weiße Druckstelle innerhalb von zwei Sekunden wieder rot färbt, arbeitet der Kreislauf normal.

Das gehört in einen Erste-Hilfe-Koffer:

- Wund- und Heilsalbe
- Einmalrasierer
- Elastische Binden
- Selbstklebende Gaze
- Klebeband/Isolierband
- Mehrere saubere Tupfer/Kompressen
- Thermometer
- Verbandsschere
- Mehrere Verbandspäckchen
- Watte (1 Packung, keine Watteballchen!)
- Hautdesinfektionsmittel
- Zeckenzange
- Maulkorb
- Kleine Socken/Hundeverbandsschuh
- Einmalhandschuhe

Glossar

Abkürzungen

ADH	Anti-Diuretisches Hormon
CEA	Collie-Auge-Anomalie
CT	Computertomographie
ED	Ellbogendysplasie
EKG	Elektrokardiogramm
HD	Hüftgelenksdysplasie
HHL	Hypophysenhinterlappen
HVL	Hypophysenvorderlappen
PRA	progressive Retina-Atrophie (Netzhautschwund)
SHL + P	Impfung gegen Staupe, Hepatitis, Leptospirose und Parvovirose
T	Impfung gegen Tollwut
ZNS	Zentrales Nervensystem

Fachwörter

(**fett** gedruckte Wörter verweisen auf ein Stichwort im Lexikon)

A

Abdomen: Bauchraum

Adipositas: Fettsucht, **Übergewicht**

akut: schneller Krankheitsverlauf, neu aufgetretenes Problem; Gegenteil: chronisch

Alveole: Lungenbläschen

Aminosäuren: einfachste Bausteine des Eiweißes (Protein); der Hund muss einige Aminosäuren mit der Nahrung aufnehmen, da er sie nicht selber aus anderen Stickstoffverbindungen synthetisieren kann. Man nennt sie daher essenziell: Histidin, Isoleucin, Leucin, Lysin, Methionin, Phenylalanin, Threonin, Tryptophan, Valin

Anämie: Blutarmut, Mangel an roten Blutkörperchen

Angina: Entzündungen im Rachenraum, besonders der Mandeln

anti-: gegen etwas

Antikonvulsiva: Mittel gegen epileptische Anfälle

Anus: Darmausgang

Arthrose: nicht infizierte, degenerative Gelenkentzündung

Aszites: Bauchwassersucht, Flüssigkeitsansammlung in der Bauchhöhle auskultieren,

Auskultation: abhören, z. B. von Lunge oder Herz, mit dem Stethoskop

B

benigne: meist für Tumoren, aber auch allgemein verwendet: gutartiger Verlauf

Blutarmut: siehe Anämie

Bronchien: Ende der Luftröhrenverzweigung

Bulbus: Augapfel

C

Cornea: Hornhaut des Auges

D

Degeneration: unerwünschte Rückbildung, Verlust von Gewebe

Depot: Gabe eines längerwirkenden Medikaments

Diarrhoe: Durchfall

E

Elektrolyte: Verbindungen (Säuren, Salze, Basen), die in wässriger Lösung zu geladenen Teilchen (Ionen) zerfallen. Im Organismus haben sie u.a. die Aufgabe, den Wasserhaushalt zu regeln. Elektrolytverluste – z.B. bei Durchfall – müssen daher ausgeglichen werden, sonst trocknet der Körper aus.

Enteritis: Darmentzündung

Enzym: Stoffe, die biochemische Reaktionen im Körper kontrollieren, z. B. Verdauungsenzyme

Epiglottis: Kehldeckel

Erythrozyten: rote Blutkörperchen

Eustachische Röhre: Hörtrompete, Verbindung zwischen Mittelohr und Atmungsrachen, sorgt für den nötigen Druckausgleich

Exspiration: Ausatmung

F

Fraktur: Knochenbruch, mit oder ohne Verletzung der darüber liegenden Haut

G

Gastritis: Entzündung der Magenschleimhaut

gastrointestinal: betrifft den Magen-Darm-trakt

generalisiert: den ganzen Körper betreffend; Gegenteil: lokal(isiert)

H

hormonell/hormonal: durch Hormone hervorgerufen

I

Ikterus: Gelbsucht (besonders gut an den Augen zu erkennen)

Inkontinenz: Unvermögen, den Harn kontrolliert abzugeben bzw. in der Blase zurückzuhalten

Inspiration: Einatmung

Iris: Regenbogenhaut des Auges

irreversibel: nicht mehr rückgängig zu machen

K

Kardia: Mageneingang

L

Läsion: Wunde oder Verletzung

Larynx: Kehlkopf

Leukozyten: weiße Blutkörperchen

lokal: nur auf einen Teil des Körpers beschränkt; Gegenteil: generalisiert

Lymphe: Blutplasma tritt aus den Kapillaren aus und fließt erst in Gewebespalten, dann in Lymphgefäßen zu den Lymphknoten. Nach dieser Filterstation gelangt die Flüssigkeit zurück in die Blutgefäße.

Lymphknoten: sie filtern Mikroorganismen, Giftstoffe, Zellreste aus der Lymphe, außerdem entwickeln sich in den Lymphknoten die Lymphozyten, das sind weiße Blutkörperchen, die eine zentrale Funktion in der Körperabwehr besitzen. Lymphknoten finden sich in allen Körperregionen, tastbar sind z.B. Unterkiefer-, Bug- und Kniekehl-Lymphknoten.

M

maligne: meist für Tumoren verwendet: bösartig, also schnell wachsend mit der Neigung zu Tochtergeschwülsten, zerstört umgebendes Gewebe

Mediatoren: chemische Stoffe, die Botschaften übermitteln

Mengenelemente: **Kalzium**, Phosphor, Kalium, Natrium und Magnesium

N

Nekrose: Absterben von Gewebe
Nystagmus: Augenzittern

O

Obstipation: Verstopfung
Ösophagus: Speiseröhre
oral: auf das Maul bezogen; Medikamente wie z. B. Tropfen oder Tabletten werden über das Maul verabreicht
Ovariohysterektomie: gleichzeitiges Entfernen von Eierstöcken und Gebärmutter
Ovarium: Eierstock

P

Palpation: Untersuchungsmethode: der Tierarzt tastet den Hund ab, z. B. den Bauchraum
Pankreas: Bauchspeicheldrüse
Pharyngitis: Rachenentzündung
Pharynx: Rachen
Pleura: Brustfell
Präputium: Vorhaut
Pruritus: Juckreiz
Psychopharmaka: Medikamente, die auf das Zentrale Nervensystem wirken und die psychischen Funktionen wie Stimmung, Antrieb beeinflussen
Pulmo: Lunge
Pylorus: Magenausgang oder Pförtner
Pyometra: eitrige Gebärmutterentzündung

R

Retina: Netzhaut des Auges
renal: auf die Niere bezogen; z. B. werden Stoffwechselschlacken renal, also über die Nieren, ausgeschieden
reversibel: (eine Veränderung) kann sich wieder zurückbilden
Rheuma: Sammelbezeichnung für schmerzhafte Gelenk- und Weichteilentzündungen
Rhinitis: Entzündung der Nasenschleimhaut

S

Sinus(-itis): (Entzündung der) Nasennebenhöhlen
Sklera: Lederhaut des Auges
Spurenelemente: Eisen, Zink, Kupfer, Mangan, Jod und Selen siehe Mineralstoffe
Symptom: Krankheitsanzeichen

T

Tonsille: Rachenmandel
Tonsillitis: Mandelentzündung
Trachea: Luftröhre
Tranquilizer: Gruppe von Psychopharmaka, die je nach Substanz eine beruhigende, angstlösende, schlaffördernde, antikonvulsive oder muskelentspannende Wirkung besitzen
Thrombozyten: Blutplättchen für Blutgerinnung

U

Urämie: Harnvergiftung durch schwere Nierenerkrankungen, harnpflichtige Substanzen werden nicht mehr vollständig ausgeschieden und finden sich im Blut

V

Vagina: Scheide
Vulva: Schamlippen

Adressen

Freie Universität Berlin, Klinik und Poliklinik für Kleine Haustiere
Oertzenweg 19 b, 14163 Berlin
Tel.: (030) 838-62356/-624 22
Fax: (030) 838-62521
E-Mail: kleintierklinik@vetmed.fu-berlin.de,
haenisch@vetmed.fu-berlin.de
Homepage: http://160.45.94.9/WE20/

Universität Gießen, Medizinische und Gerichtliche Veterinärklinik I
Frankfurter Straße 126, 35392 Gießen
Tel.: (0641) 99-38604 (Kleintiere)
Fax: (0641) 99-38609 u. 99-38658
E-Mail: MVK@vetmed.uni-giessen.de

Klinik für Geburtshilfe, Gynäkologie und Andrologie der Groß- und Kleintiere mit Tierärztlicher Ambulanz
Frankfurter Straße 106, 35392 Gießen
Tel.: (0641) 99-38695
Fax: (0641) 99-38709

Tierärztliche Hochschule Hannover: Klinik für kleine Haustiere;
Bischofsholer Damm 15; Haus-Nr. 116; 30173 Hannover
poliklinische Sprechstunden nur nach Terminvereinbarung
Tel.: (0511) 856-7253
Fax: (0511) 856-7686
E-Mail: Kleintierklinik@tiho-hannover.de

Universität Leipzig Klinik für Kleintiere
An den Tierkliniken 23
04103 Leipzig
Tel.: (0341) 9738700
Fax: (0341) 9738799
E-Mail: kleintier@vetmed.uni-leipzig.de

Veterinärmedizinische Universität Wien
Veterinärplatz 1
A-1210 Wien
Tel.: 0043-1-250-77/0,
Fax: 0043-1-250-77/1090

Universität Zürich:
Klinik für Kleintiermedizin
Winterthurerstrasse 260
CH-8057 Zürich
Tel.: 0041 (01) 6358111
Fax: 0041 (01) 6358930

Klinik für Kleintierchirurgie
Winterthurerstr. 260, CH-8057 Zürich
Tel.: 0041-1-6358411;
Fax: 0041-1-6358944
pmontavon@vetclinics.unizh.ch

Spezialisten
In den gelben Seiten des örtlichen Telefonbuches sind unter »Tierärzten« die Spezialisten für z. B. Augenkrankheiten, Chirurgie, Hauterkrankungen oder Verhaltenstherapie unter der jeweiligen Rubrik aufgeführt.

Erste-Hilfe-Kurs für Hundefreunde
Praktische Tierärzte bieten Erste-Hilfe-Kurse an. In der Schweiz gibt es den so genannten Hundesamariter-Kurs (1-tägig). Information über Hundesport Winznau, Beat Zemp, Holz 51, CH-4852 Rothrist

Gehörtest
Deutschland:
– Kleintier- bzw. Chirurgische Tierkliniken der Universitäten
– Infos über Dalmatiner Verein Deutschland e. V.,
Sandkuhlenkoppel 5, 22399 Hamburg

Österreich:
Universität Wien, Tel: 0043-1-7115

Schweiz:
Universität Bern, Vet.-Neurologie:
0041-31-631 21 11, -2315

Spezielle Einreisebestimmungen
England , Nordirland, Norwegen und Schweden verlangen bei der Einreise von Hunden den Nachweis über einen Tollwut-Antikörpertiter.

Informationen über:
Großbritannien und Nordirland:
www.britischebotschaft.de/de/embassy/agriculturepets.htm;
PETS-.Helpline 0044-870-241 17 10

Norwegen: www.norwegen.org/cgi-bin/wbch3.exe?p=2360

Schweden: www.sjv.se/net/SJV/Home ,
Schwed. Zentralamt für Landwirtschaft:
Tel.: 0046-36-155533

Folgende Institute sind zugelassen für die Bestimmung:

1. Institut für Virologie des Fachbereichs Veterinärmedizin der Justus-Liebig-Universität Gießen,
Frankfurter Str. 107
35392 Gießen
Tel.: (0641) 9938350
Fax: (0641)9938359
E-Mail: viro@vetmed.uni-giessen.de

2. eurovir Hygiene Institut, Biotechnologiepark,
14943 Luckenwalde
Tel./Fax: (03371) 681269
E-Mail: Eurovir@biogate.com

3. Landesuntersuchungsamt für das Gesundheitswesen Südbayern,
Veterinärstr. 2
85764 Oberschleißheim
Tel.: (089) 315 60-321
Fax: (089) 315 60-459
E-Mail: vet24@luas.bayern.de

4. Landesveterinär- und Lebensmitteluntersuchungsamt Sachsen-Anhalt
Außenstelle Stendal,
Haferbreiter Weg 132–135
39576 Stendal
Tel.: (03931) 6310

5. Staatl. Veterinäruntersuchungsamt ,
Zur Taubeneiche 10–12
59821 Arnsberg
Tel.: (02931) 8090

6. Institut für epidemiologische Diagnostik, Bundesforschungsanstalt für Viruskrankheiten der Tiere
Seestraße 155
16868 Wusterhausen
Tel.: (03397) 9800

Vaterschaft
Tiermedizinische Labors führen diesen Test durch, die Blutprobe entnimmt und versendet der praktische Tierarzt.

Verhaltensprobleme
Deutschland:
GTVT Gesellschaft der Tierärzte für Verhaltenstherapie
Liste der Tierärzte für Verhaltenstherapie über: www.gtvt.de
E-Mail: dr.u.bonengel@t-online.de

Österreich:
Veterinärmedizinische Universität Wien, Physiologie
Prof. Dr. Hermann Bubna-Littitz
Tel.: 0043-1-25077-4505/4504

Schweiz:
STVV Schweizer Tierärztliche Vereinigung für Verhaltensmedizin
Kapellenring 31
CH-3032 Hinterkappelen
Tel.: 0041-31-901 2427
www.stvv.ch

Bildnachweis

Hills: Seite 47, 191, 220; H. Jung: Seite 59, 231, 312; Gerd Pfeiffer: Seite 289, 291, 292, 293, 294, 300, 305 rechts und links; Siemens-Pressebild: Seite 257; A. Uschold: Seite 96, 113, 149, 176, 185, 194, 195, 244, 275, 281.
Alle anderen: Christine Steimer

Danke!

Für Leopold, (Onkel) Moritz und alle seine „Le Copain“s*

Wir möchten allen danken, die ganz intensiv zum Entstehen dieses Buches beigetragen haben:

Zuerst den vielen Tierarzt-Kollegen an den Universitäten, ganz besonders herzlich Herrn Professor Wilfried Kraft und seinem gesamten Team. Dank auch den Kollegen in der Praxis, namentlich Frau Dr. Kühn (Zähne!) und Frau Dr. Rakow (Homöopathie!), die mir als Journalistin schon seit vielen Jahren unermüdlich mit Rat, Tat, Texten und Informationen zur Seite stehen.

Auf der anderen Seite danken wir auch allen Hundebesitzern, die uns mit ihren vermeintlich so einfachen, oft ungewöhnlichen Fragen zur ständigen Suche nach Antworten anregen.

Und nicht zuletzt den Hunden, die uns mit ihrer Lebendigkeit für die langen Abende und Wochenenden am Computer entschädigt haben: die Golden und Labrador Retriever Dusty, Edack, Fresbie, Gordon, Gizmo, Gasco, Garry, Garou, Galick, Galane, Haro, Mira, Watson und Leopold, nicht zu vergessen die Exoten im Club, Melody, eine Malteserdame, und Arki, der Boxer.

* Le Copain, Association Suisse d'Education de Chiens d'Assistance pour Personnes handicapees au plan moteur